SQL Server 数据库设计与应用

主　编　王生春　支侃买
副主编　张　敏

北京理工大学出版社
BEIJING INSTITUTE OF TECHNOLOGY PRESS

内 容 提 要

本书是编者30多年数据库应用的技术积累，是编者从事多年数据库教学的经验总结。

全书分为12章，内容包括：数据库系统基础、SQL Server数据库管理系统、Transact－SQL语言、数据库管理、表的管理、数据库高级查询、数据库完整性、数据库操作编程、数据库安全管理、数据库数据维护、数据库应用编程技术、ASP技术的数据库应用。

本书编写的指导思想是：减少理论概念的篇幅，增加实际操作的机会；减少文字语言描述，增加操作图形显示；减少不太常用的对象，增加实际应用案例，例题密切结合实际，避免无用空洞的内容；配备大量习题和课件，减少教师的工作量；缩减图形界面操作，加大语句编程强度。

本书可作为大学本科数据库课程的教材，也可供大专、高职学生使用，还可作为数据库管理人员和数据库应用程序开发人员的参考资料，同时可供数据库程序设计爱好者阅读。

图书在版编目（CIP）数据

SQL Server数据库设计与应用／王生春，支侃买主编．—北京：北京理工大学出版社，2016.12

ISBN 978－7－5682－0307－4

Ⅰ．①S…　Ⅱ．①王…②支…　Ⅲ．①关系数据库系统－高等学校－教材
Ⅳ．①TP311.138

中国版本图书馆CIP数据核字（2017）第004918号

出版发行／北京理工大学出版社有限责任公司
社　　址／北京市海淀区中关村南大街5号
邮　　编／100081
电　　话／（010）68914775（总编室）
（010）82562903（教材售后服务热线）
（010）68948351（其他图书服务热线）
网　　址／http：//www.bitpress.com.cn
经　　销／全国各地新华书店
印　　刷／北京泽宇印刷有限公司
开　　本／787毫米×1092毫米　1/16
印　　张／21.75
字　　数／517千字
版　　次／2016年12月第1版　2016年12月第1次印刷
定　　价／61.00元

责任编辑／钟　博
文案编辑／钟　博
责任校对／周瑞红
责任印制／李志强

前　　言

“互联网+”时代的到来，使数据库显得越来越重要。使用数据库已经成为管理工作的重要组成部分，访问数据库已经成为个人生活的基本构成单元。

为了适应数据库应用的飞速增长，国内外各类大专院校，甚至培训学校都开设了数据库设计与应用课程。数据库是其他编程语言的基础，是网站建设的前提。本书为满足数据库课程的教学需要和数据库应用爱好者的学习需要而编写。

全书内容分为12章。第1、2、3章为数据库基础知识，第4、5章为数据库初级管理，第6、7、8章为数据库高级应用，第9、10章为数据库安全与维护，第11、12章为数据库的实际应用。全书安排64课时，第3、5、11、12章安排两周共8课时，其他各章安排1周共4课时为宜。

为了使初学者不感到陌生、难以理解，可以把数据库比作一个仓库。第1章介绍仓库的用途，第2章介绍所建仓库的类型，第3章为构建仓库的原料准备，第4章为确定仓库的位置和大小，第5章为存放具体的物品，第6章为快速查找所需物品，第7章为确保物品质量的入库检验，第8章为运送物品使用的运输工具，第9章为仓库安全保障，第10章为仓库的物品周转。

为了满足培养应用型人才的需要，本书从以下6个方面对数据库教材的编写进行了改革：

（1）减少理论概念的篇幅，增加实际操作的机会。

数据库理论的概念较为抽象，较难理解。本书对与创建数据库和表没有关系的内容不予介绍，对关系不是很密切的较少介绍，对关系密切的简洁介绍，以少占篇幅。把更好的位置留给上机操作，把更多的时间留给实际练习。

（2）减少文字语言描述，增加操作图形显示。

有些实际操作技术用文字很难描述清楚，而用图形显示，学习者很容易上手。本书插图都是编者上机操作的截图，并且配有操作步骤。初学者照猫画虎、逐步操作，就可掌握本书所介绍的内容。

（3）减少不太常用的对象，增加实际应用案例。

本书在广泛参考数据库方面的文献资料的基础上，摒弃在实际中较少采用的诸如压缩、转移、快照、游标等内容，增加电子商务网站建设实际案例，避免数据库课程与后续程序设计课程脱节。

（4）例题密切结合实际，避免无用空洞的内容。

数据库大多用于互联网电子商务网站数据存储，本书中的所有例题均以网站建设为核心，内容围绕网站必需的用户管理、商品管理等，避免了以往教科书大多使用学生信息为建库、建表原料的弊端。

（5）配备大量习题和课件，减少教师的重复工作。

每章配备的习题为读者掌握本章内容的程度提供判断标准，为教师平时课堂教学、期末考试出题提供参考资料，从而减少了教师的工作量。

（6）缩减图形界面操作，加大语句编程强度。

数据库的大量操作是靠应用程序完成的，而不是在图形操作界面中进行的。本书在介绍图形界面操作的基础上，尽可能多地介绍 SQL 语句的语法和使用。

参与本书编写的还有王婧婷、孙亚红、刘淑婷、李刚，在此深表感谢。

由于作者水平有限，书中难免存在错误，敬请读者提出宝贵意见。

编　者

2016 年 5 月

CONTENTS 目录

第1章

数据库系统基础

本章学习 

①数据库的基本概念
②数据处理的发展历程
③数据库数据模型
④关系型数据库
⑤数据库系统设计

随着科学技术和社会经济的飞速发展，人类进入崭新的信息时代，人们掌握的信息量急剧增加。开发和利用这些信息资源，必须有一种技术对其进行识别、存储、处理和传输。为此，数据库技术应运而生，并得到迅速发展和广泛应用。

1.1 数据库的基本概念

当今世界，计算机无处不在，数据库也无处不在。使用数据库已经成为管理工作的重要组成部分，访问数据库已经成为个人生活的基本构成单元。

1.1.1 信息与数据

数据库系统研究和处理的对象是数据，而数据与信息密不可分，它们既有联系又有区别。有人说信息是客观的存在，遍地都是，数据是信息经过抽象后的符号表示。有人说数据是现实的体现，随处可见，信息是处理后数据所获取的有用知识。介绍数据库的书说数据是信息的数据化，描述信息化的书说信息是数据的信息化。作为介绍数据库的书自然支持前者。

这就好比人们一直所争论的先有鸡，还是先有蛋的问题。

1. 信息

信息是现实世界中客观事物的存在方式或运动状态的反映，这种反映进入人们的大脑形成信息，为人们提供了关于现实世界的实际事物及其联系的有用认识。信息的主要特征为：

（1）信息传递需要物质载体，获取和传递信息会消耗能量。

（2）信息可以感知，不同的信息源有不同的感知方式。

（3）信息可以存储、加工、传递、扩散、共享、再生和增值。

人类进行各种社会活动，不仅需要物质条件，而且需要信息，需要研究和使用信息。能源、物质和信息，是人类社会活动必需的三大要素。

2. 数据

数据是人们把信息按照某种格式进行记录的有意义的符号，是人们相互之间进行思想文化交流的工具。数据包括数字、文字、图像、声音、视频等多种表现形式。采用什么符号表示数据，完全是人为规定。为了使用计算机进行数据处理，需要把数据转换为计算机能够识别的符号。计算机只能识别两种符号：0 和 1。通过 0 和 1 的不同排列，可以表示各种各样的数据。

3. 数据与信息的关系

信息与数据两者既有联系，又有区别。数据是信息的载体，信息是数据的内涵。同样的信息可以有不同的数据表示形式，同样的数据也可以有不同的理解和解释。所以，在许多场合，人们并不很严格地区分它们，通常说的“信息处理”和“数据处理”具有同样的含义。

1.1.2 数据处理

数据处理是人们利用手工或机器对数据进行加工的过程。把信息表示成数据之后，这些数据被人们赋予特定的意义，用于反映现实世界事物的存在特性和变化状态。数据处理是对各种形式的数据进行收集、整理、加工、存储和传输等一系列活动。其一是把大量的、繁杂的数据科学地保存到计算机中，以便人们需要时获取；二是从大量原始数据中提取对人们有价值的东西，以便作为决策和行动的指南或者依据。

在人类社会进入信息时代之前，数据只能被静态地记录下来，留给人们在纸上阅读和进行手工处理。当数据量较小时，手工处理基本可以满足需要。

20 世纪 40 年代，电子数字计算机问世，数据处理进入计算机时代，随后进入网络时代。利用计算机和网络进行数据处理，使数据处理技术得到突飞猛进的发展，人类社会进入前所未有、丰富多彩的信息时代。

1.1.3 数据库管理系统

1. 数据库管理系统的功能

顾名思义，数据库就是存放数据的仓库。

数据库管理系统是数据库管理的一种软件，介于应用程序与操作系统之间，用于管理人们输入到计算机中的数据。具体来说，数据库管理系统应具备以下功能：

（1）数据定义。数据定义是数据库的定义功能。数据定义语言（DDL）定义数据库结构、数据库中数据之间的关系、数据的完整性约束等。

（2）数据操作。数据操作是数据库的操作功能。数据操作语言（DML）实现对数据库中数据的操作，包括插入、删除和修改数据，以及对数据库进行备份、恢复等。

（3）数据查询。数据查询是数据库的检索功能。数据查询语言（DQL）提供各种简单、灵活的查询方式，使人们可以方便地获取数据库中的数据。

（4）数据控制。数据控制是数据库的保护功能。数据控制语言（DCL）完成对数据库中数据的完整性、安全性、多用户并发等多方面的控制。

2. 数据库管理系统的位置

数据库管理系统运行在特定的计算机硬件和操作系统平台上。可以利用某种开发工具和数据库管理系统提供的功能，开发满足实际应用需求的数据库应用系统。数据库管理系统的位置如图1－1所示。

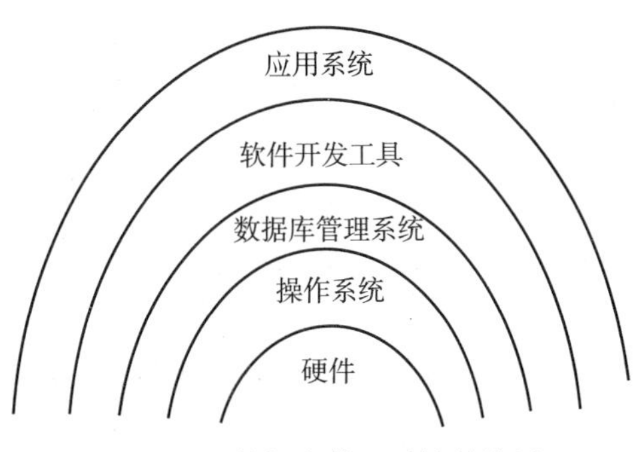

图1－1　数据库管理系统的位置

1.1.4　数据库系统的组成

数据库系统由数据库、支持数据库运行的硬件和软件、数据库管理系统、数据库应用程序和人员组成。

（1）数据库。数据库是长期保存在计算机存储设备上、按照某种模型组织起来的、可以被各种用户或应用程序共享的数据集合。数据库是数据库系统的核心。

（2）硬件。硬件是存放数据库的物理设备，应该具有满足数据需求的存储、计算、通信和服务功能。对于大型数据系统，需要超级数据库服务器和海量存储设备，用于运行操作系统、数据库管理系统、应用程序和保存数据。硬件是数据库系统的基础。

（3）软件。软件是运行数据库系统的软件环境，包括操作系统、编辑系统、应用程序开发工具和计算机网络软件等，其为数据库系统的运行处理和安全需求提供保证，为数据库数据应用程序的开发提供操作平台。

（4）数据库管理系统。数据库管理系统是帮助人们管理数据库的大型软件，其具有创建、操作、查询和维护数据的界面，是数据库的安全性和完整性的保证。较为流行的数据库管理系统有Oracle、IBM DB2、Informix、Sybase、MySql、Access、SQL Server等。

（5）数据库应用程序。添加、删除、修改和查询数据库数据的大量日常工作并不是由数据库管理系统的图形界面工具实现的，而是由数据库应用程序提供的可视化操作系统实现的。终端用户所进行的日常数据维护也是靠数据库应用程序完成的。

（6）人员。人员指管理和使用数据库的人，包括4种类型，也指数据库应用的职业岗位。

1.1.5 数据库系统的特点

数据库系统的特点包括：数据结构化、数据共享、数据冗余的减少、数据独立性和数据安全性等。

（1）数据结构化。数据库是存储在磁盘等存取设备上、按某种数据结构组织的数据集合。与文件系统相比，数据库系统中的文件相互联系，遵从一定形式的结构。正是这种联系反映了现实世界事物之间的自然联系，这种结构体现了实际社会数据之间的组织关系。

（2）数据共享。在设计数据库时需要考虑所有用户的需求，面向系统进行组织，数据库中的数据包含所有用户的成分。每个用户可以共享所有数据，也可以只关心自己需要的数据。不同用户使用的数据可以重叠，同一部分数据可以为多个用户共享。

（3）数据冗余的减少。在数据库方式下，用户不是自己建立数据文件，而是获取数据库中的某个子集。存放数据的文件不是独立的物理文件，而是由数据库管理系统提取出来的逻辑文件。用户根据需要形成不同的逻辑文件，但实际的物理存储在同一个位置，这减少了数据冗余。

（4）数据独立性。数据独立性包含数据物理独立性和数据逻辑独立性。数据物理独立性是指数据库的物理结构（包括组织存放、存取方式和存储设备等）发生变化时，不会影响逻辑结构。数据库用户使用逻辑数据，所以在数据的物理结构发生变化时，不需要改变数据库的应用程序。数据逻辑独立性是指数据库全局逻辑结构发生变化时，用户使用的具体逻辑结构不受影响，所以在数据逻辑结构发生变换时，也不需要改变应用程序。

（5）数据安全性。在数据库系统中，数据库管理系统成为用户与数据的接口，提供了数据库定义、数据库运行、数据库维护等一系列控制功能，最大限度地保证数据的安全。

1.1.6 数据库职业岗位

数据库职业岗位包括数据库管理员、数据库分析师、应用程序开发人员和最终用户。

（1）数据库管理员通常由经验丰富的计算机专业人员担任。其负责整个数据库的建立、管理、运行、维护和监控等系统性工作，完成用户登记、存取数据权限分配等服务性工作。这类人员必须具有计算机和数据库两方面的专业知识，熟悉计算机软、硬件的构成和其所使用的数据库管理系统。企事业单位信息部门管理人员也属于数据库管理员。在大型数据库系统中，需要专设数据库管理员。

（2）数据库分析师通常由计算机专业人员担任。其负责根据数据库某一方面的应用，与相关部门的业务人员一起进行需求分析、建立数据模型、搜集和整理原始数据，利用数据库管理系统和数据库定义语言或应用程序操作界面，建立和维护数据库。这类人员既要熟悉实际的业务流程，又要具有数据库方面的知识。企事业单位某个部门的信息管理负责人员也属于数据库分析师。

（3）应用程序开发人员通常由具有软件专业背景的人员担任。其负责根据已有数据库和用户业务需求，利用数据库程序设计语言，开发功能丰富、操作简单、满足需求的应用程序。这类人员既要具有数据库方面的知识，又要熟悉至少一种数据库开发程序语言，还要了解数据库应用部门的业务流程。软件公司的数据库软件开发人员即属于应用程序开发人员。

（4）最终用户通常由熟悉具体业务的非计算机专业人员担任。其负责通过数据库应用程序提供的操作界面进行数据库的日常维护工作。企事业单位的数据维护操作人员属于最终用户，其是使用数据库最广泛、最基层的群体。

说明：数据库、数据库管理系统和数据库系统是 3 个不同的概念。数据库强调的是数据，数据库管理系统是系统软件，数据库系统是一个系统。

1.2 数据处理的发展历程

计算机数据处理经历了四个阶段：人工管理阶段、文件管理阶段、数据库管理阶段和分布式数据库管理阶段。

1.2.1 人工管理阶段

在计算机诞生初期，计算机只有硬件系统，包括运算器、控制器和存储器，输入/输出设备非常简单。到 20 世纪 70 年代后期，在我国人们还使用穿孔纸带机或卡片阅读机作为输入设备，在手掌宽的打印纸上输出结果。

那时候计算机只用于科学和工程计算。计算机专业人员进入机房时，带着纸带或卡片，输入数据的工作就在其中进行。走出机房时，带着纸卷离开，计算结果就在纸卷上。

原始数据和计算程序在同一盘磁带或同一批卡片中，不能独立存放。数据在内存中的存储格式和位置、读写数据的路径和方法需要由程序员决定。输出结果在每行只能打印一个数字的窄行纸上，本书作者曾完成过一个工程计算课题，当时纸卷装了两个面袋，计算结果分析的工作量可想而知。

人们把这一时期的数据处理阶段称为人工管理阶段。

人工管理阶段的特点如下：

（1）数据不保存。计算机主要用于科学计算，在计算时，原始数据和计算程序写在一起，计算结果也不保存，直接打印到纸上。

（2）数据没有独立性。输入数据与程序混在一起，若修改数据则必须修改程序，然后经过重新编译才能运行。

（3）数据不能共享。数据服务于程序，不同的程序即使要用到相同的数据，也需要各自定义。在大多数情况下每个程序的程序员自行组织和安排数据。

（4）编写程序时需要安排数据的物理地址、设置数据的存取和组织方法，程序直接面向存储结构。若数据的物理地址、存取方法发生变化，必须重新编写程序。

1.2.2 文件管理阶段

随着时间的推移，计算机硬件和软件技术得到迅速发展。

在硬件方面，运算器和控制器的电子管被晶体管替代，磁芯存储器被大容量半导体存储器替代，输入/输出设备也换成了使用方便的键盘和行式打印机，同时出现了能够永久保存数据的外部磁带和磁盘存储设备。

在软件技术方面，出现了能够实现输入/输出设备管理和外存文件管理、控制整个计算机系统运行的操作系统，出现了 Basic、Algol60、Fortran、Pascal、Cobol 等各种高级编程语言。

在这一时期，原始数据和计算程序可以在存储位置上完全分开，数据被单独组成文件存放到外部存储设备上。数据文件可以为某个程序单独使用，也可以为多个程序在不同的时间使用，还可以被对应的程序重复使用。

在读取外存的数据文件时，程序只需给出数据的获取格式和方法，不需要给出存储位置和路径，具体事项由操作系统中的文件管理系统完成。

在文件管理阶段，程序和数据在存储位置上分开了，操作系统完成数据的存储位置和路径的获取。但是，程序设计还是受到数据格式和方法的影响，不能完全独立于数据。

本书作者在 20 世纪 70、80 年代从事工程计算课题时大都采用上述程序与数据分离的方法。

文件管理阶段的特点如下：

（1）数据以文件的形式保存在磁盘上，可以重复使用。数据单独存放，以便于反复查询、插入、修改和删除，不再仅属于某个特定程序。

（2）数据的物理结构和逻辑结构有了分工。应用程序开始通过文件名与数据打交道，不必关心物理位置，数据的存取方法由文件管理系统提供。

（3）文件格式多样化，索引文件、链接文件、顺序文件等方便了数据的存储和查找。

（4）程序与数据相对独立，应用程序通过文件系统对数据文件中的数据进行存取和处理。程序员把更多的精力集中在计算方法的研究上，数据修改不会过多涉及程序的修改。

1.2.3 数据库管理阶段

随着计算机软、硬件的发展和数据处理规模的扩大，20 世纪 60 年代后期出现了数据库技术。

从文件系统管理发展到数据库系统管理是信息处理领域的重大转折。人们从传统的关注系统的功能设计（程序设计处于主导地位，数据服从程序）转向关注数据的结构设计，数据结构成为信息系统设计的核心。

数据库管理阶段的特点如下：

（1）数据库能够按照不同的方法组织所需数据，提高了用户或应用程序使用数据库的效率。

（2）数据库除了保存数据，还能保存数据之间的相互联系，维护数据库中数据的一致性。

（3）数据库中的相关数据可以被多个用户或应用程序共享，降低了数据的冗余度。

（4）数据库中数据的组织和存储方法相对独立，减少了应用程序开发和维护的工作量。

（5）数据库管理系统提供的控制功能加强了数据的安全性。

（6）数据库中多种约束条件的定义保证了数据的完整性。

1.2.4 分布式数据库管理阶段

分布式数据库管理系统是数据库技术、通信技术和网络技术相结合的产物，随着3种技术的发展而不断发展和完善。传统的数据库管理是单机模式、主从模式或客户机/服务器模式，数据库和数据库管理系统集中安装在数据库服务器上，客户随机访问服务器上的数据库，完成数据的输入、处理和检索任务。如果服务器发生故障，则整个系统瘫痪。

分布式数据库系统通过计算机网络和通信线路把分布在不同地域的、不同局域网环境下的、不同类型的数据库连接在一起，进行统一管理。分布式数据库既支持用户的局部应用，也支持用户的全局应用。用户可以访问与之直接连接的本地数据库，也可以访问分布式数据库系统内的非本地数据库。系统内的重要数据，可以在不同地点存储多个副本。当某个局部数据库发生故障时，可以自动切换到另一个数据库系统，获取副本数据，从而提高了整个数据库系统的可靠性。

分布式数据库管理阶段的特点如下：

（1）不同数据库管理系统之间有高度的兼容性。

（2）涉及地域范围广、存储数据量大、使用客户多。

（3）由于数据存储多个副本，整个系统具有极高的可靠性和稳定性。

人类社会在进步，数据处理技术也会不断发展。数据库技术与面向对象的方法相结合产生出面向对象数据库，与多媒体技术相结合产生出多媒体数据库，与并行多处理机相结合产生出并行数据库，等等。随着数据库应用领域的不断扩大、应用层次的不断深入，各种新型的、面向特定用途的数据库必将不断涌现，数据库的未来必定更加辉煌。

1.3 数据库数据模型

数据是描述信息的符号，模型是现实世界的抽象。数据模型是数据特征的抽象，是数据库系统中用来提供信息表示和操作手段的形式框架。数据库管理系统使用某种数据模型建立、组织和管理数据。

1.3.1 数据模型的三要素

数据模型严格定义一组概念，这些概念精确地描述系统的静态特征（数据结构）、动态特征（数据操作）和数据完整性约束，这就是数据模型的三要素。

1. 数据结构

数据结构是研究对象类型的集合。对象是数据库的组成部分，数据结构是指对象与对象联系的表达和实现。数据结构是对系统静态特征的描述，其内容包括两个方面。

（1）数据：包括数据的类型、内容、属性。

（2）数据之间的联系：指数据与数据之间如何关联。

2. 数据操作

数据操作是对数据库中对象所执行的操作的集合。这些操作包括数据插入、数据删除、数据修改和数据检索。数据模型必须定义这些操作的确切含义、操作符号、操作规则和操作语言。数据操作是对系统动态性的描述。

3. 数据完整性约束

数据完整性约束是一组完整性约束的集合。它规定数据库状态以及状态变化所应满足的条件，主要描述数据结构内数据之间的制约和依存关系、数据动态变化的规则，保证数据的正确性、有效性和一致性。

1.3.2 数据模型的三种类型

数据模型按照应用层次分为三种类型：概念模型、逻辑模型和物理模型。

1. 概念模型

概念模型简称信息模型，是面向现实世界的模型，用于描述现实世界的概念化结构。它使数据库设计人员在设计的初始阶段，摆脱计算机系统和数据库管理系统，集中精力分析数据和数据之间联系等，与具体的数据库管理系统无关。概念模型只有转换为逻辑模型，才能在数据库管理系统中实现。

概念模型的有关术语如下：

（1）实体。实体指现实世界中存在的且相互可以区分的事物或活动。实体可以是人，也可以是物；可以是具体实物，也可以是抽象概念。例如，学生、教室、课程、文件等都是实体。

①实体集：同类实体构成实体集，例如，班级的所有学生、课本的所有章节。

②实体型：对同类实体共有特性的抽象定义，例如，学生的学号、姓名、性别、出生日期、所学专业。

③实体值：符合实体型定义的、某个实体的具体描述，例如，20150101、张三、男、1997.10、软件工程。

实体型与实体值示例如图 1－2 所示。

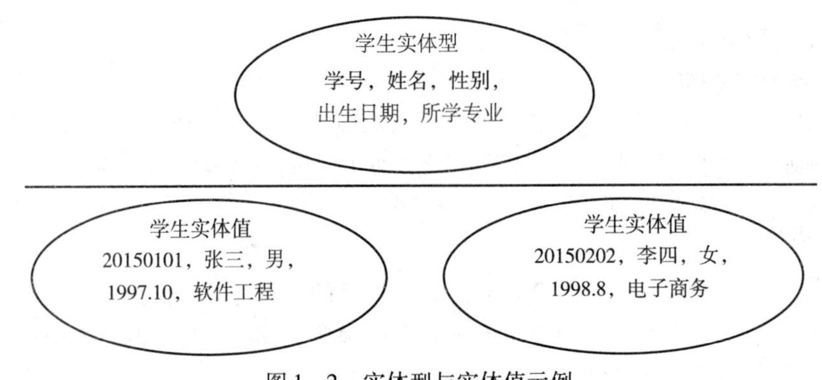

图 1－2　实体型与实体值示例

（2）联系。现实世界中的事物彼此都有联系，实体之间的联系分为三类。

①一对一联系：实体集 A 中的一个实体与实体集 B 中的一个实体有联系。反之，实体集 B 中的一个实体与实体集 A 中的一个实体有联系。例如，班级与班长、观众与座位。

②一对多联系：实体集 A 中的一个实体与实体集 B 中的多个实体有联系。反之，实体集 B 中的多个实体与实体集 A 中的一个实体有联系。例如，班级与学生、公司与员工。

③多对多联系：实体集 A 中的一个实体与实体集 B 中的多个实体有联系。反之，实体集 B 中的一个实体与实体集 A 中的多个实体有联系。例如，学生与课程、工厂与产品。

实体之间的联系如图 1－3 所示。

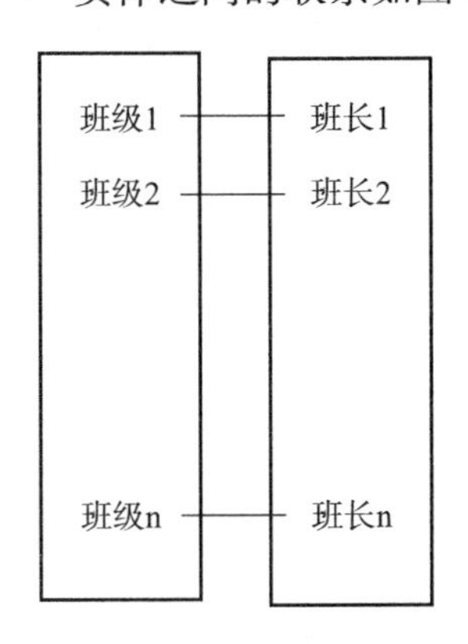

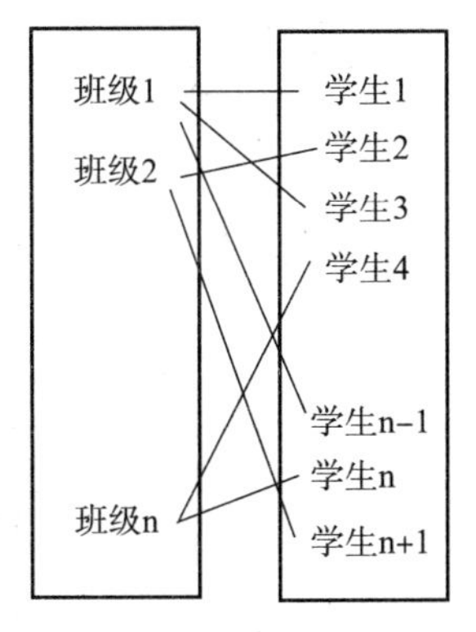

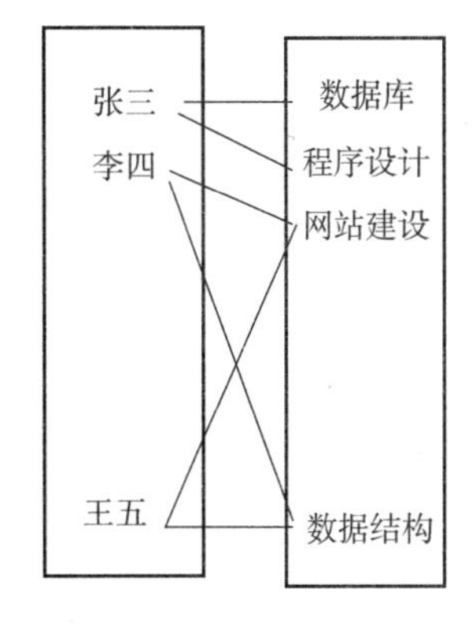

图 1－3　实体之间的联系

2. 逻辑模型

逻辑模型简称数据模型，是面向数据库管理系统的模型，用于数据库管理系统的具体实现。它是具体的数据库管理系统所支持的数据模型，是用户可以在数据库中看到的数据模型。

常用或曾经常用的逻辑模型有层次数据模型、网状数据模型、关系数据模型。

逻辑模型的详细内容将在下一小节介绍。

3. 物理模型

物理模型是面向计算机物理表示的模型，用于描述数据在存储介质上的组织结构。它不但与具体的数据库管理系统有关，而且还与硬件存储设备和操作系统有关。

逻辑模型在实现时需要与物理模型对应。

1.3.3　逻辑模型

1. 层次数据模型

层次数据模型是在 20 世纪 60 年代末期出现和被使用的逻辑模型，它是现实世界的直接反映，是最早的数据模型。它是一个树状结构模型，整个树有一个根节点，其余都是子节点。

层次数据模型的特征如下：

（1）有且仅有一个节点没有父节点，这个节点称为根节点。

（2）其他节点有且仅有一个父节点。

（3）每个节点可以有一个或多个子节点，也可以没有子节点。

（4）父节点与子节点之间包含一对一或一对多的关系。

图 1－4 给出了一个简单的层次数据模型。

图 1－4 所示的层次数据模型中有 5 个节点和 4 个父子联系。工厂与生产车间为一对多的关系，表明每个工厂有若干个车间；生产车间与车间办、生产班组也为一对多的关系，表明每个车间都有若干个班组。

在层次数据模型中，存在实体型和实体值。图 1－4 反映的是工厂的实体型，即每个工厂都具有的型。图 1－5 所示是工厂的实体值，即某个特定工厂具体的组织结构。

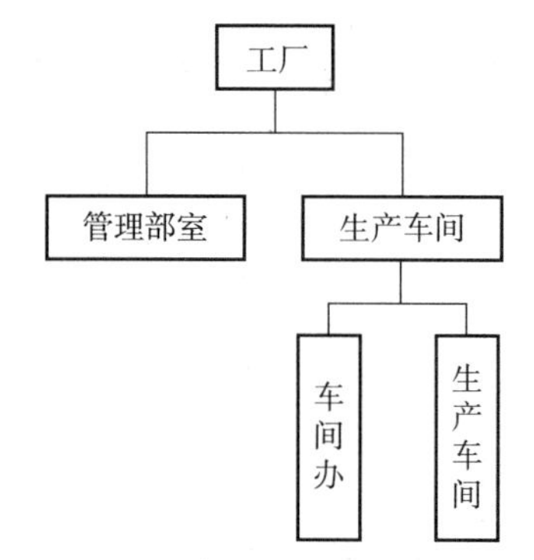

图 1－4　工厂组织结构层次数据模型

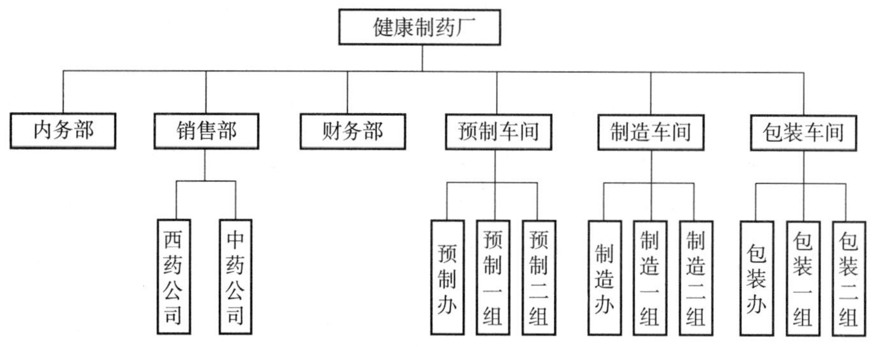

图 1－5　工厂组织结构的实体值

在层次数据模型构成的数据库系统中，不仅需要定义和保存每个节点的实体型和所有值，而且需要定义和保存它们的父子关系。从数据库中查询数据，必须给出从根节点开始的完整查询路径。如要在图 1－5 中模型建立的数据库中查找“制造一组”，则必须给出工厂名称、车间名称以及班组名称。计算机执行查询时，首先从数据库根节点的所有值中找到“健康制药厂”，接着从健康制药厂子节点的所有值中找到“制造车间”，然后从制造车间子节点的所有值中找到“制造一组”，最后得到制造一组的有关数据。

在层次数据模型数据库系统中，执行插入、删除和修改等操作同样必须给出完整路径。

综上所述，层次数据模型从定义到操作都非常不方便，所以其适用范围受到极大限制。

2. 网状数据模型

网状数据模型是在 20 世纪 70 年代出现和被使用的数据库逻辑模型，是继层次数据模型之后出现的用于数据库的另一种数据结构模型。它是对层次数据模型的扩展，层次数据模型是网状数据模型中的一种最简单的情况，任何连通的基本层次数据模型的集合都是网状数据模型。

网站数据模型的特征如下：

（1）允许节点有多于一个的父节点。

（2）可以有一个以上的节点没有父节点。

图1－6给出了一个简单的网状数据模型。

在图1－6所示的网状数据模型中有6个节点和5个父子联系，其中内务部、销售部和财务部无父节点，生产车间有3个父节点。

在网状数据模型中，父子之间同样包含一对多的联系。在图1－6中，内务部与多个生产车间联系，而生产车间只能与一个内务部联系。同样，财务部与多个生产车间联系，而生产车间只能与一个财务部联系。内务部有多个办公室，办公室有多个办事员，每个办事员只能属于一个办公室。

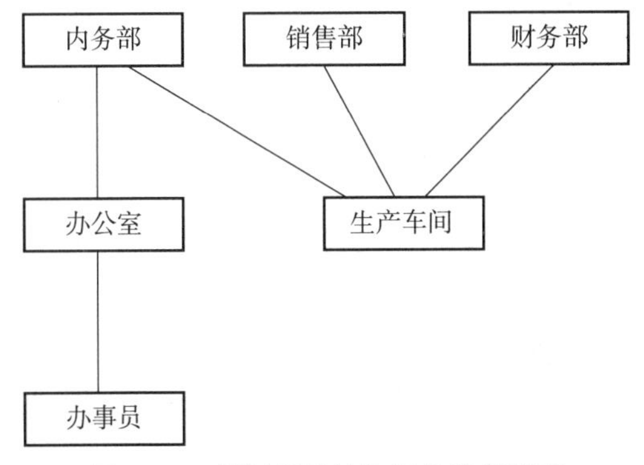

图1－6　部门组织结构网状数据模型

网状数据模型同样存在实体型和实体值。实体型是抽象的、静态的、相对稳定不变的。实体值是具体的、动态的、需要经常变化的。逻辑结构建立之后，一般不会轻易改变。数据库的插入数据、删除数据、修改数据的操作可能需要每天进行。

以网状数据模型建立的数据库系统，同样需要保存每个节点的实体型和所有值。在数据库中进行查询和更新（插入、删除和修改），网状数据模型比层次数据模型灵活一些。它既允许按给定路径查询和更新数据，也允许直接按节点的数据值查询和更新数据，并且可以从子节点向父节点查询。如要查询图1－6中的某个“办事员”，可以按“内务部　办公室　办事员”的完整路径查询，也可以按“办事员”信息进行查询，并且可以向上查询办事员所在的“办公室”。

网状数据模型和层次数据模型统称为非关系数据模型，两种模型本质上是一样的。其对于数据的操作方式都是按照所给的路径进行访问，如果同时访问多条数据，必须通过应用程序中的循环过程才能实现。

网状数据模型包含层次数据模型，适用范围更广。

网状数据模型虽然比层次数据模型前进了一步，但表示数据之间的多对多联系，使用起来还是较麻烦，给应用程序的编写增加了许多工作量，程序与数据并没有实现完全独立。

3. 关系数据模型

关系数据模型是在20世纪70年代，继层次数据模型和网状数据模型之后得到迅速发展和普遍应用的一种数据结构模型，是数据库系统的主导模型，至今还未受到其他数据模型的强有力的挑战。

1.4 关系型数据库

关系数据模型建立在集合论、数理逻辑、关系理论等数学理论的基础之上，具有坚实的理论基础，符合人们的逻辑思维方式，很容易被人们所接受，而且很容易在计算机上实现。

使用关系数据模型设计的数据库称为关系型数据库。

1.4.1 关系数据模型的基本概念

1. 关系数据模型的四个特点

1）数据结构单一

（1）实体的定义用关系表示（元关系）。

（2）实体与实体之间的联系也是关系。

（3）关系的运算对象和运算结果都是关系。

2）采用集合运算

（1）关系是元组的集合，所以对关系的运算是集合运算。

（2）关系的运算对象和运算结果是集合，可以采用数学的各种集合运算方法。

3）数据完全独立

（1）只需要告诉系统“做什么”，不需要指定“怎么做”。

（2）应用程序和数据完全独立。

4）有数学理论支持

（1）以集合论、数理逻辑作为基础。

（2）用数学理论对数据进行严格定义、运算和规范化。

2. 关系数据模型组成的三要素

1）关系数据结构

关系数据结构是定义数据库中对象的集合，对象是数据库的组成部分。一类是与数据类型、内容、性质有关的对象，另一类是与数据之间的联系有关的对象。在关系模型中，概念模型中的实体以及实体之间的联系都用关系表示。从用户的角度看，关系模型中的逻辑结构是二维表的集合。关系数据结构定义使用数据库管理系统提供的数据定义语言（DDL）实现。

2）关系数据操作

关系数据操作是对数据库中各种对象允许执行操作的集合，包括各种操作和操作规则，主要有两类：检索和更新（插入、删除和修改）。必须定义这些操作的确切含义、操作符号、操作规则和实现操作的语言。关系数据操作使用数据库操作系统提供的数据操作语言（DML）实现。

3）关系数据完整性约束

数据的约束是一组完整性规则的集合。完整性规则是数据模型中数据及其联系所应有的制约和依存规则，用于限定符合数据模型的数据状态和状态变化，以保证数据的正确性、有效性和一致性。数据库管理系统提供的数据控制语言（DCL）实现对数据完整性的约束和控制。

1.4.2 关系数据结构

在关系数据模型中，无论是实体还是实体之间的联系，都由单一的结构模型“关系”表示。

1. 关系数据模型的基本术语

（1）关系：一个关系对应一张由行和列组成的二维表，每个关系都有一个关系名。

（2）元组：表中的一行即一个元组，对应系统中的一条记录。

（3）属性：表中的列称为属性，每列有一个属性名，相当于表中的字段。

（4）域：属性的取值范围，是一组具有相同数据类型的集合。

（5）候选码：能唯一表示关系中一个元组的属性或属性组合，一个关系可以有多个候选码。

（6）主码：能唯一确定关系中一个元组的属性或属性组合，一个关系只有一个主码。

（7）外码：关系中属性或属性组合不是本关系的主码，而是另一关系的主码。

（8）全码：关系中所有属性组成的候选码。

（9）分量：元组中一个属性的值，相当于表中字段的值。

2. 关系特征

（1）关系的每一元组定义实体集的一个实体，任意两个元组不能完全相同。

（2）关系中的每一列定义实体的一个属性，列名不能重复。

（3）关系必须有一个主码，用于唯一标识一个元组，即实体。

（4）属性中的分量必须有相同的数据类型，必须来自同一个域。

（5）元组、属性的顺序无关紧要，即行、列的次序可以任意交换。

（6）一个元组的每个属性的值不可再分，即关系的结构不能嵌套。

3. 关系模式

关系模式是一个关系的型，即一个关系的具体结构。关系模式通常被表示为：

$$R(U, D, DOM, F, I)$$

（1）R：关系名称。

（2）U：关系中所有属性名的集合。

（3）D：关系的所有域的集合，其长度必须小于等于属性名集合的长度。

（4）DOM：属性向域映射的集合，给出属性和域之间的对应关系，即哪个属性属于哪个域。

（5）F：关系中属性之间数据依赖的集合。

（6）I：关系中定义的完整性规则的集合。

1.4.3　关系运算

关系是元组的集合，每个元组有多个属性，每个属性又有许多对应分量具体描述，因此关系比一般的集合要复杂。对关系的运算，除了采用传统的集合运算，还需要采用专门的关系运算。

1. 选择运算

选择运算为单目运算，是从一个关系中把满足给定条件的所有元组选择出来组成新的关系。选择运算是从元组的角度进行的运算，提供了横向（水平）分割关系的方法。选择结果如下：

（1）满足给定条件的元组被选取。

（2）新关系的属性就是原关系的属性，即关系模式不变。

（3）新关系元组比原关系少（原关系的一个子集）。

2. 投影运算

投影运算也是单目运算，是从一个关系中按所需顺序选取若干属性组成新的关系。投影运算是从属性角度进行的运算，提供了纵向（垂直）分割关系的方法。投影结果如下：

（1）新关系属性的排列顺序与原属性不同。

（2）新关系中重复的元组会被删除。

（3）新关系的属性个数比原关系少（原关系的一个子集）。

3. 连接运算

连接运算是双目运算，是把两个关系按相应属性值的比较条件连接起来组成新的关系。运算过程通过比较条件进行控制，连接是两个关系的结合。

1.4.4　关系完整性约束

关系完整性约束是保证关系数据模型中数据完整性的重要手段，包括实体完整性、参照完整性和用户定义完整性三种类型。每种完整性都有对应的完整性规则，在建立数据库时可以使用。

1. 实体完整性

在一个关系数据模型中，每个元组表示现实世界中的一个可描述的实体，每个实体可以包含多个属性，其中至少存在一个属性或属性组，取值应该确定，并且互不相同。这个属性或属性组被称为主码，用于唯一标识所描述的实体。

（1）实体完整性规则：关系的主码不能取空值，如果为空，就无法唯一标识元组。这里的“空”不是空格，是“不知道”或“未定义”。

（2）实体完整性规则检查：如果定义了一个关系的主码，在插入或修改数据时，数据库管理系统自动检查，若发现主码为空或重复，将给出错误提示要求纠正。

2. 参照完整性

在一个关系数据模型中，一个关系的外码对应另一个参照关系中的主码。其中外码和主码不但要定义在同一个域，而且外码的取值不能超出主码的取值，否则外码的值为非法。

（1）参照完整性规则：在两个参照和被参照关系中，参照关系中每个元组的外码的取值不能超出被参照关系的主码的取值。

（2）参照完整性规则检查：如果定义参照和被参照关系，在插入或修改数据时，数据管理系统自动检查被参照关系中每个元组的主码，若发现主码不存在，将给出错误提示要求纠正。

3. 用户定义完整性

实体完整性和参照完整性适用于任何关系型数据库系统。除此之外，不同的关系型数据库系统根据应用环境的不同，往往还需要一些特殊的约束条件。用户定义完整性就是针对某一具体应用所涉及的数据必须满足的语义要求，对关系型数据库中的数据所定义的约束条件。关系模型应该提供定义和检验用户定义完整性的机制。

1.5 数据库系统设计

数据库系统设计是指创建满足需求、性能良好、被特定数据库管理系统支持的数据库和编写操作该数据库的应用程序。数据库系统设计包括以下六个阶段。

1.5.1 需求分析

需求分析的任务是详细地调查现实世界需要处理的各种事务，充分了解实际工作概况，完全明确用户的各种需求，在此基础上进行分析，以书面形式确定数据库系统的功能，以之作为系统是否满足要求的依据。

需求分析主要考虑“做什么”，而不是“怎么做”。需求分析是整个系统设计过程的基础，是最困难、最耗时的一个步骤。需求分析做得不好，可能导致整个数据库系统设计返工重做。

需求分析的工作由计算机人员和最终用户共同完成。

1. 需求分析的重点

需求分析重点调查的是用户的数据需求、处理需求、安全性需求和完整性需求。

（1）数据需求：根据用户需要从数据库获取的信息，确定数据库中需要存储哪些数据。

（2）处理需求：包括处理功能需求、处理响应速度需求和处理方式需求。

（3）安全性需求：保护数据库中数据的安全，保证数据不被人为窃取或破坏。

(4) 完整性需求：保证数据库中数据的正确性、有效性和一致性。

2. 需求分析的步骤

(1) 分析用户活动：分析用户需求，弄清数据流程，明确处理功能，画出事务活动图。

(2) 确定系统范围：计算机并不能完成所有事务，需要确定系统处理的范围和人机界限。

(3) 弄清所涉及数据：弄清系统涉及数据的性质、流向和所需的处理，画出数据流图。

(4) 定义系统数据：对数据流图的数据流名、文件名、处理名给出定义，形成数据字典。

(5) 编写设计方案：在数据流图和数据字典的基础上，完成设计方案的编写。其内容包括：设计系统实现的目标、提出系统适宜采用的计算机系统和数据库管理系统、组织系统参与人员、计划开发费用和周期、划分人/机各自完成的任务、明确终端用户需要提供的实物和信息等。

1.5.2 概念结构设计

概念结构设计的任务是将需求分析阶段得到的用户需求抽象为概念模型。概念模型独立于具体的数据库管理系统和计算机软、硬件环境。有多种概念结构设计的方法，其中最常用、最有名的当属E-R图（实体-关系图）。

概念结构设计具有丰富的语义表达能力，能够体现现实世界用户的各种需求，确切反映实际工作中的各种数据及其联系。概念结构模型独立于数据库相关技术、贴近现实、易于理解，是计算机专业人员与不熟悉计算机和数据库知识的用户交换意见的重要桥梁。

1. 概念结构设计的步骤

(1) 初始化工程：从目标的描述到范围的描述开始，确定建模目标、拟制建模计划、组织建模队伍、收集原始资料、指定约束规范。其中收集原始资料是重点，应从业务流程、输入/输出、原始数据、各种报表，形成基本数据资料表。

(2) 定义实体：实体集合的成员都有共同特征和属性，可以从原始资料形成的基本数据资料表中直接或间接地标识出来，根据基本数据资料表中事务的名称形成初步实体表。

(3) 定义联系：根据实际业务需求、规则和实际情况，确定实体之间的连接关系、关系名称和简单说明，确定关系模型，即确定标识关系、非标识关系（强制或可选）、分类关系。

(4) 定义主码：为每个实体选择候选码属性，以便唯一识别不同的实体，再从候选码中确定主码；通过非空规则和非多值规则确定主码和关系的有效性，即一个实体的两个属性不能为空，也不能在同一个时刻有多个值。

(5) 定义属性：从基本数据资料表中抽取说明性的名称形成属性表，确定属性的所有者；定义非主码属性，检查属性的非空规则和非多值规则，还要检查完全依赖规则和非传递依赖规则，保证一个非主码属性必须依赖于整个主码且仅依赖于主码。

(6) 定义其他对象和规则：定义属性的数据类型、长度、精度、非空、默认值和约束规则等；定义触发器、存储过程、视图、角色等对象。

2. E-R图的设计过程

(1) 设计局部E-R图：从需求分析数据流图和文档出发，确定实体和属性；根据数据流图中对数据处理的要求，确定实体之间的联系，设计局部E-R图。

(2) 合成总体E-R图：在局部E-R图设计完成之后，将所有的局部E-R图合成一个初步E-R图，在此基础上，剔除局部E-R图之间的属性冲突、命名冲突、结构重贴等，形成总体E-R图。

(3) 优化基本E-R图：初步E-R图到总体的E-R图是对现实世界的真实反映，并不一定最优，需要经过仔细分析，找出潜在的数据冗余，根据实际情况确定是否消除冗余属性和冗余联系。

概念结构设计的目标是向特定的数据库系统转换，因此，概念结构设计是逻辑结构设计和物理结构设计的依据和前提，是整个数据库设计的关键所在。

概念结构设计需要设计者具有丰富的行业管理经验。

1.5.3 逻辑结构设计

逻辑结构设计的任务是将E-R图转化为特定数据管理系统支持的逻辑模型。

在逻辑结构设计阶段，首先需要将概念结构转化为一般的层次数据模型、网状数据模型或关系数据模型，然后再转化到特定的数据库管理系统支持的逻辑模型。得到初步的逻辑模型之后，还需要适当修改、调整逻辑模型的结构，进一步提高数据库系统的性能。

在进行逻辑结构设计时，E-R图中的实体被转化为数据库中的基本表，属性被转化为表中的字段，每个字段需要有合适的名称、类型和长度、完整性约束等。

在逻辑结构设计时，需要注意以下几点：

(1) 使用更加符合用户习惯的名称。

(2) 对不同级别的用户，定义不同的模型，以满足系统对安全性的要求。

(3) 将某些频繁使用的复杂查询定义为视图，以简化用户对系统的使用。

1.5.4 物理结构设计

物理结构设计的任务是为逻辑模型选取一个最合适的物理结构，包括数据库在物理设备上的存储结构和存取方法。由于不同的数据库管理系统提供的物理环境、存取方法和存储结构各不相同，可供设计人员使用的设计变量、参数范围也各不相同。

物理结构设计没有通用的设计方法。

数据库的物理结构应能满足运行响应时间短、存储空间利用率高和事务吞吐率大的要求。因此，设计人员需要对实际事务进行详细分析，获取物理结构设计需要的各种参数，全面了解数据库管理系统提供的功能、存储结构和存取方法。

物理结构设计涉及以下两个方面：

（1）数据库查询：包括查询涉及数据和关系、查询条件涉及属性、查询结果涉及属性等。

（2）数据库更新：包括被更新数据和关系、更新操作涉及属性、修改操作涉及属性等。

在初步完成物理结构设计之后，还需要对物理结构进行评价，评价的重点是时间和空间的使用效率，如果评价不能满足要求，则需要重新设计物理结构，甚至返回到逻辑结构设计阶段，修改逻辑模型。

1.5.5 数据库实施

完成物理结构设计之后，设计人员就可以利用数据库管理系统的数据定义语言和实用工具将数据库的逻辑结构设计和物理结构设计结果严格地描述出来，使之成为数据库管理系统可以接受的对象。

（1）定义数据库结构。利用数据库管理系统提供的数据定义语言（DDL）严格地描述数据库结构。

（2）组织数据入库。在数据库结构建立之后，组织向数据库装载数据，这是数据库实施阶段最主要的工作。

①对于小型系统，可以使用人工输入数据。

②对于中、大型系统，可以使用计算机辅助数据入库。

需要装入数据库中的数据通常分散在各个部门的数据文件或原始票据中，首先需要对原始数据进行筛选，不符合数据库格式要求的数据还需要进行转换，最后才能把筛选、转换后的数据输入数据库。

（3）编制和调试数据库应用程序。数据库应用程序的设计应该与数据库设计同时进行。在部分数据被输入到数据库之后，可以对应用程序进行调试。调试程序可以使用模拟数据，模拟数据应该具有一定的代表性，可满足调试系统的多数功能要求。

（4）数据库系统试运行。在数据库应用程序调试基本完成，并且已有部分数据入库之后，可以开始数据库系统试运行，其主要包括以下工作：

①功能测试：运行应用程序，测试应用程序的各种功能是否满足设计要求。

②性能测试：执行各种操作，测试系统的性能指标分析是否达到设计目标。

1.5.6 数据库的运行和维护

在数据库系统试运行结果完全满足设计要求、达到设计目标之后，数据库系统就可以投入正式运行。系统投入运行，标志着数据库系统设计开发任务基本完成和管理维护工作正式开始。由于实际业务范围不断变化，应用需求会不断变化，数据库运行过程中的物理设备也会不断变化，对数据库设计进行调整、修改等维护工作是一项长期的任务，也是设计工作的继续和完善。

在数据库运行阶段，数据库的日常维护工作由数据库管理员承担，包括以下内容：

（1）数据库备份和恢复。备份和恢复是数据库系统正式运行之后最重要的维护工作。数据库管理员要针对不同的应用需求，制定不同的备份计划，定期对数据库和有关文件进行备份。这样一旦系统发生故障，便可尽快对数据库进行恢复。

（2）数据库安全性和完整性控制。在数据库运行过程中，数据库的安全性非常重要。数据库管理员需要根据实际情况，对安全机制进行修改，根据用户的不同需要授予不同的操作权限。在数据库运行过程中，数据库的完整性也同样重要。数据库管理员需要根据实际使用情况，不断地修改完整性的约束条件。

（3）数据库性能监督和改进。在数据库运行过程中，为了防微杜渐、完善系统，数据管理员必须对系统运行进行监督，对监测数据进行分析，找出改进系统性能的措施。

（4）数据库重组织和重构造。数据库运行一段时间之后，数据的不断增加、删除、修改，会使数据库的物理存储结构变差，从而降低数据存储空间利用率和数据存取效率。因此，需要对数据库进行重新组织和构造，以便提高数据库系统的性能。

本节介绍的内容是对数据库系统设计的一般性描述，主要针对中、大型数据库系统。对于小型企业使用的小型系统，上述步骤不一定适合。投入大量的资金、人力，小型企业一般不能够接受，所以需要因地制宜、灵活运用，不能死搬硬套。

练习题

一、单选题

1. 关于信息的主要特征，下列说法不正确的是（　　）。

A. 信息传递需要物质载体，获取和传递信息会消耗能量

B. 信息可以感知，不同的信息源有不同的感知方式

C. 信息可以存储、加工、传递、扩散、共享、再生和增值

D. 信息是人们按照某种格式进行记录的有意义的符号

2.（　　）是数据库管理的一种软件，介于应用程序与操作系统之间，用于管理人们输入到计算机中的数据。

A. 数据库　　　　B. 数据库管理系统

C. 数据库系统　　D. 数据库应用系统

3.（　　）是长期保存在计算机存储设备上、按照某种模型组织起来的、可以被各种用户或应用程序共享的数据集合。

A. 数据库管理系统　　B. 文件

C. 数据库　　　　　　D. 数据库系统

4. 在数据库中存储的是（　　）。

A. 数据　　　　　　　　　B. 数据模型

C. 数据以及数据之间的关系　　D. 信息

5. 数据库（DB）、数据库系统（DBS）和数据库管理系统（DBMS）三者之间的关系是（　　）。

A. DBS包含DB和DBMS　　B. DBMS包含DB和DBS

C. DB包含DBS和DBMS　　D. DBS既是DB，也是DBMS

6.（　　）提供各种简单、灵活的查询方式，使人们可以方便地获取数据库中的数据。

A. 数据查询语言　　B. 数据定义语言

C. 数据操作语言　　D. 数据控制语言

7.（　　）是面向计算机物理表示的模型，用于描述数据在存储介质上的组织结构。

A. 逻辑模型　　B. 概念模型

C. 层次数据模型　　D. 物理模型

8. 表中的一行即一个（　　），对应系统中的一条记录。

A. 属性　　B. 候选码

C. 元组　　D. 关系

9.（　　）的任务是详细地调查现实世界需要处理的各种事务，充分了解实际工作概况，完全明确用户的各种需求。

A. 概念结构设计　　B. 需求分析

C. 数据库运行和维护　　D. 数据库实施

10. 在一个关系中，不能有相同的（　　）。

A. 属性　　B. 数据项

C. 元组　　D. 域

11. 在数据管理技术的发展过程中，数据独立性最高的是（　　）阶段。

A. 文件管理　　B. 人工管理

C. 数据库管理　　D. 分布式数据库管理

12. 下列（　　）不包括在数据库运行和维护范围之内。

A. 数据库备份和恢复　　B. 数据库安全性和完整性控制

C. 数据库的设计和构建　　D. 数据库性能监督和改进

二、填空题

1. 数据库系统由__________、支持数据库运行的硬件和软件、__________、数据库应用程序和人员组成。

2. 计算机数据处理经历了四个阶段：__________、__________、__________和分布式数据库管理阶段。

3. 数据模型按照应用层次分为三种类型：__________、__________和__________。

4. 关系完整性约束是保证关系模型中数据完整性的重要手段，包括__________、__________和__________三种类型。

5. 概念结构设计的任务是：__________________________。

6. 逻辑结构设计的任务是：__________________________。

7. 物理结构设计的任务是：__________________________。

三、简答题

1. 简述数据库管理系统应具备的功能。
2. 简述数据库系统的组成。
3. 数据库的发展历程包括哪几个阶段?
4. 简述数据模型的类型。
5. 关系完整性约束包括哪几个方面?
6. 简述数据库设计的几个阶段。

第 2 章

SQL Server 数据库管理系统

本章学习

①SQL Server 系统简介
②SQL Server 的安装步骤
③SQL Server 图形界面管理
④Transact - SQL 语句命令管理
⑤SQL Server 系统数据库和系统表
⑥SQL Server 数据库的主要对象

2.1 SQL Server 系统简介

SQL Server 是美国微软公司推出的数据库产品，是基于客户机/服务器模式的关系型数据库管理系统，是一种大型数据库管理系统。SQL Server 在电子商务网络、企业信息管理等数据库应用中起着非常重要的作用。

2.1.1 SQL Server 发展史

（1）1988 年，微软、Sybase 和 Ashton - Tate 三家公司，在 Sybase 的基础上，联合开发在 OS/2 操作系统上运行的 SQL Server。

（2）1989 年，SQL Server 1.0 面世，Ashton - Tate 退出 SQL Server 开发。

（3）1990 年，SQL Server 1.1 面世，被微软公司正式推向市场。

（4）1992 年，微软与 Sybase 共同开发 SQL Server 4.2，其开始在 Windows NT 上运行，微软公司成了数据库开发项目的主导者。

（5）1995 年，SQL Server 6.0 发布，随后的 SQL Server 6.5 取得巨大成功，被广泛使用。

（6）1998 年，微软公司发布 SQL Server 7.0，开始进入企业级数据库市场。

（7）2000 年，微软公司发布 SQL Server 2000。

（8）2005 年，微软公司发布 SQL Server 2005。

（9）2008年，微软公司发布SQL Server 2008。

（10）2012年，微软公司发布SQL Server 2012。

（11）2014年，微软公司发布SQL Server 2014。

在目前的国内市场，SQL Server 2008得到最为广泛的使用。

2.1.2 SQL Server 2008版本

（1）企业版（Enterprise Edition）：一个完整的数据管理和业务智能平台，为大型企业级应用提供可扩展性、高可用性和高安全性数据管理功能，提供高级分析工具和报表支持，提供坚固的数据服务器并可执行大规模在线事务处理。该版本能够支持操作系统所支持的最大CPU数。

（2）标准版（Standard Edition）：一个完整的数据管理和分析平台，为部门级的数据管理提供最佳的易用性和易管理性支持。该版本最多支持4个CPU。

（3）开发版（Developer Edition）：为开发人员提供快速构建和测试基于SQL Server的数据库开发和管理平台。它拥有企业版的所有特性，但只用于开发、测试或演示，可以很容易升级到企业版。

（4）工作组版（Workgroup Edition）：一个值得信赖的数据管理和报表平台，为中小型企业提供快捷、容易使用的数据库解决方案，可以很容易升级到标准版或企业版。

（5）网络版（Web Edition）：提供低成本、大规模、高度可用的Web应用和主机托管解决方案，为运行于Windows服务器中的高可用、面向互联网的Web服务提供支持。

（6）学习版（Express Edition）：一个免费版本，拥有核心的数据库功能，也是一个微型版本，只能用于为初学者构建桌面、小型数据管理。

本书内容基于SQL Server 2008企业版。

2.1.3 SQL Server 2008的运行环境

在安装SQL Server之前，必须配置适当的硬件设备和软件环境。

1. 硬件需求

不同版本的SQL Server，对硬件的需求有所不同。下面介绍SQL Server 2008（32位）企业版对硬件的需求。

（1）处理器：PentiumⅢ兼容或更高速度的处理器，主频最低为1.0GHz，建议2.0GHz。

（2）内存（RAM）：最少512MB，建议2.048GB.

（3）硬盘空间：数据库引擎和数据库文件、复制以及全文搜索280MB，Analysis Services和数据文件90MB，Reporting Services和报表管理器20MB，Integration Services 120MB，客户端组件850MB，SQL Server联机丛书和SQL Server Compact丛书240GB。

（4）监视器：图形工具需要使用VGA，分辨率至少为1 024×768像素。

（5）定位设备：微软鼠标或兼容设备。

（6）光驱：通过光驱进行安装时需要 CD 或 DVD 驱动器。

2. 软件需求

（1）浏览器：Microsoft Internet Explorer 6 SP1 及以上版本。
（2）框架：. NET Framework 3. 5。
（3）安装器：Windows Installer 4. 5 及以上版本。
（4）数据访问组件：Microsoft Data Access Components 2. 8 SP1 及以上版本。
除了浏览器，上述软件在安装 SQL Server 数据库管理系统时首先安装，不必专门安装。

3. 操作系统需求

32 位企业版、标准版、开发版、工作组版、网络版和学习版都可以在 Windows XP SP2 及以上版本、Windows Server 2003 SP2 及以上版本、Windows Server 2008 各种版本、Windows 7、Windows 8、Windows Vista 各种版本等操作系统上安装。

2.2　SQL Server 的安装步骤

SQL Server 各种版本的安装步骤大同小异，本书以 SQL Server 2008 企业版为例。

2.2.1　安装前的准备

SQL Server 2008 安装程序有两种版本，即 32 位版本和 64 位版本。32 位版本安装程序大小为 1. 57GB，64 位版本安装程序大小为 4. 78GB。在 Windows XP 操作系统，安装 32 版本。在 Windows 7、Windows 8 操作系统，首先需要查看操作系统是哪种版本，32 位需要安装 32 位版本的 SQL Server，64 位需要安装 64 位版本的 SQL Server。32 位版本和 64 位版本的安装程序如图 2－1 所示。

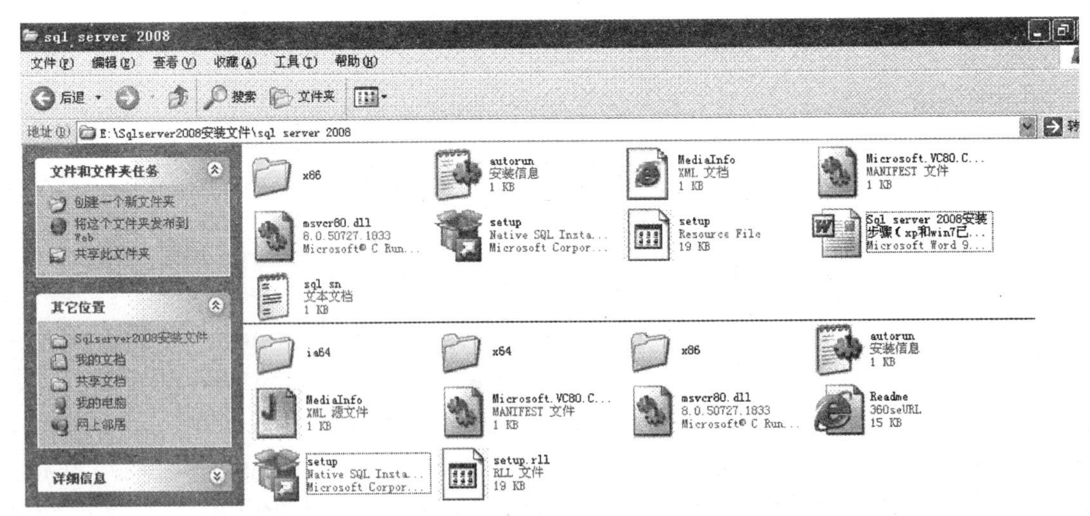

图 2－1　两种版本的安装程序

2.2.2 安装步骤

（1）在图 2-1 所示界面中，用鼠标双击“setup.exe”安装程序，出现图 2-2 所示界面。

图 2-2 安装.NET 框架提示

（2）在计算机上首次安装 SQL Server 时，需要安装.NET 框架和更新 Installer。

在图 2-2 所示界面中，点击“确定”按钮，在一些提示界面之后，出现图 2-3 所示界面。

图 2-3 使用软件许可

（3）在图 2-3 所示界面中，选择“我已经阅读…”，点击“安装”按钮，出现图 2-4 所示界面。

（4）等待下载（并非网上下载）完毕，出现图 2-5 和图 2-6 所示界面。

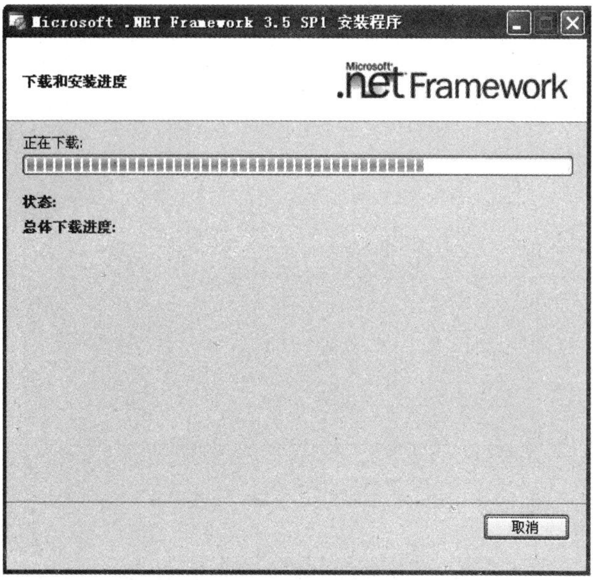

Microsoft .NET Framework 3.5 SP1 安装程序

下载和安装进度

Microsoft .net Framework

正在下载:

状态:

总体下载进度:

取消

图 2－4　下载和安装进度

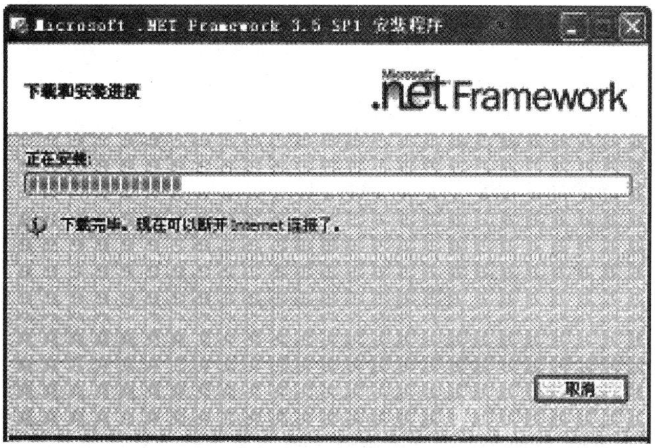

Microsoft .NET Framework 3.5 SP1 安装程序

下载和安装进度

Microsoft .net Framework

正在安装:

下载完毕。现在可以断开 Internet 连接了。

取消

图 2－5　. NET 框架下载完成

Microsoft .NET Framework 3.5 SP1 安装程序

安装完成

Microsoft .net Framework

Microsoft .NET Framework 3.5 SP1 已成功安装。

强烈建议您下载并安装此产品的最新 Service Pack 和安全更新。

有关详细信息，请访问 Windows Update

退出(X)

图 2－6　. NET 框架安装完成

（5）在图2－6所示界面中，点击“退出”按钮，在提示框之后，出现图2－7所示界面。

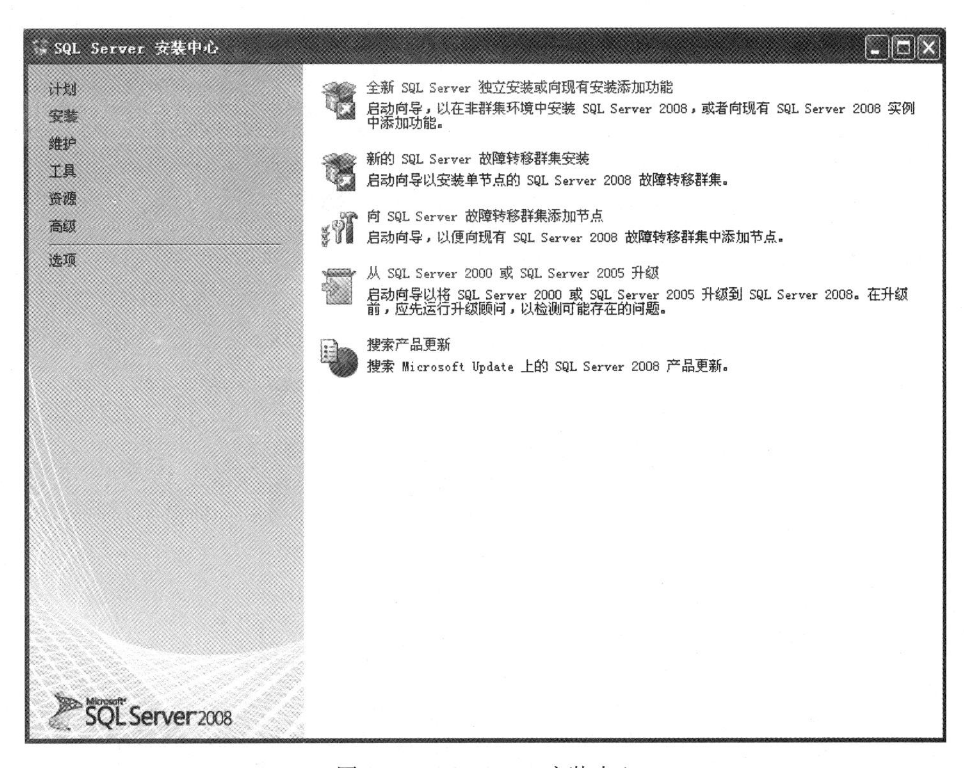

图2－7　SQL Server安装中心

（6）在图2－7所示界面中，点击“全新SQL Server独立安装或向现有安装添加功能”，若发生冲突，出现图2－8所示界面。

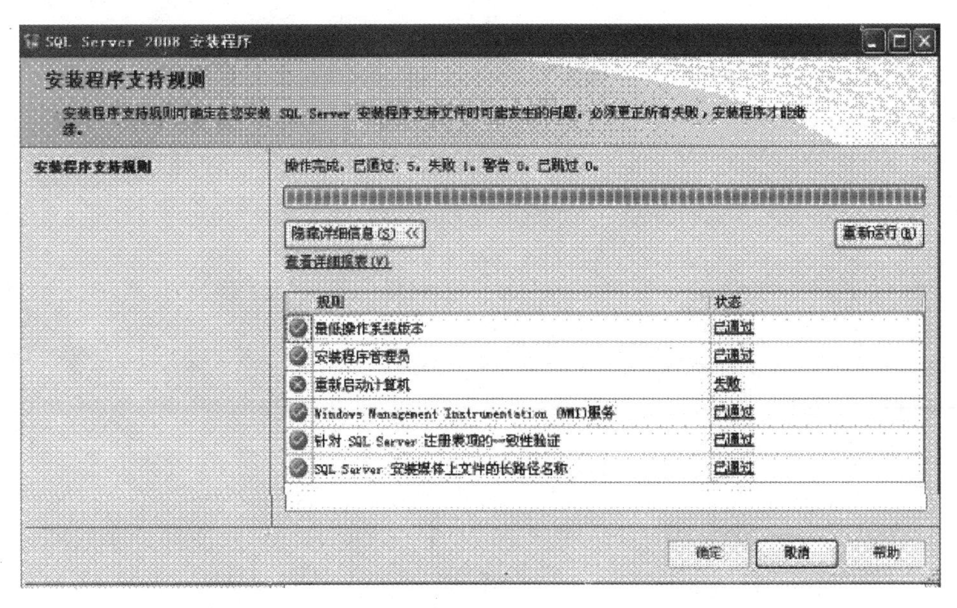

图2－8　安装程序发生冲突时的界面

（7）重启机器，重新安装。如果再次发生冲突，需要修改注册表。删除“HKEY_LOCAL_MACHINE \ SYSTEM \ CurrentControlSet \ Control \ Session Manager”中的“FileRenameOperations”。再次重启机器，重新安装。

这时若不再发生冲突，则出现图2-9所示界面。

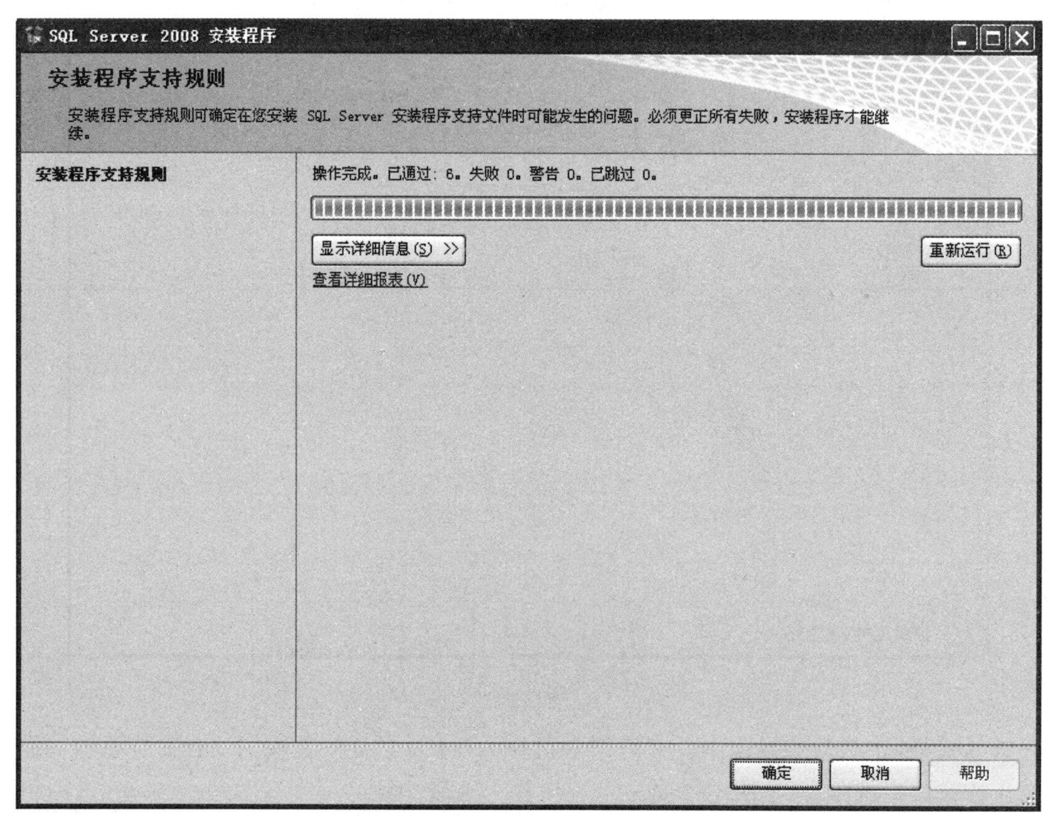

图2-9　安装程序支持规则

（8）在图2-9所示界面中，单击“确定”按钮，出现图2-10所示界面。

（9）在图2-10所示界面中，选择“指定可用版本”，可以不需要密钥，但使用期限为180天。

选择“输入产品密钥”，输入25位的产品密钥，安装程序根据密钥确定安装的版本。点击“下一步”按钮，出现图2-11所示界面。

（10）在图2-11所示界面中，选择“接受许可条款”，点击“下一步”按钮，出现图2-12所示界面。

（11）在图2-12所示界面中，点击“安装”按钮，又一次出现“安装程序支持规则”，如图2-13所示。

（12）在图2-13所示界面中，点击“下一步”按钮，出现图2-14所示界面。

（13）在图2-14所示界面中，选择“数据库引擎服务”“客户端工具连接”“SQL Server联机丛书”“管理工具”等，在“共享功能目录”中修改其盘符。点击“下一步”按钮，出现图2-15所示界面。

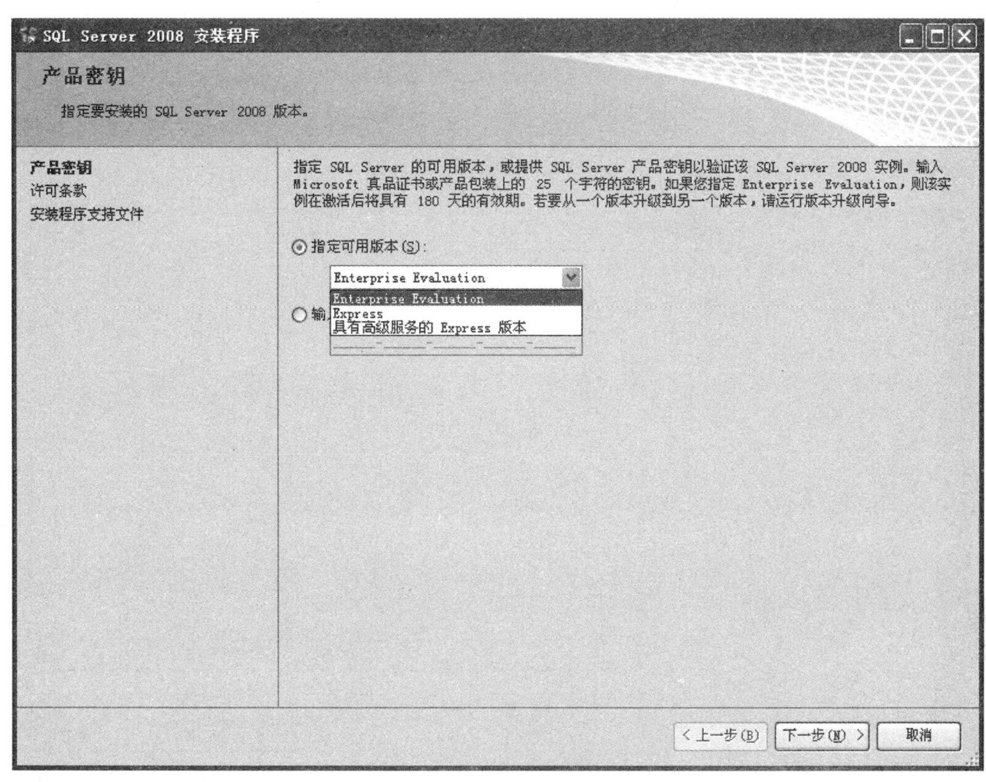

图 2－10　选择产品密钥

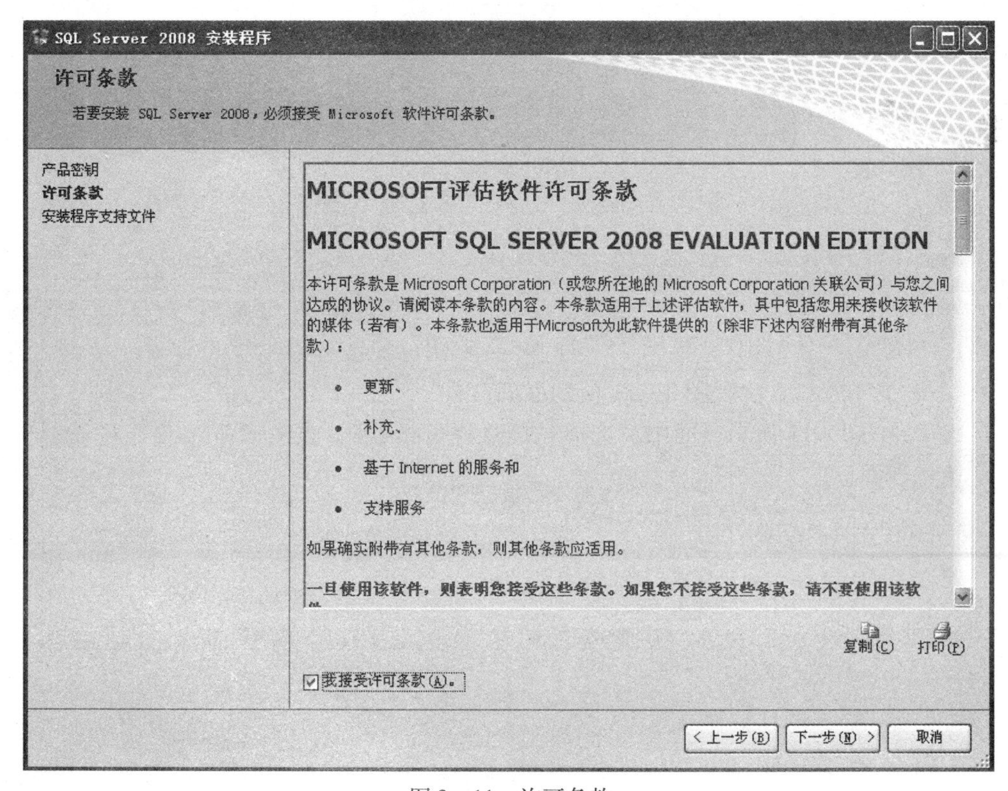

图 2－11　许可条款

SQL Server 2008 安装程序

安装程序支持文件

单击“安装”以安装安装程序支持文件。若要安装或更新 SQL Server 2008，这些文件是必需的。

产品密钥
许可条款
安装程序支持文件

SQL Server 安装程序需要下列组件(T):

功能名称	状态
安装程序支持文件	

< 上一步(B)　安装(I)　取消

图 2－12　安装程序支持文件

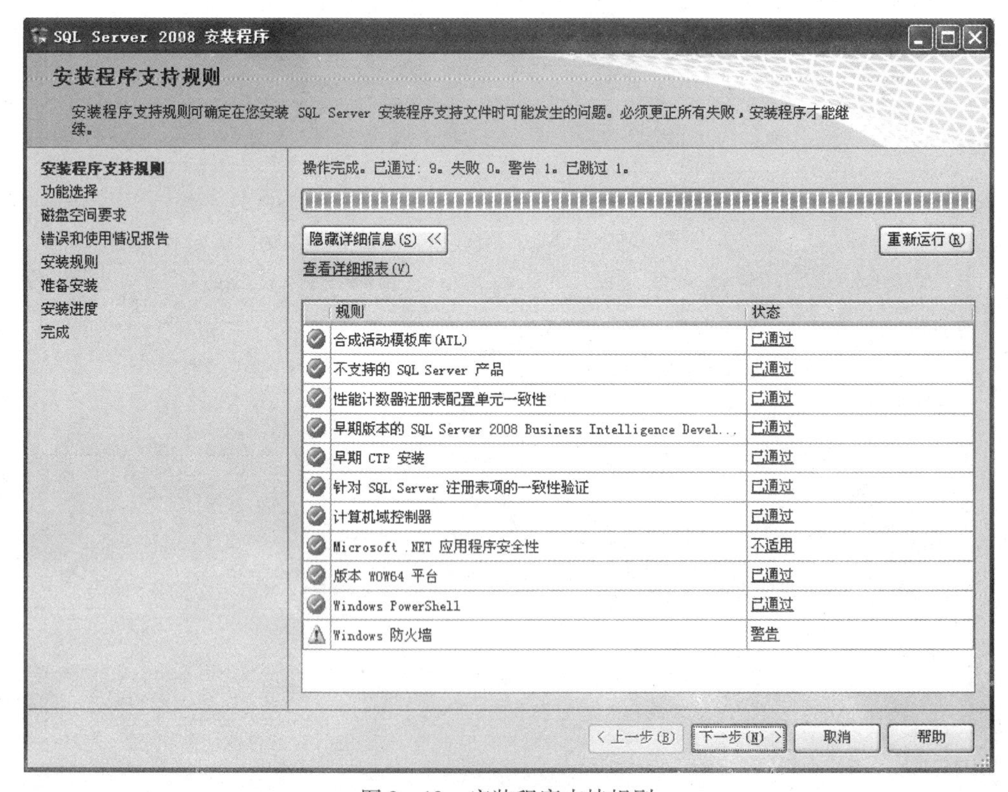

图 2－13　安装程序支持规则

SQL Server 2008 安装程序
功能选择
选择要安装的 Enterprise Evaluation 功能。对于群集安装，只能群集化数据库引擎服务和 Analysis Services。
安装程序支持规则
功能选择
实例配置
磁盘空间要求
服务器配置
数据库引擎配置
错误和使用情况报告
安装规则
准备安装
安装进度
完成
功能(F):
实例功能
数据库引擎服务
SQL Server 复制
全文搜索
Analysis Services
Reporting Services
共享功能
Business Intelligence Development Studio
客户端工具连接
Integration Services
客户端工具向后兼容性
客户端工具 SDK
SQL Server 联机丛书
管理工具 - 基本
管理工具 - 完整
SQL 客户端连接 SDK
Microsoft Sync Framework
可再发行的功能
说明:
服务器功能可识别实例且有自己的注册表配置单元。它们支持在一台计算机上有多个实例。
全选(A)
全部不选(U)
共享功能目录(S):
C:\Program Files\Microsoft SQL Server\
< 上一步(B)
下一步(N) >
取消
帮助

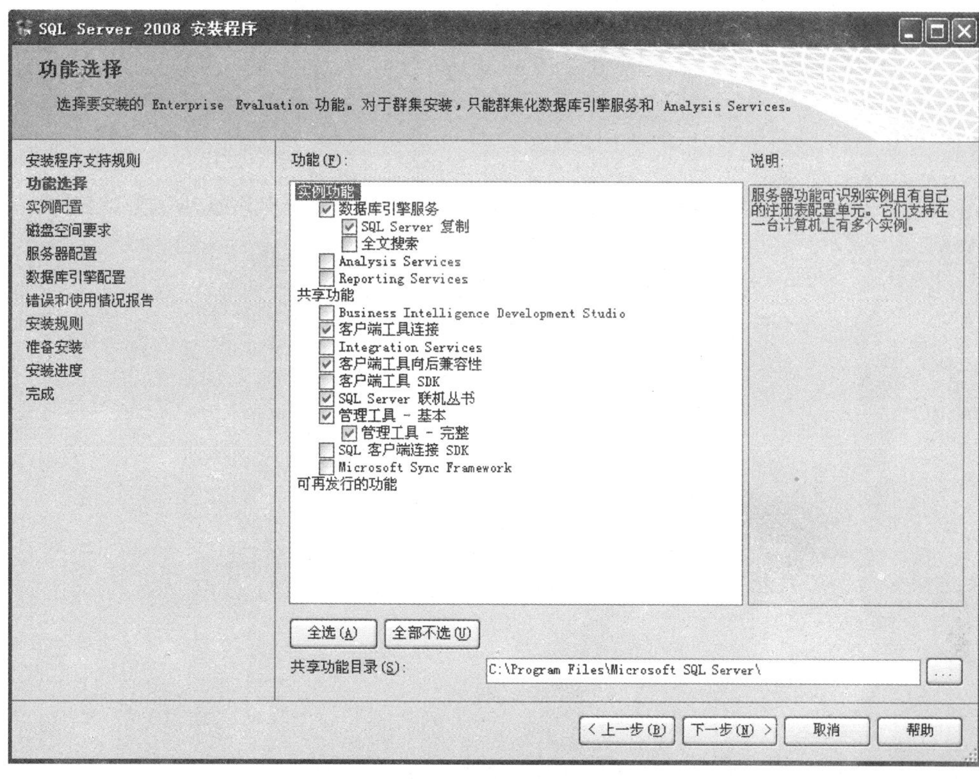

图 2－14　选择安装功能

SQL Server 2008 安装程序
实例配置
指定 SQL Server 实例的名称和实例 ID。
安装程序支持规则
功能选择
实例配置
磁盘空间要求
服务器配置
数据库引擎配置
错误和使用情况报告
安装规则
准备安装
安装进度
完成
默认实例(D)
命名实例(A):
MSSQLSERVER
实例 ID(I):
MSSQLSERVER
实例根目录(R):
C:\Program Files\Microsoft SQL Server\
SQL Server 目录: C:\Program Files\Microsoft SQL Server\MSSQL10.MSSQLSERVER
已安装的实例(L):
实例
功能
版本类别
版本
实例 ID
< 上一步(B)
下一步(N) >
取消
帮助

图 2－15　配置安装实例

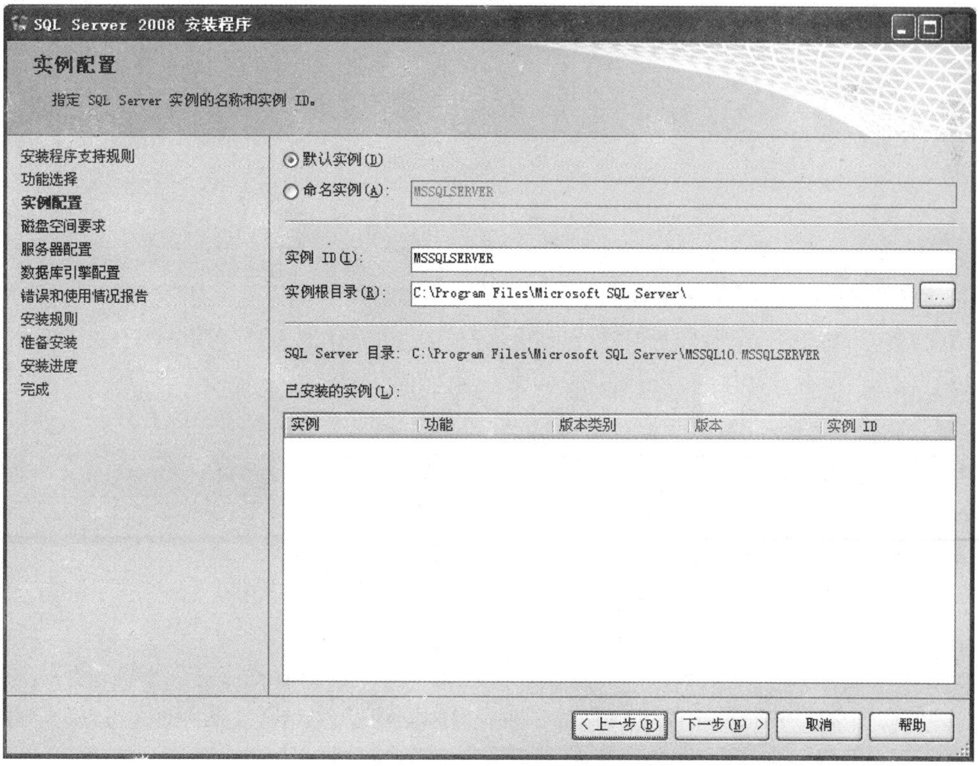

（14）在图2－15所示界面中，选择“默认实例”（在机器上同时安装多个版本时，选择“命名实例”）。

在“实例根目录”中输入或选择安装目录，点击“下一步”按钮，出现图2－16所示界面。

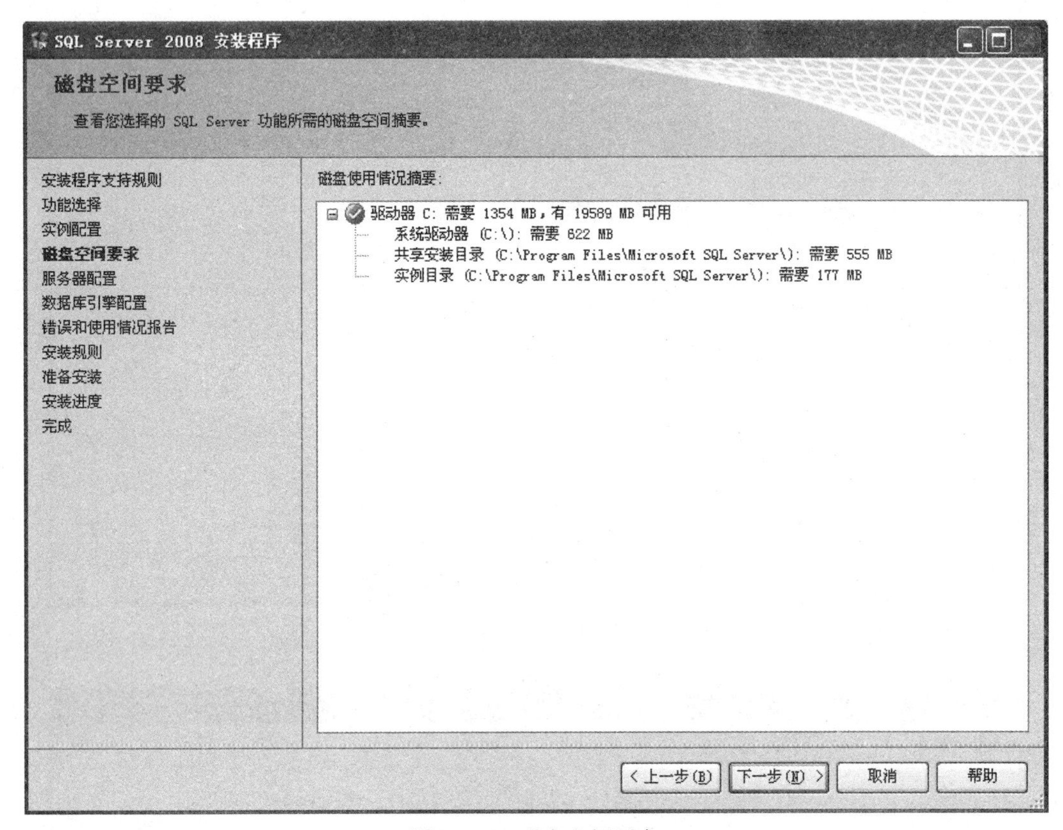

图2－16　磁盘空间要求

（15）在图2－16所示界面中，显示机器可用空间和系统所需空间。若磁盘空间不够，点击“上一步”按钮返回到图2－15所示界面重新选择磁盘。若磁盘空间够用，点击“下一步”按钮，出现图2－17所示界面。

（16）在图2－17所示界面中，在“服务器账户”中选择“NT AUTHORITY \ SYSTEM”。点击“下一步”按钮，出现图2－18所示界面。

（17）在图2－18所示界面中，进行以下操作：

①设置“身份验证模式”为“Windows身份验证模式”或“混合模式”。为了简单，设置为前者，安装完成之后，还可以改为后者。

②设置“系统管理员”。

注意：在整个安装过程中，这是最难通过的一步，应引起充分注意，可能需要反复几次。

设置完成之后，点击“下一步”按钮，出现图2－19所示界面。

（18）在图2－19所示界面中，两个选项都可以不选。点击“下一步”按钮，出现图2－20所示界面。

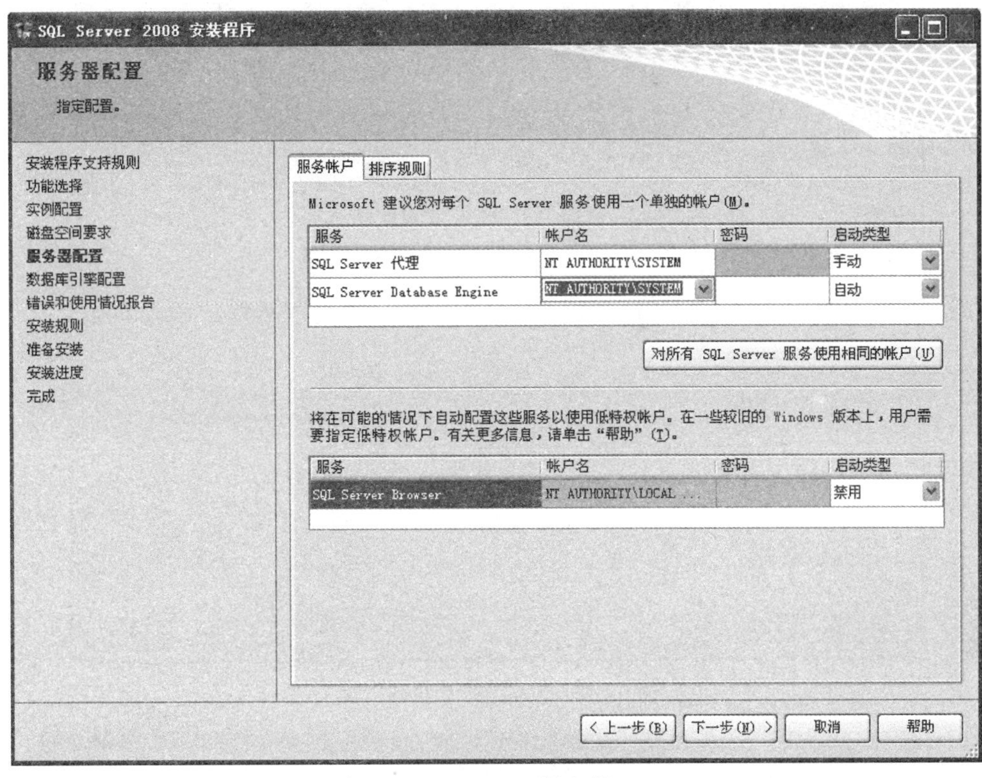

图 2－17　配置服务器

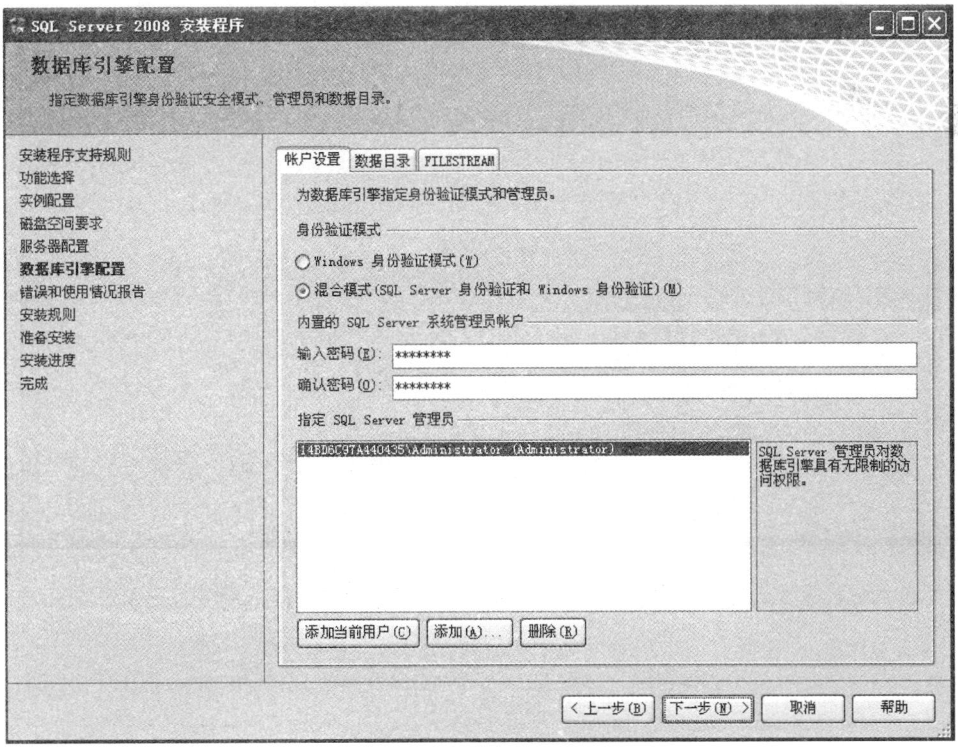

图 2－18　配置数据库引擎

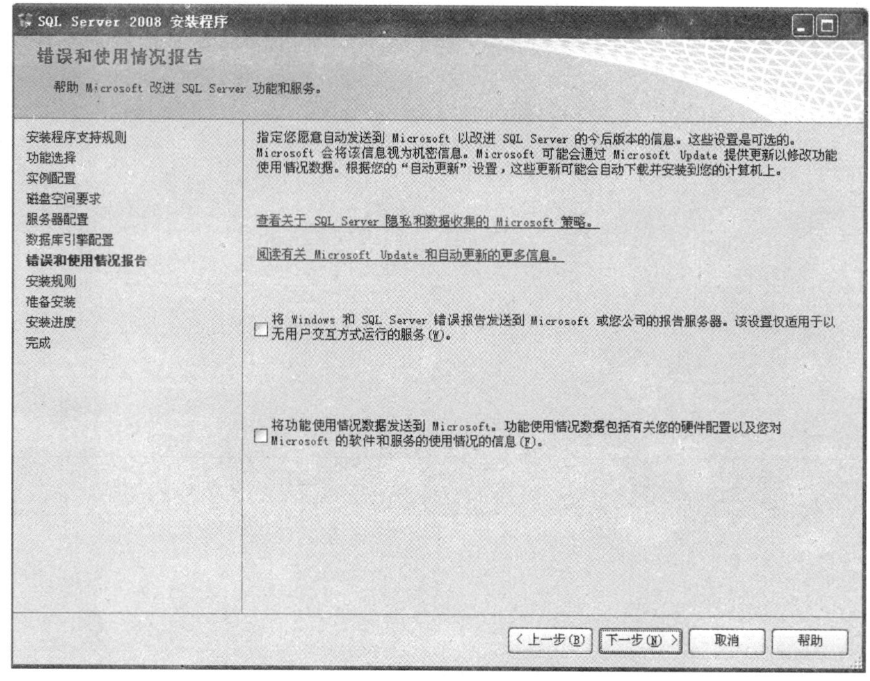

图 2－19　错误和使用情况报告

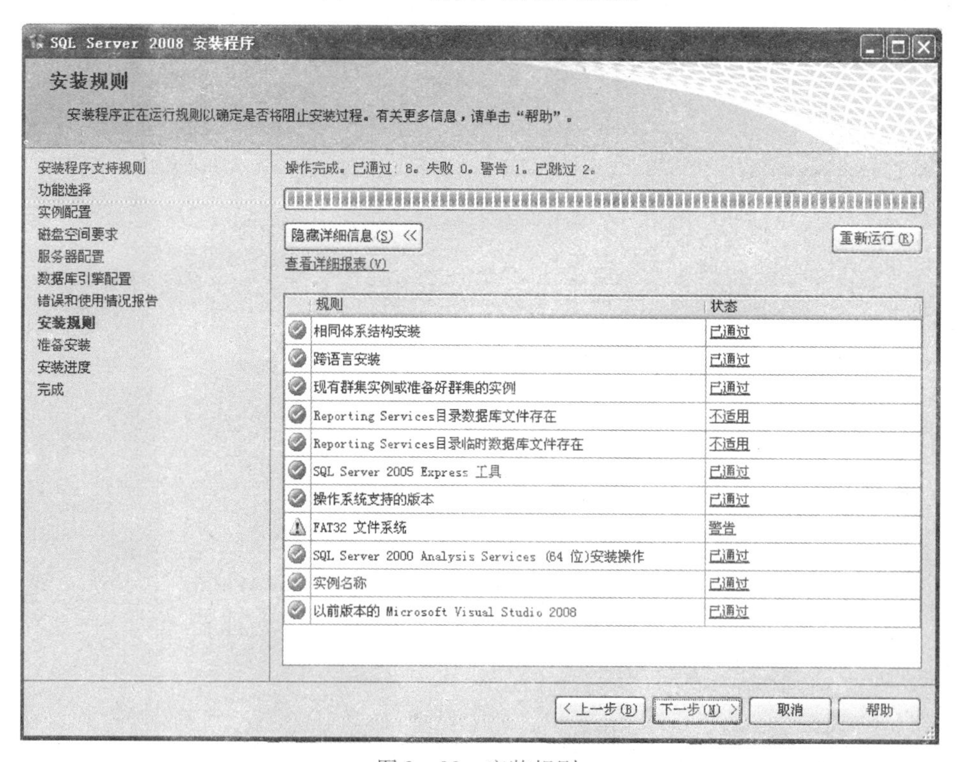

图 2－20　安装规则

（19）在图 2－20 所示界面中，显示“安装程序将检查当前的系统情况是否满足安装 SQL Server 2008 的规则”的有关内容。如果满足，点击“下一步”按钮，出现图 2－21 所示界面。

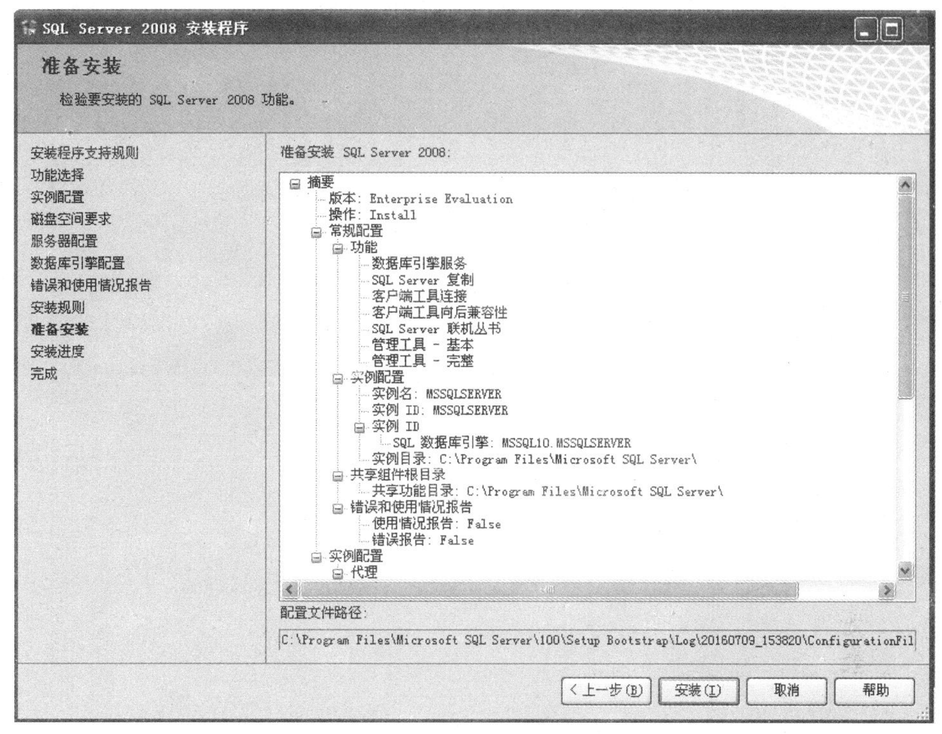

图 2－21　准备安装

(20) 在图 2－21 所示界面中，显示“准备安装 SQL Server 2008 摘要信息”。确认这些信息正确，点击“安装”按钮，出现图 2－22 所示界面。

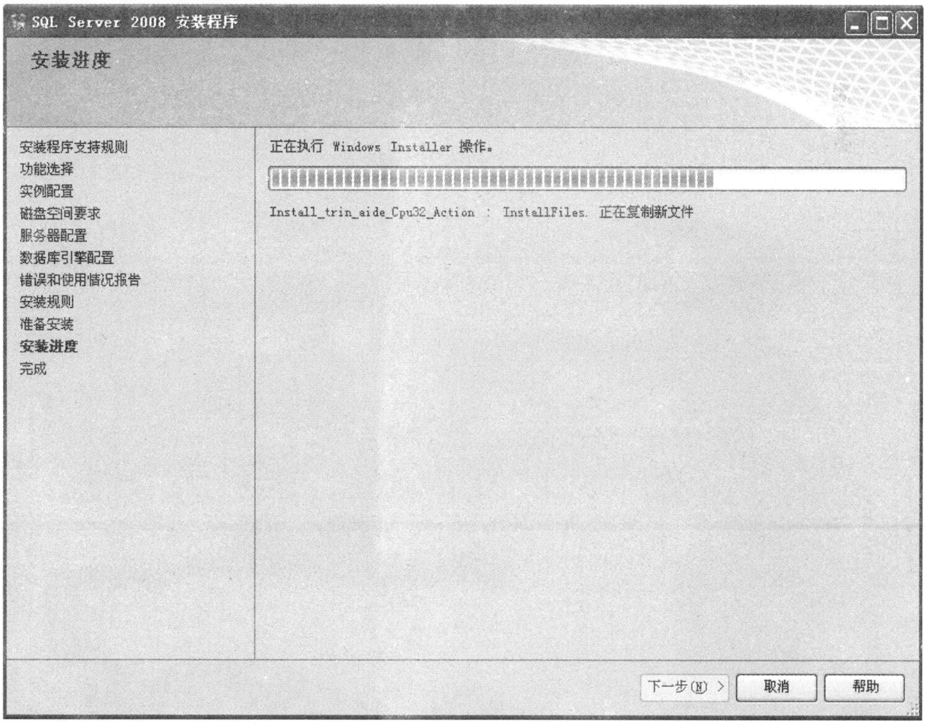

图 2－22　安装进度

注意： 从此开始安装 SQL Server 2008，在此之前的都是配置信息。

（21）“安装进度”过程需要较长时间，请耐心等待。

在进度完成之后，点击“下一步”按钮，出现图 2－23 所示界面。

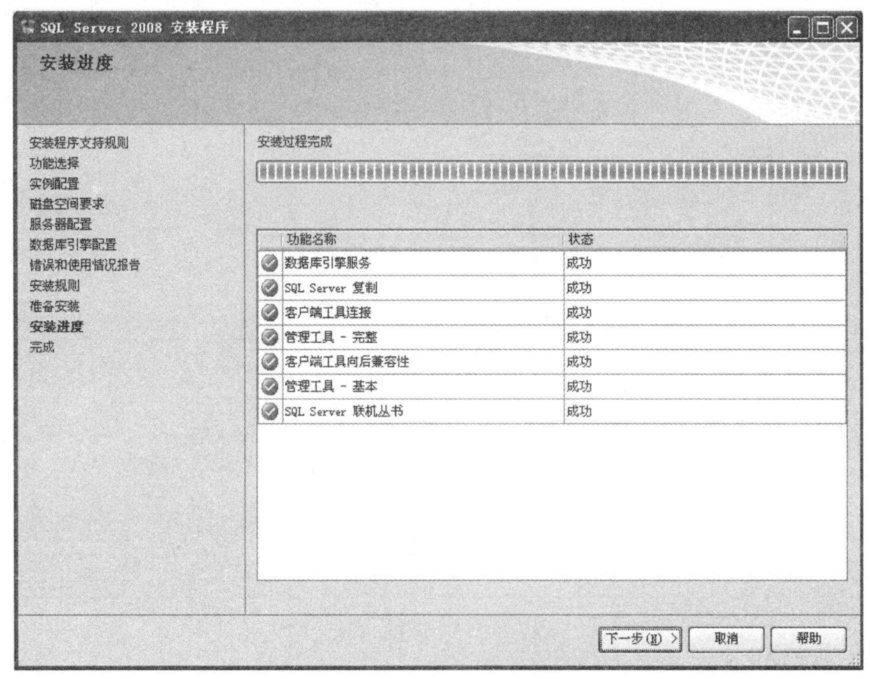

图 2－23　组件安装状态

（22）在图 2－23 所示界面中，显示被安装“组件”的状态。如果每个组件都安装成功，点击“下一步”按钮，出现图 2－24 所示界面。

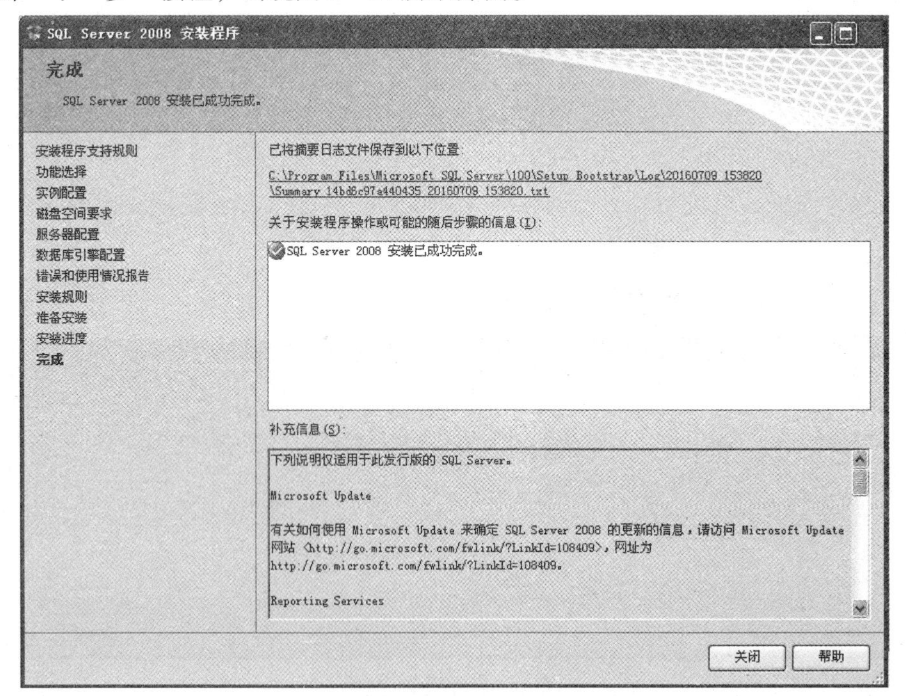

图 2－24　安装完成

（23）在图2－24所示界面中，点击“关闭”按钮，完成本次SQL Server 2008的安装。

说明：上述安装过程共23个步骤，是在安装比较顺利的情况下进行的。如果安装程序与计算机中已经安装的应用程序发生冲突，可以从互联网上查找解决问题的答案，问题一般都能得到解决。

2.3 SQL Server图形界面管理

在SQL Server成功安装之后，接下来就是对数据库进行管理。一般情况下，SQL Server数据库的管理可以在图形界面完成。SQL Server提供了许多图形界面工具，本书只介绍常用的两种：SQL Server配置管理器和SQL Server Management Studio。

2.3.1 SQL Server配置管理器

配置管理器是SQL Server 2008提供的数据库配置工具，用于管理相关服务、管理服务器和客户机使用的网络协议等。启动SQL Server配置服务器，如图2－25所示。

图2－25 启动SQL Server配置管理器

在图2－25所示界面中，选择“SQL Server配置管理器”，出现图2－26所示界面。

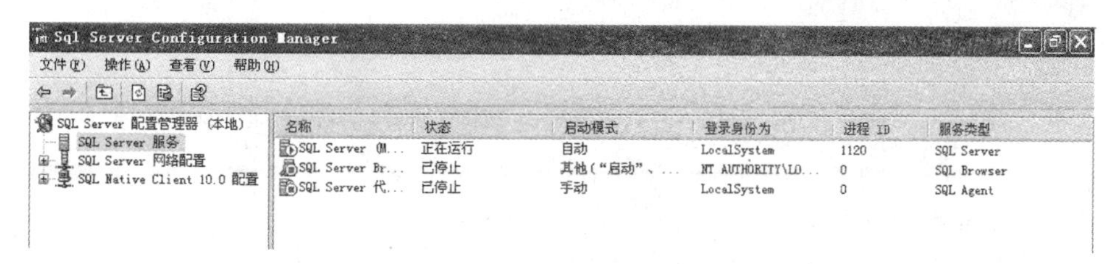

图2－26 配置管理器

1. 配置服务属性

（1）在图2－26所示界面中，点击左边的“SQL Server服务”。

（2）用鼠标右击“SQL Server（MSSQLSERVER）”。

（3）在出现的快捷菜单中，选择“属性”，出现图2－27所示界面。

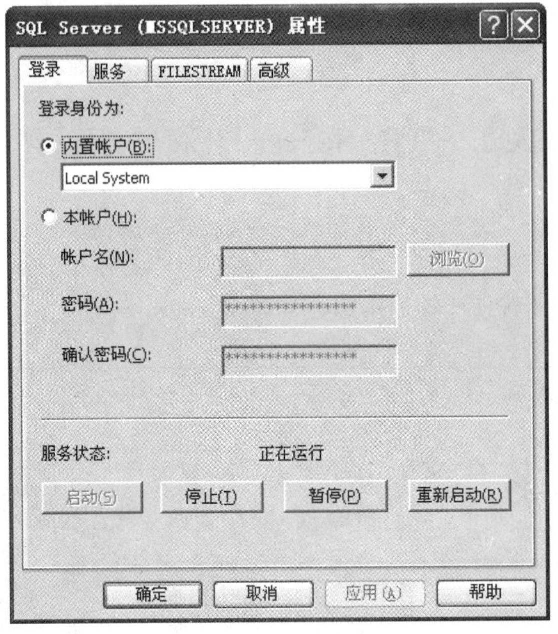

图2－27　配置服务登录信息

（4）在“登录”选项卡中，在“登录身份为”中设置登录的用户信息，在“服务状态”中启动、停止、暂停和重新启动服务。

（5）在“服务”选项卡中，在“启动模式”中选择自动、已禁用和手动，如图2－28所示。

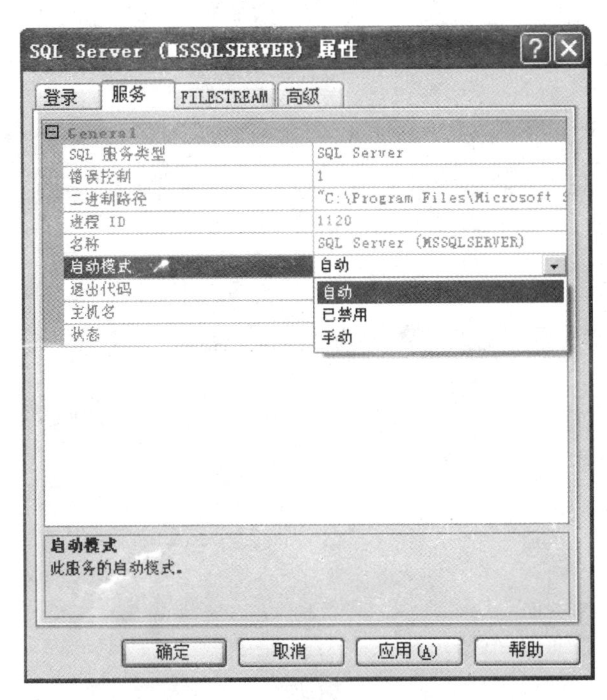

图2－28　配置服务启动模式

说明：

（1）安装 SQL Server 2008 之后，上述服务处于可用状态，所以一般不需要设置。

（2）如果“停止”服务，将不能进入 SQL Server 管理系统，投入正式运行的系统绝不使用。

2. 配置网络协议

SQL Server 提供 4 种网络协议：Shared Memory、Named Pipes、TCP/IP 和 VIA。

（1）展开“SQL Server 网络配置”，点击“MSSQLSERVER 的协议”，出现图 2－29 所示界面。

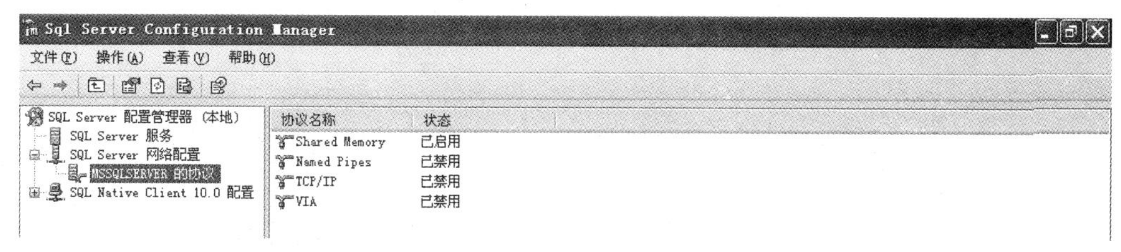

图 2－29　配置网络协议

（2）在图 2－29 所示界面中，用鼠标右键点击选择的协议，选择“属性，出现图 2－30～图 2－33 所示界面。

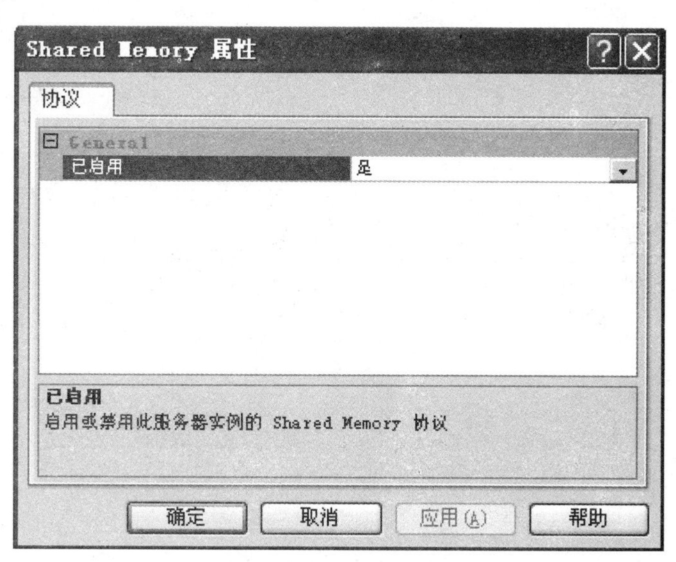

图 2－30　配置共享内存

（3）在图 2－30～图 2－33 所示界面中进行相关配置。

说明：

（1）共享内存是最简单的协议，用于服务器本地的网络连接。

（2）命名管道为局域网协议，一个进程的输出是另一个进程的输入。

（3）TCP/IP 为互联网协议，实现与网络中不同硬件结构和操作系统的连接。

（4）VIA 是虚拟接口适配器协议，需要与 VIA 硬件配合使用。

（5）大多数网络使用 TCP/IP 协议。

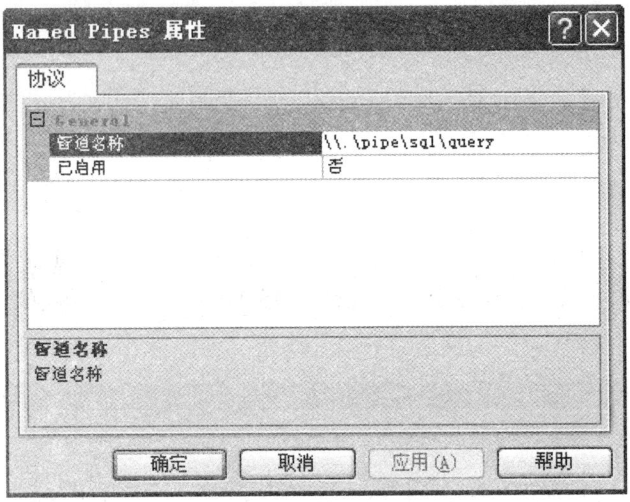

Named Pipes 属性
协议
General
管道名称
\\.\pipe\sql\query
已启用
否
管道名称
管道名称
确定
取消
应用(A)
帮助

图 2－31　配置命名管道

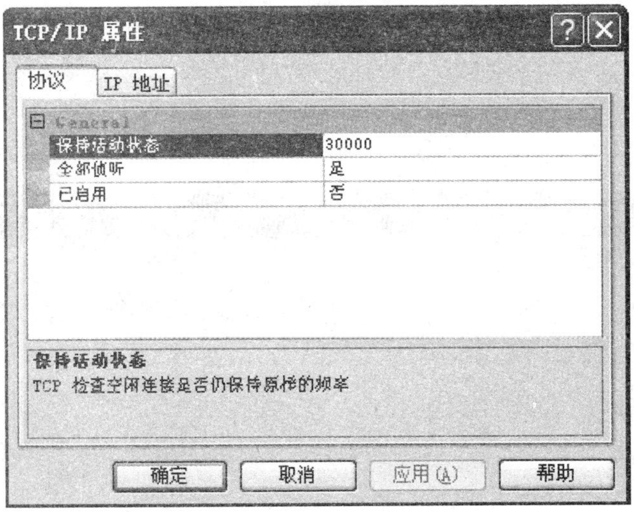

TCP/IP 属性
协议
IP 地址
General
保持活动状态
30000
全部侦听
是
已启用
否
保持活动状态
TCP 检查空闲连接是否仍保持原样的频率
确定
取消
应用(A)
帮助

图 2－32　配置 TCP/IP

VIA 属性
协议
General
默认端口
0:1433
已启用
否
侦听信息
0:1433
默认端口
默认服务器端口
确定
取消
应用(A)
帮助

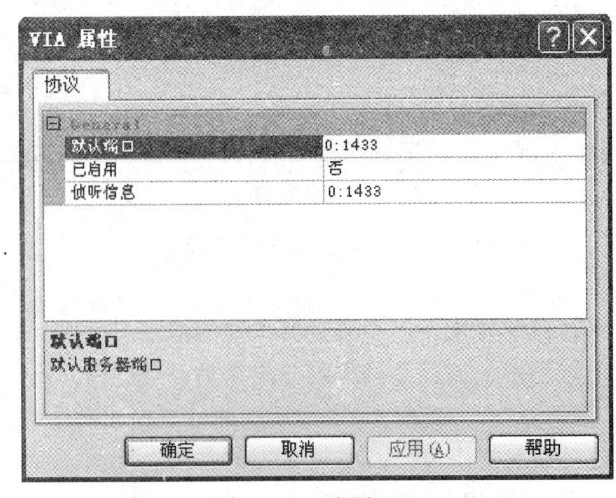

图 2－33　配置 VIA

2.3.2 SQL Server Management Studio

SQL Server Management Studio 是 SQL Server 2008 提供的最重要的管理工具。它将以前版本的“企业管理器”和“查询分析器”结合在一起，能够全面管理数据库。启动 SQL Server Management Studio，如图 2－34 所示。

图 2－34 启动 SQL Server Management Studio

（1）连接数据库服务器。

①在图 2－34 所示界面中，选择“SQL Server Management Studio”，出现图 2－35 所示界面。

图 2－35 连接服务器

②在图 2－35 所示界面中，选择“服务器类型”“服务器名称”“身份验证”的默认值。

因为在安装过程的第（17）步中选择了“Windows 身份验证模式”，故身份验证只能选择默认值。

点击“连接”，出现图 2－36 所示界面。

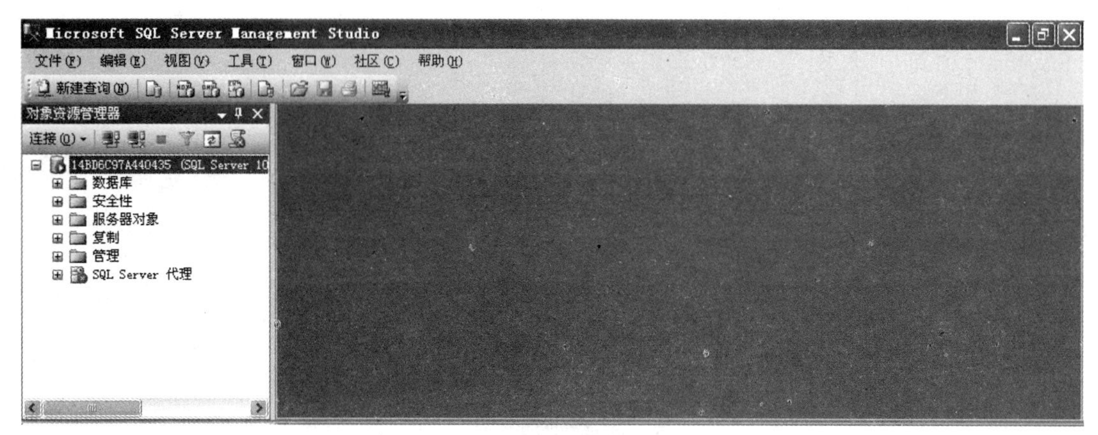

图 2－36　SQL Server 图形管理工具

（2）图形界面工具可以进行如下操作：

①管理服务器。

②注册服务器。

③连接到数据库服务器。

④配置服务器属性。

⑤创建、修改、删除、分离/附加、备份/恢复数据库。

⑥创建、修改、删除表、视图、索引、约束、存储过程等数据库对象。

⑦查看系统日志。

⑧监视数据库系统的当前活动。

⑨执行 SQL 语句命令。

说明：本书介绍的绝大部分内容都是在 SQL Server Management Studio 中进行操作。

2.3.3　身份验证模式转换

如果在安装过程的第（17）步选择“混合模式”，则不需要学习本小节所介绍的内容。

（1）在图 2－36 所示界面中，用鼠标右键单击第 1 行的服务器名，在出现的快捷菜单中，选择“属性”。

在出现的“服务器属性”窗口，点击“安全性”，出现图 2－37 所示界面。

在图 2－37 所示界面中，选择“SQL Server 和 Windows 身份验证模式”，点击“确定”按钮。

（2）在图 2－36 所示界面中，展开“安全性”－>“登录名”，用鼠标右键单击“sa”，在出现的快捷菜单中，选择“属性”，出现图 2－38 所示界面。

图 2－37　转换身份验证模式

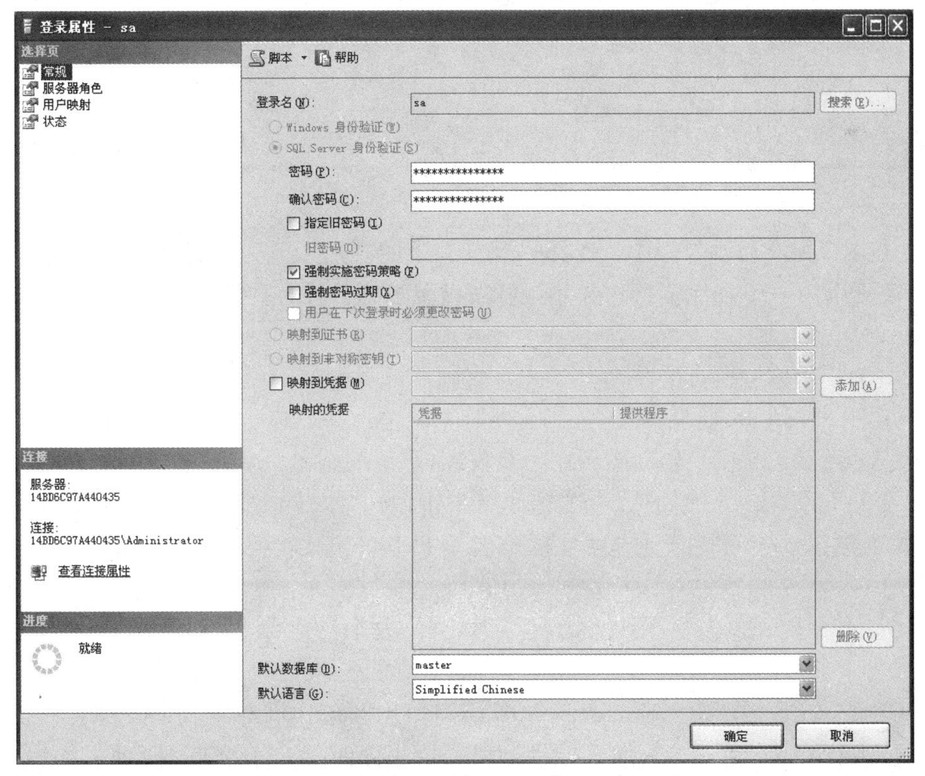

图 2－38　输入登录密码

（3）在图2－38所示界面中，输入“密码”和“确认密码”。点击“状态”，出现图3－39所示界面。

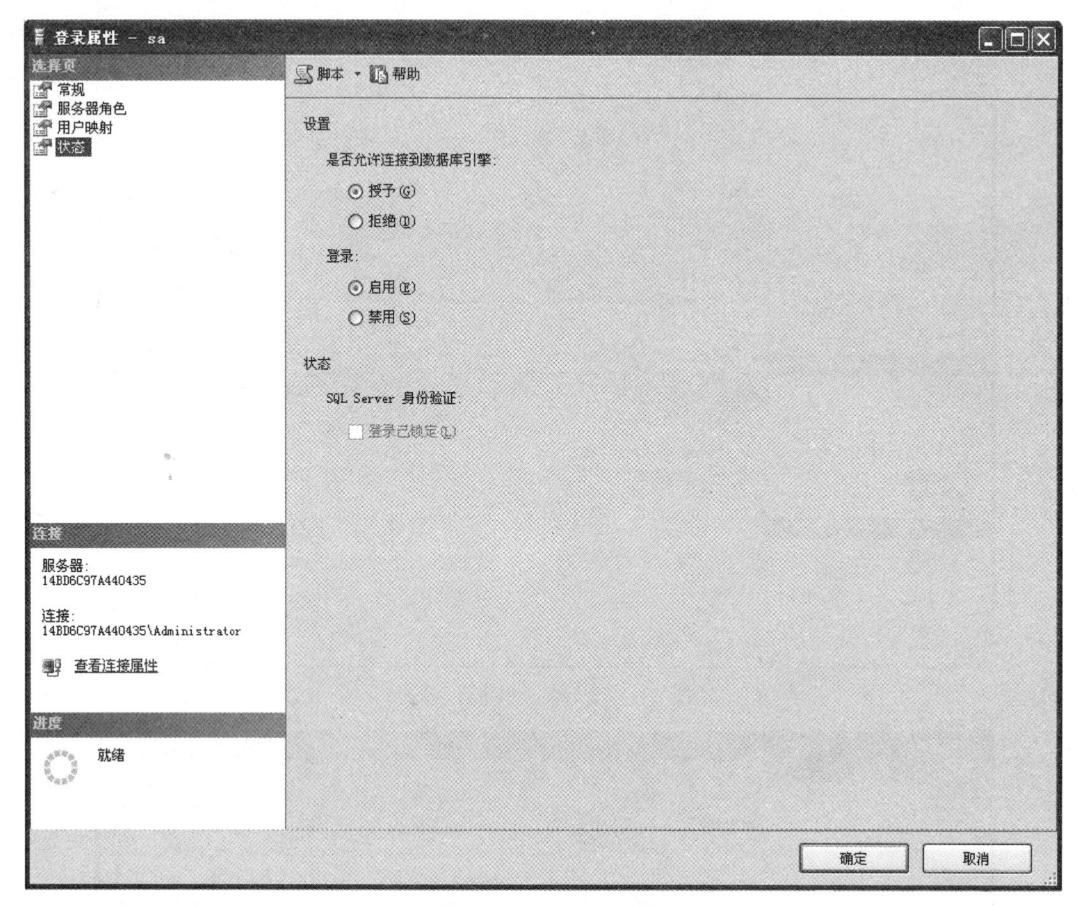

图2－39　选择登录状态

（4）在图2－39所示界面中，选择“登录”下的“启用”，点击“确定”按钮。

（5）返回图2－36所示界面中，用鼠标右键单击第1行的服务器名，在出现的快捷菜单中，选择“重新启动”。

在出现的提示框中，点击“是”按钮，直到“服务监控”结束。

（6）在图2－36所示界面中，在“文件”菜单中选择“连接对象资源管理器”。

在出现的图2－35所示界面中，在“身份验证”中选择“SQL Server身份验证”。

在“登录名”中输入“sa”，在“密码”框中输入第（3）步确认的密码。

点击“连接”按钮，如果连接成功，说明身份验证模式转换成功。

2.4　Transact－SQL语句命令管理

从SQL Server 6.5开始，Transact－SQL语句使用系统提供的“查询分析器”执行。在SQL Server 2005版本之前，“查询分析器”和“企业管理器”分开进行管理。从SQL Server 2005版本开始，两种工具被组合在一起。

查询分析器也是图形界面工具中的一个工具，为了强调其重要性，本书专设一节介绍。

2.4.1 查询分析器

在图 2－36 所示界面左边点击“新建查询”，在图 2－36 所示界面右边出现空白区域。右边的区域又分两个部分，上半部用于输入 SQL 语句，下半部用于输出结果，如图 2－40 所示。

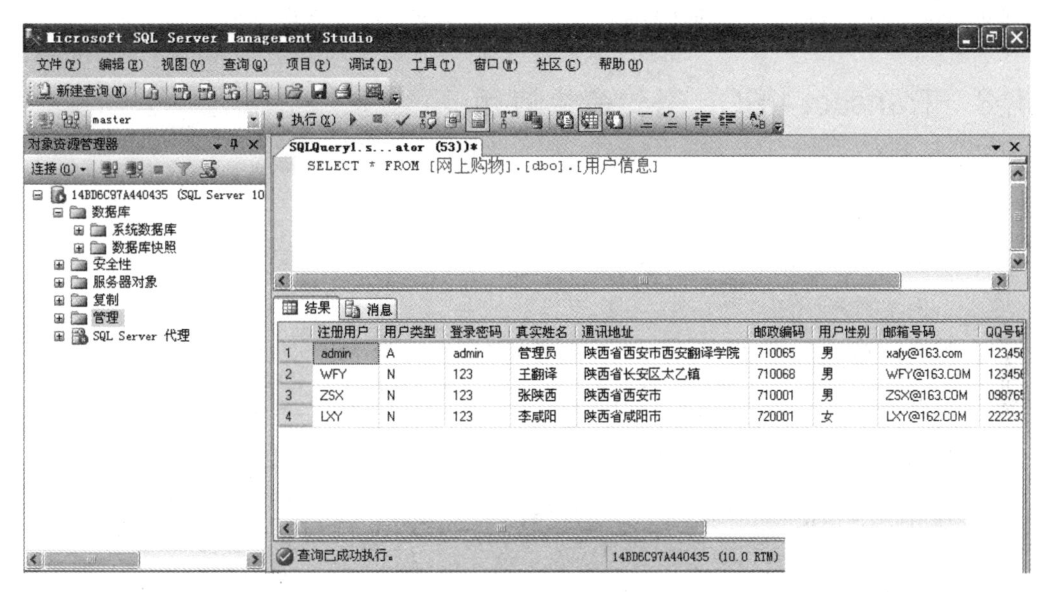

图 2－40　查询分析器

2.4.2 Transact－SQL 语句命令

1. 数据库管理方式

（1）使用上一节介绍的图形界面工具。

（2）使用 Transact－SQL 语句命令。

（3）使用数据库管理应用程序。

2. Transact－SQL 语句命令的重要性

图形界面工具是一种可视化数据库管理工具，在数据库管理中得到广泛应用。特别是 SQL Server 最新版本，在显示界面、操作方式等多方面作了改进，使其更加简单易学、操作方便。但是，管理数据库只靠图形界面工具还远远不够。图形界面工具只能完成比较简单的、偶尔需要的、非日常工作的任务。

（1）大量的数据库管理需要 Transact－SQL 语句完成。创建一个甚至多个数据库，可以使用图形界面工具。但是创建许多表时，使用图形界面工具反复输入需要的字段名称、数据类型，其工作量之大可想而知。

（2）使用 Transact－SQL 语句创建一个表之后，对语句稍加修改就可以创建另一个表。

Transact - SQL 语句能够保存起来，在建立另一个数据库系统时重复使用。数据库中数据的日常维护（包括添加、修改、删除、查询）更离不开 Transact - SQL 语句。

（3）在查询分析器中使用的 Transact - SQL 语句是数据库应用程序的核心。将 Transact - SQL 语句嵌套到程序的代码中，可以开发出各种形式的数据库应用程序。建立功能强大的、结构复杂的数据库系统，只能由应用程序去实现。

（4）能够熟练地使用图形界面工具，最多只能成为一名优秀的数据库操作员。只有真正地掌握 Transact - SQL 语句的使用，才有可能成为一名数据库系统开发者。

2.4.3 Transact - SQL 语句命令应用

1. 使用 Transact - SQL 语句命令

（1）在图 2 - 40 所示界面中，输入 Transact - SQL 语句。

（2）点击工具栏中的“执行”。

（3）如果语句出现语法错误或数据库对象不存在，下半部“消息”栏会显示错误。如果语句成功执行，在下半部“结果”栏显示结果或在“消息”栏显示提示。

2. 附加说明

（1）Transact - SQL 语句的基本内容将在第 3 章介绍。

（2）Transact - SQL 语句的实际应用从第 4 章开始，每章都有例题参考。

2.5 SQL Server 系统数据库和系统表

SQL Server 系统数据库主要用于保存 SQL Server 的系统信息，系统表主要用于存放系统组件需要的信息。系统数据库和系统表在系统安装时产生，用户不能更改。如果用户强行更改系统数据库或系统表，可能导致整个系统不能正常运行。

2.5.1 系统数据库

SQLServer 包含 4 个系统数据库。

1. master 数据库

master 数据库是 SQL Server 系统最重要的数据库，记录 SQL Server 系统的所有服务器级系统信息，包括所有的登录账户信息、系统配置信息、SQL Server 初始化信息，记录其他所有数据库文件是否存在及其存储位置等相关内容。

master 数据库一旦损坏，将会导致 SQL Server 系统瘫痪。用户不要在 master 数据库中创建任何用户对象（表、视图、存储过程等）或对该数据库进行直接访问。

2. model 数据库

model 数据库是 tempdb 数据库和所有用户数据库的模板，是 master 数据库所有系统表的

一个子集。用户在创建数据库时，需要复制 model 数据库。在数据库系统中，该数据库必须存在。

3. msdb 数据库

msdb 数据库是代理服务数据库，主要用于为报警、作业、任务调度以及记录操作员的信息提供存储空间。

4. tempdb 数据库

tempdb 数据库是临时数据库，用于为临时表、临时存储过程提供存储空间和满足其他任何临时存储需求。tempdb 数据库是全局资源，所有连接到系统的用户的临时表和临时存储过程都存放在该数据库中。tempdb 数据库在 SQL Server 重新启动时重建，其模板是 model 数据库。

2.5.2 系统表

每个数据库都包含许多系统表，无论是系统数据库还是用户数据库。系统数据库中的系统表在系统安装时产生，用户数据库中的系统表是在用户创建数据库时从 model 数据库复制的。这里介绍几个主要的系统表。

1. sysobjects

sysobjects 表存放数据库中创建的所有对象，每个对象在该表中对应一行。

2. sysindexes

sysindexes 表存放数据库中创建的所有索引，每个索引在该表中对应一行。

3. syscolumns

syscolumns 表存放数据库中基表或视图每个列和存储过程的每个参数，表中每个列或存储过程的每个参数在该表中对应一行。

4. sysusers

sysusers 表存放数据库中每个 Windows 用户和用户组、SQL Server 用户和角色，每个用户、用户组或角色在该表中对应一行。

5. sysconstraints

sysconstraints 表存放数据库中每个完整性约束，每个约束在该表中对应一行。

6. sysdatabases

sysdatabases 表只出现在 master 数据库中，存放 SQL Server 系统中每个系统数据库和用户创建的数据库的信息，每个数据库在该表中对应一行。

2.6 SQL Server 数据库的主要对象

2.6.1 SQL Server 数据库对象简介

SQL Server 数据库是存放数据的仓库，但不是简单的数据堆积，而是数据库管理系统。一提到管理，人们很容易联系到现实社会：

（1）一个国家包括省、区、部；

（2）一个省包含县、市、厅；

（3）一个县包含乡、镇、局；

（4）一个镇包含村、科，等等。

数据库管理系统也包含许多类似的部门，人们把这些部门称为“对象”。

在 SQL Server 图形界面工具 Microsoft SQL Server Management Studio 中，展开每个“项目”前边的加号，都会出现许多“子项目”：

（1）展开“服务器名”，出现数据库、安全性、服务器对象等。

（2）展开“数据库”，出现系统数据库、数据库快照、用户创建的数据库。

（3）展开具体用户数据库，出现数据库关系图、表、视图、可编程性、存储、安全性。

（4）展开“表”，出现系统表、用户创建的表。

（5）展开具体的用户表，出现列、键、约束、触发器、索引、统计信息。

这些都是数据库的对象，总共有数百种之多。

本书不可能介绍上述所有数据库对象，而且没有必要。许多对象被系统使用，一般用户不需要熟悉，甚至了解。根据实际需要，特别是数据库应用，而不是数据库研究的实际需要，本书在第 5 章 ~ 第 9 章，介绍 11 种必用或者常用的，也是主要的数据库对象。

2.6.2 SQL Server 数据库的主要对象

为了全面了解本书的相关内容，下面摘要介绍 SQL Server 数据库的 11 种主要对象。表、视图、默认值、规则、存储过程、函数、用户、角色这 8 种对象在数据库中独立存在。索引、约束和触发器这 3 种对象定义在表中，触发器独立存在，索引和约束不能独立存在。

1. 表

表是定义在数据库中、独立存在的数据库对象，是由行（或称记录）和列（或称字段）组成的、存放数据的单元。用户输入到数据库中的数据都保存在表中，每个数据库可以包含多个表。本书将在第 5 章介绍对表的管理。

2. 视图

视图是定义在数据库中、独立存在的数据库对象，是由查询表中数据而产生的一种虚构的表。视图将一个或多个表中的部分数据提取出来供用户使用，以防止所有用户直接对表进

行操作，导致系统的安全性下降。本书将在第 6 章介绍对视图的管理。

3. 索引

索引是定义在表中的列上、不能独立存在的数据库对象，是对表中一列或多列的数据值进行重新排序的一种结构，像一本书的目录一样。利用索引可以极大地提高对数据库表中数据的查询速度。本书将在第 6 章介绍对索引的管理。

4. 约束

约束是定义在表中的列上、不能独立存在的数据库对象，是自动强制数据库完整性的一种方式。约束定义列中数据值的取值范围、默认值等。本书将在第 7 章介绍对约束的管理。

5. 默认值

默认值是定义在数据库中、独立存在的数据库对象，是在插入数据行、某列未指定值时保存到表中的数据。可以利用默认值替代系统自动提供的 Null。默认值是被淘汰的数据库对象，将被约束中的默认约束取代。本书将在第 7 章介绍对默认值的管理。

6. 规则

规则是定义在数据库中、独立存在的数据库对象，是在插入数据行或修改数据时规定的数据的取值范围。可以利用规则保证数据库中存放数据的正确性和有效性。规则是被淘汰的数据库对象，将被约束中的检查约束取代。本书将在第 7 章介绍对规则的管理。

7. 存储过程

存储过程是定义在数据库中、独立存在的数据库对象，是由一组 SQL 语句组成的、完成特定功能的程序。存储过程在服务器端被编译后反复执行，从而加快执行速度和减少网络流量。本书将在第 8 章介绍对存储过程的管理。

8. 函数

函数是定义在数据库中、独立存在的数据库对象，是由一组 SQL 语句组成的、完成特定功能的程序。它与存储过程的区别是可以返回值。本书将在第 8 章介绍对函数的管理。

9. 触发器

触发器是定义在表中、独立存在的数据库对象，是由一组 SQL 语句组成的、完成特定功能的程序，是一种特殊的存储过程。与普通存储过程不同，当对数据库进行某种操作时，触发器自动执行。本书将在第 8 章介绍对触发器的管理。

10. 用户

用户是定义在数据库中、独立存在的数据库对象，用于定义允许访问数据的用户和权限。本书将在第 9 章介绍对用户的管理。

11. 角色

角色是定义在数据库中、独立存在的数据库对象，用于定义一组具有相同权限的用户。本书将在第9章介绍对角色的管理。

练习题

一、单选题

1. SQL Server是一种（　　）数据库管理系统（DBMS）。

A. 网络　　B. 层次　　C. 关系　　D. 网状

2. SQL Server是基于（　　）模式的大型数据库管理系统。

A. 客户机/服务器　　B. 单用户

C. 浏览器　　D. 主从式

3. SQL Server不能安装在（　　）操作系统上。

A. Windows XP　　B. Windows 7

C. Windows Vista　　D. UNIX

4. 下列（　　）不属于可以配置的网络协议。

A. Shared Memory　　B. Named Pipes　　C. HTTP　　D. TCP/IP

5. 下列（　　）不包含在数据库管理方式之内。

A. 图形界面工具　　B. Transact-SQL语句命令

C. 数据库管理人员　　D. 数据库管理应用程序

6. SQL Server包含4个系统数据库，其中（　　）数据库是系统最重要的数据库。

A. master　　B. model　　C. msdb　　D. tempdb

7. （　　）数据库是临时数据库，用于为临时表、临时存储过程提供存储空间和满足其他任何临时存储需求。

A. master　　B. model　　C. msdb　　D. tempdb

8. （　　）表存放数据库中创建的所有对象，每个对象在该表中对应一行。

A. sysobjects　　B. sysindexes　　C. sysusers　　D. syscolumns

9. （　　）是定义在数据库中、独立存在的数据库对象，是由查询表中数据而产生的一种虚构的表。

A. 索引　　B. 存储过程　　C. 表　　D. 视图

10. （　　）是定义在数据库中、独立存在的数据库对象，是在插入数据行、某列未指定值时保存到表中的数据。

A. 默认值　　B. 视图　　C. 规则　　D. 触发器

二、填空题

1. ____________语句使用系统提供的“查询分析器”执行。

2. SQL Server包含4个系统数据库：____________、____________、____________、____________。

3. ____________数据库是SQL Server系统最重要的数据库，记录SQL Server系统的所有服务器级系统信息。

4. ____________ 表只出现在master数据库中，存放SQL Server系统中每个系统数据库和用户创建的数据库的信息，每个数据库在该表中对应一行。

5. ____________ 是定义在数据库中、独立存在的数据库对象，是由行（或称记录）和列（或称字段）组成的、存放数据的单元。

6. ____________ 是定义在表中的列上、不能独立存在的数据库对象，是对表中一列或多列的数据值进行重新排序的一种结构，像一本书的目录一样。

三、简答题

1. SQL Server 2008 包含哪几个版本？
2. 列出图形界面工具可以进行的操作内容。
3. 简述 Transact－SQL 语句命令的重要性。
4. 简述 SQL Server 2008 的 4 个系统数据库的主要作用。
5. 列举至少 4 种 SQL Server 数据库对象并简单说明其作用。

第3章 Transact - SQL 语言

本章学习 

①Transact - SQL 语言基础
②标识符、数据类型和注释
③常量、变量、系统内置函数和表达式
④流程控制语句

SQL 是 Structured Query Language（结构化查询语言）的简写，是最为流行的关系型数据库操作语言。利用 SQL 语言提供的语句，可以创建和删除数据库，创建、修改和删除表、视图等数据库对象，插入、修改和删除数据库中的数据，以多种方式查询数据库中的数据。

3.1 Transact - SQL 语言基础

3.1.1 SQL 语言和 Transact - SQL 语言

20 世纪 70 年代，SQL 由美国 IBM 公司开发推出。20 世纪 80 年代，SQL 被美国的国家标准协会（American National Standard Institute，ANSI）确认为关系型数据库语言的美国标准，随后被国际标准化组织（International Organization for Standardization，ISO）认可，成为关系型数据库操作语言的国际标准。之后相继出现了 SQL - 86 标准、SQL - 89 标准、SQL - 92 标准、SQL - 99 标准、SQL - 2003 标准。

SQL 语言是应用于数据库的语言，不能独立存在。SQL 语言是一种非过程性语言，与一般的高级语言大不相同。一般的高级语言在存取数据库时，需要根据每一行程序的顺序处理许多指令，才能完成预定的任务。使用 SQL 语言，只告诉数据库需要什么数据、如何显示即可，具体的内部操作由数据库管理系统完成。

ANSI 和 ISO 针对 SQL 制定了一系列的标准，标准的 SQL 语句几乎可以在所有的关系型数据库中使用。与此同时，不同的数据库软件厂家针对各自的数据库产品都对 SQL 语言进行了不同程度的修改和扩展。Transact - SQL 语言是美国微软公司针对自己的数据库产品开发的 SQL 语言，是一种非标准的 SQL 语言。Transact - SQL 是对 SQL - 92 标准的扩展，它增加了变量、流程控制、功能函数等，提供了丰富的编程结构，其功能更加强大、使用更加方便。其将非过程性 SQL 语法变成过程性语法，是应用程序唯一能与 SQL Server 数据库系统进行交互的语言。

3.1.2 Transact - SQL 语言的特点

（1）集数据定义、数据操作、数据管理和数据控制于一体，使用方便。

（2）简单直观、易读易学，为数不多的几条语句即可完成对数据库的全部操作。

（3）用户使用时，只提出“做什么”即可，“怎么做”则由数据库管理系统完成。

（4）可以直接以命令交互方式操作数据库，也可以嵌入到其他语言中执行。

（5）可以单条语句单独执行，也可以多条语句成组执行。

3.1.3 Transact - SQL 语言的组成

1）数据定义语言（Data Definition Language，DDL）

其包含定义和管理数据库以及数据库中各种对象的语句，例如对数据库以及数据库对象的创建（CREATE）、修改（ALTER）和删除（DROP）语句。

2）数据查询语言（Data Query Language，DQL）

其包含对数据库中的数据进行查询的语句，例如使用 SELECT 语句查询表中的数据。

3）数据操纵语言（Data Manipulation Language，DML）

其包含对数据库中的数据进行各种操作的语句，例如添加（INSERT）、修改（UPDATE）、删除（DELETE）。

4）数据控制语言（Data Control Language，DCL）

其包含设置或更改数据库用户或角色权限的语句，例如授予权限（GRANT）、拒绝权限（DENY）、废除权限（REVOKE）。

5）系统存储过程（System Stored Procedure）

系统存储过程是 SQL Server 自带的存储过程，在 SQL Server 安装之后就存在于系统之中。系统存储过程是对 Transact - SQL 语句的扩充，其用途在于能够方便地查询系统信息、完成或更新数据库有关的管理任务。

6）其他语言元素

其他语言元素包括常量、变量、注释、函数、流程控制等，其不是 SQL 标准的内容，用于为数据库应用程序的编程提供支持和帮助。

3.1.4 Transact - SQL 语言的功能

（1）创建数据库和各种数据库对象。

（2）查询、添加、修改、删除数据库中的数据。

（3）创建约束、规则、触发器、事务等，确保数据库中数据的完整性。

(4) 创建视图、存储过程等，方便应用程序对数据库中数据的访问。
(5) 设置用户和角色的权限，保证数据库的安全性。
(6) 进行分布式数据处理，实现数据库之间的复制、传递或分布式查询。

3.2 标识符、数据类型和注释

3.2.1 标识符

计算机的各种语言都使用标识符标记有关的对象。像人的姓名、地方的地名一样需要标记，计算机的对象也需要标记。Transact - SQL 中使用标识符标记服务器、数据库、数据库对象，在引用对象时区分不同的对象。有两种类型的标识符：常规标识符和定界标识符。

1. 常规标识符

为了提供完整的数据管理体制，Transact - SQL 为对象的标识符设计了严格的命名规则。在定义对象时，必须遵守这些规则，否则会发生检查错误，甚至可能发生难以预料的错误。常规标识符是指必须符合某些规则的标识符，这些规则有以下几条：

(1) 第 1 个字符为英文字母 a ~ b 或 A ~ Z，#、_ 、@ 。不区分大小写。
(2) 后续字符可以为英文 a ~ b 或 A ~ Z，数字 0 ~ 9，#、$、_ 、@ 。
(3) 可使用特殊语系的合法文字，例如汉字，即汉字可以用作标识符。
(4) 不能在中间有空格或#、_ 、@ 、$等其他特殊字符。
(5) 不能使用管理系统的保留字（系统使用的标识符），例如“tablc”。
(6) 长度不能超过 128 个字符。一般情况下使用 10 个以内的字符即可。

注意： 数据库系统使用以符号@ 、#开头的标识符具有特殊的含义。

例 3 - 1 可以使用和不能使用的标识符

```
可以使用的标识符:a1a9、B2a8、#a1234 、$A5678、_C9999、W 王陕西;
```

```
不能使用的标识符:1ABC、ABC D、My Table、User。
```

2. 定界标识符

定界标识符是指在使用时用双引号（" "）或方括号（ [ ]）括起来的标识符。这些标识符一般不符合常规标识符的规则。在实际使用时，为了使数据库对象的表示更贴近实际意义，往往需要使用不符合规则的标识符。在不合法的标识符前、后加上定界标识符，该标识符就成了合法标识符。

例 3 - 2 定界标识符的使用

```
为了表示中间有空格的"My Table"是一个表名,使用以下两种语句;
```

```
Select * From "My Table"
```

或

```
Select * From [My Table]
```

例 3-3 常规标识符也可以当定界标识符使用。

"商品明细"表是存放商品的表名,下面 3 种语句是等价的:

```
Select * From 商品明细
```

或

```
Select * From "商品明细"
```

或

```
Select * From [商品明细]
```

3.2.2 数据类型

使用数据库管理数据与文件管理数据最大的区别是每个数据都有一个所谓的"类型"。使用 SQL Server 创建数据库中的表时，其中的每个列都要定义数据类型，数据类型决定该列可以存放什么类型的数据。

除了表的列之外，常量、变量、视图、存储过程、函数都有数据类型。

1. 整型数据类型

整型数据类型用于存放精确的整数数据，包括 bigint、int、smallint 和 tinyint 4 种类型，其可存放不同大小的整数数据。

1）bigint 类型

该类型使用 8 个字节存放整数数据，取值范围为 $-2^{63} \sim 2^{63}-1$（-9 223 372 036 854 775 808 ~9 223 372 036 854 775 807）。

2）int 类型

该类型使用 4 个字节存放整数数据，取值范围为 $-2^{31} \sim 2^{31}-1$（-2 147 483 648 ~2 147 483 647）。

3）smallint 类型

该类型使用 2 个字节存放整数数据，取值范围为 $-2^{15} \sim 2^{15}-1$（-32 768 ~32 767）。

(4）tinyint 类型

该类型使用 1 个字节存放整数数据，取值范围为 0 ~255。

例 3-4 4 种整型数据举例。

```
bigint:   12 345     12 147 483 647
int:      1 234      132 767
smallint: 123        1 255
tinyint:  12         254
```

2. 定点数据类型

定点数据类型用于存放精确的实数数据，包括 decimal 和 numeric 两种类型，两者的意义完全等价，decimal 是新的数据类型，numeric 是为了兼容以前的版本。

格式：decimal[(p[,s])]或 numeric[(p[,s])]。

说明：p 用于指定整个十进制数字的位数，取值为 1~38，默认值为 18。

s 用于指定小数点后边十进制数字的位数，取值为 0~p，缺省值为 0。

取值范围：$-10^{38} \sim 10^{38}-1$。

存放字节：p 为 1~9, 5 个字节；p 为 10~19, 9 个字节；p 为 20~29, 13 个字节；p 为 30~38, 17 个字节。

3. 浮点数据类型

浮点数据类型用于存放近似的实数数据，采用科学计数法格式，包括 real 和 float 两种类型，用于存放有效位不同的实数数据。

1）float 类型

格式：float [(n)]。

说明：n 用于指定科学计数法尾数的位数，取值范围为 1~53，决定 float 类型数据的精度。

n 为 1~24，存放 4 个字节，十进制数据 7 位精度。

n 为 25~53，存放 8 个字节，十进制数据 15 位精度，为默认存放字节。

float 类型的十进制数据的取值范围（默认）：-1.79E+308 ~ 1.79E+308。

2）real 类型

格式：real。

说明：real 类型使用 4 个字节存放数据，与 float(24)的意义等价。

real 类型的十进制数据的取值范围：-3.40E+38 ~ 3.40E+38。

4. 字符数据类型

在 SQL Server 中，可以使用两种类型的字符数据：非 Unicode 字符和 Unicode 字符。

非 Unicode 字符数据类型允许使用由特定字符集定义的字符。字符集在安装 SQL Server 时选定，不能更改。非 Unicode 字符可以简单认为是英文字母和数字等计算机键盘上的字符。

Unicode 字符数据类型可以使用由 Unicode 标准定义的任何字符。Unicode 字符数据类型占用非 Unicode 字符数据类型两倍的存储空间。Unicode 字符可以简单认为是除了计算机键盘上的字符之外的其他字符。中文文字、日文文字、俄文文字、制表符号等都属于 Unicode 字符。

1）char 类型

格式：char[(n)]。

说明：n 用于指定存放非 Unicode 字符数据的字节数（一个字节存放一个字符）。

n 的取值范围：1~8 000，即 char 类型的数据列最多可存放 8 000 个字符。

不管在存放之前输入多少个字符，都是用 n 个字节存放数据，固定不变。

2） varchar 类型

格式：varchar[（n）]。

说明：n 用于指定存放非 Unicode 字符数据的字节数（一个字节存放一个字符）。

n 的取值范围：1～8 000，即 varchar 类型的数据列最多可存放 8 000 个字符。

按存放之前输入字符的实际长度存放字符，长度可变，但不能超过 n 个。

3） text 类型

说明：用于存放大块的非 Unicode 字符数据，长度可变。

最大长度为 $2^{31}-1$，即 text 类型的数据列最多可存放 2 147 483 647 个字符。

4） nchar 类型

格式：nchar[（n）]。

说明：n 用于指定存放 Unicode 字符数据的字节数（两个字节存放一个字符）。

n 的取值范围：1～4 000，即 nchar 类型的数据列最多可存放 4 000 个字符。

不管在存放之前输入多少个字符，都是用 n 个字节存放数据，固定不变。

5） nvarchar 类型

格式：nvarchar[（n）]。

说明：n 用于指定存放 Unicode 字符数据的字节数（两个字节存放一个字符）。

n 的取值范围：1～4 000，即 nvarchar 类型的数据列最多可存放 4 000 个字符。

按存放之前输入字符的实际长度存放字符，长度可变，但不能超过 n 个。

7） ntext 类型

说明：用于存放大块的 Unicode 字符数据，长度可变。

最大长度为 $2^{30}-1$，即 text 类型的数据列最多可存放 1 073 741 823 个字符。

5. 日期和时间数据类型

日期和时间数据类型用于存放日期和时间数据，包括 datetime 和 smalldatetime 两种类型，用于存放精确度不同的日期和时间数据。

（1） datetime 类型

格式：datetime。

说明：datetime 类型使用 8 个字节存放日期和时间。

取值范围：1753 年 1 月 1 日 0 时 ～ 9999 年 12 月 31 日 23 时 59 分 59 秒。

精确度：3% 秒。

例如：01/01/2015 23：59：59、2015－12－31 12：58：58　都是合法的 datetime 类型的数据。

2） smalldatetime 类型

格式：smalldatetime。

说明：smalldatetime 类型使用 4 个字节存放日期和时间。

取值范围：1900 年 1 月 1 日 ～ 2079 年 6 月 6 日。

精确度：1 分钟。

例如：2015－12－31 12：58、2015－12－31 都是合法的 smalldatetime 类型的数据。

6. 图形数据类型

图形数据类型用于存放二进制的图形数据。

格式：image。

说明：也可以用于存放其他二进制数据，如 Word 文档、Excel 文档。

最大长度：$2^{31}-1$ 个字节，长度可变。

7. 货币数据类型

货币数据类型用于存放货币数据，包括 money 和 smallmoney 两种类型，用于存放精确度不同的货币数据。

1）money 类型

格式：money。

说明：money 类型使用 8 个字节存放货币数据。

取值范围：-922 337 203 685 477.5808 ~ 922 337 203 685 477.5807。

2）smallmoney 类型

格式：smallmoney。

说明：smallmoney 类型使用 4 个字节存放货币数据。

取值范围：-214 748.3648 ~ 214 748.3647。

8. 位数据类型

位数据类型用于存放 0 和 1。

格式：bit。

说明：bit 类型就是其他语言中的逻辑类型，表示 true 或 false。

存放字节：表中有 bit 列 1 ~ 8，用一个字节；9 ~ 16，用两个字节。以此类推。

9. 二进制数据类型

二进制数据类型用于存放二进制数据，包括 binary（固定长度）和 varbinary（可变长度）两种类型。

1）binary 类型

格式：binary [(n)]。

说明：n 用于存放指定二进制数据的字节数。

长度固定，当实际数据小于 n 时，余下部分填充 0。

n 的取值范围：1 ~ 80 000，使用 n + 4 个字节存放。

2）varbinary 类型

格式：varbinary[(n)]。

说明：n 用于存放指定二进制数据的字节数，默认值为 1。

长度可变，以实际数据长度 + 4 个字节存放。

n 的取值范围：1 ~ 80 000，使用 n + 4 个字节存放。

10. 其他数据类型

1）timestamp 类型

timestamp 类型也称时间戳数据类型，其使用 8 字节存放数据，存放的数据用于提供数据库范围内的唯一值，反映数据库中数据修改的相对顺序，相当于单调上升的计数器。

2）uniqueidentifier 类型

uniqueidentifier 类型也称唯一标识符数据类型，其使用 16 个字节存放数据，存放的数据是 SQL Server 根据计算机网络适配器和 CPU 时钟产生的全局唯一标识符（GUID）。GUID 是一个二进制数字，全世界任何两台计算机都不会产生重复的 GUID 值。其用于在多个节点、多台计算机的网络中分配必须具有的唯一性标识符。

3）sql_variant 类型

sql_variant 类型用于存放除了 text、ntext、image、timestamp 以外的其他类型的数据。

4）table 类型

table 类型用于存放对表或者视图处理之后的结果集，其使函数或者过程返回查询结果更加方便。table 数据类型不适用于表中的列，只能用于变量和用户定义函数的返回值。

3.2.3 注释

代码中不执行的部分称为注释。

1. 注释的用途

（1）进行简要的解释和说明，描述复杂的计算或编程方法，标注程序名称、作者姓名、程序编写过程或修改日期，以便于理解代码或者以后对代码进行维护。

（2）将代码中暂时不用的语句进行屏蔽，需要使用时取消注释即可投入运行，这一点在代码调试过程中非常有用。

2. 两种注释

1）单行注释

使用“--”（两个减号）进行单行注释，其是 ANSI 标准的注释符。这种方式的注释符可以与执行代码同处一行，也可以单独一行。

例 3-5 单行注释的使用。

```
-- 下面的代码是从网上购物数据库商品信息表获取数据
USE 网上购物
SELECT * FROM 商品明细 Order By 商品编码 ASC    --按商品编码升序排序
-- 这里的 ASC 可以不用书写
-- 因为 ASC 为默认值,如果是降序排序,DESC 一定要写
```

2）多行注释

使用“/＊ ”和“＊/”进行多行注释，这与C语言中的注释相同。这种方式的注释符可以与执行代码同处一行，也可以单独一行。

例3－6 多行注释的使用。

```
/* 下面的代码是从网上购物数据库商品信息表获取数据 */
USE 网上购物
SELECT * FROM 商品明细 Order By 商品编码 ASC /* 按商品编码升序排序 */
/* 这里的ASC可以不用书写
  因为ASC为默认值,如果是降序排序,DESC一定要写 */
```

3.3 表 达 式

表达式是使用各种运算符把运算对象连接起来组成的式子。构成表达式的元素有两个：运算对象和运算符。运算对象包括表中的列、常量、变量、函数等。

3.3.1 常量

常量是指在整个程序段中存放的数值保持不变的标识符。有些特定的数值在任何情况下都保持不变，为了使程序段清晰易读可使用常量，如3.1415926536用PI表示。有时为了程序改写方便，也使用常量，如网站名称在程序段中频繁使用，用WZMC表示，若需要改变则只改写WZMC的定义，其他位置的网站名称都同时改变。

1. 字符串常量

字符串常量是用单引号包括起来的常量。若其中包含单引号，需要使用连续的两个单引号。其中包含英文字母a～b或A～Z，数字0～9，特殊字符#、_ 、@ 等。

例3－7 字符串常量。

```
  GJMC ='Chinese'
  WSXS ='I''am a student'
  XXMC =N'西安翻译学院'
```

Unicode字符串的格式，可以在前面加一个大写字母N标识符。

普通字符使用一个字节存放，Unicode字符使用两个字节存放。

2. 二进制常量

二进制常量使用0x作为前缀，后跟16进制数字表示。例如，下面是合法的二进制常量：

0x123456　　　0xABCDEF　　　0x123456ABCDEF　　　0x

3. bit 常量

bit 常量用数字 0 和 1 表示。如果使用大于 1 的数字，其将被认为是 1 。

4. 日期型常量

日期型常量使用以单引号括起的特定格式字符日期值表示。例如，下面是合法的日期型常量：

'April 28, 2015'　　'28 April, 2015'　　'20151228'　　'12/28/2015'

5. 整型常量

整型常量是由正号、负号和不含小数点的一串数字组成的常量，正号可以省略。例如，下面是合法的整型常量：

3　　-123　　+9876543　　-123456

6. 非整型常量

非整型常量是由正号、负号和包含小数点的一串数字组成的常量，正号可以省略。有 3 种不同形式的非整型常量：

（1）decimal：表示精确的实数值，例如：4.0、1234.5678、+98.76、-123.456。

（2）float：表示有 15 位有效位的实数值，例如：123456789E5、987654321E-3。

（3）real：表示有 7 位有效位的实数值，例如：123456E5、876E-3。

7. 货币型常量

货币型常量是由可选小数点和货币符号作为前缀的一串数字组成的常量。例如，下面是合法的货币型常量：

$1234　　$567.89　　+$1234.5678　　-$8765.4321

3.3.2 变量

变量是指在程序段中存放的数值可以变化的标识符。SQL Server 的变量分为两种：用户自己定义的局部变量和系统提供的全局变量。

1. 局部变量

局部变量由用户定义，其作用范围仅限于程序段的内部，用于保存操作过程中产生的临时数据。例如，使用局部变量可以保存表达式的计算结果、存储过程返回的数据值等。

1）局部变量的定义

语法：DECLARE {@局部变量名 数据类型} [, …n]

说明：

（1）DECLARE：定义局部变量的关键字。

（2）局部变量名：用于指定局部变量的名称，前边以“@”开头。

（3）数据类型：可以是除了 text、ntext 和 image 之外的系统定义的任何数据类型，也可以是用户定义的数据类型。

（4）局部变量的使用范围：定义它的存储过程和程序块内部。

（5）局部变量的默认值：NULL。

例 3－8 定义一个整型变量和一个字符串变量。

```
DECLARE @MyCounter int
DECLARE @商品名称 nvarchar(50)
```

2）局部变量的赋值和输出

（1）定义局部变量的用途是保存数据，使用 SET 语句或者 SELECT 语句给局部变量赋值。

两者的区别：SELECT 可以同时给多个变量赋值，SET 只能给一个变量赋值。

（2）输出局部变量是把变量值显示到屏幕，使用 PRINT 语句或者 SELECT 语句输出局部变量值。

两者的区别：SELECT 可以同时输出多个变量，PRINT 只能输出一个变量。

例 3－9 定义局部变量，使用 SET 给变量赋值，再显示变量的值。

```
DECLARE @商品名称 nvarchar(50)
SET @商品名称 ='联想计算机'
PRINT @商品名称
```

例 3－10 定义局部变量，使用 SELECT 给变量赋值，再显示变量的值。

```
DECLARE @商品名称 nvarchar(50),@生产厂商 nvarchar(30)
SELECT @商品名称 ='打印机', @生产厂商 ='惠普公司'
SELECT @商品名称, @生产厂商
```

2. 全局变量

全局变量是 SQL Server 系统定义（预设）的变量，具有以下特点：

（1）全局变量由 SQL Server 系统在服务器级定义。

（2）全局变量用于存放系统配置信息和统计数据。

（3）用户可以使用全局变量测试系统配置或执行状态，但不能定义。

（4）全局变量必须以“@@”开头。

（5）局部变量名称不能与全局变量名称相同。

（6）任何程序都可以随时引用全局变量。

SQL Server 提供了许多全局变量，表 3－1 列出了常用的全局变量。

表 3－1 常用的全局变量

名 称	功 能
@@ CONNECTIONS	自数据库系统最近一次启动以来登录或试图登录的次数
@@ CPU_ BUSY	自数据库系统最近一次启动以来 CUP 的工作时间
@@ CURRSOR_ ROWS	本次连接最新打开的游标中的行数

续表

名　称	功　　能
@@ DATEFIRST	SET DATEFIRST 参数的当前值
@@ DBTS	数据库的唯一时间标记值
@@ ERROR	数据库系统生成后最后一个错误的号码，0 表示没有错误
@@ FETCH_ STATUS	最近一条 FETCH 语句的标志
@@ IDENTITY	表中有 IDENTITY 列时，返回最后插入记录的标识符
@@ IDLE	自服务器最近一次启动以来的累计空闲时间
@@ IO_ BUSY	服务器输入/输出操作的累计时间
@@ LANGID	当前使用语言的 ID
@@ LANGUAGE	当前使用语言的名称
@@ LOCK_ TIMEOUT	当前锁的超时设置
@@ MAX_ CONNECTIONS	可以同时与数据库系统连接的最大连接数
@@ MAX_ PRECISION	十进制数据类型的精度级别
@@ NESTLEVEL	当前调用存储过程的潜逃级别，范围为 0 ~ 16
@@ OPTIONS	当前 SET 选项的信息
@@ PACK_ RECEIVED	所读的输入包数量
@@ PACK_ SENT	所写的输出包数量
@@ PACKET_ ERRORS	读/写数据包的错误数量
@@ RPOCID	当前存储过程的 ID
@@ REMSERVER	远程数据库的名称
@@ ROWCOUNT	最近一次查询设计的行数
@@ SERVERNAME	本地服务器的名称
@@ SERVICENAME	当前运行服务器的名称
@@ SPID	当前进程的 ID
@@ TEXTSIZE	当前最大的文本或图像数据的大小
@@ TIMETICKS	独立计算机报时信号的间隔（ms），31. 25ms 或 1/32s
@@ TOTAL_ ERRORS	读/写过程中的错误数
@@ TOTAL_ READ	读磁盘的次数（非高速缓存）
@@ TOTAL_ WRITE	写磁盘的次数
@@ TRANCOUNT	当前用户的活动事务处理总数
@@ VERSION	当前数据库系统的版本号

例 3-11 利用全局变量获取 SQL Server 服务器的名称和版本号。

```
PRINT @@ SERVERNAME
PRINT @@ VERSION
```

3.3.3 函数

函数是 Transact-SQL 语句的集合，用于完成某个特定的功能，可以在操作数据库的 SQL 语句中直接调用。SQL Server 支持两大类函数：系统内置函数和用户定义函数。系统内置函数是 SQL Server 系统内部已经定义的函数，用户只能按照规定的方式使用。本章介绍系统内置函数，用户自定义函数在后面介绍。

1. 系统内置函数

系统内置函数分为 12 大类，见表 3-2。

表 3-2 系统内置函数分类表

分　类	说　明
聚合函数	将表中的一列或多列值合并汇总的函数
配置函数	返回有关系统配置信息的函数
游标函数	返回有关游标状态信息的函数
日期时间函数	操作日期和时间类型数据的函数
数学函数	执行三角、几何等数学运算的函数
元数据函数	返回数据库和数据库对象特征信息的函数
行集函数	返回在 SQL 语句内引用表中所在位置的行集的函数
安全性函数	返回用户和角色信息的函数
字符串函数	操作字符串类型数据的函数
系统函数	操作系统级各种对象的函数
系统统计函数	返回系统性能信息的函数
文本和图像函数	操作 text 和 image 类型数据的函数

由于多种类型的函数用户并不常用，下面只介绍常用的几类。

2. 聚合函数

聚合函数（表 3-3）将表中的一列或多列数值合并汇总，常用于查询语句中。

表 3-3 聚合函数

函 数	功 能
COUNT()	计算表中记录的个数或列中值的个数，参数“*”代表所有列
SUM()	对指定的列的数据求和，只能用于数值类型的列
AVG()	对指定的列的数据求平均值，只能用于数值类型的列
MAX()	找出指定的列数据中的最大值，可以是数值、字符串、日期类型列
MIN()	找出指定的列数据中的最小值，可以是数值、字符串、日期类型列

3. 日期时间函数

日期时间函数（表 3-4）对表中日期和时间类型的数据或者日期和时间变量进行操作。

表 3-4 日期时间函数

函 数	功 能
GetDate()	返回系统当前的日期和时间
DateDiff(日期部分,起日期,止日期)	返回两个日期之间的差值，日期部分确定差值
DateAdd(日期部分,数字,日期)	返回给日期加上数字之后的日期，日期部分确定数字
DatePart(日期部分,日期)	返回日期中的部分值，日期部分确定部分值
DateName(日期部分,日期)	返回日期中的部分名称，日期部分确定部分名称
Year(日期)	返回指定日期的年份
Month(日期)	返回指定日期的月份
Day(日期)	返回指定日期的日子

表 3-4 中“日期部分”的缩写和说明见表 3-5。

表 3-5 日期部分的缩写和说明

日期部分	缩 写	说 明
Year	yy，yyyy	年，取值范围为 1 753 ~ 9 999
Quarter	qq，q	季，取值范围为 1 ~ 4
Month	mm，m	月，取值范围为 1 ~ 12
Dayofyear	dy，y	年中第几日，取值范围为 1 ~ 366
Day	dd，d	月中第几日，取值范围为 1 ~ 31
Weekday	Dw	周中第几日，取值范围为 1 ~ 7
Week	wk，ww	周，取值范围为 1 ~ 51
Hour	Hh	时，取值范围为 0 ~ 23
Minute	mi，n	分，取值范围为 0 ~ 59
Second	ss，s	秒，取值范围为 0 ~ 59
Millisecond	Ms	毫秒，取值范围为 0 ~ 999

例 3-12 获取系统当前的日期。

```
SELECT Getdate() as 当前日期,Year(Getdate()) as 年,
```

```
Month(Getdate()) as 月,Day(Getdate()) as 日
```

4. 字符串函数

字符串函数有几十种之多，在此介绍常用的十几种。为清晰起见，分5个小类进行介绍。

1）字符串转换函数

字符串转换函数见表3－6。

表3－6　字符串转换函数表

函　数	功　　能
ASCII()	返回字符串最前边字符的ASCII码值，字符串用单引号包括起来
CHAR()	将ASCII码转换为字符，参数为0～255，否则返回NULL
LOWER	将字符串全部转换为小写，参数为字符串
UPPER()	将字符串全部转换为大写，参数为字符串
STR()	将数值型数据转换为字符型数据，可以有3个参数
UNICODE()	将一个字符转换为Unicode整数

例3－13　利用字符串转换函数STR()将数字转换为字符串。

```
DECLARE @F float
SET @F=123456.789
PRINT STR(@F,10,2)
```

2）字符串去空格函数

字符串去空格函数见表3－7。

表3－7　字符串去空格函数

函　数	功　　能
LTRIM()	将字符串头部的空格去掉
RTRIM()	将字符串尾部的空格去掉

注意：有的语言中去掉字符串两边空格的TRIM()不是SQL Server系统内置函数。

3）字符串取子串函数

字符串取子串函数见表3－8。

表3－8　字符串取子串函数

函　数	功　　能
LEFT()	返回字符串左边指定长度的字符
RIGHT()	返回字符串右边指定长度的字符
SUBSTRING ()	返回字符串从指定位置开始、指定长度的字符

4）字符串取有关信息函数

字符串取有关信息函数见表3-9。

表3-9 字符串取有关信息函数

函 数	功 能
LEN()	返回字符串的长度，不计字符串尾部空格
CHARINDEX()	返回字符串中指定子串开始的位置
PATINDEX()	返回字符串中指定模型开始的位置

例3-14 利用字符串取有关信息函数CHARINDEX()获取子串开始的位置。

```
DECLARE @str varchar(50)
SET @str='陕西省西安市长安区太乙镇'
PRINT CHARINDEX('西安市',@str)
PRINT CHARINDEX('西安市',@str,5)
```

返回的结果是4和0，因为第4句从第5个字符开始再找不到“西安市”。

5）字符串操作函数

字符串操作函数见表3-10。

表3-10 字符串操作函数

函 数	功 能
QUOTENAME()	返回被特定字符包括起来的字符串
REPLICATE()	返回字符串中指定子串开始的位置
REVERSE()	返回字符串中指定模型开始的位置
REPLACE()	用指定的另一子串替换字符串中指定的子串
SPACE()	返回一个包含指定长度的空白字符串
STUFF()	用指定的另一子串替换字符串中指定位置、长度的子串

5. 数据类型转换函数

一般情况下，SQL Server自动处理某些数据类型的转换，即隐性转换。

无法由SQL Server自动转换或者自动转换后结果不符合要求的，需要进行显式转换。SQL Server提供两种显式转换函数，见表3-11。

表3-11 数据类型转换函数

函 数	功 能
CAST()	将给出的表达式转换成指定类型的数据，有两个参数
CONVERT()	将给出的表达式转换成指定类型的数据，有三个参数

简单的数据类型转换使用函数 CAST( )就可以解决，复杂的类型转换需要使用函数 CONVERT( )。CONVERT( )常常用于将 datetime 或 smalldatetime 类型的数据转换为字符串，此时的“式样”可选参数用于决定转换之后字符串的格式，见表 3－12。

表 3－12　CONVERT( )函数“式样”参数常用取值和输出格式

取值	输出格式	取值	输出格式
0（默认值）	mm dd yyyy hh：mi AM（或 PM）	100	同左
1	mm/dd/yy	101	Mm/dd/yyyy
2	yy. mm. dd	102	yyyy. mm. dd
3	dd/mm/yy	103	Dd/mm/yyyy
4	dd. mm. yy	104	dd. mm. yyyy
5	dd－mm－yy	105	dd－mm－yyyy
6	dd mm yy	106	Dd mm yyyy
7	mm. dd，yy	107	mm. dd，yyyy
8	hh：mi：ss	108	同左
9	mm dd yyyy hh：mi：ss：mmm AM	109	同左
10	mm－dd－yy	110	mm－dd－yyyy
11	yy/mm/dd	111	yyyy/mm/dd
12	Yymmdd	112	yyyymmdd
13	dd mm yyyy hh：mi：ss：mmm（24h）	113	同左
14	hh：mi：ss. mmm（24h）	114	同左
20	Yyyy－mm－dd hh：mi：ss	120	同左
21	yyyy－mm－dd hh：mi：ss：mmm	121	同左
126	yyyy－mm－ddThh：mi：ss：mmm	226	同左

例 3－15　利用数据类型转换函数从日期时间数据获取指定格式的字符。

```
DECLARE @dt datetime
SET @dt = getdate( )
PRINT CAST(@dt AS char(20))
PRINT CONVERT(char(20),@dt,109)
```

6. 数学函数

在大多数情况下，从数据库获取的数据需要进行数学处理才能使用，这时需要用到数学函数。常用数学函数见表 3－13。

表 3-13 常用数学函数

函　　数	功　　能
ABS(数值表达式)	返回表达式的绝对值（正值）
ACOS(浮点表达式)	返回浮点表达式的反余弦值（单位：弧度）
ASIN(浮点表达式)	返回浮点表达式的反正弦值（单位：弧度）
ATAN(浮点表达式)	返回浮点表达式的反正切值（单位：弧度）
ATAN2(浮点式1,浮点式2)	返回浮点式1/浮点式2的反正切值（单位：弧度）
SIN(浮点表达式)	返回浮点表达式的正弦值（参数单位：弧度）
COS(浮点表达式)	返回浮点表达式的余弦值（参数单位：弧度）
TAN(浮点表达式)	返回浮点表达式的正切值（参数单位：弧度）
COT(浮点表达式)	返回浮点表达式的余切值（参数单位：弧度）
DEGREES(数值表达式)	将弧度转化为度
RADLANS(数值表达式)	将度转化为弧度（DEGREES()反函数）
EXP(浮点表达式)	返回浮点表达式的指数值
CEILLNG(数值表达式)	返回大于等于数值表达式的最小整数
FLOOR(数值表达式)	返回大于等于数值表达式的最大整数
LOG(浮点表达式)	返回浮点表达式的自然对数值
LOG10(浮点表达式)	返回浮点表达式的常用对数值
PI()	返回 π 的值 3.141 592 653 589 793
POWER(数值表达式,幂)	返回数值表达式的指定次幂的值
RAND([整数表达式])	返回 0 和 1 之间的随机浮点数
ROUND(数值式,整数式)	将数值表达式的值四舍五入为整数给定的小数位数
SIGN(数值表达式)	符号函数，正值返回 1、负值返回 -1、0 返回 0
SQUARE(浮点表达式)	返回浮点表达式的平方值
SQRT(浮点表达式)	返回浮点表达式的平方根值

例 3-16 利用数学函数进行有关计算。

```
DECLARE @rr real
SET @rr=30
PRINT SIN(@rr*PI()/180)
PRINT TAN(@rr*PI()/180)
```

上述语句中乘以 PI()、除以 180 的操作将是度化为弧度。

7. 其他常用函数

除了上述函数之外，SQL Server 还有一些其他常用函数，见表 3-14。

表 3-14 其他常用函数

函　　数	功　　能
ISDATE()	判断指定表达式是否为日期，返回 true 或 false
ISNULL()	判断指定表达式是否为 NULL，返回替换表达式的值
ISNUMERIC()	判断指定表达式是否为数值，返回 true 或 false
NEWID()	返回 UNIQUEIDENTIFIER 类型的数值
NULLIF()	判断两个表达式是否相等，相等时返回 NULL

3.3.4 运算符

运算符是用于将运算对象（或操作数）连接起来、构成表达式的符号，指定要对运算对象执行的数学运算。运算对象可以是表中的列、常量、变量、函数等。

Transact-SQL 中的运算符包括：算术运算符、位运算符、比较运算符、逻辑运算符、字符串连接运算符、赋值运算符、一元运算符。

1. 算术运算符

(1) + ：加，如 100+200=300。

(2) - ：减，如 300-200=100。

(3) * ：乘，如 10*20=200。

(4) / ：除，如 200/10=20。

(5) % ：取模，如 10 % 3=1。

说明：加、减、乘、除与数学上的算术运算含义相同，支持所有数值类型的数学运算。取模用于返回一个整数除以另一个整数的余数。由算术运算符和运算对象组成的表达式称为算术表达式，表达式的结果为数值。

2. 位运算符

(1) & ：与，如 0&0=0、1&0=0、0&1=0、1&1=1。

(2) | ：或，如 0|0=0、1|0=1、0|1=1、1|1=1。

(3) ^ ：异或，如 0^0=0、1^0=1、0^1=1、1^1=0。

(4) ~ ：求反，如 ~0=1、~1=0。

说明：位运算符在两个表达式之间执行位操作，两个表达式可以为任何整数类型的数据。位运算符也可进行整数数据类型与二进制数据类型的混合运算，但必须有一个整数。

3. 比较运算符

(1) = ：等于，如“9=8”，返回 false。

(2) > ：大于，如“9>8”，返回 true。

(3) < ：小于，如“9<8”，返回 false。

（4） >=：大于等于，如“9 >=8”，返回 true。
（5） <=：小于等于，如“9 <=8”，返回 false。
（6） <>：不等于，如“9 <>8”，返回 true。
（7）!=：不等于，如“9!=8”，返回 true。
（7）!<：不小于，如“9!<8”，返回 true。
（8）!>：不大于，如“9!>8”，返回 false。

说明：比较运算符用于比较两个表达式的大小，结果为 true 或 false。比较运算符可以对除了 text、ntext、image 之外的任何数据类型进行比较运算。由比较运算符和运算对象组成的表达式被称为布尔表达式，结果为 true 或 false。

4. 逻辑运算符

（1） and：两个布尔表达式值都为 true 时，结果为 true。例如：“（3 >8）and(5 <6)”，返回 false。

（2） or：两个布尔表达式值一个为 true 时，结果为 true。例如：“(3 >8) and(5 <6)”，返回 true。

（3） not：对任何布尔表达式的值取反。例如：“not （3 >8）”，返回 true。

说明：逻辑与是两个操作数都为 true 时结果为 true，其中之一为 false 则结果为 false。逻辑或是两个操作数都为 false 时结果为 false，其中之一为 true 则结果为 true。如果有一个操作数的值为 NULL 时，结果为 UNKOWN。由逻辑运算符和运算对象组成的表达式称为布尔表达式，结果为 true 或 false。

5. 字符串连接运算符

字符串连接运算符“ +”用于字符串之间的连接运算，构成字符串表达式，返回新字符串。

例如： 'ABCD'+'EFGH'='ABCDEFGH'

由字符串连接运算符和运算对象组成的表达式称为字符串表达式，结果为字符串。

例 3 –17 进行字符串的连接运算。

```
DECLARE @str1 char(8),@str2 char(8),@str3 char(12)
SET @str1 ='陕西省'
SET @str2 ='西安市'
SET @str3 ='西安翻译学院'
PRINT @str1+@str2 +@str3
```

6. 赋值运算符

赋值运算符“ =”用于将表达式的值符给变量。

例如：
```
DECLARE @abc char(10)
SET @abc ='abcdefghij'
```

7. 一元运算符

(1) + : 正号，数值为正数。
(2) - : 负号，数值为负数。
(3) ~: 求反，按位求反。
(4) not: 取反，逻辑取反。

3.4 流程控制语句

计算机与其他机器的区别在于它具有判断功能，而判断功能的实现要靠流程控制语句。如果没有流程控制，计算机与其他机器设备没有本质的区别，即完成某种特定的机械动作而已。所以，计算机的各种语言都不能缺少流程控制语句。

在 SQL Server 系统中，流程控制语句用于控制 SQL 语句块和存储过程的执行流程，可以根据需要控制 SQL 语句的执行次序和执行分支。如果不使用流程控制语句，则 SQL 语句按照在语句块或存储过程中出现的先后顺序执行。

3.4.1 SQL Server 的流程控制语句

SQL Server 设置以下流程控制语句：

(1) BEGIN…END 语句：定义语句块，表示语句块的开始和结束。

(2) IF…ELSE 语句：两条件语句，如果条件成立，执行 IF 语句，若不成立则执行 ELSE 语句。

(3) CASE 语句：多条件语句，根据条件在多个语句块中选择一块执行。

(4) WHILE 语句：循环语句，根据条件，使语句块重复执行。

(5) GOTO 语句：跳转语句，无条件转移到语句块中的指定位置执行。

(6) WAITFOR 语句：延迟语句，延迟到指定的绝对时间或相对时间执行。

(7) RETURN 语句：退出语句，无条件从语句块退出。

(8) BREAK 语句：跳出语句，无条件从循环语句中跳出。

(9) CONTINUE 语句：继续语句，使循环语句重新开始。

3.4.2 条件语句

条件语句的功能是进行条件的判断，然后确定语句的执行流程。

1. 两条件语句

两条件语句涉及两种条件的判断和两个语句块之一的执行。

格式：

```
IF 条件表达式
    SQL 语句块 1
```

ELSE
    SQL 语句块 2

说明：

（1）IF…ELSE：条件语句的关键字，分别表示两个语句块的开始。

（2）条件表达式：其值可以为 true 或 false，表示用于判断的条件。

（3）SQL 语句块：一条或多条 SQL 语句。条件成立，执行语句块 1，否则执行语句块 2。

（4）语句块中可以包含条件语句，即条件语句可以嵌套。

例 3-18 两条件语句的使用。

```
IF month(getdate()) < 7
    PRINT('上半年')
ELSE
    PRINT('下半年')
```

getdate()和 month()都是 SQL Server 的系统内置函数，用于获取系统当前的日期和日期中的月份数。PRINT()函数用于输出数据，当月份小于 7 时输出“上半年”，否则输出“下半年”。

2. 多条件语句

多条件语句涉及多种条件的判断和多个语句块之一的执行，有两种格式。

1）简单格式

```
CASE 输入表达式
    WHEN 比较表达式 1 THEN 结果表达式 1
    WHEN 比较表达式 2 THEN 结果表达式 2
        ……
    WHEN 比较表达式 n THEN 结果表达式 n
    ELSE 结果表达式 n+1
END
```

说明：

（1）CASE…END：多条件语句简单格式中的关键字，表示该语句的开始和结束。

（2）WHEN…HTEN：多条件语句简单格式中的关键字，表示多个比较和结果。

（3）ELSE：多条件语句简单格式中的关键字，表示比较都不成立时的结果。

（4）输入表达式：使用多条件语句时作为输入计算的表达式。

（5）比较表达式：用于与输入表达式比较的表达式，两种表达式必须类型相同。

（6）结果表达式：当输入表达式与比较表达式相同时返回的结果。

例 3-19 多条件语句简单格式的使用。

```
PRINT
    CASE CAST((month(getdate())+2)/3 AS int)
```

```
        WHEN 1 THEN ('一季度')
        WHEN 2 THEN ('二季度')
        WHEN 3 THEN ('三季度')
        WHEN 4 THEN ('四季度')
    END
```

月份1、2、3加2等于3、4、5，除以3取整等于1，即一季度；
月份4、5、6加2等于6、7、8，除以3取整等于2，即二季度；
月份7、8、9加2等于9、10、11，除以3取整等于3，即三季度；
月份10、11、12加2等于12、13、14，除以3取整等于4，即四季度。

2）搜索格式

```
CASE
    WHEN 条件表达式1 THEN 结果表达式1
    WHEN 条件表达式2 THEN 结果表达式2
        ……
    WHEN 条件表达式n THEN 结果表达式n
    ELSE 结果表达式n+1
END
```

说明：

（1）CASE…END：多条件语句搜索格式中的关键字，表示该语句的开始和结束。
（2）WHEN…HTEN：多条件语句搜索格式中的关键字，表示多个条件和结果。
（3）ELSE：多条件语句搜索格式中的关键字，表示条件都不成立时的结果。
（4）条件表达式：用于进行判断的表达式，其值可以为true或false。
（5）结果表达式：当条件表达式的值为true时返回的结果。

例3-20 多条件语句搜索格式的使用。

```
SELECT
    CASE
        WHEN month(getdate()) <4 THEN ('一季度')
        WHEN month(getdate()) <7 THEN ('二季度')
        WHEN month(getdate()) <10 THEN('三季度')
        ELSE ('四季度')
    END
```

月份小于4为一季度，月份大于3小于7为二季度，月份大于6小于10为三季度，月份不小于10（大于等于10）为四季度。

从以上两个例题可以看出，两种CASE语句的区别在于，简单格式是输入表达式与比较表达式进行比较得到true或false，搜索格式是条件表达式自己计算得到true或false。

3.4.3 循环语句

循环语句用于设置重复执行 SQL 语句或语句块的条件，条件为 true 时，重复执行，条件为 false 时，退出循环，使用 WHILE 设置循环语句。

格式：

```
WHILE 条件表达式
  {SQL 语句块 1}
   [BREAK]
  {SQL 语句块 2}
   [CONTINUE]
```

说明：

（1）WHILE：循环语句的关键字，表示循环开始。

（2）条件表达式：用于判断，返回 true 或 false，返回 true 时执行语句块。

（3）SQL 语句块：一条或多条 SQL 语句，条件为 true 时执行循环。

（4）BREAK：导致从循环语句退出。

（5）CONTINUE：使循环语句重新开始。

例 3－21 使用循环语句计算奇数和。

```
DECLARE @i int, @sum int
SET @i=0
SET @sum=0
WHILE @i<=100
    BEGIN
        SET @sum=@sum+@i
        SET @i=@i+2
    END
PRINT '1 到 100 之间的奇数和为'+str(@sum)
```

为了说明 COUNTINUE 和 BREAK 语句的用途，上述代码可以改为以下形式。

例 3－22 使用循环语句计算奇数和。

```
DECLARE @i int, @sum int
SET @i=0
SET @sum=0
```

```
WHILE @i>=0
    BEGIN
        SET @i=@i+1
        IF @i<=100
         IF (@i % 2)=0
            CONTINUE
         ELSE
            SET @sum=@sum+@i
      ELSE
         BEGIN
            PRINT '1 到 100 之间的奇数和为'+str(@sum)
            BREAK
         END
    END
```

3.4.4 其他流程控制语句

1. GOTO 语句

GOTO 语句用于使程序直接转到指定的标号位置继续执行，位于 GOTO 语句与标号之间的语句、语句块、存储过程将被跳过。标号可以是任何字母和数字的组合，必须以“:”结尾。标号可以在 GOTO 语句之后，也可以在 GOTO 语句之前。

格式：

```
GOTO 标号
  ……
标号:
```

例 3－23 利用 GOTO 语句计算 1 和 100 之间的奇数和。

```
DECLARE @i int, @sum int
SET @i=1
SET @sum=0
Lab:
SET @sum=@sum+@i
```

```
SET @i=@i+2
IF @i<=100
  GOTO Lab
PRINT '1到100之间的奇数和为'+str(@sum)
```

2. WAITFOR 语句

WHITFOR 语句用于暂时停止 SQL 语句、语句块或者存储过程的执行，等到设定的时间已过或者时间已到才继续执行。

格式：

WAITFOR {DELAY '时间' |TIME '时间' }

说明：

（1）DELAY 用于设定相对时间，其后的“时间”为时间间隔，最长可达 24 小时。

（2）TIME 用于设置绝对时间，其后的“时间”为等到的时间点。

例 3-24 在 1 分 2 秒之后输出“你好，这是测试 WAITFOR 语句”。

```
WAITFOR DELAY '00:01:02'
PRINT '你好,这是测试 WAITFOR 语句'
```

例 3-25 在上午 8 时 1 分 2 秒输出“你好，这是测试 WAITFOR 语句”。

```
WAITFOR TIME '08:01:02'
PRINT '你好,这是测试 WAITFOR 语句'
```

练习题

一、单选题

1. 下列（　　）不属于 Transact-SQL 组成语言。

A. 数据定义语言　　B. 数据查询语言

C. 数据操纵语言　　D. 数据处理语言

2. 关于 Transact-SQL 语言的功能，下列说法不正确的是（　　）。

A. 创建数据库和各种数据库对象

B. 查询、添加、修改、删除数据库中的数据

C. 配置数据库管理系统的网络协议

D. 创建约束、规则、触发器、事务等，确保数据库中数据的完整性

3. 下列（　　）是 Transact-SQL 合法的标识符。

A. B2a8　　B. 123456　　C. My@ Table　　D. User

4. 下列（　　）不属于整型数据类型。

A. int　　B. bigint　　C. smallint　　D. float

5. 每个 int 类型的数据占用（　　）个字节的存储空间。

A. 1　　B. 2　　C. 4　　D. 8

6. 下列（　　）不属于非整型常量。

A. decimal　　B. bigint　　C. float　　D. real

7. 表达式 SUBSTRING（"HELLO"，3，2）的结果为（　　）。

A. " LL"　　B. " HELL"　　C. " LLO"　　D. " HELLO"

8. 表达式 12！<13 的值为（　　）。

A. true　　B. false　　C. 是　　D. 以上都不是

9. 已知计算机系统的日期是2016年4月18日，以下程序的输出结果为（　　）。

```
IF month(getdate()) < 7
   PRINT("上半年")
ELSE
   PRINT('下半年')
```

A. "上半年"　　B. "下半年"　　C. NULL　　D. 编译错误

10.（　　）语句可以使程序跳过循环，执行 WHILE 循环以后的语句。

A. GOTO　　B. GO　　C. CONTINUE　　D. BREAK

11. 在 Transact－SQL 语言中使用的循环语句是（　　）。

A. WHILE …BREAK …CONTINUE　　B. FOR … NEXT

C. DO WHILE… LOOP　　D. 以上都不是

12. 执行"WAITFOR DELAY '10:00:00'"和"PRINT '你好'"语句，正确的答案是（　　）。

A. 在10点钟显示"你好"　　B. 在10个小时之后显示"你好"

C. 立刻显示"你好"　　D. 什么都不显示

二、填空题

1. ____________ 语言是微软公司针对自己的数据库产品开发的__________语言。

2. Transact－SQL 语言中的标识符有____________和____________两种类型。

3. 整型数据类型包括____、______、______和______4种类型，用于存放不同大小的整数数据。

4. 表达式是使用各种__________把__________连接起来组成的式子。

5. 计算机与其他机器的区别在于其具有判断功能，而判断功能的实现要靠__________。

三、简答题

1. 简述 SQL 语言与 Transact－SQL 语言的区别。

2. 数据类型的含义是什么？列出5种常用的数据类型。

3. 说明注释的用途和格式。

4. 列出表达式所包含的元素。

5. 列出4种控制流程语句并简述其用途。

四、上机操作题

上机操作本章中的例3－1～例3－25。

第 4 章

数据库管理

本章学习 

①数据库体系结构
②创建数据库
③修改数据库
④删除数据库
⑤分离和附加数据库

使用 SQL Server 数据库管理系统管理数据，首先需要创建数据库。数据库是存储数据的容器、获取数据的源泉、管理数据的对象。数据库不仅能存储数据，而且能使数据的存储和获取以安全可靠的方式进行。

4.1 数据库体系结构

SQL Server 数据库体系结构有两个方面的内容。从使用的角度看，数据库是各种数据库对象组成的集合。从机器的角度看，数据库是若干物理文件组成的整体。所以，SQL Server 数据库有两个文件名：逻辑文件名和物理文件名。在默认情况下，除了物理路径之外，逻辑文件名与物理文件名相同，用户也可以将其定义为不同。

4.1.1 数据库的物理结构

数据库的物理结构是指数据库及其对象在计算机磁盘上的实际保存位置和文件名。SQL Server 数据库管理系统中的数据库包含 3 类数据库文件，见表 4 –1。

表 4 –1 数据库文件

名 称	用 途	扩展名	数 量
主数据库文件	存放数据库对象	. mdf	每个数据库只有 1 个
次数据库文件	数据较多时补充存放数据库对象	. ndf	可以没有，也可有多个
事务日志文件	存放数据库事务日志信息	. ldf	至少 1 个，也可有多个

说明：

（1）主数据库文件存放数据库启动信息和存储数据。每个数据库只有一个主数据库文件。

（2）次数据文件存放主数据库文件保存不了的所有数据。如果主数据库文件能容纳数据库中的所有数据，数据库就不需要有次数据库文件。有些数据库可能很大，需要多个次数据库文件或在分离的磁盘上存放次数据库文件，分离数据跨越多个磁盘。随着磁盘空间和运行速度的剧增，主数据库文件能满足需要，一般不用次数据库文件。

（3）事务日志文件用于存放数据库更新情况等事务日志信息，使用 INSERT、UPDATE、DELETE 等语句对数据库进行的更新操作都被记录在事务日志文件中。当数据库损坏时，可以使用事务日志文件进行恢复。每个数据库必须至少有一个事务日志文件。

（4）文件组允许上述文件被作为一个整体进行存放，以便管理、分配和存放数据。为简单起见，本书不作介绍。

4.1.2 数据库的逻辑结构

数据库的逻辑结构包含表、视图、索引、约束、默认值、规则、存储过程、触发器等数据库对象，这些对象用于保存数据库的基本信息和用户定义的数据操作。

当数据库及其对象被创建之后，用户在使用时，只要知道它们的逻辑名即可，并不需要关心它们的物理名，即不需要知道它们保存在何处。

4.2 创建数据库

创建数据库的过程实际上是确定数据库的名称、设置数据库占用的存储空间和存放位置。

SQL Server 提供了两种创建数据库的途径，从早期的 SQL Server 6.5 到目前流行的 SQL Server 2008 都是如此。可以使用各个版本提供的图形界面工具，也可以使用 Transact－SQL 语言的 CREATE DATEBASE 语句。

4.2.1 创建数据库的考虑

（1）制定很好的规划，使创建的数据库满足实际用途。

（2）数据库符合标准化规则，标准化将改善性能。

（3）数据库数据的完整性，保证数据库中数据的质量。

（4）数据库数据的安全性，防止非法查看和制造严重错误。

（5）数据库应用程序的性能需要，适当地建立索引。

（6）数据库的可维护性，存放数据的表中列数不要太多。

4.2.2 使用图形界面工具创建数据库

SQL Server 2008 使用 SQL Server Management Studio 图形界面工具，如图 4－1 所示。

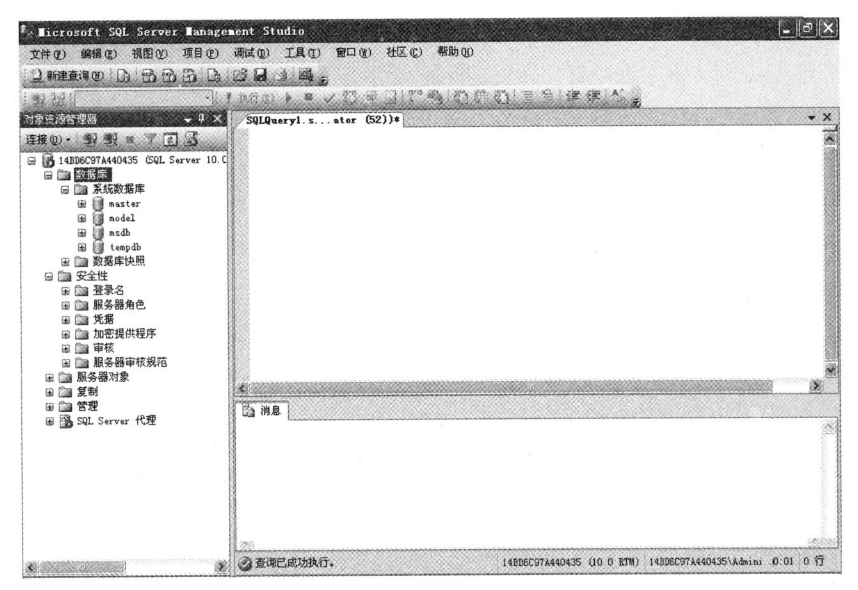

图 4－1　SQL Server 图形界面工具

使用图形 SQL Server Management Studio 图形界面工具创建数据库的步骤如下：

(1) 在图 4－1 所示界面中，用鼠标右键点击“数据库”，在快捷键菜单中选择“新建数据库”，出现图 4－2 所示界面。

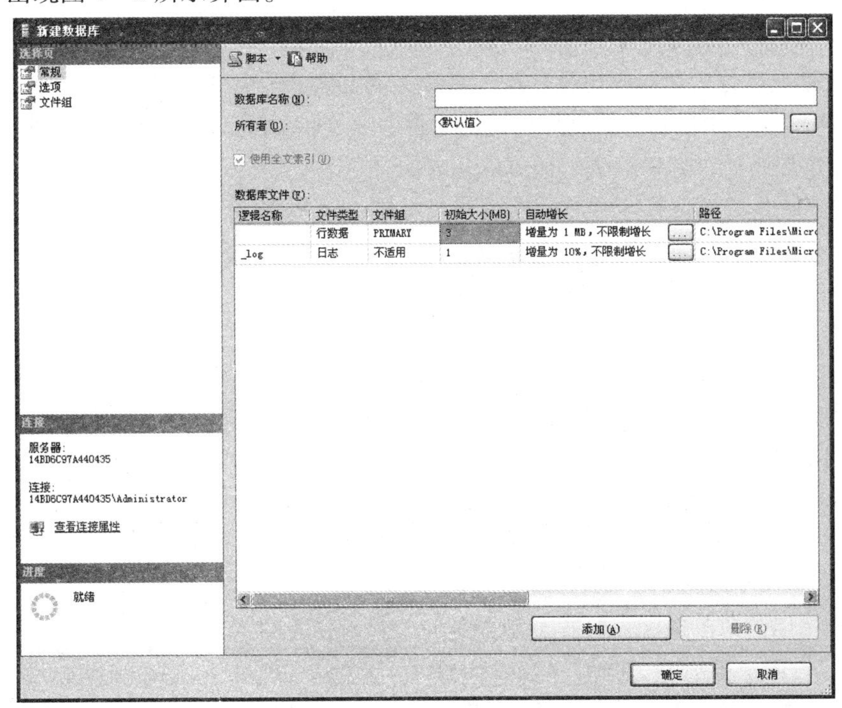

图 4－2　新建数据库

(2) 在“数据库名称”文本框中，输入数据库名，数据库名称必须遵守标识符规则。

(3) 在“所有者”文本框中，选择“<默认值>”。

(4) 在默认情况下，系统自动只用指定的数据库名作为逻辑数据文件名，主数据文件名和事务日志文件名一般不需要改变。

（5）文件类型、文件组、初始大小、自动增长等选项，一般也使用默认值。

（6）路径选项可以使用默认值，但一般需要指定新值，即数据库存放在磁盘上的物理位置，也就是上面的“物理结构”。

（7）点击“确定”按钮，完成数据库的创建。输入的数据库名出现在左边数据库列表中。

在创建数据库之后，建议对 master 数据库进行备份。因为创建数据库将更改 master 数据库中的系统表。

4.2.3 使用 SQL 语句创建数据库

在一般情况下，创建数据库使用上述图形界面工具。创建数据库不是数据库管理的日常工作，创建一次数据库，其可能将使用几十年。

Transact - SQL 提供了创建数据库的语句，在应用程序中创建数据库使用该语句。

格式：

```
CREATE DATABASE 数据库名称
[ON[ <文件说明>[,…n]]
[LOG ON{ <文件说明>[,…n]}]
```

说明：

（1）CREATE DATABASE 为创建数据库的关键字。

（2）数据库名称为所要创建数据库的名称，其必须符合标识符的命名规则。

（3）ON 关键字指定存放数据库的磁盘文件，<文件说明>用于定义主数据文件和次数据库文件及物理路径，如果需要，还可以包含文件组名。[，…n] 表示可以有多项。

（4）ON LOG 关键字指定存放数据库磁盘文件，<文件说明>用于定义事务日志文件及物理路径，如果需要，也可以包含文件组名。

（5）<文件说明>的含义如下：

```
[PRIMARY]
  ([NAME =逻辑文件名,]
   [FILENAME ='物理文件名',]
   [SIZE =初始大小,]
   [MAXSIZE = {最大限制 | UNLIMITED},]
   [FILEGROWTH =增长量]
 )
```

（6）从实用的角度考虑，对有关文件组的内容不作介绍。

在图 4 - 1 所示界面中，点击“新建查询”，为 Transact - SQL 语句提供输入窗口。

例 4 - 1 使用最简单的方法创建数据库。

（1）在右边窗口输入：

```
CREATE DATABASE 网上购物1
```

（2）点击功能菜单中的“执行”。

（3）在左边窗口用鼠标右键点击“数据库”，选择“刷新”，看到新建数据库“网上购物1”。

说明：

（1）上述语句没有指定物理路径，系统自动将数据库建立到下列默认目录下：

Microsoft SQL Server 安装默认目录\MSSQL10. MSSQLSERVER\MSSQL\DATA\。

数据库管理系统的4个系统数据库的物理文件就在该目录下。

（2）用鼠标右键点击“网上购物1”数据库，选择“属性”，在随后出现的窗口中选择“文件”，可以查看数据库的相关的信息。

这是使用 Transact - SQL 语句创建数据库的最简单的方法。

例4-2 创建指定物理路径的数据库。

（1）在D盘根目录下创建“网上商城”目录。

（2）在右边窗口输入：

```
CREATE DATABASE 网上购物2
ON PRIMARY
(NAME = 网上购物2_data,
   FILENAME ='D:\网上商城\网上购物2. mdf',
   SIZE =10 ,
   MAXSIZE = Unlimited ,
   FILEGROWTH =10%
)
LOG ON
(NAME = 网上购物2_log,
   FILENAME = 'D:\网上商城\网上购物2. ldf',
   SIZE =20 ,
   MAXSIZE =100,
   FILEGROWTH =1
)
```

（3）点击“执行”。

（4）在左边窗口用鼠标右键点击“数据库”，选择“刷新”，看到新建数据库“网上购物2”。

说明：上述语句指定了物理路径，系统将数据库建立到“D\网上商城”目录下，同时指定了文件的初始长度、最大长度和自动增长长度。

例4-3 创建指定物理路径的数据库，数据文件和事务日志文件存放在不同的目录下。

（1）在D盘根目录下创建“网上商城_data”和“网上商城_log”目录。

（2）在右边窗口输入：

```
CREATE DATABASE 网上购物3
ON PRIMARY
(NAME = 网上购物3_data,
   FILENAME ='D:\网上商城_data\网上购物3.mdf',
   SIZE =20,
   MAXSIZE =200,
   FILEGROWTH =10%
)
LOG ON
(NAME = 网上购物3_log,
   FILENAME ='D:\网上商城_log\网上购物3.ldf',
   SIZE =10,
   MAXSIZE =100,
   FILEGROWTH =1)
```

（3）点击“执行”。

（4）在左边窗口用鼠标右键点击“数据库”，选择“刷新”，看到新建数据库“网上购物3”。

说明：上述语句指定了物理路径，数据文件和事务日志文件存放在不同的目录下。

4.2.4　创建数据库的注意事项

（1）每个数据库都有一个所有者，其默认值就是登录系统时的用户名或系统管理员名“sa”。

（2）在 SQL Server 2008 版中最多只能创建 32 767 个数据库。

（3）创建的数据库名必须符合标识符的命名规则。

（4）要让事务日志文件发挥作用，最好将数据文件和事务日志文件存放到不同的磁盘中。

（5）使用 Transact－SQL 语句创建数据库时，应特别注意其中的语法和符号。

4.3　修改数据库

SQL Server 提供了修改数据库的功能。在需要修改时，可以使用图形界面工具直接修改数据库的名称和属性，也可以使用 Transact－SQL 语句修改数据库。

4.3.1 使用图形界面工具修改数据库

1. 修改数据库名称

（1）在图4－1所示界面中，展开“数据库”。

（2）用鼠标右键单击需修改的数据库，在快捷菜单中选择“重命名”。

（3）在随后出现的方框中，直接输入新的数据库名。

注意：有时会出现“数据库名不能更改”的提示，此时可关闭相关操作重新修改。

2. 修改数据库属性

使用 SQL Server Management Studio 图形界面工具修改数据库的属性的步骤如下：

（1）在图4－1所示界面中，展开“数据库”。用鼠标右键单击需要修改的数据库，出现快捷菜单，如图4－3所示。

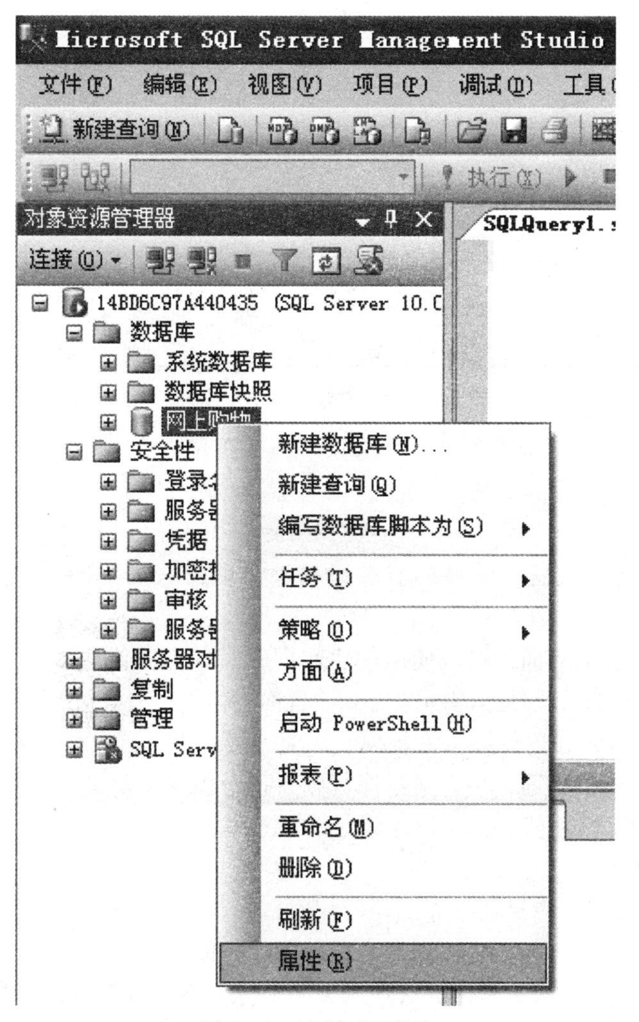

图4－3 选择“属性”

（2）在图4－3所示界面中选择“属性”，打开属性窗口的第一个界面“常规”，如图4－4所示。

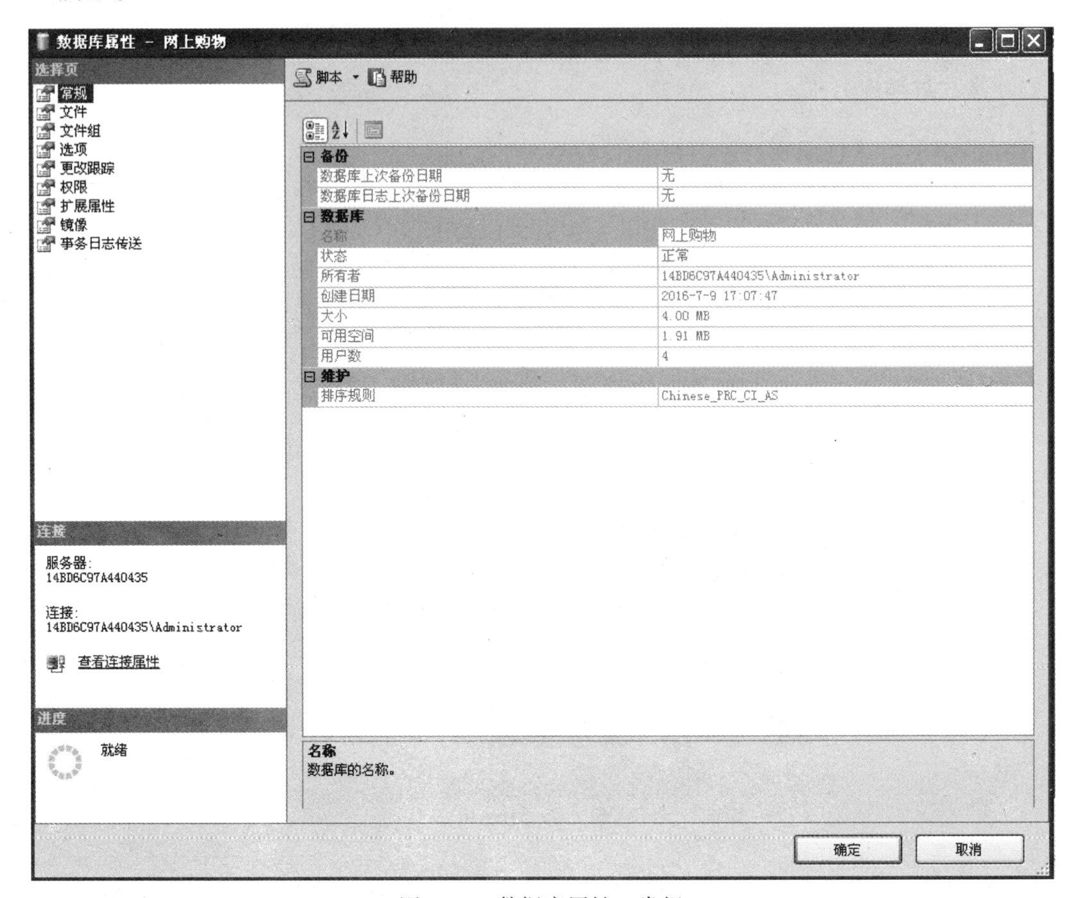

图4－4　数据库属性－常规

（3）在图4－4所示界面左边有7个选项卡，下面介绍常用的4个。

① 常规：显示数据库的名称、状态、所有者、创建日期、大小、可用空间、用户数、备份和维护等信息。

②文件：用于修改数据库文件的有关设置，与创建数据库时的内容类似，如图4－5所示。

使用图4－5所示的界面，可以使用创建数据库时的方法修改数据库文件的属性或添加新的数据库文件。例如修改数据库的逻辑文件名称或物理文件存放位置。

③ 选项：用于修改排序规则、恢复模式、兼容级别等选项，如图4－6所示。

使用图4－6所示的界面，可以对排序规则、备份和恢复模式、兼容级别进行选择修改。还可以对ANSI NULL默认值、递归触发器、自动创建统计信息、自动关闭、自动收缩等进行重新设置。

④权限：用于设置用户对数据库的使用权限，如图4－7所示。

使用图4－7所示的界面，可以对用户的权限进行修改。

说明：如果需要，其他不常用的选项可以按照界面提示进行修改，在此不再介绍。

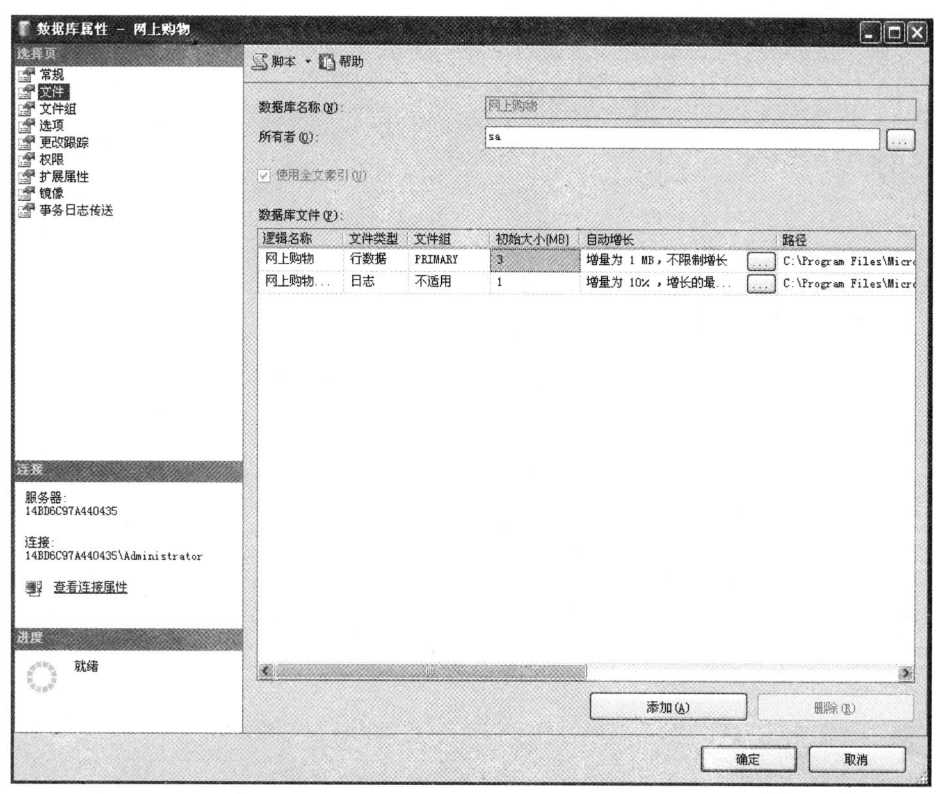

图4－5　数据库属性－文件

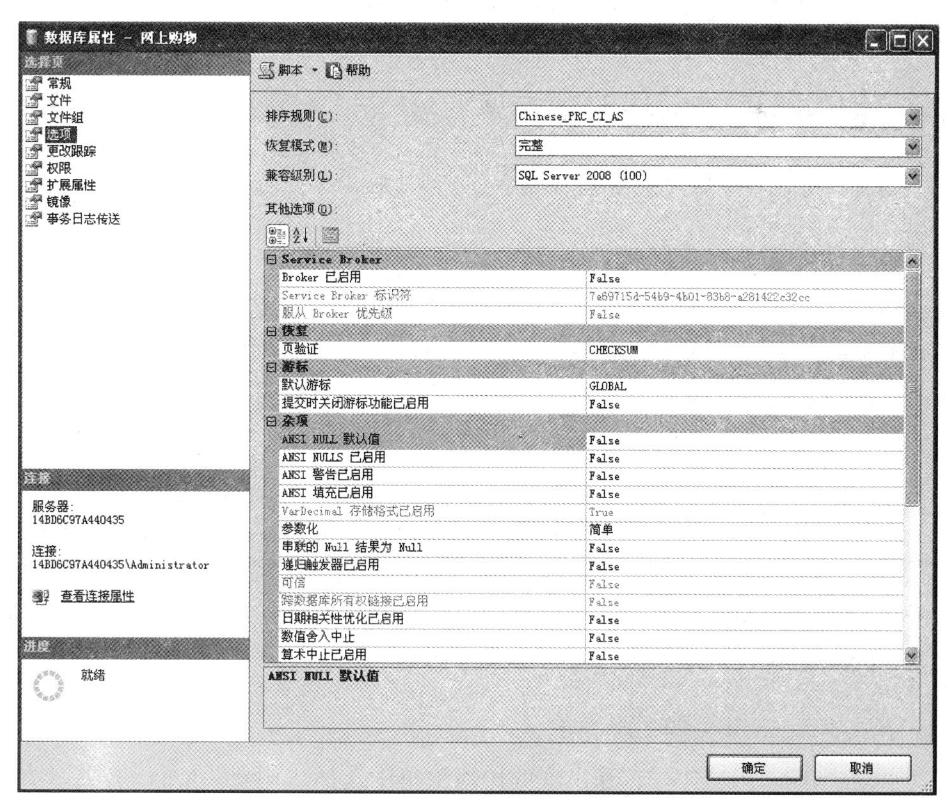

图4－6　数据库属性－选项

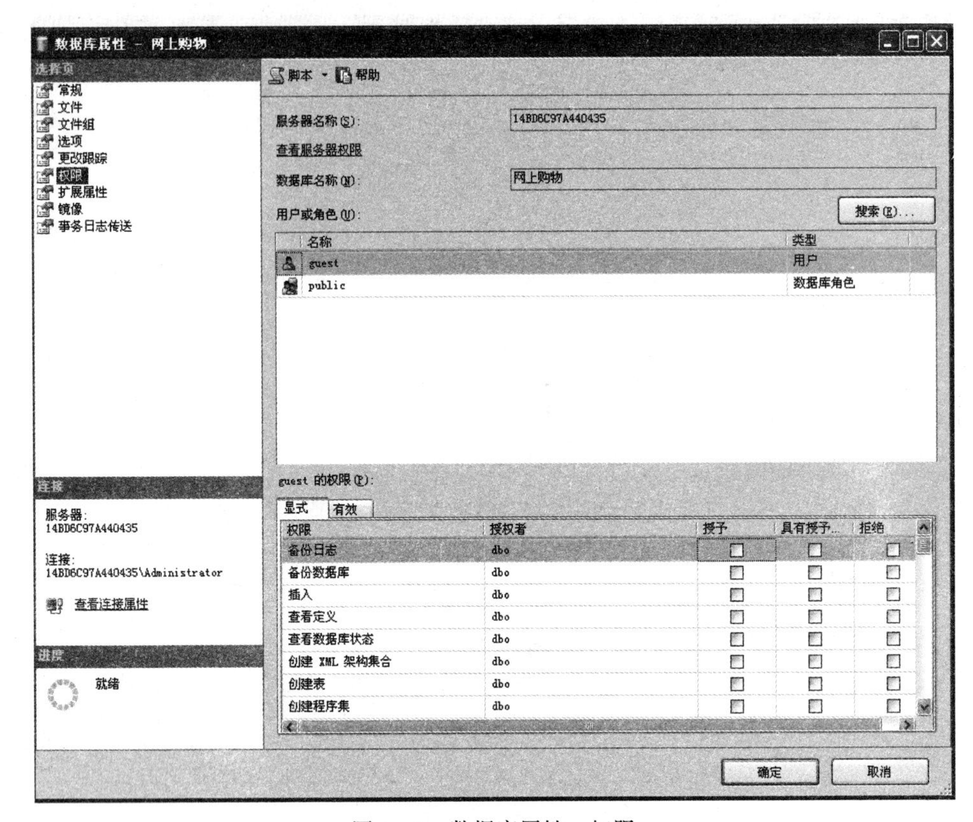

图 4-7　数据库属性 - 权限

4.3.2　使用 SQL 语句修改数据库

Transact - SQL 提供了修改数据库的语句，在应用程序中修改数据库时使用该语句。

1. 修改数据库名称

格式：
ALTER DATABASE 原数据库名称
MODIFY NAME = 新数据库名称
说明：
（1）ALTER DATABASE 为修改数据库的关键字。
（2）原数据库名称为要被修改的数据库的名称，新数据库名称为修改后的数据库的名称。

例 4-4　使用 ALTER DATABASE 语句修改数据库名称。

```
ALTER DATABASE 网上购物 1
  MODIFY NAME = 网上购物 A
```

用鼠标右键单击“数据库”，在出现的快捷菜单中选择“刷新”，可以看到修改后的数据库名称。

2. 修改数据库属性

格式：

ALTER DATABASE 数据库名称
{ADD FILE <文件说明>[,…n]
|ADD LOG FILE <文件说明>[,…n]
|REMOVE FILE 逻辑文件名
|MODIFY FILE <文件说明>}

说明：

(1) 数据库名称指定被修改数据库的名称。

(2) ADD FILE 指定添加的数据文件。

(3) ADD LOG FILE 指定添加的事务日志文件。

(4) REMOVE FILE 指定删除的数据文件名或指定删除的事务日志文件名。

(5) MODIFY FILE 指定修改的数据文件或指定修改的事务日志文件。

(6) <文件说明>含义：

([NAME = 逻辑文件名，]
[FILENAME ='物理文件名',]
[SIZE = 初始大小,]
[MAXSIZE = {最大限制|UNLIMITED},]
[FILEGROWTH = 增长量]
)

(7) 从实用的角度考虑，对有关文件组的内容不作介绍。

例4-5 使用 ALTER DADABASE - ADD 语句给数据库添加文件。

添加数据文件：

```
ALTER DATABASE 网上购物2
  ADD FILE
  ( NAME = 网上购物22_data,
    FILENAME ='D:\网上商城\网上购物22.ndf',
    SIZE =10,
    MAXSIZE = Unlimited,
    FILEGROWTH =10%
```

添加事务日志文件：

```
ALTER DATABASE 网上购物2
  ADD LOG FILE
```

```
  (NAME = 网上购物22_log,
    FILENAME = 'D:\网上商城\网上购物22.ldf',
    SIZE = 20,
    MAXSIZE = 100,
    FILEGROWTH = 1
  )
```

说明：

(1) 每个数据库只能有一个主数据文件，所以添加的数据文件扩展名为“.ndf”。

(2) 在添加数据文件时不能同时添加事务日志文件，需要使用两个ALTER语句。

例4-6 使用ALTER DADABASE…REMOVE语句删除数据库文件。

删除数据文件（注：删除数据文件属于修改数据库的内容）：

```
ALTER DATABASE 网上购物2
  REMOVE FILE 网上购物22_data
```

删除事务日志文件（注意FILE之前没有LOG）：

```
ALTER DATABASE 网上购物2
  REMOVE FILE 网上购物22_log
```

例4-7 使用ALTER DADABASE…MODIFY语句修改数据库文件。

修改数据文件：

```
ALTER DATABASE 网上购物2
  MODIFY FILE
  (NAME = 网上购物_data,
   SIZE = 20,
   MAXSIZE = 50
  )
```

修改事务日志文件（注意FILE之前没有LOG）：

```
ALTER DATABASE 网上购物2
  MODIFY FILE
  (NAME = 网上购物_log ,
    SIZE = 20,
    MAXSIZE = 50
  )
```

4.4 删除数据库

SQL Server 提供了删除数据库的功能。在需要时，可以使用图形界面工具直接删除数据库，也可以使用 Transact - SQL 语句删除数据库。

在正常情况下，数据库创建之后，特别是投入运行存放数据之后不能删除。

4.4.1 使用图形界面工具删除数据库

使用 SQL Server Management Studio 图形界面工具删除数据库的步骤如下：

（1）在图 4 - 1 所示界面中，展开“数据库”，用鼠标右键点击被删除的数据库，出现图 4 - 8 所示界面。

（2）在图 4 - 8 所示界面中，选择“删除”，出现图 4 - 9 所示界面。

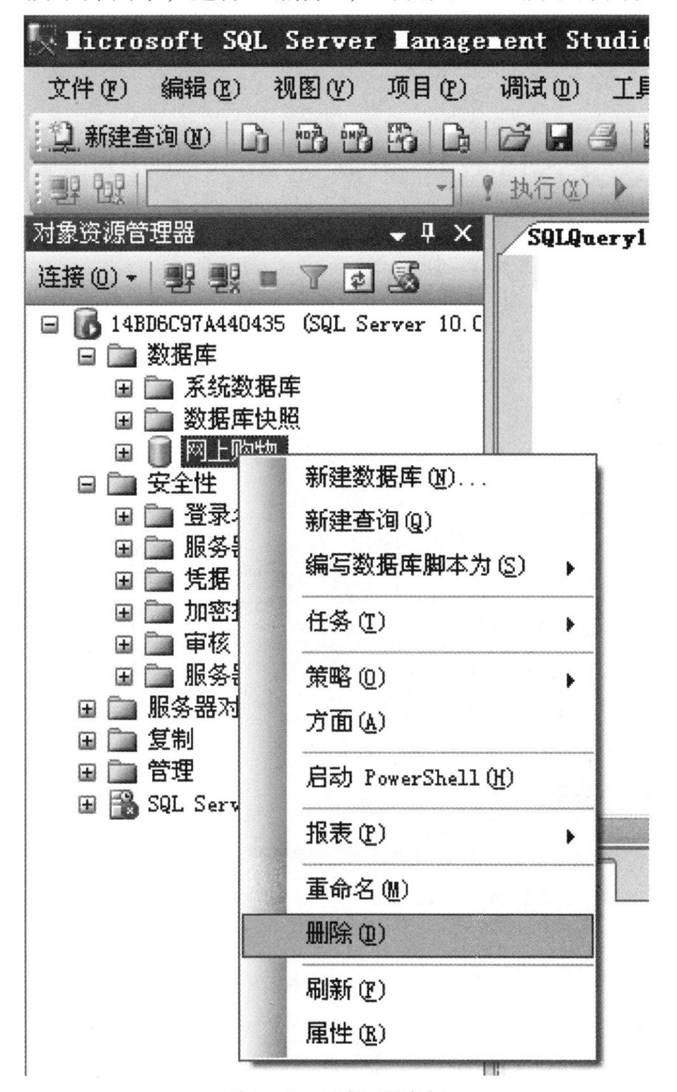

图 4 - 8 选择“删除”

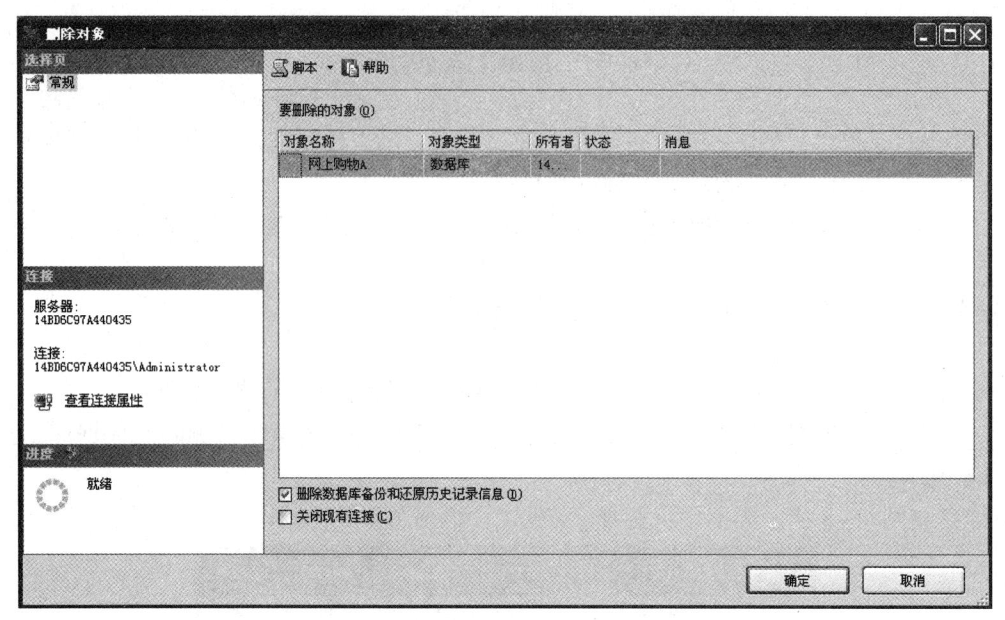

图 4 -9　删除数据库

(3) 在图 4 -9 所示界面中，点击“确定”按钮，指定的数据库从“对象资源管理器”中消失，数据库被删除。

注意:

(1) 有时会出现“数据库不能删除”的提示，此时可关闭相关操作或数据库系统重新删除。

(2) 删除数据库，除了从数据库管理系统除去了数据库，物理文件也被彻底删除。

4.4.2　使用 Transact - SQL 语句删除数据库

Transact - SQL 提供了删除数据库的语句，在应用程序中删除数据库时使用该语句。

格式:

DROP DATABASE 数据库名称 [, …n]

说明:

在一条删除语句中可以同时删除多个数据库。

例 4 -8　使用 DROP DATABASE 删除数据库。

```
DROP DATABASE 网上购物3
```

4.5　分离和附加数据库

在实际的数据库应用中，特别是在数据库应用程序的调试阶段、用户在学习数据库的初始阶段，常常需要将数据库从一台服务器转移到另一台服务器。但是，SQL Server 数据库不是单独的文件，不能直接从磁盘上进行复制。SQL Server 的较新版本增加了分离和附加数据库的功能，为数据库文件的转移提供了方便。

1. 分离和附加数据库的步骤

（1）数据库从一台服务器分离。
（2）将分离的数据文件和事务日志文件复制到另一台服务器。
（3）在另一台服务器上将文件附加到数据库管理系统，其就可以像在前台服务器上一样使用。

2. 分离与删除数据库的区别

（1）相同之处：两者都是从数据库管理系统中除去数据库，在管理界面中再也看不到该数据库。
（2）不同之处：删除数据库时数据库的物理文件被彻底删除，分离数据库时数据库的物理文件依然存在，所以才能被复制，然后在另一台服务器上被附加。
因此，在某个数据库不再需要时，最好先进行分离，而不要直接删除。

4.5.1 分离数据库

分离数据库是将数据库从 SQL Server 数据库管理系统中除去，但数据库的数据文件和事务日志文件仍然以物理文件的形式保留，可以复制到另一台服务器，附加到该服务器的 SQL Server 数据库管理系统，也可以附加到被分离的服务器。

1. 使用图形界面工具分离数据库

使用 SQL Server Management Studio 图形界面工具分离数据库的步骤如下：
（1）在图 4－1 所示界面中展开“数据库”。用鼠标右键点击被分离的数据库，出现图 4－10 所示界面。
（2）在图 4－10 所示界面中，选择“任务”－>“分离”，出现图 4－11 所示界面。
（3）如果需要更新现有的优化统计信息，勾选“更新统计信息”复选框。
（4）如果进入系统后对数据库进行过操作，勾选“删除连接”复选框。
（5）点击“确定”按钮，指定的数据库将从“对象资源管理器”中消失，数据库被分离。

2. 使用存储过程分离数据库

分离和附加数据库是 SQL Server 较新版本所增加的功能，Transact－SQL 语言没有分离和附加数据库的语句。SQL Server 提供了 sp_detach_db 存储过程分离数据库。
需要解释的是，存储过程是 SQL Server 的数据库对象之一，是完成特定功能的一条或多条 SQL 语句所组成的程序段，是对所有 SQL 语句都不能完成的某些功能的补充。
格式：

```
sp_detach_db [@dbname = ]'数据库名称'
 ['[@skipchecks = ]'true' | 'false']
 ['[@KeepFulltextIndexFile = ]'true'|'false']
```

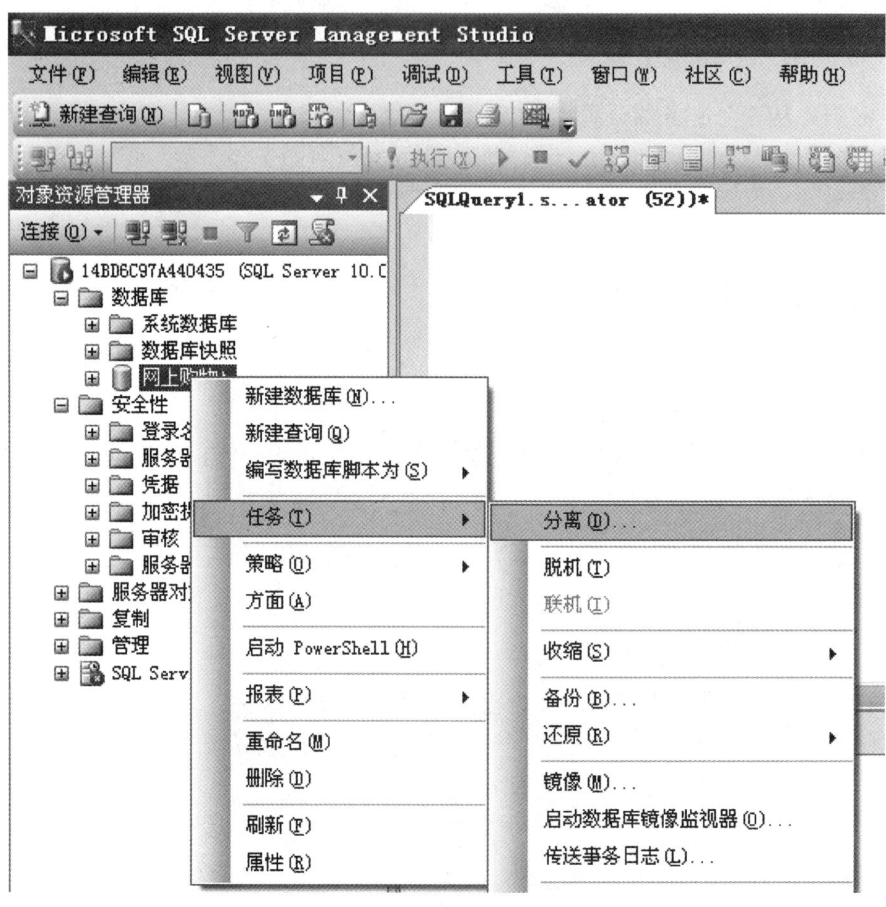

图 4－10　选择“分离”

图 4－11　分离数据库

说明：

（1）“[@dbname=]'数据库名称'”指定被分离数据库的名称。

（2）“[@skipchecks=]'true'|'false'”指定在分离数据库过程中跳过或运行 UPDATE STATISTIC。运行 UPDATE STATISTIC 是更新有关 SQL Server 数据库引擎中表数据或索引数据的信息。对于移动到只读媒体的数据库，运行 UPDATE STATISTIC 非常有用。其默认值为 false。

（3）“[@KeepFulltextIndexFile=]'true'|'false'”指定在分离数据过程中是否保持与数据库关联的全文索引文件，默认值为 true。

例 4-9 使用存储过程分离数据库。

```
USE master
ALTER DATABASE 网上购物2
SET SINGLE_USER
GO
EXEC sp_detach_db '网上购物2'
```

说明：

（1）在分离数据库时，需要拥有对数据库的独占权限。如果被分离的数据库正在使用，分离时将出现“数据库不能被分离”的提示。

（2）上例中前4条语句就是设置数据库为单用户模式，即具有独占权限。

（3）调用存储过程一般使用 EXEC 语句。

4.5.2 附加数据库

附加数据库是将分离的数据库重新附加到 SQL Server 数据库管理系统，不管是原来被分离的服务器，还是另一台服务器，只要该机器安装了 SQL Server 数据库管理系统即可。

1. 使用图形界面工具附加数据库

使用图 SQL Server Management Studio 形界面工具附加数据库的步骤如下：

（1）在图 4-1 所示界面中，用鼠标右键单击“数据库”，出现图 4-12 所示界面。

（2）在图 4-12 所示界面中，选择“附加”，打开“附加数据库”窗口，如图 4-13 所示。

（3）在图 4-13 所示界面中，点击“添加”，出现“定位数据库文件”窗口。

（4）从中选择被分离的或从另一台服务器上复制的数据文件，点击“确定”按钮。

（5）返回图 4-13 所示界面的“附加数据库”窗

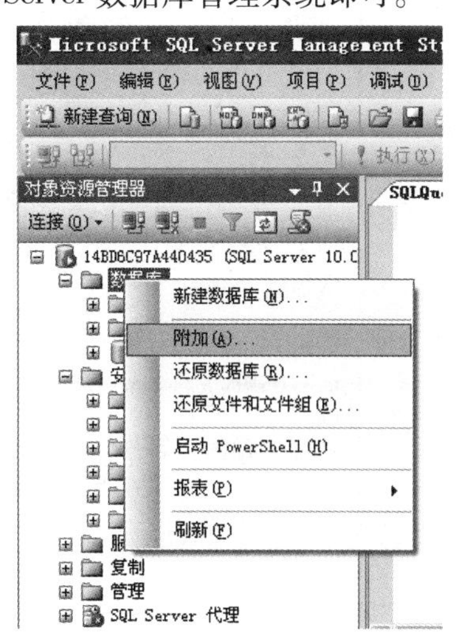

图 4-12 选择“附加”

口，其内容已变化，如图 4－14 所示。

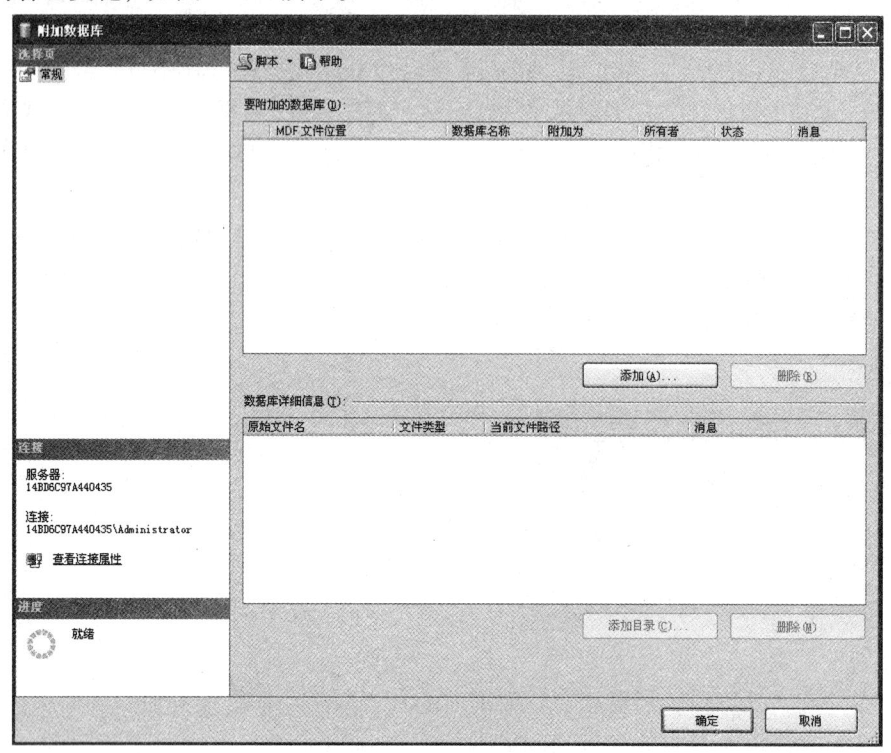

图 4－13　附加数据库

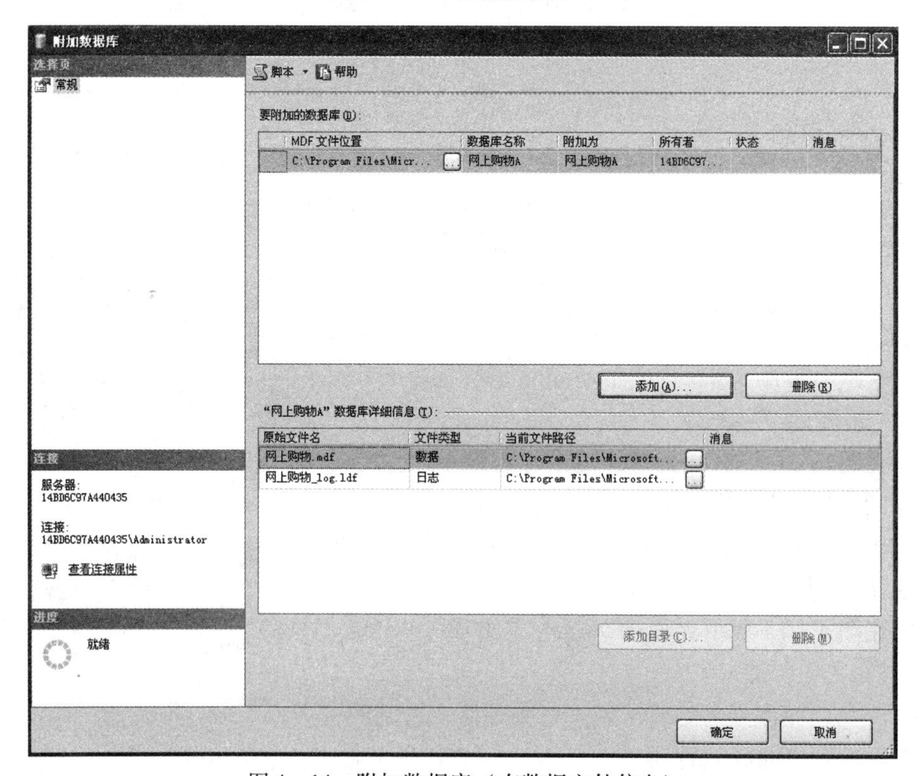

图 4－14　附加数据库（有数据文件信息）

（6）在图 4－14 所示界面中点击“确定”按钮，左边窗口显示被附加的数据库名称。

2. 使用 SQL 语句附加数据库

在一般情况下，附加数据库都是用图形界面工具完成的，但也可以使用 SQL 语句完成。在 CREATE DATABASE 语句中使用 ATTACH 关键字附加数据库。

格式：

```
CREATE DATABASE 数据库名称
  ON <文件说明> [ , …n]
    FOR{ATTACH|ATTACH_REBUILD_LOG}[;]
```

说明：

（1）ON 关键字指定存放数据库的磁盘文件。

（2）FOR ATTACH 关键字指定通过附加现有的一组操作系统文件创建数据库。

（3）FOR ATTACH_ REBUILD_ LOG 关键字指定通过附加现有的一组操作系统文件创建数据库。如果缺少事务日志文件，系统将重新生成事务日志文件，但在 <文件说明> 中必须指定主数据文件。

（4）所有的数据文件（mdf 和 ndf）都是有效的 SQL Server 数据文件。

（5）所有的事务日志文件（ldf，一个或多个）都是有效的 SQL Server 事务日志文件。

（6）<文件说明>的含义：

```
([NAME = 逻辑文件名,]
 [FILENAME ='物理文件名',]
 [SIZE = 初始大小,]
 [MAXSIZE = {最大限制|UNLIMITED},]
 [FILEGROWTH = 增长量]
)
```

例 4－10 使用 SQL 语句附加数据库。

```
CREATE DATABASE 网上购物2
   ON
   (NAME = 网上购物2_d,
     FILENAME ='D:\网上商城\网上购物2.mdf',
     SIZE = 50,
     MAXSIZE = 100,
     FILEGROWTH = 10%
   ),
   (NAME = 网上购物2_l,
      FILENAME ='D:\网上商城\网上购物2.ldf',
```

```
        SIZE =20MB,
        MAXSIZE =200,
        FILEGROWTH =2
    )
FOR ATTACH
```

说明：

（1）上述语句包含了与创建数据库时内容基本相同的属性。

（2）NAME、SIZE、MAXSIZE、FILEGROWTH 等属性的值可以与创建数据库时不同。

（3）不管这些属性的值相同还是不同，它们都不起作用，附加的数据库保持创建时的值。

所以例 4－10 与下面例 4－11 的效果相同。

例 4－11 使用简单的 SQL 语句附加数据库。

```
CREATE DATABASE 网上购物2
    ON
    (FILENAME ='D:\网上商城\网上购物2.mdf'),
    (FILENAME ='D:\网上商城\网上购物2.ldf')
FOR ATTACH
```

练习题

一、单选题

1. 不属于数据库必需的物理文件的是（　　）。

A. 主数据库文件　　B. 次数据库文件

C. 数据库备份文件　　D. 事务日志文件

2. 数据库逻辑文件名应遵守（　　）命名规则。

A. 标识符　　B. 文件名

C. 操作系统文件名　　D. 变量名

3. 数据库被创建之后，用户在使用时，只要知道它的（　　）即可。

A. 物理名　　B. 逻辑名　　C. 对象名　　C. 文件名

4. 在创建数据库时，可以先考虑（　　）。

A. 制定很好的规划，使创建的数据库满足实际用途

B. 数据库数据的完整性，保证数据库中数据的质量

C. 数据库占用的存储空间，保证增加的数据有存放空间

D. 数据库数据的安全性，防止非法查看和制造严重错误

5. 使用 SQL 语句创建数据库时所使用的语句为（　　）。

A. CREATE DATABASE　　B. ALTER DATABASE

C. CREATE INDEX　　D. CREATE TABLE

6. 使用 SQL 语句修改数据库名称时使用的语句为（　　）。

A. CREATE DATABASE … MODIFY

B. MODIFY DATABASE … ALTER

C. ALTER DATABASE … MODIFY

D. ALTER DATABASE … ALTER

7. 使用 SQL 语句修改数据库时使用的语句为（　　）。

A. MODIFY DATABASE　　B. CREATE DATABASE

C. UPDATE DATABASE　　D. ALTER DATABASE

8. 使用 SQL 语句删除数据库时使用的关键字为（　　）。

A. DELETE DATABASE　　B. DROP DATABASE

C. DELETE TABLE　　D. DROP TABLE

9. 关于分离数据库，下列说法正确的是（　　）。

A. 将数据库从 SQL Server 实例中删除，但保留数据库的数据文件和事务日志文件。

B. 将数据库从 SQL Server 实例中删除，保留数据库的数据文件，并删除事务日志文件。

C. 将数据库从 SQL Server 实例中删除，删除数据库的数据文件，但保留事务日志文件。

D. 不将数据库从 SQL Server 实例中删除，但删除数据库的数据文件和事务日志文件。

10. 附加数据库时使用的关键字为（　　）。

A. CREATE DATABASE … FOR ADD

B. CREATE DATABASE … FOR ATTACH

C. ALTER DATABASE … FOR ADD

D. ALTER DATABASE … FOR ATTACH

二、填空题

1. 根据所存储信息的不同，数据库文件可以分为__________文件、__________文件和__________文件。

2. 扩展名为“. mdf”的文件为__________文件，扩展名为“. ndf”的文件为__________文件，扩展名为“. ldf”的文件为__________文件。

3. 在 CREATE DATABASE 语句中使用__________关键字附加数据库。

4. 使用__________语句删除数据库。

5. 使用存储过程__________分离数据库。

三、简答题

1. 创建数据库时需要考虑什么？

2. 简述利用图形界面工具创建数据库的操作过程。

3. 简述事务日志文件的作用。

4. 简述删除数据库与分离数据库的异同。

四、上机操作题

上机操作本章中的例 4－1～例 4－11。

第 5 章

表 的 管 理

本章学习

①表的基本概念
②表结构的设计
③表数据的更改
④表数据的查询

数据库是存放数据的仓库，创建数据库的目的是在其中存放数据。表结构的设计、表数据的更改（包括增加、修改、删除）和表数据的查询是数据库管理的最重要的工作，是数据库设计与应用的核心。

5.1 表的基本概念

在设计表的结构、更改表中的数据和获取表中的数据之前，需要了解表的基本概念。

5.1.1 表的概念

实物库是存放实物的仓库，但仓库的实物并不是杂乱无章地堆积，而是分门别类地存放。表就像实物库里的货架，可以将数据库的数据分类保存。

表是数据库的核心逻辑对象，是存放数据的具体容器。在 SQL Server 关系型数据库管理系统中，表是由行和列组成的表格。在数据库的术语中，每一行被称为一条记录，每个列被称为一个字段，在小的方格中保存数据，这与办公桌的纸上表格没有什么两样。

（1）每个数据库可以创建多少个表，没有限制。

（2）每个表中最多定义 1 024 列。

（3）表和列的命名要遵守标识符命名规则。

（4）列名在各自的表中必须唯一。

（5）每列必须有一种并且只能有一种数据类型。

5.1.2 表的分类

1. 按表的用途划分

在 SQL Server 中，按表的用途，表可分为两类：系统表和用户表。

1）系统表

系统数据库中系统表由系统在安装时创建，用于保存一些服务器的配置信息，是维持 SQL Server 服务器和数据库正常工作的数据表。一般用户不能直接查看和修改，只有数据库管理系统在需要时自行维护。

用户数据库中的系统表在用户创建数据库时也会自动创建，用于记录数据库使用的有关信息。在 SQL Server 2008 中，用户数据库中的系统表在图形界面工具中看不到。

2）用户表

用户表由数据库的使用者创建，用于保存用户的实际数据，创建表的用户能够对表中的数据进行查看和更新。用户表是本书所介绍的绝大部分内容。

2. 按表内数据存放的时间划分

在 SQL Server 中，按表内数据存放的时间，表分为两类：临时表和永久表。

1）临时表

临时表用于保存临时信息，存放在 tempdb 系统数据库中，只在数据库运行期间存在，在适当时刻将会被系统自动删除。

临时表又可以分为本地临时表和全局临时表。

（1）本地临时表：以“#”开头，例如 #temp1。本地临时表仅对当前连接数据库的用户有效，其他用户看不到本地临时表。当用户断开与数据库的连接时，本地临时表自动删除。

（2）全局临时表：以“##”开头，例如 ##temp2。全局临时表对连接数据库的所有用户有效。当引用该临时表的所有用户与 SQL Server 断开连接时，全局临时表自动删除。

2）永久表

永久表用于保存用户的永久信息，存放在用户创建的用户数据库中。如果用户不进行人为删除，永久表和其中的数据永久保存。永久表是本书所介绍的绝大部分内容。

5.2 表结构的设计

5.2.1 创建用户表

创建数据库的关键是设计表的结构，表结构的设计包括以下内容：

（1）表的名称：每个表需要一个容易记忆的名字。

（2）表的列：每个表包含若干列（字段）。

（3）列的数据类型：每个列必须有一种并且只能有一种数据类型。

（4）列的空值：哪些列允许空值、哪些列不允许空值。
（5）列的主键：哪个列定义主键、是否需要主键。
（6）列的索引：哪些列需要索引、使用哪种索引类型。
（7）列的约束：哪些列需要定义约束、使用哪种约束设置。
（8）列的默认值：哪些列需要有默认值、使用什么样的默认值。

1. 使用图形界面工具创建用户表

使用 SQL Server Management Studio 图形界面工具创建用户表的步骤如下：
（1）展开用户数据库左边的“+”号，用鼠标右键点击“表”，出现图5－1所示界面。
（2）选择“新建表”，出现图5－2所示界面。
（3）在图5－2所示的界面中输入列名、选择数据类型（包含长度）和允许 Null 值。
（4）点击图5－2所示界面右上角的“×”按钮，出现“保存表更改”提示窗口，如图5－3所示。

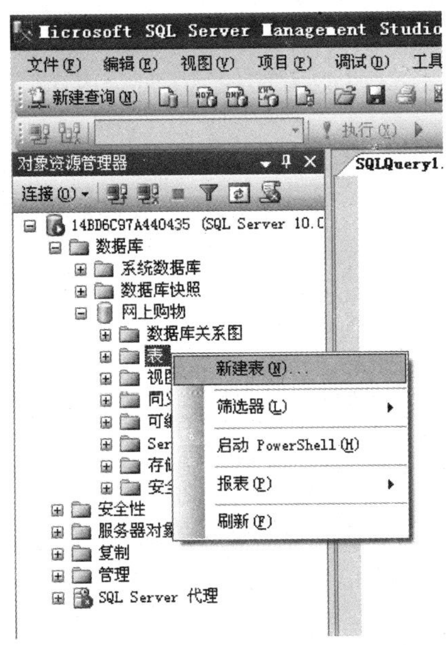

图5－1　选择“新建表”

（6）在图5－4所示界面中，输入表名称“网上购物”，点击“确定”按钮，新建的表结构被保存。
（7）展开窗口左边的“表”，出现新建的表名。
说明：
（1）在图5－2所示界面中，展开“标识规范”，将“(是标识)”选成“是”，可以将“商品编码”字段设置成“自动编号”，即在添加数据记录时，这一列不需要输入，自动编号。
（2）建表时需要设置的主键、约束、默认值等在后面章节中介绍。
（3）“商品明细”表是每个电子商务网站必须创建的用户表。

2. 使用 SQL 语句创建用户表

可以使用 SQL 语句创建用户表。

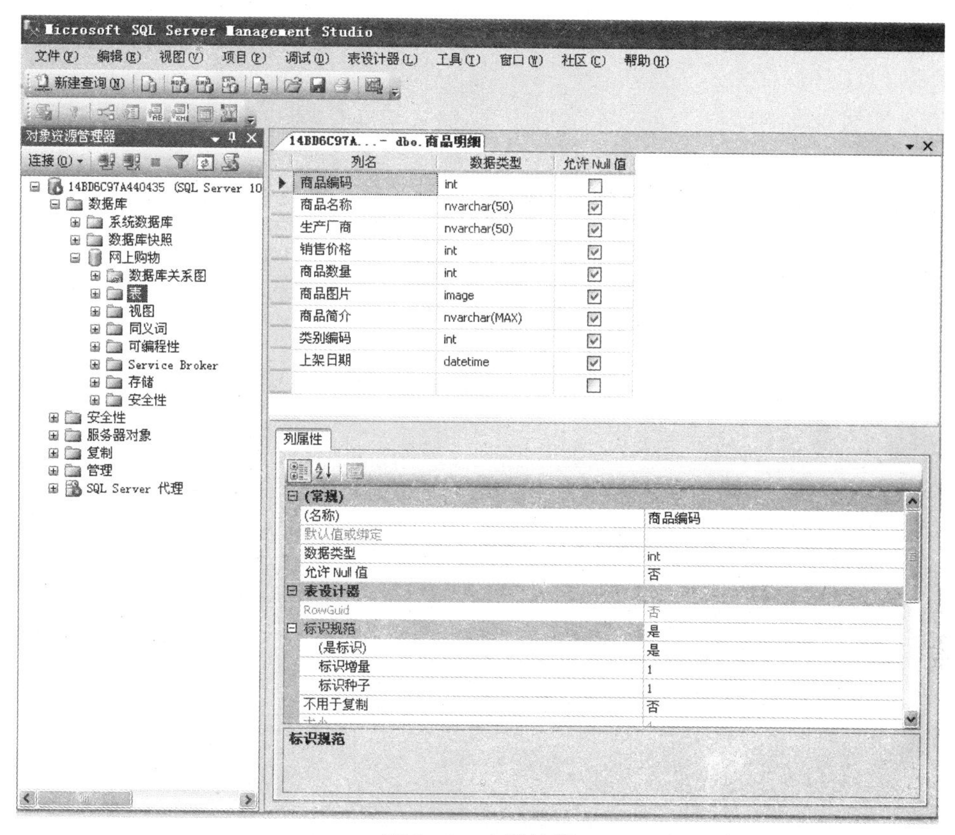

图5-2 表设计器

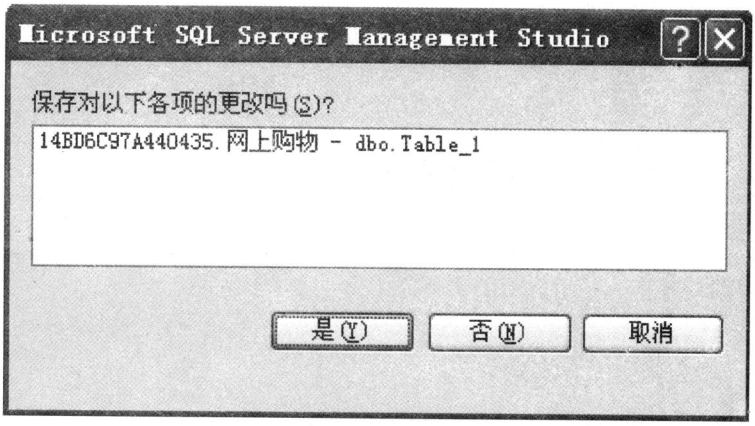

Microsoft SQL Server Management Studio

保存对以下各项的更改吗(S)?

14BD6C97A440435.网上购物 - dbo.Table_1

是(Y) 否(N) 取消

图5-3 保存表

选择名称

输入表名称(E):

Table_1

确定 取消

图5-4 输入表名

格式：

CREATE TABLE 表名
(列名1 数据类型和长度1 列属性1
 列名2 数据类型和长度2 列属性2
 ……
 列名n 数据类型和长度n 列属性n)

说明：

(1)“CREATE TABLE”为创建表的关键字。

(2)“表名”定义所要创建表的名称。

(3)“列名”定义表中所含字段的名称。

(4)“数据类型和长度”定义列的数据类型，有的类型还需要确定长度。

(5)“列属性”定义主键、约束、默认值等属性。

例5-1 使用CREATE TABLE语句创建“用户信息”表。

```
CREATE TABLE 用户信息
 (注册用户 nvarchar(20) PRIMARY KEY,
   用户类型 nvarchar(1) NOT NULL,
   登录密码 nvarchar(20) NOT NULL,
   真实姓名 nvarchar(20) NOT NULL,
   通讯地址 nvarchar(100),
   邮政编码 nvarchar(6) NOT NULL,
   用户性别 nvarchar(2) DEFAULT('男'),
   联系电话 nvarchar(20) NOT NULL,
   邮箱号码 nvarchar(50),
   QQ号码   nvarchar(50),
   个人简介 nvarchar(MAX),
   注册日期 datetime,
   购买数量 int,
   购买金额 money)
```

说明：

(1)“PRIMARY KEY”关键字定义此列为主键。

(2)“NOT NULL”关键字指定该列不允许为NULL。NULL为默认值，可以不用指定。

(3)“DEFAULT()”关键字定义该列的默认值。

(4)“用户信息”表是电子商务网站必建的用户表。

5.2.2 删除用户表

随着时间的推移，若数据库中早前创建的表不再需要，可以删除，以便释放其所占空间。

1. 使用图形界面工具删除用户表

使用 SQL Server Management Studio 图形界面工具删除用户表的步骤如下：

（1）展开数据库左边的“+”号，再展开“表”，用鼠标右键单击具体的表，出现图 5-5 所示界面。

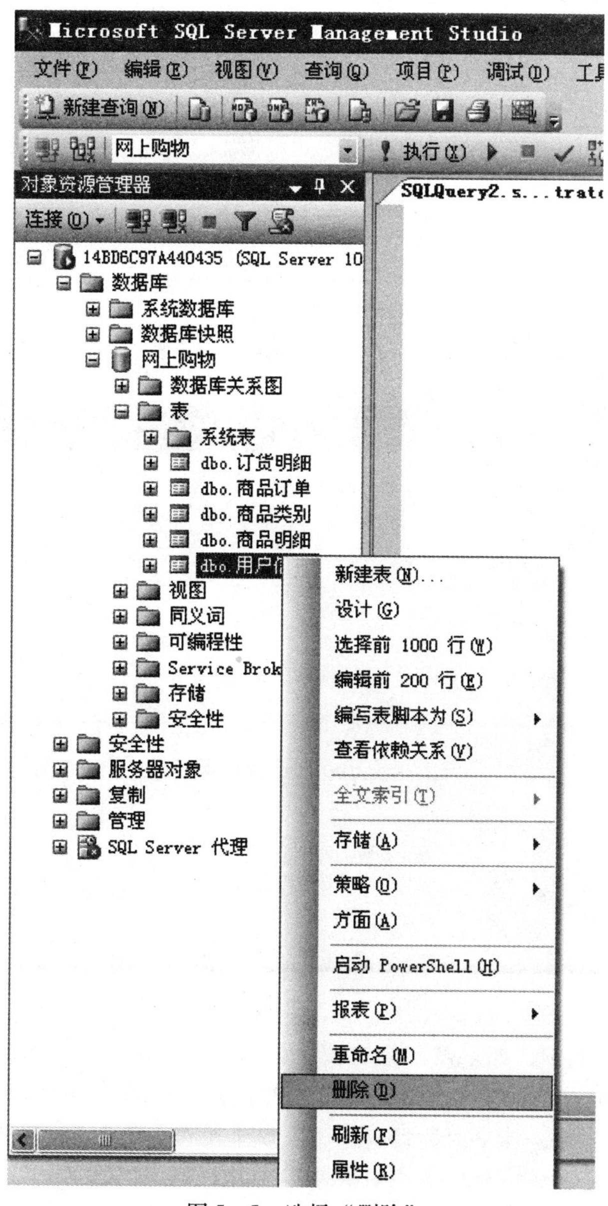

图 5-5 选择“删除”

（2）在图5－5所示界面中，选择“删除”，出现图5－6所示界面。

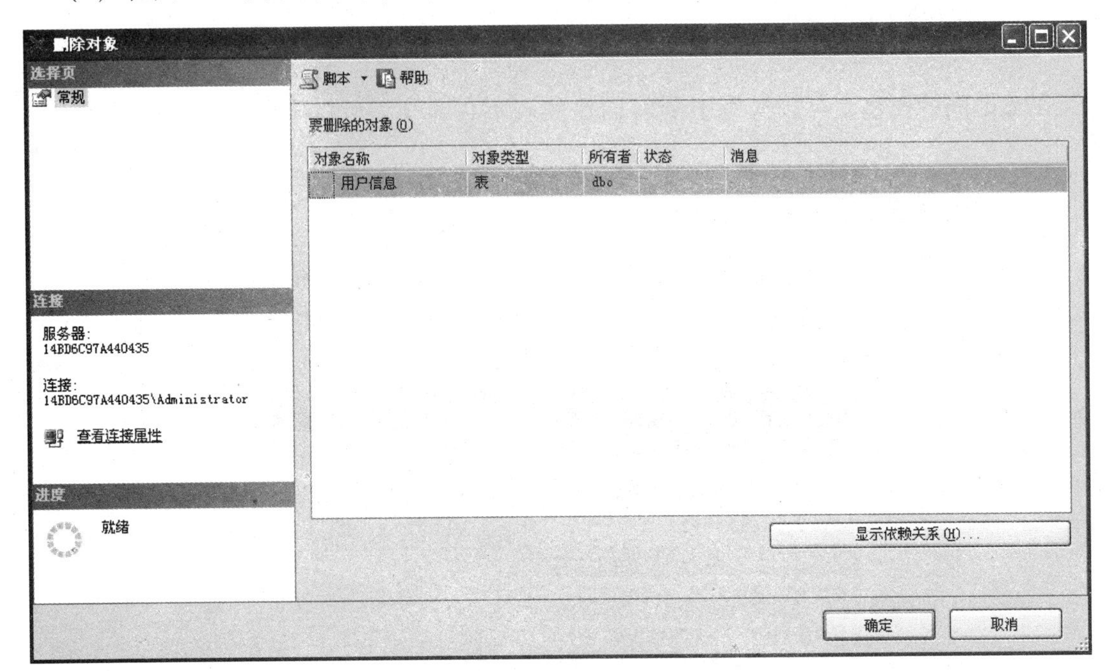

图5－6 删除用户表

（3）在图5－6所示界面中，点击“显示依赖关系”，出现图5－7所示界面。

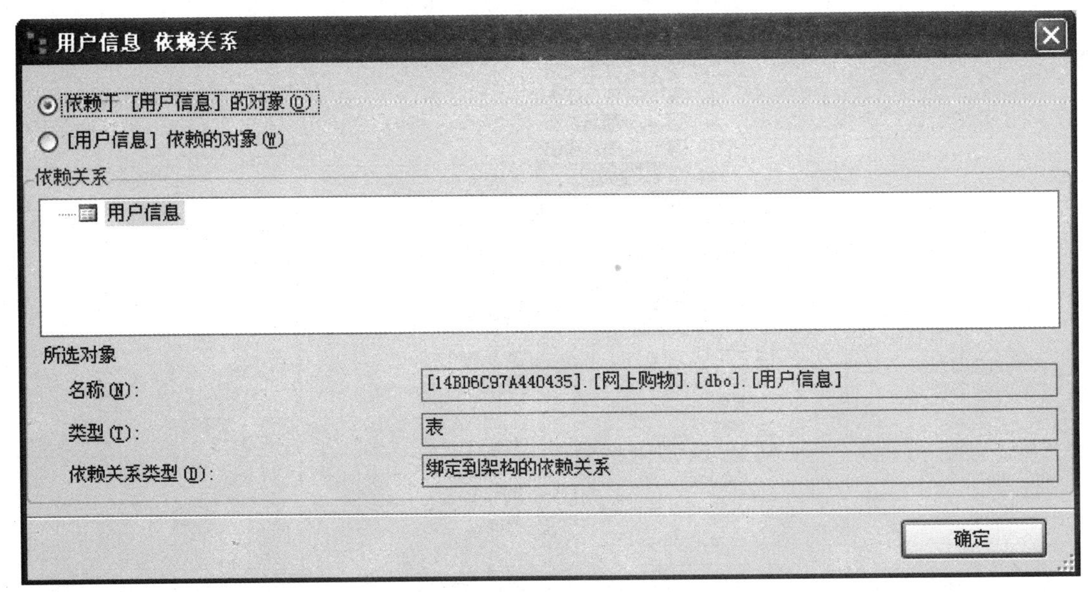

图5－7 显示依赖关系

在图5－7所示界面中，如果被删除的表与别的表有依赖关系，该表将不能被删除。

（4）在图5－6所示界面中，点击“确定”按钮，选择的用户表被删除。

注意：用户表被删除，其中的数据也被删除。不像在操作系统的资源管理器中删除文件可以恢复，此处的删除不能恢复，应特别谨慎。

2. 使用 SQL 语句删除用户表

删除用户表不会经常发生，使用图形界面工具即可，但也可以使用 SQL 语句完成。
格式：
DROP TABLE 表名

5.2.3 修改用户表

已经建立的用户表，如果发现不符合要求，例如表名或列名有误、数据类型不合适、列的长度需要增加、需要新增列、需要删除列等，都可以进行修改。

1. 使用图形界面工具更换用户表的表名和列名

使用 SQL Server Management Studio 图形界面工具更换表名的步骤如下：
(1) 展开数据库左边的“+”号，再展开“表”，用鼠标右键单击具体的表，出现图 5-8 所示界面。

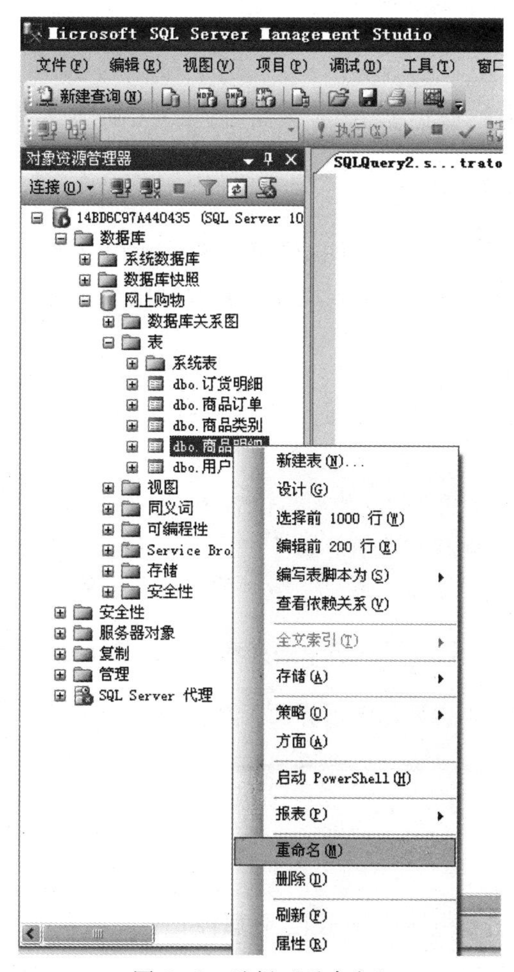

图 5-8 选择“重命名”

(2) 在图5-8所示界面中，选择“重命名”，在原表名所在的方框中输入新表名。

同理，使用SQL Server Management Studio图形界面工具更换列名的步骤如下：

(1) 展开用户数据库左边的“+”号，再展开“表”，再展开“列”，用鼠标右键点击具体的列。

(2) 在快捷菜单中，选择“重命名”，在原列名所在的方框中输入新列名。

2. 使用SQL语句更换用户表的表名和列名

格式：

sp_rename '原表名','新表名'　　--更换表名

sp_rename '表名.原列名','新列名','COLUMN'　　--更换列名

说明：

(1) “sp_rename”为重命名的存储过程的名称。

(2) “原表名”“新表名”“原列名”“新列名”指定更换前后的表名或列名。

例5-2　使用sp_rename存储过程更换列名和表名。

```
sp_rename '用户信息','用户明细'
GO
sp_rename '用户明细.个人简历','个人简历','COLUMN'
```

3. 使用图形界面工具修改用户表

使用SQL Server Management Studio图形界面工具修改用户表的步骤如下：

(1) 展开数据库左边的“+”号，再展开“表”，用鼠标右键单击具体的表，出现图5-9所示界面。

(2) 在图5-9所示界面中，选择“设计”，出现图5-10所示界面。

(3) 若需要插入新的列或删除不用列，用鼠标右键单击其中的列名，出现图5-11所示界面。

(4) 其他与创建用户表时的图5-2所示内容类似，使用同样的步骤，可修改列名、列的数据类型和长度、列的约束和默认值等属性。

注意：这里也可以修改列名，与前面介绍的更换列名效果相同。

4. 使用SQL语句添加、删除用户表中的列和修改列的属性

修改用户表不会经常发生，使用图形界面工具即可，但也可以使用SQL语句完成。

格式：

ALTER TABLE 表名

[ADD 列名 数据类型和长度 列属性]

[DROP COLUMN 列名]

[ALTER COLMN 列名 数据类型和长度 列属性]

说明：

(1) “ALTER TABLE”修改表的关键字。

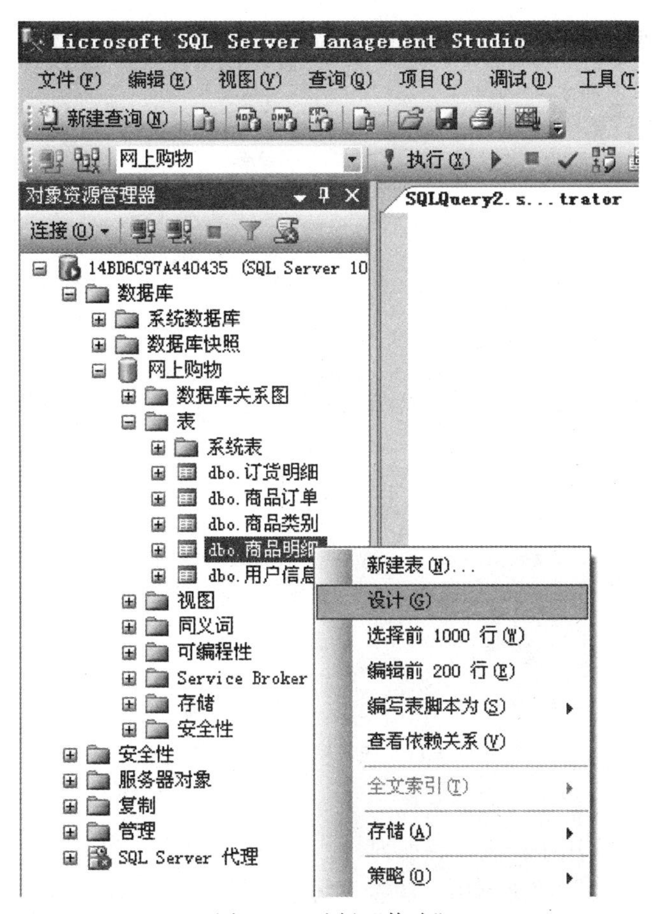

图 5-9 选择“修改”

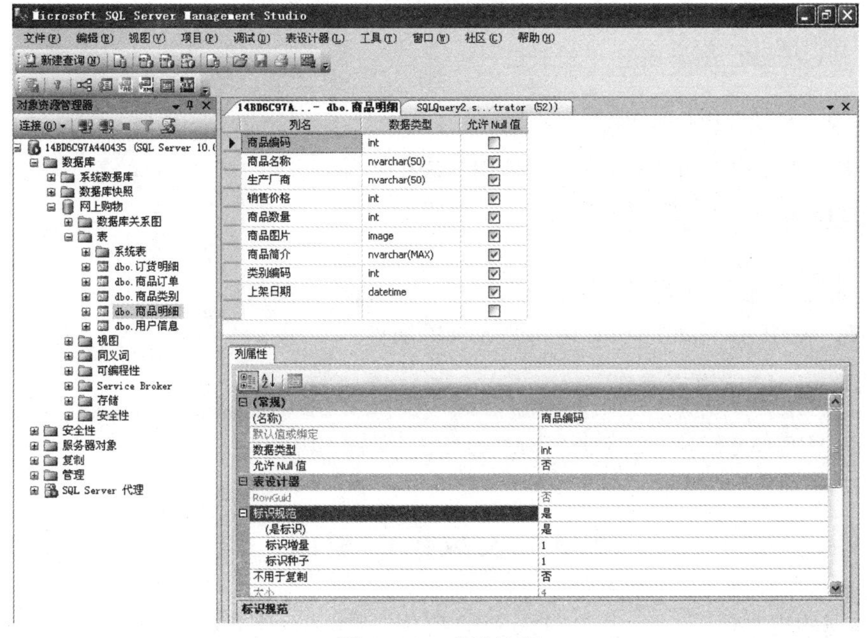

图 5-10 表设计器

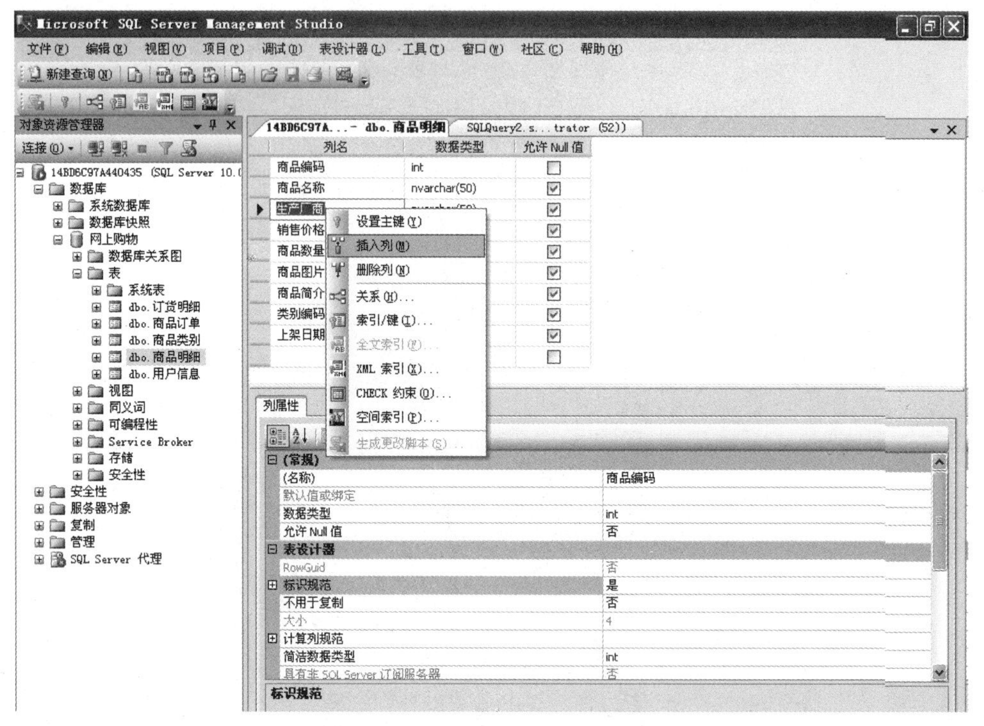

图 5-11　在表中插入/删除列

(2)“表名”指定需要修改表的名称

(3)“ADD”关键字用于给表中添加列。

(4)“DROP COLMN”关键字用于从表中删除列。

(5)“ALTER COLMN”关键字用于修改列的属性。

例 5-3　使用 ALTER TABLE 语句给“用户信息”表添加列。

```
ALTER TABLE 用户信息
    ADD 备注 varchar(MAX) NULL
```

例 5-4　使用 ALTER TABLE 语句从用户表中删除列。

```
ALTER TABLE 用户信息
    DROP COLUMN 备注
```

例 5-5　使用 ALTER TABLE 语句修改列的属性。

```
ALTER TABLE 用户信息
    ALTER COLUMN 邮箱号码 varchar(30) NOT NULL
```

5.3　表数据的更改

表中数据的更改包括：给表中输入新的数据、删除不需要的数据、修改输入有误的数据。

加上下一节表数据查询，增、删、改、查是数据库使用和管理的日常工作。有人从事数据库的应用30年，估计创建数据库最多花费1个月时间，创建表最多花费1年时间，其余28年11个月（占30年的96%）都是在从事数据库表中数据的增、删、改、查。对数据库中数据的增、删、改、查是数据库应用核心的核心。

5.3.1 插入数据

插入数据是在数据库的表中增加数据记录。可以使用SQL Server的图形界面工具插入数据，也可以使用SQL语句完成同样的任务。

1. 使用图形界面工具插入数据

使用SQL Server Management Studio图形界面工具插入数据，为数据插入提供了非常容易、简单、直观的方法，需要以下步骤：

（1）展开数据库左边的“+”号，再展开“表”，用鼠标右键单击具体的表，出现图5-12所示界面。

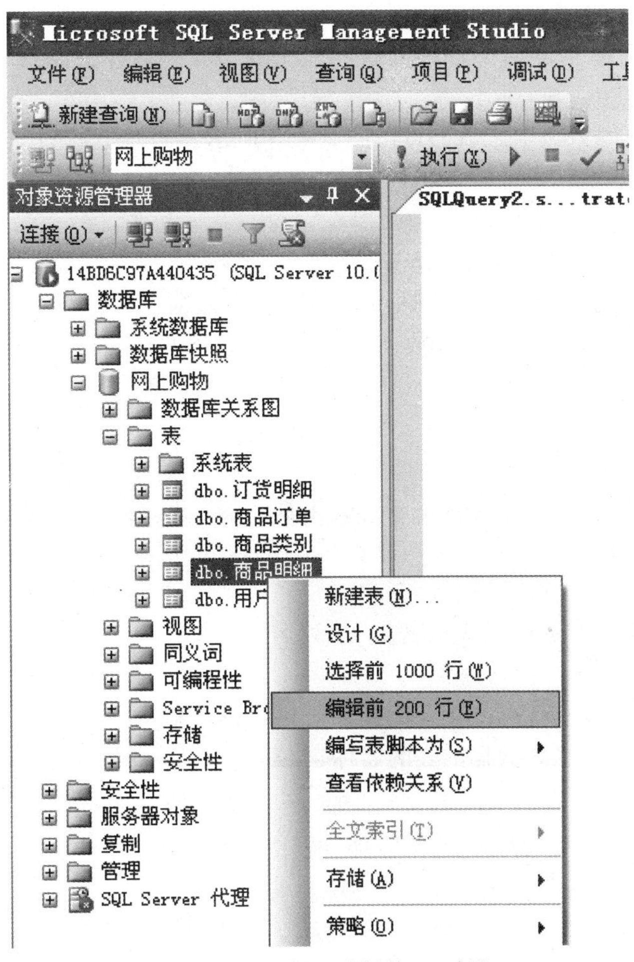

图5-12 选择“编辑前200行”

（2）在图5－12所示界面中，选择“编辑前200行”，出现图5－13所示界面。

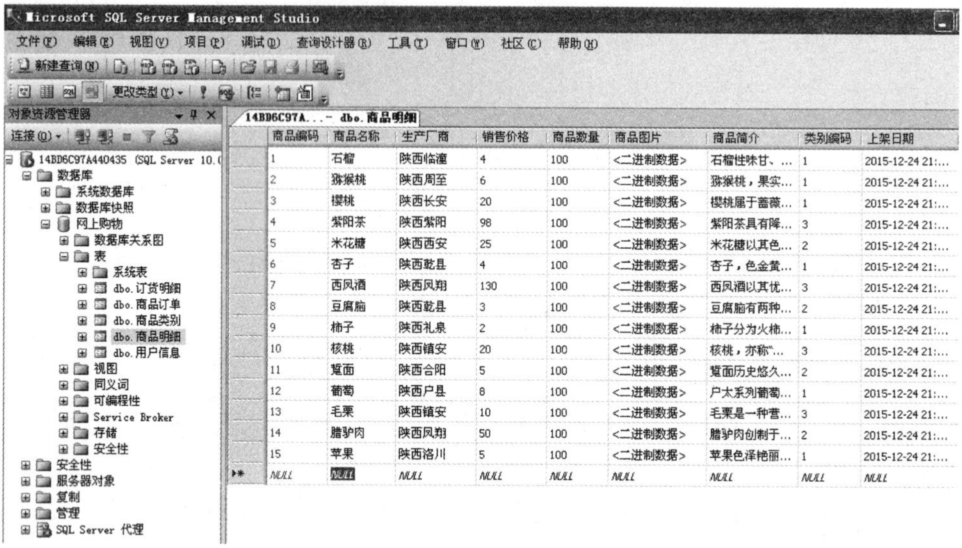
Microsoft SQL Server Management Studio
文件(F) 编辑(E) 视图(V) 项目(P) 调试(D) 查询设计器(R) 工具(T) 窗口(W) 社区(C) 帮助(H)
新建查询(N)
更改类型(Y)
对象资源管理器
连接(O)
14BD6C97A440435 (SQL Server 10.0
数据库
系统数据库
数据库快照
网上购物
数据库关系图
表
系统表
dbo.订货明细
dbo.商品订单
dbo.商品类别
dbo.商品明细
dbo.用户信息
视图
同义词
可编程性
Service Broker
存储
安全性
安全性
服务器对象
复制
管理
SQL Server 代理
14BD6C97A...- dbo.商品明细
商品编码 商品名称 生产厂商 销售价格 商品数量 商品图片 商品简介 类别编码 上架日期
1 石榴 陕西临潼 4 100 <二进制数据> 石榴性味甘、… 1 2015-12-24 21:…
2 猕猴桃 陕西周至 6 100 <二进制数据> 猕猴桃，果实… 1 2015-12-24 21:…
3 樱桃 陕西长安 20 100 <二进制数据> 樱桃属于蔷薇… 1 2015-12-24 21:…
4 紫阳茶 陕西紫阳 98 100 <二进制数据> 紫阳茶具有降… 3 2015-12-24 21:…
5 米花糖 陕西西安 25 100 <二进制数据> 米花糖以其色… 2 2015-12-24 21:…
6 杏子 陕西乾县 4 100 <二进制数据> 杏子，色金黄… 1 2015-12-24 21:…
7 西凤酒 陕西凤翔 130 100 <二进制数据> 西凤酒以其优… 3 2015-12-24 21:…
8 豆腐脑 陕西乾县 3 100 <二进制数据> 豆腐脑有两种… 2 2015-12-24 21:…
9 柿子 陕西礼泉 2 100 <二进制数据> 柿子分为火柿… 1 2015-12-24 21:…
10 核桃 陕西镇安 20 100 <二进制数据> 核桃，亦称"… 3 2015-12-24 21:…
11 蕖面 陕西合阳 5 100 <二进制数据> 蕖面历史悠久… 2 2015-12-24 21:…
12 葡萄 陕西户县 8 100 <二进制数据> 户太系列葡萄… 1 2015-12-24 21:…
13 毛栗 陕西镇安 10 100 <二进制数据> 毛栗是一种营… 3 2015-12-24 21:…
14 腊驴肉 陕西凤翔 50 100 <二进制数据> 腊驴肉创制于… 2 2015-12-24 21:…
15 苹果 陕西洛川 5 100 <二进制数据> 苹果色泽艳丽… 1 2015-12-24 21:…
NULL NULL NULL NULL NULL NULL NULL NULL NULL

图5－13　插入数据

（3）在图5－13所示界面中，可以看到表中前200行数据。在最后一行输入添加的数据。

（4）添加的数据输入完毕之后，点击图5－13所示界面右上角的“×”图标保存数据到磁盘。

说明：

（1）输入数据的数据类型必须与表中的列的数据类型一致。

（2）如果某列为“自动编号”，则不能在该列输入数据。

（3）如果某列有约束，则输入的数据必须符合约束条件。

（4）如果某列的数据类型为二进制（如图形），则无法在此输入数据。

2. 使用SQL语句插入数据

在插入数据的实际操作中，使用图形界面工具并不常用。在绝大多数情况下是使用SQL语句添加数据，即将INSERT INTO语句嵌套到应用程序的代码中。

格式：

INSERT INTO 表名［（列名1，列名2，…列名n）］VALUES（值1，值2，…值n）

说明：

（1）“INSERT INTO … VALUES”为插入语句的关键字。

（2）“表名”指定被插入数据的表的名称。

（3）列名和值的数量与类型必须一致，顺序可以与列定义的顺序不一致。

（4）值表中提供所有列的值并且值表的顺序与列定义的顺序一致，列名、列表可以省略。

（5）可以为二进制数据类型的列插入数据（图形界面工具不能输入二进制数据）。

例5－6　使用SQL语句给“用户信息”表的所有列插入数据。

```
INSERT INTO 用户信息 VALUES
```

```
('ZCA','N','123','赵长安','陕西省西安市长安区',
'720099','女','029-55555555','ZCA@162.COM','55555555',
'ZZZZZZZZZZZZZZZZ','2016-01-12 20:00:00.000',0,0
)
```

例5-7 使用SQL语句给“用户信息”表的部分列插入数据。

```
INSERT INTO 用户信息
   (注册用户,用户类型,登录密码,真实姓名,
    邮政编码,联系电话,邮箱号码,注册日期
   )
VALUES
   ('MTY','N','123','马太乙',
    '720099','029-12345678','MTY@162.COM','2016-01-12 21:00:00.000'
   )
```

5.3.2 删除数据

删除数据是除去数据库的表中不再需要的数据记录。可以使用SQL Server的图形界面工具删除数据，也可以使用SQL语句完成同样的任务。

在数据库的实际应用中，一般不提倡删除数据，特别是有关财务会计的数据，只能采用正负抵消，不能直接删除，这就是所谓的“保留痕迹”。删除数据需要整套的管理制度。

1. 使用图形界面工具删除数据

使用SQL Server Management Studio图形界面工具删除数据，需要以下步骤：

（1）使用与插入数据相同的步骤，打开图5-13所示界面。

（2）用鼠标右键点击需要删除行的最左边，出现图5-14所示界面。

（3）在图5-14所示界面中，选择“删除”，出现图5-15所示提示框。

（4）在图5-15所示界面中，点击“是”按钮，选择行的数据记录被删除。

（5）点击图5-14所示界面右上角的“×”图标保存删除后的数据到磁盘。

2. 使用SQL语句删除数据

也可以使用SQL语句删除数据库表中的数据记录。

格式：

DELETE FROM 表名[WHERE 条件表达式]

说明：

（1）“DELETE FROM”为删除语句的关键字。

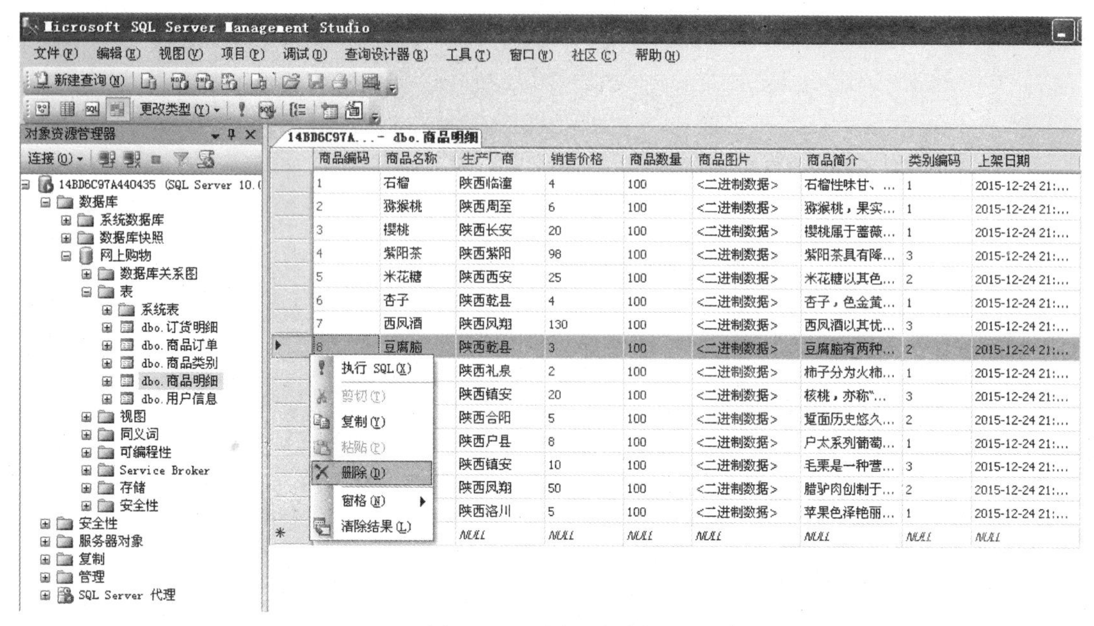

图 5－14　选择“删除”

图 5－15　“删除数据”提示

（2）“表名”指定被删除数据的表的名称。

（3）“条件表达式”指定删除数据行的条件。

注意： 如果无 WHERE 子句，表中所有数据将被删除。

例 5－8　利用 SQL 语句删除“用户信息”表中的数据。

```
DELETE FROM 用户信息
    WHERE 真实姓名 ='马太乙'
```

5.3.3　修改数据

修改数据是替换数据库的表中输入错误的数据。可以使用 SQL Server 的图形界面工具修改数据，也可以使用 SQL 语句完成同样的任务。

在数据库的实际应用中，一般不提倡修改数据，特别是有关财务会计的数据，只能采用正负抵消，不能直接修改，这就是所谓的“保留痕迹”。修改数据需要整套的管理制度。

注意： 插入数据和删除数据都是对整行数据进行操作，修改数据是对行中某列数据进行操作。

1. 使用图形界面工具修改数据

使用 SQL Server Management Studio 图形界面工具修改数据，需要以下步骤：

(1) 使用与插入数据相同的步骤，打开上述图 5-13 所示界面。

(2) 在图 5-13 所示界面中，直接在方格内输入正确的数据替换原来错误的数据。

(3) 点击图 5-13 所示界面右上角的“×”保存修改后的数据到磁盘。

说明：

(1) 修改数据的数据类型必须与表中的列的数据类型一致。

(2) 如果某列为“自动编号”，则不能修改该列数据。

(3) 如果某列有约束，修改后的数据必须符合约束条件。

(4) 如果某列数据类型为二进制（如图形），则无法在此修改。

2. 使用 SQL 语句修改数据

也可以使用 SQL 语句修改数据库表中的数据。

格式：

```
UPDATE 表名
   SET 列名1 = 值1 [, 列名2 = 值2, …列名n = 值n ]
   [WHERE 条件表达式]
```

说明：

(1)“UPDATE …SET”为修改语句的关键字。

(2)“表名”指定被修改数据的表的名称。

(3) 列名和值的数量与类型必须一致，顺序可以与列定义的顺序不一致。

(4)“条件表达式”为修改数据行的条件，如果无 WHERE 子句，表中指定列的所有数据将被修改。

(5) 若数据类型为自动编号，则不能修改该列数据。

(6) 可以为二进制数据类型的列修改数据。

例 5-9 利用 SQL 语句修改“用户信息”表中所有行的数据。

```
UPDATE 用户信息
   SET 购买数量 =0, 购买金额 =0
```

例 5-10 利用 SQL 语句修改部分行的数据。

```
UPDATE 商品明细
   SET 销售价格 = 销售价格 * 2  WHERE 类别编码 ='1'
```

例 5-11 利用 SQL 语句修改“商品明细”表中“自动标号”列出错。

```
UPDATE 商品明细
   SET 商品编码 =2  WHERE 商品编码 =1
```

执行结果：

消息 8102,级别 16,状态 1,第 1 行
无法更新标识列'商品编码'。

5.4 表数据的查询

使用数据库、创建表是为了存放数据，而存放数据是为了获取信息，为领导者提供政策信息、经济信息、市场信息和决策信息等，为老百姓提供购物信息、交通信息、生活信息和娱乐信息等。所以说，数据查询是数据库应用的最终目的。

在信息时代，人们的许多信息来自互联网，而互联网的绝大多数信息取自数据库。对于数据库管理者，数据查询自然是日常工作。可以通过图形界面工具进行数据查询，也可以使用 SQL 语句完成同样的任务。

5.4.1 使用图形界面查询数据

使用 SQL Server Management Studio 图形界面工具查询数据，为数据查询提供了非常容易、简单、直观的方法，其步骤如下：

（1）展开数据库左边的“+”号，再展开“表”，用鼠标右键单击具体的表，出现图 5-16 所示界面。

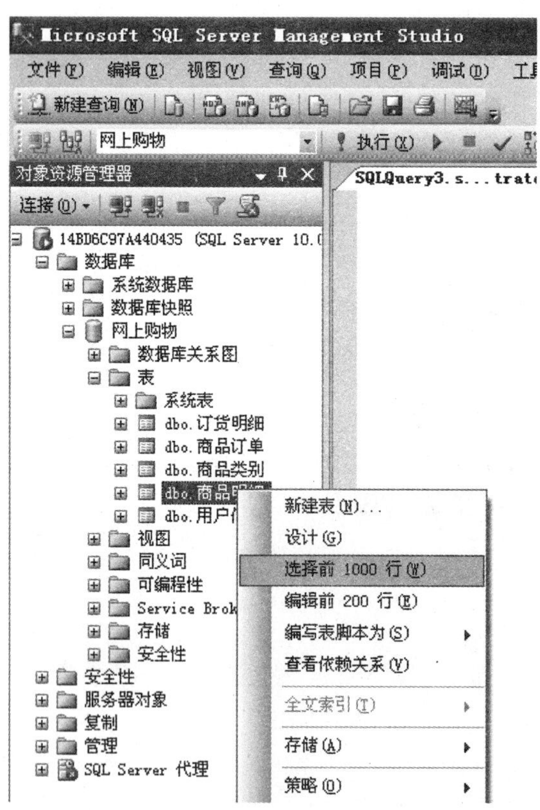

图 5-16 选择“选择前 1000 行”

（2）在图 5-16 所示界面中，选择“选择前 1000 行”，出现图 5-17 所示界面。

（3）拖动图 5－17 所示界面右边下半部方框中的滚动条，可以查看表中更多的数据。

说明：图 5－17 所示界面右边上半部显示查询数据的 SELECT 语句，下半部显示查询结果。

图 5－17 查询数据

5.4.2 使用 SELECT 语句查询数据

使用图形界面工具查询数据简单、直观，但远远不能满足查询数据的需要。在数据库的实际应用中，可使用 SQL 语言的 SELECT 语句查询数据，即将 SELECT 语句嵌套到应用程序的代码中。尽管查询数据只有一条 SELECT 语句，但是它可以实现查询数据的所有功能，是所有 SQL 语句中功能最强的一条语句。

SELECT 语句提供了很多子句，种类繁多、内容丰富，但是在实际应用中，有相当一部分很少用到。下面介绍 SELECT 语句的一些基本、实用的方法。

格式：

```
SELECT
    [ALL|DISTINCT]
    [TOP n [PERCENT]]
  列名或表达式列表
    [INTO 新表名]
    FROM 表名列表
```

[WHERE 条件表达式]
[ORDER BY 排序列名列表 [ASC|DESC]]
[GROUP BY 分组列名列表]
[HAVING 逻辑表达式]

说明：

(1)“SELECT … FROM”是查询语句的关键字。

(2)“ALL|DISTINCT”指定查询所有行还是筛选唯一行（默认 ALL)。

(3)“TOP n [PERCENT]”指定查询表中前 n 行或者前 n% 行。

(4)“列名或列名表达式”指定竖向选择的列名或列名组成的表达式，用“ * ”表示所有列。

(5)“INTO 新表名”指定将查询结果存放到新表名所在的表。

(6)“FROM 表名列表”指定被查询数据的表名，可以是一个表名，也可以是多个表名。

(7)“WHERE 条件表达式”指定横向筛选符合条件的行。

(8)“ORDER BY 排序列名列表 [ASC|DESC]”指定排序（升序或降序）的列名。

(9)“GROUP BY 分组列名列表”指定进行分组查询的列名。

(10)“HAVING 逻辑表达式”指定查询条件。

下面分别介绍使用各种语法或语法组合实现查询数据功能的方法。

1. 最简单的查询

最简单的查询只需要指定表名。

格式：SELECT * FROM 表名

例 5－12 查询“网上购物”数据库中用户的所有信息。

```
SELECT * FROM 用户信息
```

2. 使用 DISTINCT 的查询

使用 DISTINCT 关键字可以过滤指定的列中数据内容重复的行。

格式：SELECT DISTINCT 列名列表 FROM 表名

例 5－13 查询“网上购物”数据库中的用户类型和性别信息。

```
SELECT DISTINCT 用户类型,用户性别 FROM 用户信息
```

3. 使用 TOP 的查询

使用 TOP 关键字可以只查询表中前面的若干行数据。

再使用 PERCENT，按百分比查询，若表中有 100 行数据，使用 PERCENT 就失去意义。

格式：SELECT TOP n [PERCENT] 列名列表 FROM 表名

例 5－14 查询“网上购物”数据库“用户信息”表中前 3 行和前 3% 行的数据。

```
SELECT TOP 3 * FROM 用户信息
```

```
GO
```

```
SELECT TOP 3 PERCENT * FROM 用户信息
```

4. 竖向筛选查询（投影查询）

如果只需要查询表中某些列的数据，可以具体指出这些列名。“*”代表表中的全部列名，但大多数情况下不需要全部。

格式：SELECT 列名列表 FROM 表名

例 5-15 查询“网上购物”数据库“用户信息”表中的用户名和真实姓名。

```
SELECT 注册用户,真实姓名 FROM 用户信息
```

5. 使用 INTO 的查询

使用 INTO 子句可以将表名指定的表、列名指定的列的数据保存到新表名指定表中。

格式：SELECT 列名列表 INTO 新表名 FROM 表名

例 5-16 将“网上购物”数据库“用户信息”表中的数据存入“用户信息备份”表。

```
SELECT * INTO 用户信息备份 FROM 用户信息
```

6. 使用多个表名的查询

如果在 FROM 之后指定多个表名，之间用“,”分隔，可以对多个表内的数据进行组合查询。

格式：SELECT 列名列表 FROM 表名 1，表名 2，…表名 n

例 5-17 将“网上购物”数据库“商品类别”表和“商品明细”表组合查询。

```
SELECT * FROM 商品类别,商品明细
GO
SELECT * FROM 商品类别,商品明细
    WHERE 商品类别.类别编码 = 商品明细.类别编码
```

7. 使用 WHERE 的查询（横向筛选查询）

使用 WHERE 子句的条件表达式，可指定需要查询数据的条件，不满足条件的行被过滤。几乎在所有的数据查询中都会用到 WHERE 子句，因为对于具体某个用户，不可能需要表中的所有数据。

格式：SELECT 列名列表 FROM 表名 WHERE 条件表达式

1）使用比较运算符

在 WHERE 子句的条件表达式中使用比较运算符构成查询条件，是进行条件查询使用最普遍的一种方式。比较运算符包括：=（等于）、<>（不等于）、>（大于）、<（小于）、>=（大于等于）、<=（小于等于）。

例 5-18 查询“网上购物”数据库“用户信息”表中的男性用户。

```
SELECT * FROM 用户信息
```

```
WHERE 用户性别 ='男'
```

2）使用逻辑运算符

在 WHERE 子句的条件表达式中使用逻辑运算符构成查询条件，逻辑运算符常常需要和比较运算符配合使用。逻辑运算符包括：AND（与）、OR（或）、NOT（非）。

例 5 - 19 查询“网上购物”数据库“用户信息”表中性别为男性且注册日期在 2016 年前的用户。

```
SELECT * FROM 用户信息
    WHERE 用户性别 ='男' AND 注册日期 <'2016-01-01'
```

3）使用 BETWEEN…AND 关键字

在 WHERE 子句的条件表达式中使用 BETWEEN…AND 关键字进行范围查询，可以达到与使用比较运算符和逻辑运算符同样的效果，但条件查询语句的形式更为简洁。

例 5 - 20 查询“网上购物”数据库“用户信息”表中注册日期在 2016 年 1 月至 2016 年 6 月之间的用户。

```
SELECT * FROM 用户信息
    WHERE 注册日期 BETWEEN '2016-01-01' AND  '2016-06-30'
GO
SELECT * FROM 用户信息
    WHERE 注册日期 >='2016-01-01' AND  注册日期 <='2016-06-30'
```

说明：比较两条查询语句的查询结果，以便加深对 BETWEEN 的理解。

4）使用关键字 IN

在 WHERE 子句的条件表达式中使用关键字 IN 进行取值查询，同样可以使条件查询语句的形式更为简洁。

例 5 - 21 查询“网上购物”数据库“用户信息”表中真实姓名为王翻译、张陕西和李咸阳的用户。

```
SELECT * FROM 用户信息
    WHERE 真实姓名 IN('王翻译','张陕西','李咸阳')
GO
SELECT * FROM 用户信息
    WHERE 真实姓名 ='王翻译' OR 真实姓名 ='张陕西' OR 真实姓名 ='李咸阳'
```

说明：比较两条查询语句的查询结果，以便加深对关键字 IN 的理解。

5）使用关键字 LIKE

在 WHERE 子句的条件表达式中可使用关键字 LIKE 和通配符进行模糊查询。SQL Server 的通配符及其功能见表 5 - 1。

表 5－1 SQL Server 通配符一览表

通配符	功能
%	包含零个或者多个任意字符的字符串
_	包含单个任意字符

例 5－22 查询“网上购物”数据库“用户信息”表中通信地址包含西安市的用户。

```
SELECT * FROM 用户信息
  WHERE 通信地址 LIKE '%西安市%'
```

例 5－23 查询“网上购物”数据库“用户信息”表中邮政编码包含 7_006_的用户。

```
SELECT * FROM 用户信息
  WHERE 邮政编码 LIKE '7_006_'
```

6）使用关键字 IS NULL

在 WHERE 子句的条件表达式中可使用关键字 IS NULL 过滤某列的数据为 NULL 值。NULL 值不是空值，而是没有输入的值。

例 5－24 查询“网上购物”数据库“用户信息”表中电话号码为 NULL 的用户。

```
SELECT * FROM 用户信息
  WHERE 联系电话 IS NULL
```

8. 使用 ORDER BY 的查询

使用 ORDER BY 子句可以实现排序查询。

在 SQL Server 数据库的表中，行的排列顺序不是固定的。尽管大多数按照向表中输入数据的先后顺序排序，但随着删除、修改等操作的进行，这个顺序会被打乱。使用 ORDER BY 子句就是为了使查询的结果按照用户的需要进行排序，是实际应用中普遍使用的方法。

格式：SELECT 列名列表 1 FROM 表名 ORDER BY 列名列表 2 [ASC|DESC]

说明：

（1）ASC 为升序排列，默认值可以省略。DESC 为降序排列。

（2）“列名列表 1”为查询获取数据的列名列表，“列名列表 2”为参与排序的列名列表，两者可以不同，但“列名列表 1”中必须包含“列名列表 2”中的列名。

例 5－25 按用户名升序和注册日期降序排列查询“网上购物”数据库中“用户信息”表的信息。

```
SELECT * FROM 用户信息
  ORDER BY 注册用户 ASC,注册日期 DESC
```

9. 使用 GROUP BY 的查询

使用 GROUP BY 子句可以实现分组统计，SQL Server 提供了强大的统计功能，但是必须与聚合函数配合使用。

本书前面在介绍系统内置函数时已经介绍过用于统计的函数，参见表3－3列出的5种聚合函数。

1）使用计数函数COUNT()

格式：SELECT [列名列表1]，COUNT(列名)FROM 表名
　　　　[GROP BY 列名列表2]

说明：

①“列名列表1”为查询获取数据的列名列表，“列名列表2”为参与分组的列名列表，两者相同。

②“列名”为参与计数的列名，一般情况下使用“*”代表所有列。

例5－26　计算“网上购物”数据库“用户信息”表中有多少用户。

```
SELECT COUNT( * ) FROM 用户信息
```

例5－27　计算“网上购物”数据库“用户信息”表中男性和女性用户各有多少。

```
SELECT 用户性别, COUNT( * ) FROM 用户信息
    GROUP BY 用户性别
```

2）使用求和函数SUM()

格式：SELECT [列名列表1]，SUM(列名)FROM 表名
　　　　[GROP BY 列名列表2]

说明：

①“列名列表1”为查询获取数据的列名列表，“列名列表2”为参与分组的列名列表，两者相同。

②“列名”为参与求和的列名，该列的数据类型必须为数值类型。

例5－28　计算“网上购物”数据库“用户信息”表中购买数量和购买金额的总和。

```
SELECT SUM(购买数量), SUM(购买金额) FROM 用户信息
```

例5－29　计算“网上购物”数据库“用户信息”表中男性和女性用户购买数量和购买金额各自的总和。

```
SELECT 用户性别, SUM(购买数量), SUM(购买金额)
    FROM 用户信息   GROUP BY 用户性别
```

3）使用求平均值函数AVG()

格式：SELECT [列名列表1]，AVG(列名) FROM 表名
　　　　[GROP BY 列名列表2]

例5－30　计算“网上购物”数据库“用户信息”表中购买数量和购买金额的平均值。

```
SELECT AVG(购买数量), AVG(购买金额) FROM 用户信息
```

例5－31　计算“网上购物”数据库“用户信息”表中男性和女性用户购买数量和购买金额各自的平均值。

```
SELECT 用户性别, AVG(购买数量), AVG(购买金额)
    FROM 用户信息   GROUP BY 用户性别
```

4）使用求最大值函数 MAX( )和求最小值函数 MIN( )

格式：SELECT [列名列表 1]，MAX(列名)，MIN(列名) FROM 表名
　　　　　[GROP BY 列名列表 2]

说明："列名"为参与求最大值和最小值的列名，该列的数据类型为数值类型，也可以为字符类型或日期类型。

例 5－32　找出"网上购物"数据库"用户信息"表中购买数量和购买金额最大的用户。

```
SELECT MAX(购买数量)，MAX(购买金额) FROM 用户信息
```

例 5－33　找出"网上购物"数据库"用户信息"表中男性和女性购买数量和购买金额最小的用户。

```
SELECT 用户性别，MIN(购买数量)，MIN(购买金额)
  FROM 用户信息 GROUP BY 用户性别
```

10. 使用 HAVING 的查询

HAVING 子句为上述的分组和聚合查询指定查询条件，其功能与 WHERE 子句类似，但也有区别。

（1）HAVING 子句与 WHERE 子句的相同点是二者都为查询数据指定查询条件，可达到同样的查询结果。

（2）WHERE 子句必须在 GROUP BY 子句之前，HAVING 子句必须在 GROUP BY 子句之后。

（3）WHERE 子句中条件表达式不能包含聚合函数，HAVING 子句中条件表达式可以包含聚合函数。

格式：SELECT [列名列表 1]，聚合函数(列名) FROM 表名
　　　　　[HAVING 条件表达式]
　　　　　[GROP BY 列名列表 3]

例 5－34　找出"网上购物"数据库"用户信息"表中男性用户购买金额总和。

```
SELECT 用户性别，SUM(购买金额) FROM 用户信息
  GROUP BY 用户性别 HAVING 用户性别 ='男'
SELECT 用户性别，SUM(购买金额) FROM 用户信息
  WHERE 用户性别 ='男' GROUP BY 用户性别
```

说明：两条语句具有同样的结果。

例 5－35　找出"网上购物"数据库"用户信息"表中购买金额总和大于 80 的那个性别用户的购买金额总和，即想知道是男性用户还是女性用户购买金额多。

```
SELECT 用户性别，SUM(购买金额) FROM 用户信息
  GROUP BY 用户性别
  HAVING SUM(购买金额)>80    --80 是根据例 5－34 中的结果确定的
```

```
SELECT 用户性别,SUM(购买金额)FROM 用户信息
    WHERE SUM(购买金额)>80
    GROUP BY 用户性别
```

说明：第1条语句可以执行，但第2条语句执行出错，因为WHERE子句不能包含聚合函数。

练习题

一、单选题

1. 关于表的概念，下列说法不正确是（　　）。
A. 每个数据库可以创建多少个表，没有限制
B. 表名和列名的命名要遵守标识符命名规则
C. 列名在各自的表中必须唯一
D. 每列必须至少有一种数据类型

2. 利用Transact－SQL语句创建表的语句为（　　）。
A. CREATE DATABASE　　B. CREATE TABLE
C. ADD TABLE　　D. DROP TABLE

3. 关于SELECT语句，下面说法错误的是（　　）。
A. SELECT语句可以查询表或视图中的数据
B. SELECT语句只能从一个表中获取数据
C. 在SELECT语句中可以设置查询条件
D. 在SELECT语句中可以对查询结果进行排序

4. 关于DELETE语句，下面说法正确的是（　　）。
A. DELETE语句只能删除表中的一条记录
B. DELETE语句可删除表中的多条记录
C. DELETE语句不能删除表中的全部记录
D. DELETE可以删除表

5. 关于UPDATE语句，下面说法正确的有（　　）。
A. UPDATE语句只能更新表中的一条记录
B. UPDATE语句可以更新表中的多条记录
C. UPDTAE语句不能更新表中的全部记录
D. UPDATE语句可以修改表结构

6. 利用Transact－SQL语句给表中添加数据的语句为（　　）。
A. INSERT INTO　　B. APPEND INTO
C. INSERT ADD　　D. UPDATE SET

7. 对于DROP TABLE语句解释正确的是（　　）。
A. 删除表中数据，保留表的数据结构
B. 删除表中数据，同时删除表的数据结构

C. 保留表中数据，删除表的数据结构

D. 删除此表，并删除数据库中所有与此表有关联的表

8. 在 SELECT 语句的 WHERE 子句中使用关键字 LIKE，可以（　　）。

A. 查询用户喜欢的记录　　B. 查询最近添加的记录

C. 实现模糊查询　　D. 实现所有查询

9. 在模糊查询中，可以代表任意字符串的通配符是（　　）。

A. *　　B. @　　C. %　　D. #

10. 在 SELECT 语句中，限制查询结果中不能出现重复行的关键字是（　　）。

A. ONLY　　B. DISTINCT　　C. CONSTRAINT　　D. TOP

二、填空题

1. 使用__________语句可以创建表。

2. SQL Server 数据库的表由________和________ 组成。

3. 使用__________ 语句可以快速地删除表中的所有数据。

4. SQL Server 的表约束包括________、__________、____________、__________和____________。

5. HAVING 子句的功能是指定组或聚合的搜索条件。HAVING 子句通常与________ 子句一起使用。

三、简答题

1. 简述表的概念。

2. 列出表的结构设计所包含的内容。

3. 简述 DROP 表名与 DELETE FROM 表名的区别。

4. 简述使用图形界面工具查询表中数据的操作步骤。

5. 列出 SELECT 语句所包含的子句并说明其用途。

四、上机操作题

上机操作本章中的例 5－1～例 5－27。

第 6 章

数据库高级查询

本章学习

①视图的概念
②视图的创建、修改、删除和使用
③索引的概念
④索引的创建、修改、删除和使用

创建数据库的目的是存放数据，存放数据的目的是获取信息。除了第 5 章所介绍的数据库的基本查询之外，SQL Server 还提供了高级查询。本章介绍视图和索引。

6.1 视　　图

视图是数据库的一个重要对象，但不是存放数据的基本单元，而是从一个或者多个表（或其他试图）导出的虚拟表。视图也是由列和行组成的两维表，其中的数据不是直接输入，而是来源于定义视图的数据查询中使用的基本表。

6.1.1 视图概述

视图看起来同表一样，由行（记录）和列（字段）组成的两维表构成。但是视图是一种虚拟表，可以从一个表或者多个相关的表或其他视图中提取数据，是基本表的一种筛选，是基本表二次组合，是数据库系统提供给用户以另一种角度查阅数据库中数据的重要机制，是数据库数据高级查询的一种方法。视图为用户使用数据库提供方便，提高了数据库的运行效率和使用效果。

1. 视图的特点

（1）视图是来自不同的表，甚至不同的数据库的数据组合而成的单一的虚拟表。
（2）视图是不同用户以不同的方式，查阅相同的或者不同的数据的方法。
（3）视图的建立和删除对基本表不产生影响。

（4）视图中对数据内容的更改（添加、删除和修改）直接影响基本表。

（5）基本表中数据内容的更改将会影响到视图。

（6）由来自多个表的数据构成的视图，其中的数据内容不允许更改。

2. 视图的作用

（1）简化数据操作：将经常使用的复杂条件查询定义为视图之后，用户不必为以后的每次查询操作指定所有的查询条件和限制。

（2）强化数据的针对性：将用户感兴趣的特定数据定义为视图之后，用户不需要或者不关心的数据被排除在视图之外，这使数据库中的数据具有了很强的针对性。

（3）提升数据的安全性：指定限制条件和限制列，控制用户对基础表的访问，用户只能查询和修改所能看到的数据，这使数据库中的数据得到安全保护。

（4）提高数据的独立性：视图可以使应用程序和数据库中的表在一定程度上独立。应用程序访问视图而不是基本表，使应用程序与数据库被视图分隔。

6.1.2 创建视图

1. 使用图形界面工具创建视图

使用 SQL Server Management Studio 图形界面工具创建视图的步骤如下：

（1）展开具体的数据库，用鼠标右键点击“视图”，出现图 6－1 所示界面。

（2）选择“新建视图”，出现图 6－2 所示界面。

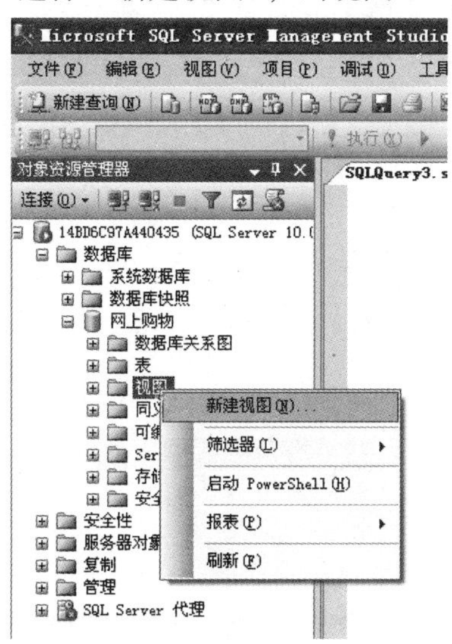

图 6－1 选择“新建视图”

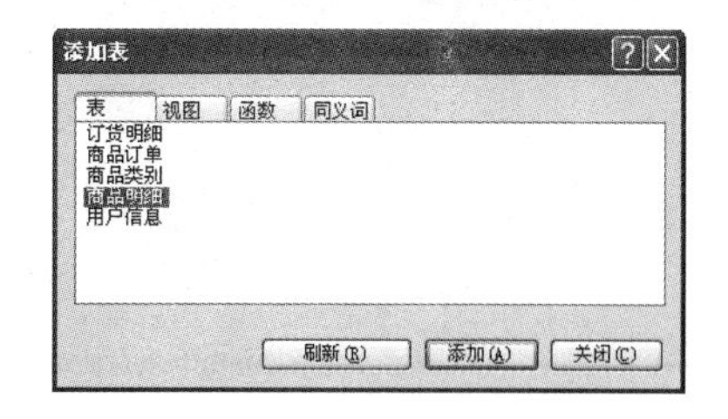

图 6－2 添加基本表

（3）在图 6－2 所界面中，分别选择需要的一个或多个基本表，点击“添加”，然后点击“关闭”，出现图 6－3 所示界面。

图 6－3 所界面中右半部分包含 4 个窗格：关系图窗格、网格窗格、SQL 语句窗格和结果窗格。

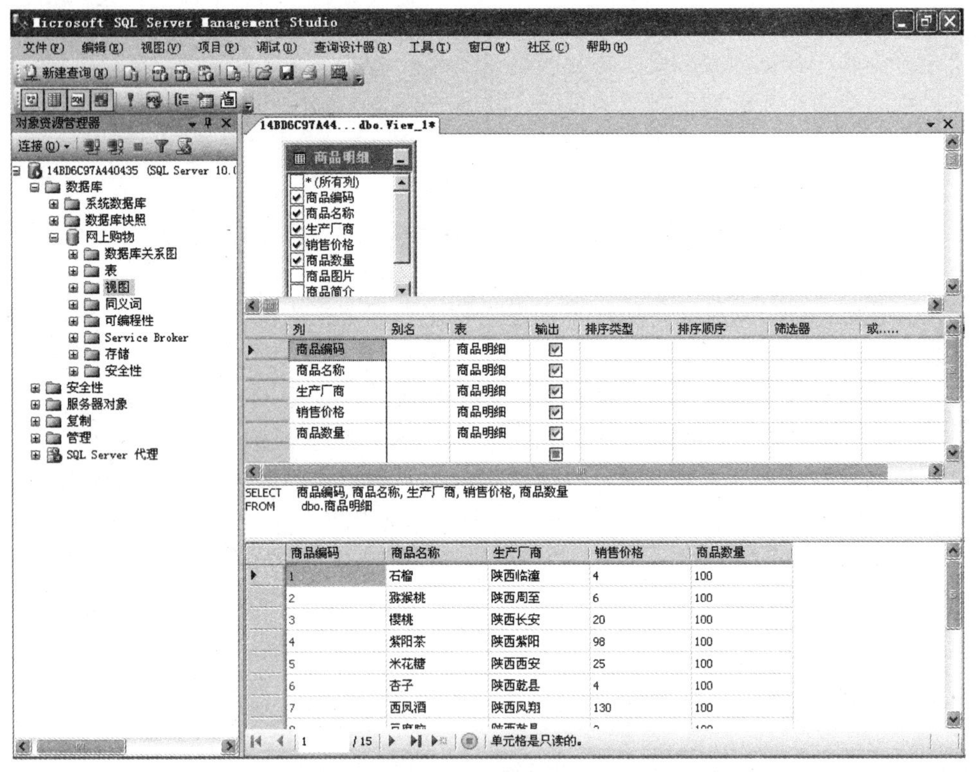

图6-3 视图设计器

(4) 在关系图窗格中，是添加的表，在其中勾选需要包含在视图中的列名。

(5) 在网格窗格中，对勾选的列名进行再次筛选，添加查询条件。

(6) 上述设置完成后，点击工具栏中的“运行(!)”图标，结果出现在“结果窗格”中。

(7) 点击图6-3所示界面右上角的“×”图标，关闭“设计器”，保存视图，出现图6-4所示提示框。

(8) 在图6-4所示界面中，点击“是”按钮，出现图6-5所示提示框。

(9) 在图6-5所示界面中输入视图名称，点击“确定”按钮。

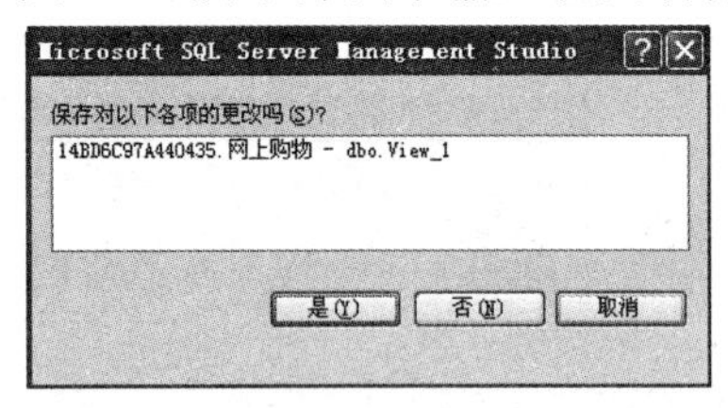

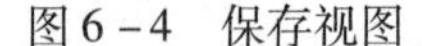
图6-4 保存视图

图6-5 输入视图名

如果输入的视图名称与表名或其他视图重名，出现图6-6所示提示框。

图6-6 重名提示

在图 6 -6 所示界面中，点击“确定”按钮，出现图 6 -7 所示提示框。

图 6 -7　退出视图保存提示

在图 6 -7 所示界面中，点击“确定”按钮，退出视图保存。上述 9 步骤等于没做。

(10) 如果第 9 步输入的视图名称未重名，创建的视图被保存，名称出现在左边列表中。

2. 使用 SQL 语句创建视图

可以使用 SQL 语句创建视图。

格式：

```
CREATE VIEW 视图名
   [(列名[ , …n])]
   [WITH ENCRYPTION]
  AS
  SELECT 语句
   [WITH CHECK OPTION]
```

说明：

(1) “CREATE VIEW” 为创建视图的关键字。

(2) “视图名” 定义所要创建视图的名称，它不能与表名或视图名重名。

(3) “列名” 定义视图中所含字段的名称。如果省略，采用 SELECT 语句产生的列名。

(4) “WITH ENCRYPTION” 指定系统加密创建视图的文本，以防止视图被复制。

(5) “SELECT 语句” 定义视图包含的数据内容。

①SELECT 语句中一般包含多个表，单表失去视图存在的意义。

②SELECT 语句中不能包含 INTO 子句和 ORDER BY 子句。

③不能为临时表创建视图（视图中不能引用临时表）。

(6) “WITH OPTION” 强制修改视图时必须符合查询语句中设置的条件。

例 6 -1　使用 CREATE VIEW 语句创建由“商品类别”表和“商品明细”表组合的名为“商品信息”的视图。

```
CREATE VIEW 商品信息
  AS
  SELECT L.类别编码, L.类别名称,
     M.商品编码, M.商品名称, M.生产厂商,
     M.商品数量, M.销售价格
  FROM 商品类别 L, 商品明细 M
```

```
WHERE L.类别编码 = M.类别编码
```

例 6－2 使用 CREATE VIEW 语句创建由“商品类别”表和“商品明细”表组合的名为“商品信息 1”的加密视图。

```
CREATE VIEW 商品信息 1
    WITH ENCRYPTION
    AS
    SELECT L.类别编码，L.类别名称，
        M.商品编码，M.商品名称，M.生产厂商，
        M.商品数量，M.销售价格
      FROM 商品类别 L，商品明细 M
      WHERE L.类别编码 = M.类别编码
```

说明：在图形界面工具中，用鼠标右键单击“商品信息 1”视图，出现快捷菜单，“设计”变灰，即表示加密视图不能被修改。

未加密视图与加密视图能否修改的区别如图 6－8 和图 6－9 所示。

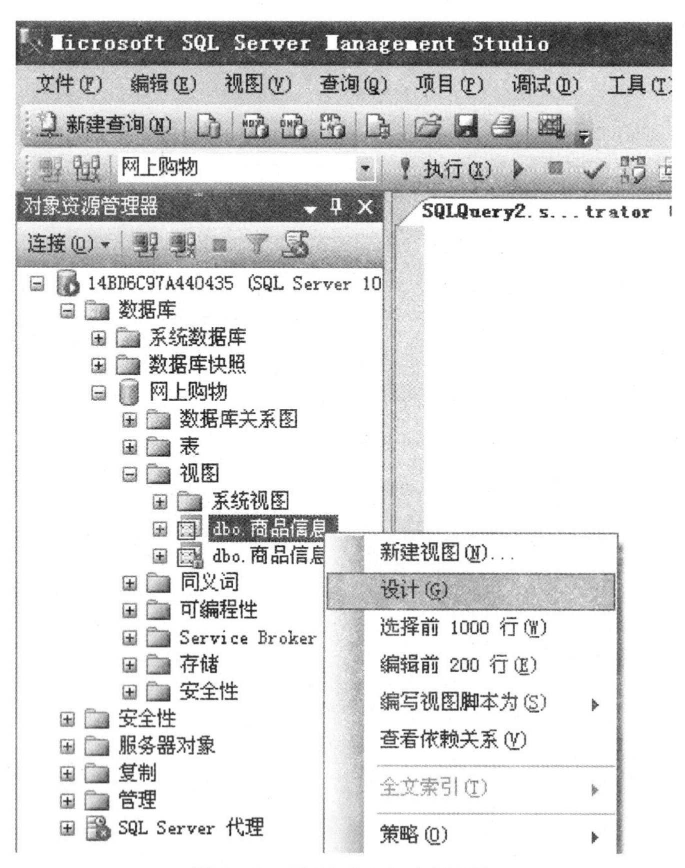

图 6－8 选择“未加密视图”

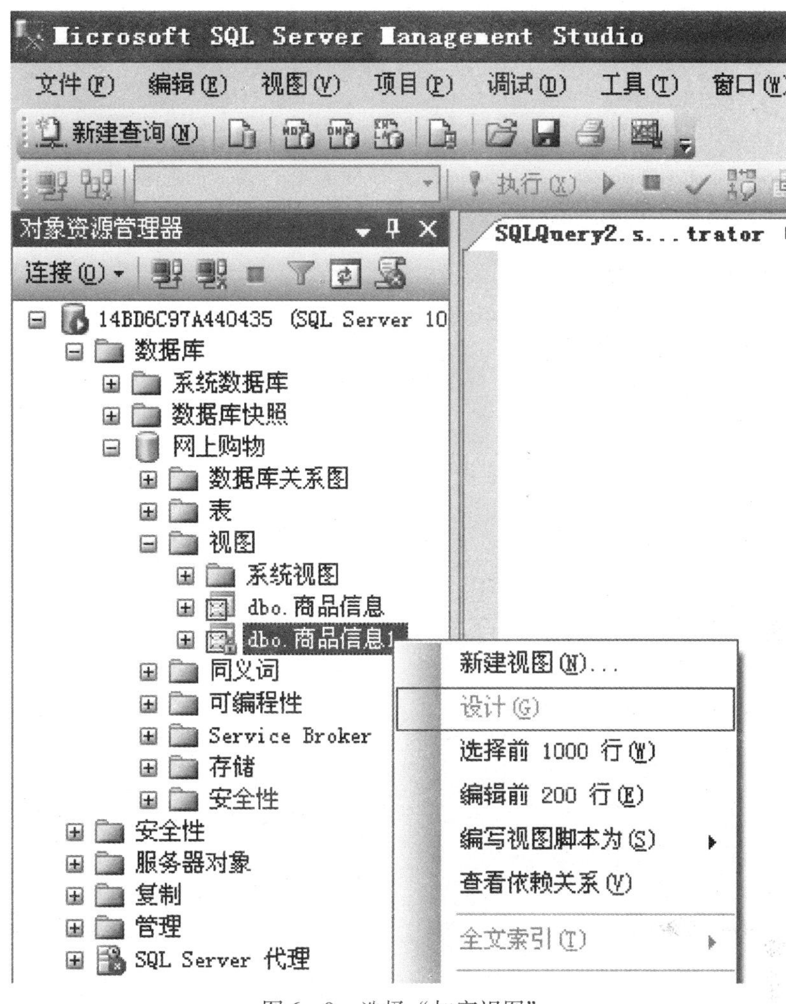

图 6－9　选择“加密视图”

6.1.3　修改视图

已经建立的视图，如果发现不符合要求，例如视图名有误、需要新增列、需要删除列等，都可以进行修改，前提是视图未被加密（更换名称无此限制）。

1. 使用图形界面工具更换视图名称

使用 SQL Server Management Studio 图形界面工具更换视图名称的步骤如下：

（1）展开数据库，再展开“视图”，用鼠标右键点击具体的视图，出现图 6－10 所示界面。

（2）在图 6－10 所示界面中，选择“重命名”，在原视图名所在的方框中输入新的视图名，视图的名称即被更换。

2. 使用图形界面工具修改视图

使用 SQL Server Management Studio 图形界面工具修改视图的步骤如下：

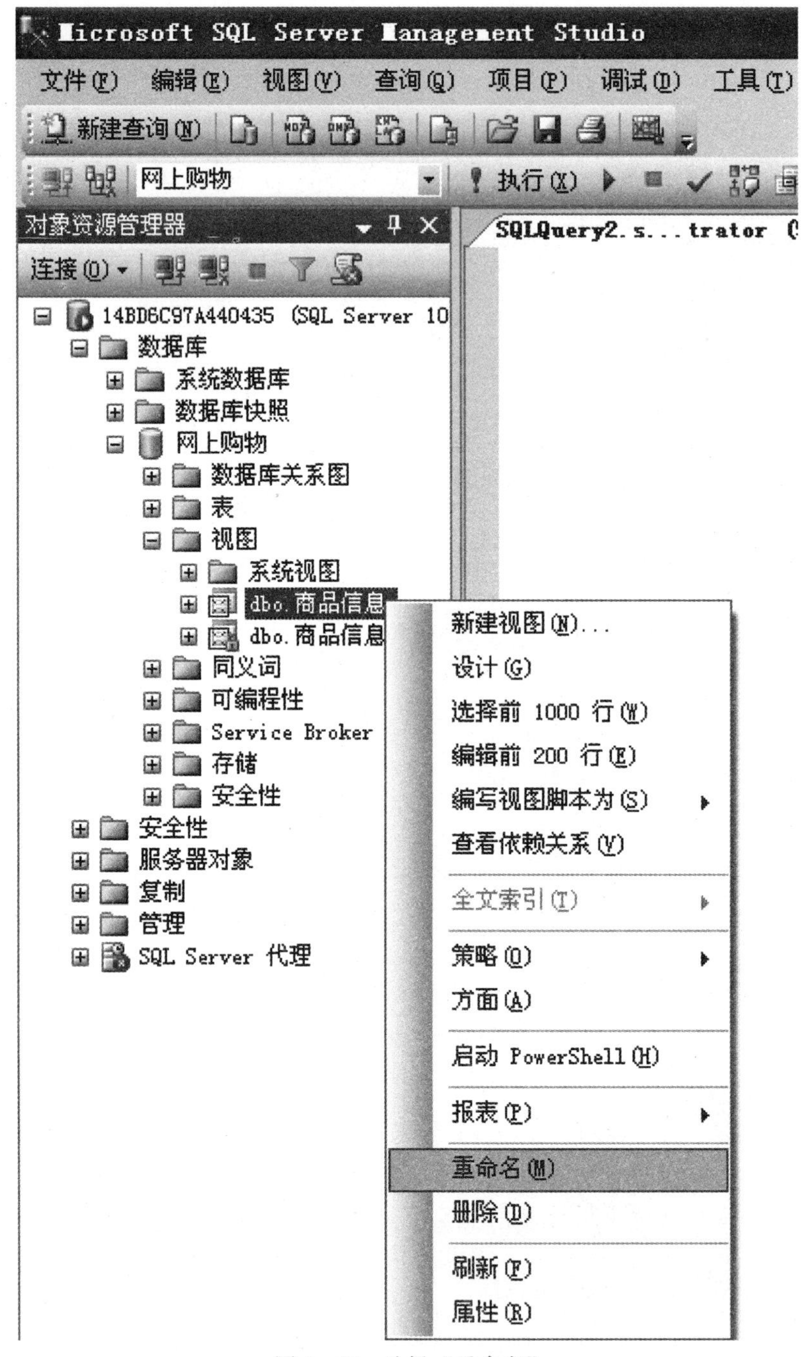

图6-10　选择“重命名”

（1）展开具体数据库，展开“视图”，用鼠标右键点击具体视图，出现图6-11所示界面。

（2）在图6-11所示界面中，选择“设计”，出现图6-12所示界面。

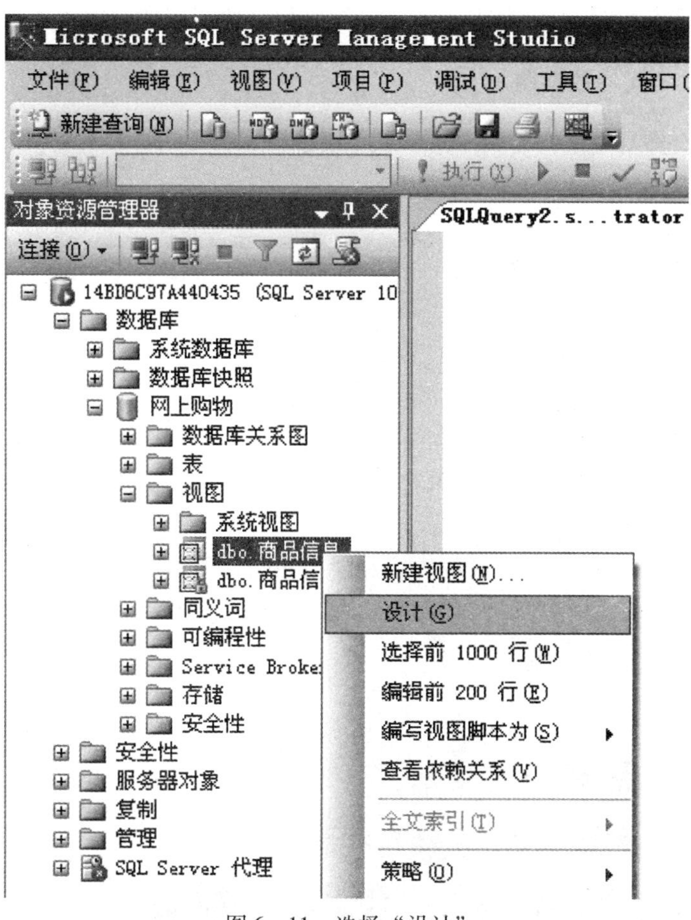

图 6-11 选择“设计”

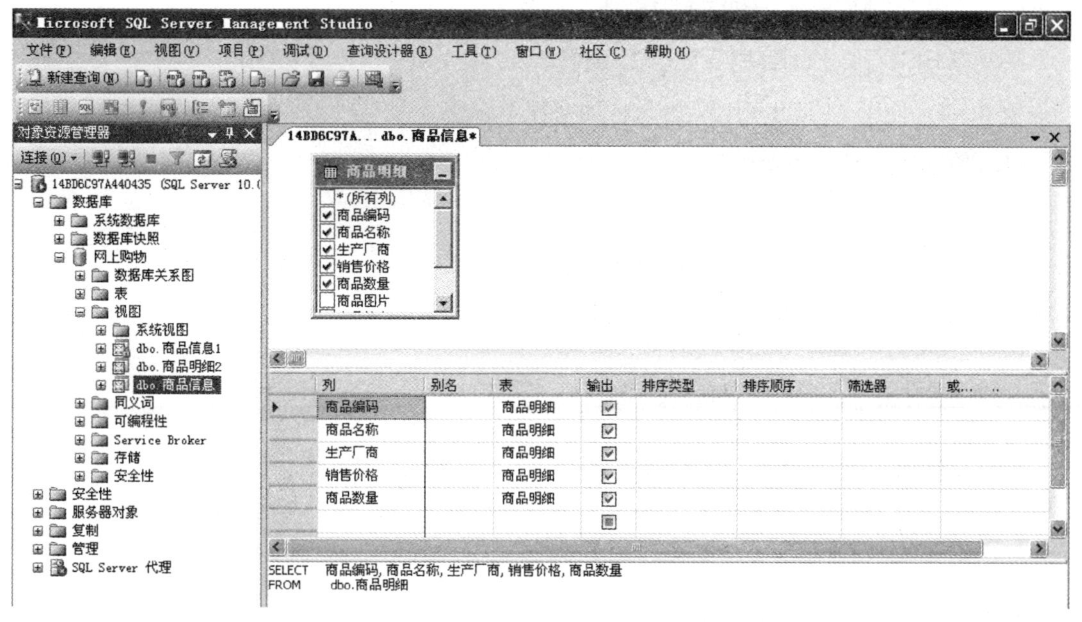

图 6-12 视图设计器

（3）图6－12与创建视图时的图6－3内容类似，使用同样的步骤进行修改。

3. 使用SQL语句修改视图

修改视图不会经常发生，使用图形界面工具即可，但也可以使用SQL语句完成。
格式：
ALTERVIEW 视图名
［WITH 视图参数］
AS
SELECT语句
说明：
（1）“ALTER VIEW”为修改视图的关键字。
（2）“视图名”指定需要修改视图的名称。
（3）“WITH”用于指定视图参数。
（4）“SELECT语句”与创建时的内容和限制相同。

例6－3 使用ALTER VIEW语句给“商品信息”视图添加列。

```
ALTER VIEW 商品信息
  AS
  SELECT L.类别编码,L.类别名称,
     M.商品编码,M.商品名称,M.生产厂商,
     M.商品数量,M.销售价格,M.商品图片,M.商品简介
   FROM 商品类别 L,商品明细 M
   WHERE L.类别编码 = M.类别编码
```

例6－4 使用ALTER VIEW语句将加密视图解密。

```
ALTER  VIEW  商品信息
  AS
  SELECT L.类别编码, L.类别名称,
     M.商品编码, M.商品名称, M.生产厂商,
     M.商品数量, M.销售价格
   FROM 商品类别 L, 商品明细 M
   WHERE L.类别编码 = M.类别编码
```

说明：
（1）例6－4与例6－2相比，前者是修改（ALTER），后者是创建（CREATE）。
（2）例6－4与例6－2相比，少了WITH ENCRYPTION，取消加密，也即解密。

6.1.4 删除视图

随着时间的推移，若数据库中早前创建的视图不再需要，可以将其删除，以便释放所占空间。

1. 使用图形界面工具删除视图

使用 SQL Server Management Studio 图形界面工具删除视图的步骤如下：

（1）展开具体数据库，展开“视图”，用鼠标右键点击具体视图，出现图6－13所示界面。

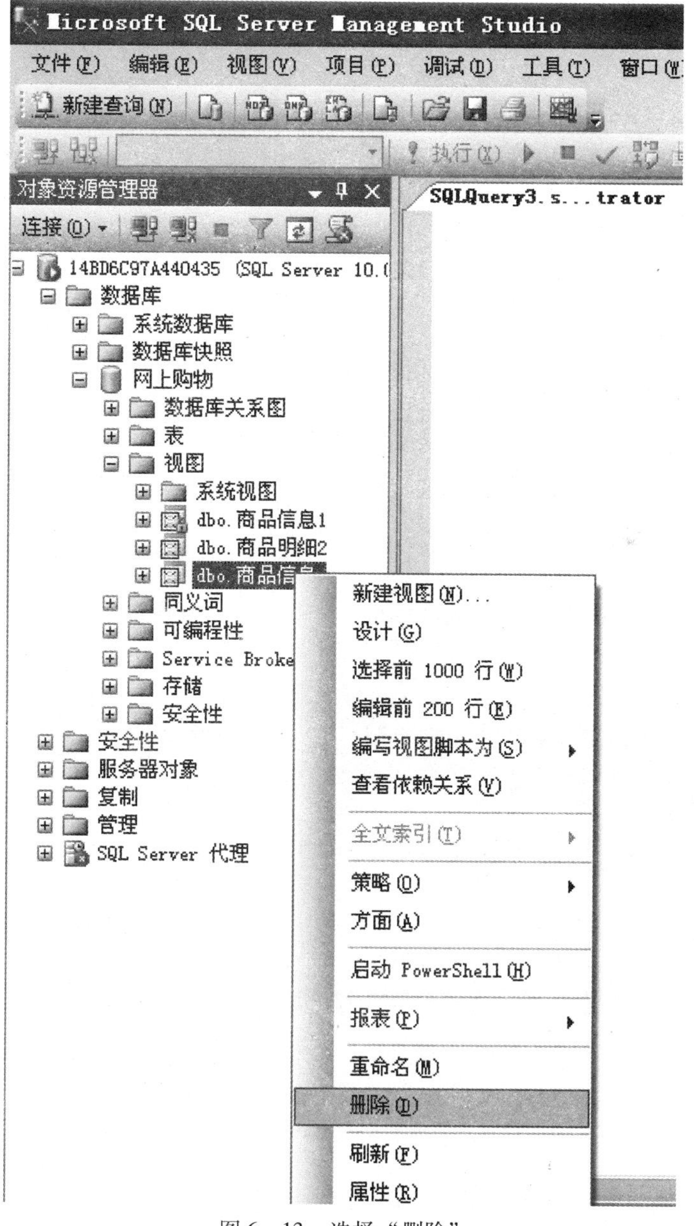

图6－13 选择“删除”

（2）在图6－13所示界面中，选择“删除”，出现图6－14所示界面。

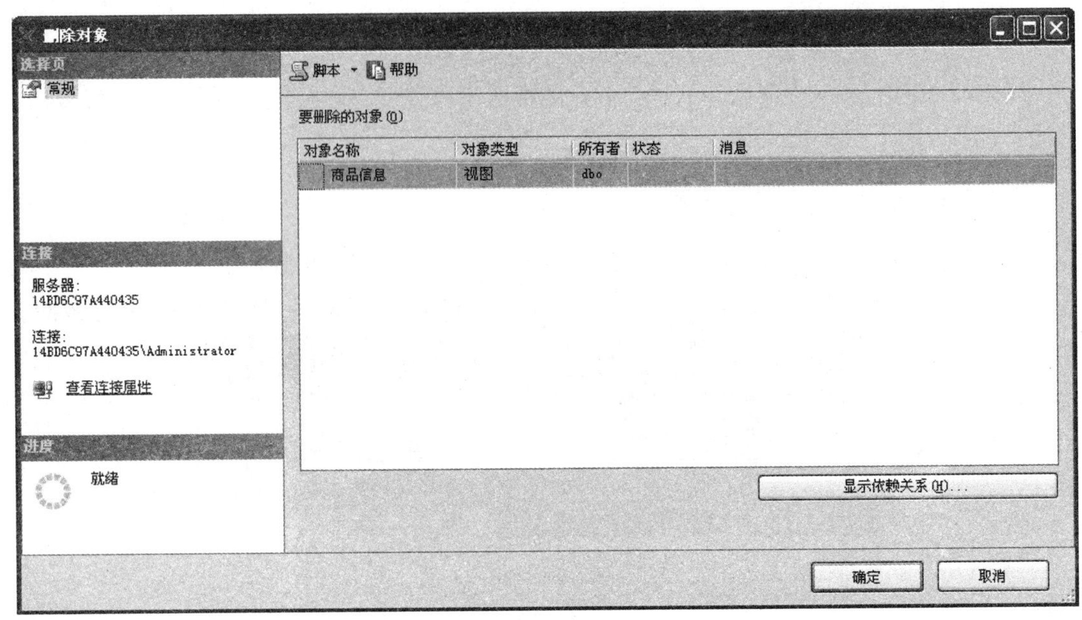

图6－14　删除视图

（3）在图6－14所示界面中，点击“确定”按钮，选择的用户表被删除。

说明：

（1）视图被删除时，其中的数据被一起删除。

（2）基本表中的数据依然存在，这是视图的一个重要特性。

2. 使用SQL语句删除视图

删除视图不会经常发生，使用图形界面工具即可，但也可以使用SQL语句完成。

格式：

DROPVIEW 视图名

例6－5　使用DROP VIEW语句删除例6－2中创建的视图。

```
DROP VIEW 商品信息1
```

6.1.5　使用视图

创建视图的目的是利用视图方便地检索所需信息。使用视图与使用用户表的步骤和方法完全相同，包括插入数据、删除数据、修改数据和查询数据。

注意：

（1）对视图的数据进行添加、删除和修改操作，直接影响基本表中的数据。

（2）如果视图来自多个基本表，则不允许添加、删除和修改数据。

1. 使用图形界面工具操作视图

使用SQL Server Management Studio图形界面工具操作视图的步骤如下：

（1）展开具体数据库，展开“视图”，用鼠标右键点击具体视图，出现图6－15所示界面。

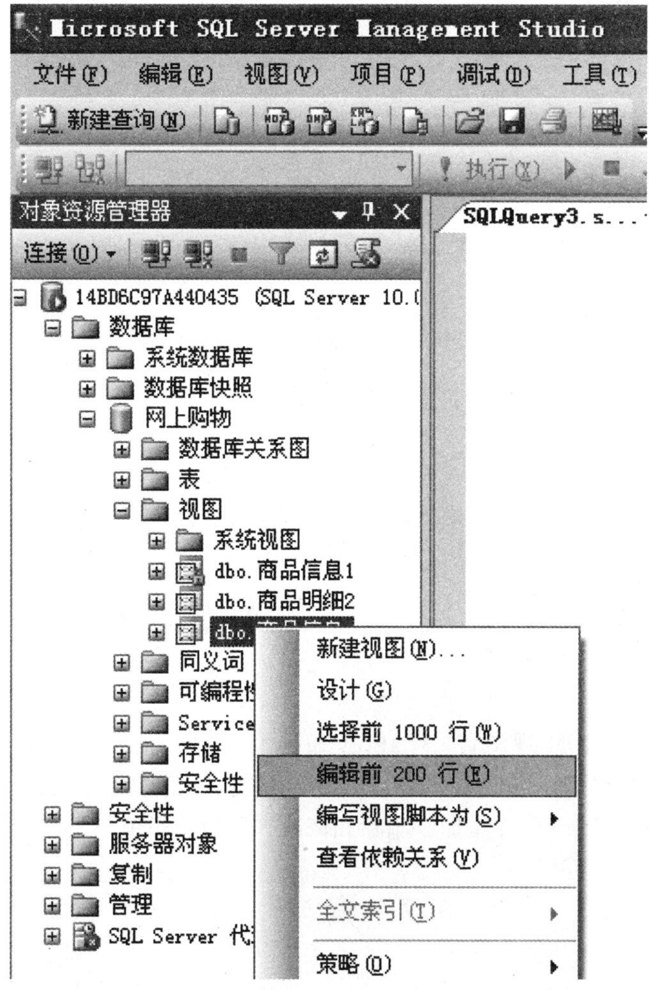

图6－15 选择“编辑前200行”

（2）在图6－15所示界面中，选择“编辑前200行”，出现图6－16所示界面。

（3）在图6－16所示界面中，可以完成对视图数据的增、删、改的所有操作。

（4）若只是为了查看视图数据，可以在图6－15所示界面中，选择“选择前1000行”。

说明：

（1）若视图来自多个表，增、删、改操作将提示错误。

（2）若视图来自一个表，则失去视图存在的意义，所以一般不使用对视图的增、删、改操作。

2. 使用SQL语句操作视图

1）增加

格式：INSERT INTO 视图名［（列名列表）］VALUES（值列表）

2）删除

格式：DELETE FROM 视图名［WHERE 条件表达式］

商品编码	商品名称	生产厂商	销售价格	商品数量
1	石榴	陕西临潼	4	100
2	猕猴桃	陕西周至	6	100
3	樱桃	陕西长安	20	100
4	紫阳茶	陕西紫阳	98	100
5	米花糖	陕西西安	25	100
6	杏子	陕西乾县	4	100
7	西凤酒	陕西凤翔	130	100
8	豆腐脑	陕西乾县	3	100
9	柿子	陕西礼泉	2	100
10	核桃	陕西镇安	20	100
11	面	陕西合阳	5	100
12	葡萄	陕西户县	8	100
13	毛栗	陕西镇安	10	100
14	腊驴肉	陕西凤翔	50	100
15	苹果	陕西洛川	5	100
NULL	NULL	NULL	NULL	NULL

图 6－16　增、删、改视图数据

3）修改

格式：UPDATE 视图名 SET 列名 1 = 值 1，列名 2 = 值 2，…列名 n = 值 n［WHERE 条件表达式］

4）查询

格式：SELECT * FROM 视图名［WHERE 条件表达式］

说明：视图的主要用途是对多个表，甚至多个数据库的数据进行组合，以方便数据查询。由多个表构成的视图不允许添加、删除和修改，所以这里就不再举例。

6.2　索　　引

索引是数据库的一个重要对象，但不是存放数据的基本单元，而是建立在用户表上，加快表中数据查询速度的一种方法。

6.2.1　索引概述

用户对数据库的操作最常用的是数据查询。在表中的数据量较大时，检索满足条件的数据可能需要较长时间，从而占用服务器较多的资源。为了提高数据的检索速度，数据库系统引入了索引机制。

数据库的索引与书籍中的目录类似。书籍有了目录，阅读者就能快速在书中找到需要的内容，而不需要按顺序浏览全书。书中的目录是章节的列表，注明各个章节的页码，阅读者能通过页码很快找到所需内容的位置。数据库有了索引，用户就能快速找到需要的数据，而不需要按顺序在整个表中查找。数据库的索引是为表中一个或者多个列的值建立一个排序机构，注明各个列值的行在表中的存放位置。

表是用于存放数据和管理数据的逻辑结构，而索引是有效组织表中数据的一种方式。在一般情况下，只有频繁查询某些列的数据时，才需要对表上的这些列创建索引。索引会占用磁盘空间，而且降低添加、删除和修改数据行的速度。但在多数情况下，索引加快数据检索速度的优势大大超过它的不足之处。

1. 索引的分类

在 SQL Server 中，按照索引表的物理顺序、索引列的重复值和索引列所包含的列数，可以把索引分为 3 类。

1）聚集索引和非聚集索引

根据索引的顺序与表中数据的物理顺序是否相同，可将索引分为聚集索引和非聚集索引。

（1）聚集索引：表中各行数据存放的物理顺序与索引的逻辑顺序相同。聚集索引将表中所有数据的存放位置进行重新排列。在创建聚集索引期间，系统临时使用数据库的磁盘空间，需要的工作空间大约为表大小的 1.2 倍。创建聚集索引需要足够的磁盘空间，并且要花费很长时间，因为表中数据只能按照一个物理顺序存放，所以每个表只能包含一个聚集索引。

（2）非聚集索引：由于一个表只能有一个聚集索引，有时很难满足应用的需要，于是数据库系统引入了非聚集索引。在非聚集索引中，索引结构与实际的数据行分开。表中的数据并不按索引的顺序存放，而是在索引机构中保存非聚集索引键值和行定位器。在查询数据时，可以根据非聚集键值快速定位数据行的存放位置。因为非聚集索引为逻辑结构，所以每个表可有多达 249 个非聚集索引。

2）唯一索引和非唯一索引

根据索引列的值是否重复，可将索引分为唯一索引和非唯一索引。

（1）唯一索引要求参与索引各列中每行数据不能重复，只能唯一，像人们的身份证号一样。建立唯一索引可以保证输入数据的准确性，还可以保证数据行的唯一性。聚集索引和非聚集索引都可以是唯一索引。

（2）非唯一索引不要求参与索引的各列中每行的数据不能重复。所有的聚集索引和非聚集索引，除了唯一索引，其余的都是非唯一索引。

3）单列索引和复合索引

根据参与索引的列数为一列或多列，可将索引分为单列索引和复合索引。

（1）单列索引是对表中单个列建立的索引。

（2）复合索引是对表中多个列建立的索引。复合索引最多可以有 16 个列的组合，并且所有列必须在一个表中。复合索引中引用的列的顺序可以与表中列的顺序不同。

2. 建立索引的原则

建立索引有利有弊，索引可以提高数据查询速度，但又会降低添加、删除和修改数据的速度并占用磁盘空间。所以在建立索引时，必须权衡利弊。

1）适合建立索引的情况

（1）频繁被用于查询的表。

（2）经常被检索的列，例如 WHERE 子句中条件表达式所包含的列。

（3）经常使用排序的列，即在 ORDER BY 子句中使用的列。

（4）主键列或者唯一性列。

2）不宜建立索引的情况

（1）频繁被用于增、删、改的表。

（2）很少被用于查询的列。

（3）包含太多重复值的列。

（4）数据类型为 text、images 的列。

6.2.2 创建索引

表、视图是数据库对象，在 SQL Server Management Studio 图形界面工具中，展开具体的数据库，就可以看到表和视图。

索引也是数据库对象，但是索引建立在表上，所以只有展开具体的表才能看到索引，它与列、键、约束、触发器在一个级别上。

1. 使用图形界面工具创建索引

SQL Server2008 Management Studio 图形界面工具提供了两种创建索引的方法。

（1）第一种方法：从具体的用户表下层的“索引”选项进入。

①展开数据库，展开“表”，展开具体表，用鼠标右键点击“索引”，出现图 6－17 所示界面。

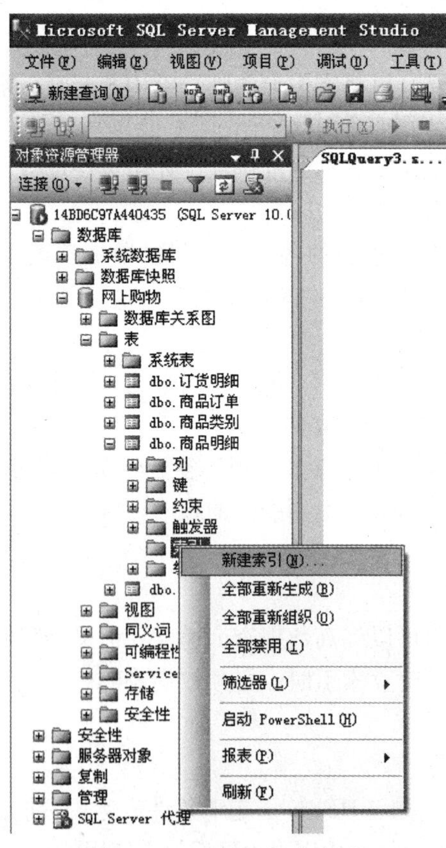

图 6－17 选择“新建索引”

②在图 6－17 所示界面中，选择“新建索引”，出现图 6－18 所示界面。

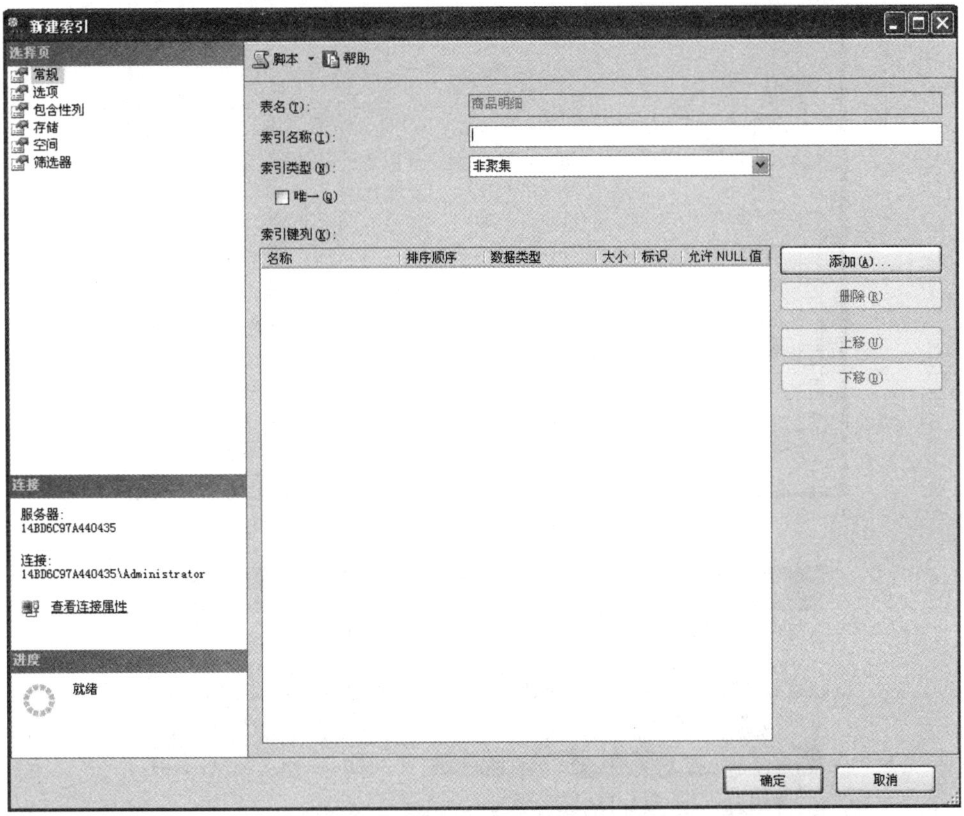

图 6－18　创建索引

③在“索引名称”中输入索引名称，在“索引类型”中，选择索引类型（聚集或非聚集）。

④如果是唯一索引，勾选“唯一”前边的复选框。

⑤点击“添加”按钮，出现图 6－19 所示界面。

⑥在图 6－19 所示界面中，选择参与索引的列名，点击“确定”按钮。

⑦再返回图 6－18 所示界面中，选择设置索引的排列顺序，点击“确定”按钮，保存索引。

（2）第二种方法：从具体的用户表的“设计”选项进入。

①展开具体数据库，展开“表”，用鼠标右键点击具体的用户表，出现图 6－20 所示界面。

②在图 6－20 所示界面中，选择“设计”，出现图 6－21 所示界面。

③在图 6－21 所示界面中，用鼠标右键点击“列名”，出现图 6－22 所示界面。

④在图 6－22 所示界面中，选择“索引/键”，出现图 6－23 所示界面。

⑤图 6－23 所示界面显示了该表已经创建的索引。点击“添加”，系统自动给出索引名称。

⑥在“列”选项中，选择创建索引涉及的列名，最多可以选择 16 列。

⑦要创建唯一索引，在“是唯一的”选项中选择“是”。

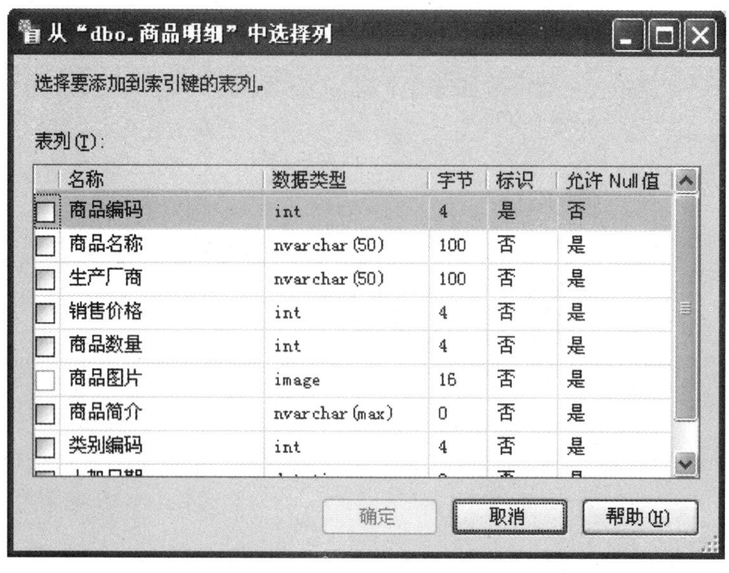

图6－19　添加“索引列”

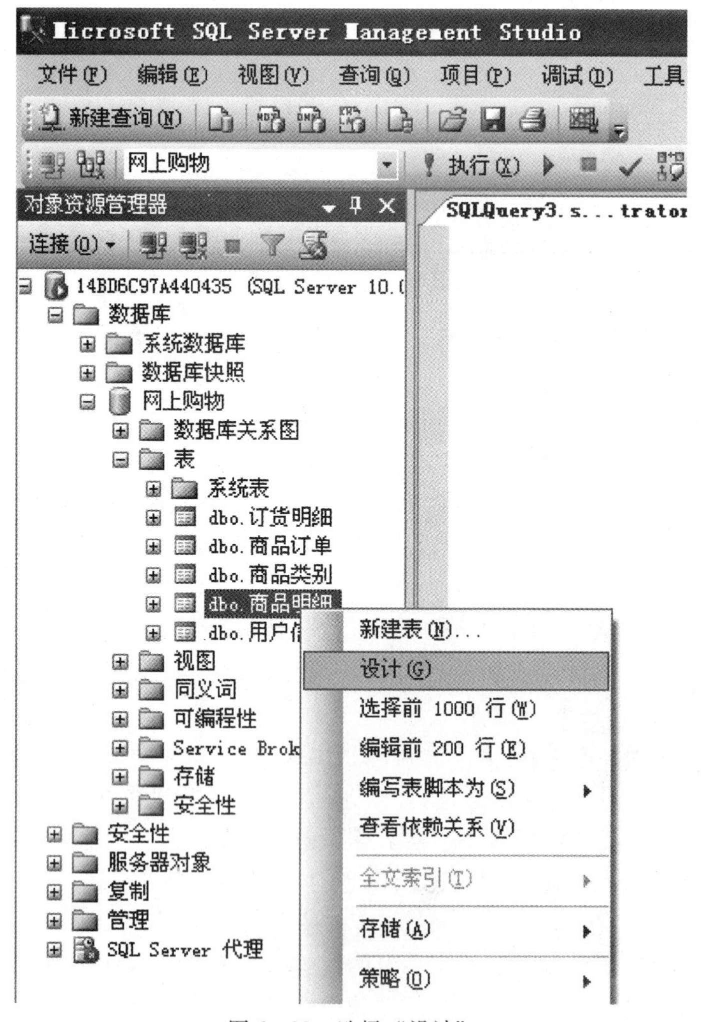

图6－20　选择“设计”

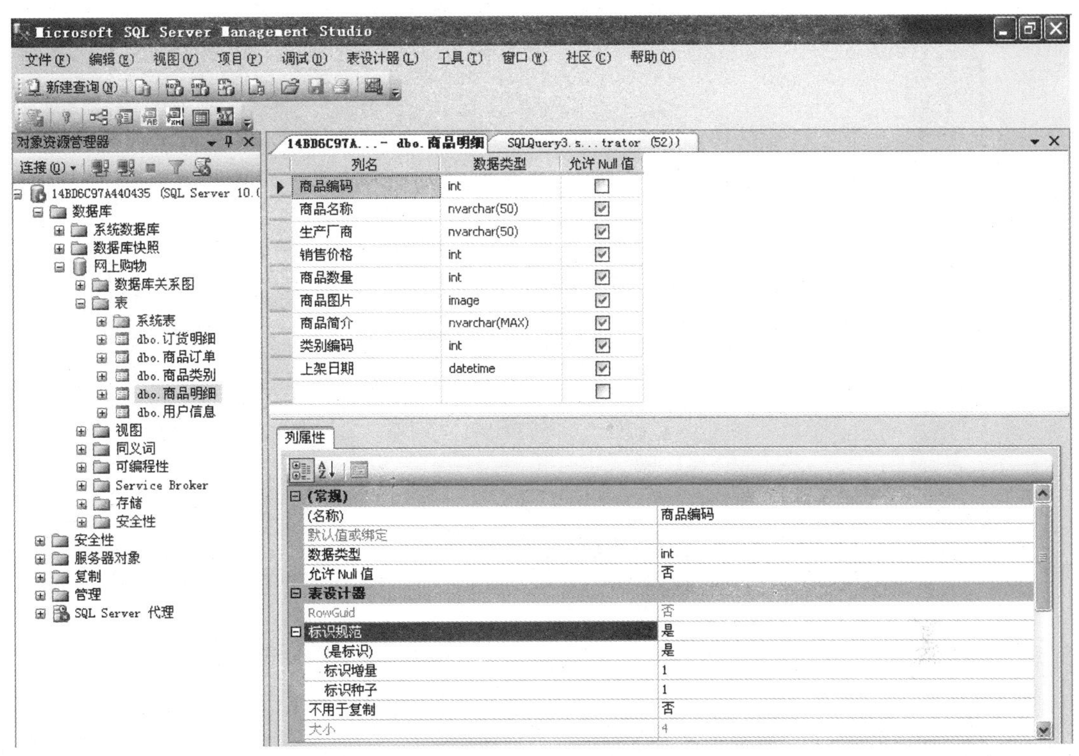

图 6－21　表设计器

图 6－22　选择“索引/键”

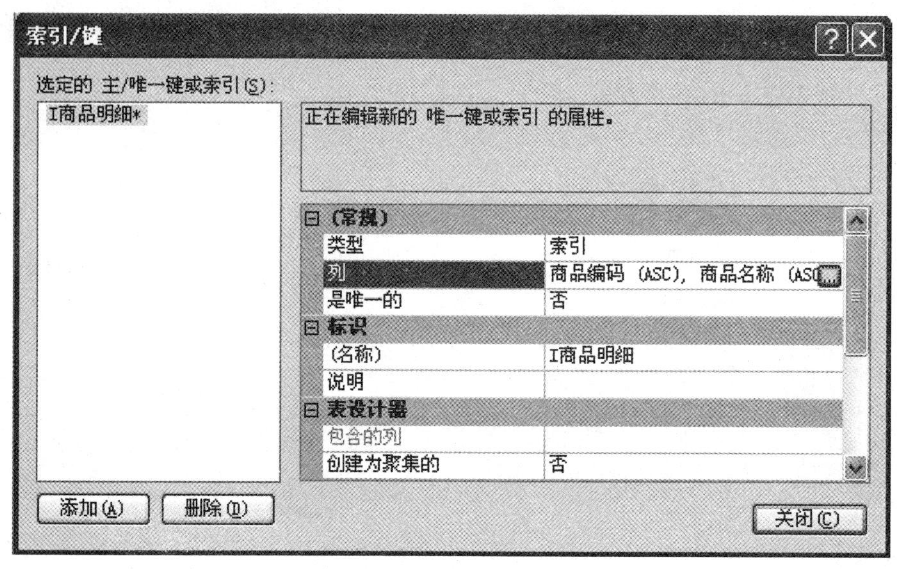

图6－23　索引设定

⑧在“(名称)”选项中，更改索引名称（也可以使用系统自动给出的名称）。

⑨在“创建为聚集的”选项中，选择“是”或者“否”来确定聚集或者非聚集索引。

⑩点击“确定”按钮，确定上述设置，返回到“设计器”。

⑪点击图6－22所示界面右上角的“×”按钮，保存创建的索引。

⑫展开上述指定的表，用鼠标右键点击“索引”，选择“刷新”，即可看到新建的索引。

2. 使用SQL语句创建索引

也可以使用CREATE INDEX语句创建索引。

格式：

CREATE [UNIQUE][CLUSTERED]
　　[NONCLUSTERED]INDEX 索引名
ON 表名或视图名（列名 [ASC|DESC][，…n]）

说明：

(1)“CREATE…INDEX”为创建索引的关键字。

(2)“索引名”指定创建索引的名称。

(3)“UNIQUE”指定创建唯一索引。

(4)“CLUSTERED”指定创建聚集索引。

(5)“NONCLUSTERED”指定创建非聚集索引。

(6)“表名或视图名”指定需要创建索引的表的名称或视图名称。

(7)“列名”指定参与索引的表中列的名称，“ASC”为升序（默认），“DESC”为降序。

例6－6　使用CREATE…INDEX创建聚集索引。

```
CREATE CLUSTERED INDEX IDX 用户信息
    ON 用户信息(注册用户,真实姓名 DESC)
```

例6－7 使用CREATE…INDEX创建非聚集索引。

```
CREATE NONCLUSTERED INDEX IDXN 用户信息
    ON 用户信息(注册用户，真实姓名 DESC，注册日期 DESC)
```

例6－8 使用CREATE…INDEX创建唯一聚集索引。

```
CREATE UNIQUE CLUSTERED INDEX UNIDX 用户信息
    ON 用户信息(注册用户)
```

注意：由于每个表只能创建一个聚集索引，例6－6已经创建，故执行例6－8时出错。

例6－9 使用CREATE…INDEX创建唯一非聚集索引。

```
CREATE UNIQUE NONCLUSTERED INDEX UNIDX 用户信息
    ON 用户信息(注册用户)
```

6.2.3 修改索引

对于已经建立的索引，如果发现其不符合要求，例如索引名有误、需要新内容等，都可以进行修改。

1. 使用图形界面工具更换索引名称

使用SQL Server Management Studio图形界面工具更换索引名称的步骤如下：

(1) 展开数据库，展开“表”，展开具体表，用鼠标右键点击具体索引，出现图6－24所示菜单。

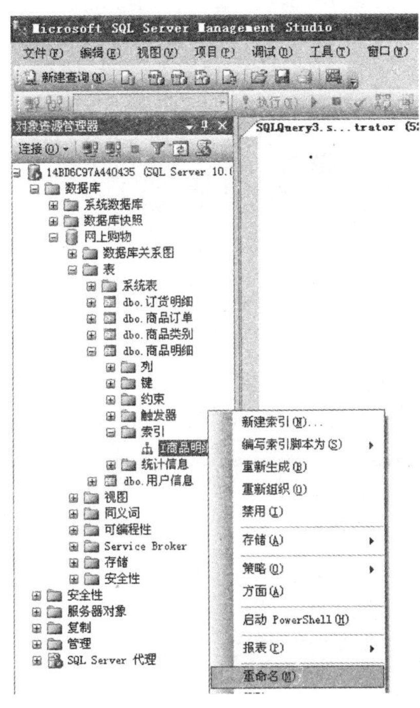

图6－24 选择“重命名”

（2）在图6－24所示界面中，选择“重命名”，在原索引名所在的方框中输入新的索引名，索引的名称即被更换。

2. 使用图形界面工具修改索引

与使用图形界面工具创建索引类似，修改索引也可以使用两种方法。

（1）第一种方法：从具体的用户表下层的“索引”选项进入。

①展开具体数据库，展开“表”，展开“索引”，用鼠标右键点击具体索引，出现图6－25所示界面。

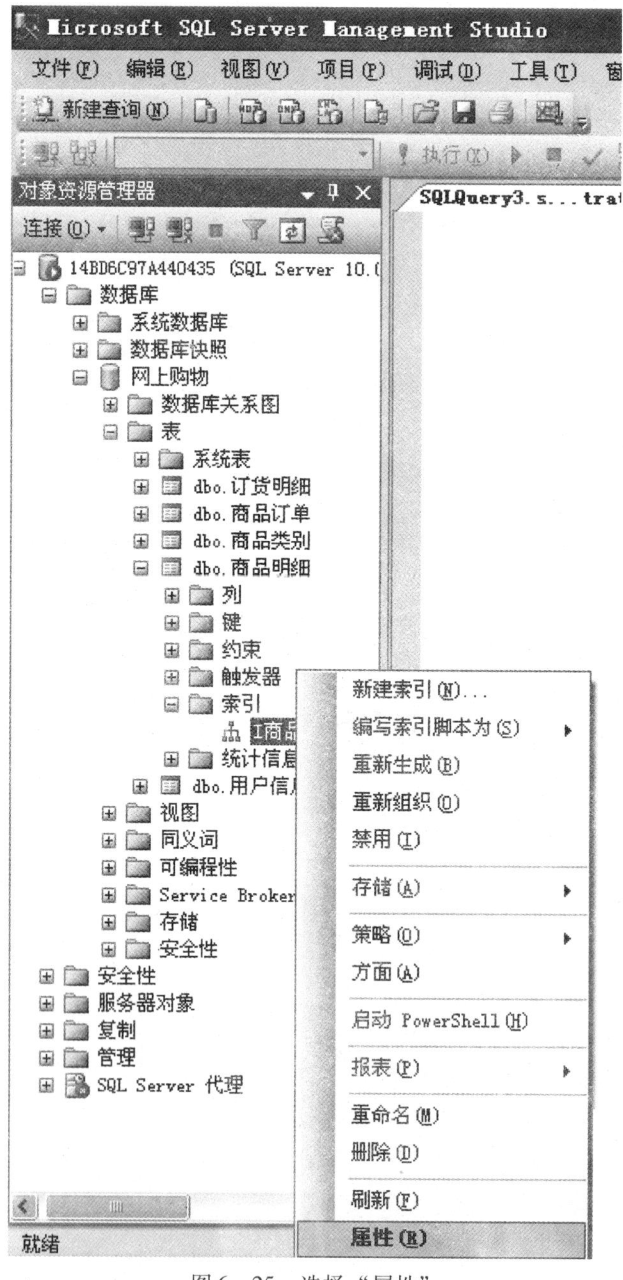

图6－25　选择“属性”

②在图6－25所示界面中，选择“属性”，出现与创建时图6－18所示界面类似的界面。
③按照与创建索引时同样的步骤，设置新的索引属性，不再重述。
④设置完毕，点击“确定”按钮保存索引。
（2）第二种方法：从具体的用户表的“设计”选项进入。
①使用与创建索引时同样的方法进入图6－23所示界面。
②在“选定的主/唯一键或索引”中，选择需要修改的索引。
③按照与创建索引时同样的步骤，设置新的索引属性，不再重述。
④设置完毕，点击“确定”按钮保存索引。

3. 使用SQL语句修改索引

修改索引不会经常发生，使用图形界面工具即可，但也可以使用SQL语句完成。
格式：

```
ALTERINDEX {索引名|ALL}
 ON {表名|视图名}
 {REBUILD|DISABLE}
```

说明：
（1）“ALTER INDEX”为修改索引的关键字。
（2）“索引名”指定需要修改索引的名称，ALL指定表中的所有索引。
（3）“DISABLE”指定索引是否被禁用。
（4）“REBUILD”指定索引是否重新启用。

例6－10 使用ALTER INDEX修改聚集索引为禁用。

```
ALTER INDEX UIDX 用户信息
    ON 用户信息 DISABLE
```

例6－11 使用ALTER INDEX修改聚集索重新启用。

```
ALTER INDEX UIDX 用户信息
    ON 用户信息 REBUILD
```

6.2.4 删除索引

随着时间的推移，若数据库中早前创建的索引不再需要，可以删除，以便释放所占空间。

1. 使用图形界面工具删除索引

使用SQL Server Management Studio图形界面工具删除索引的步骤如下：
（1）展开具体数据库，展开“表”，展开“索引”，用鼠标右键点击具体索引，出现图6－26所示界面。
（2）在图6－26所示界面中，选择“删除”，出现图6－27所示界面。
（3）在图6－27所示界面中，点击“确定”按钮，选择的索引表被删除。

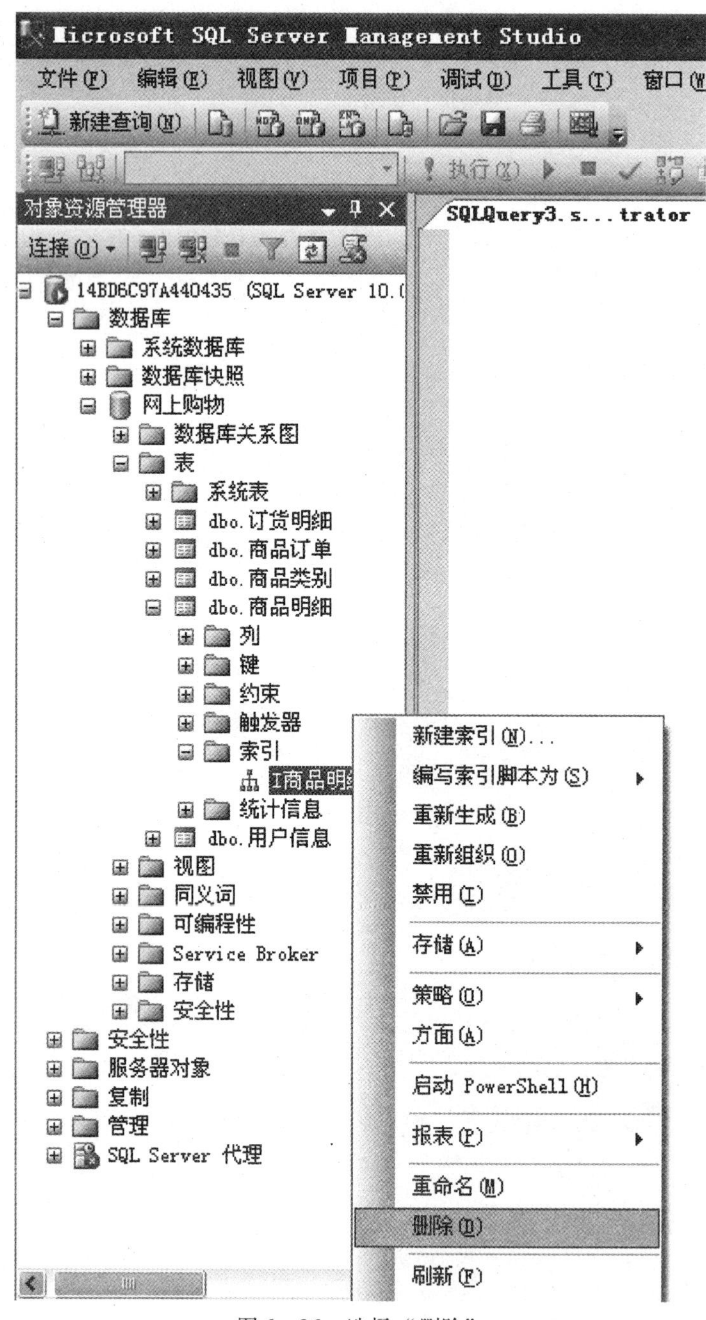
Microsoft SQL Server Management Studio
文件(F) 编辑(E) 视图(V) 项目(P) 调试(D) 工具(T) 窗口(W)
新建查询(N)
执行(X)
对象资源管理器
SQLQuery3.s...trator
连接(O)
14BD6C97A440435 (SQL Server 10.(
数据库
系统数据库
数据库快照
网上购物
数据库关系图
表
系统表
dbo.订货明细
dbo.商品订单
dbo.商品类别
dbo.商品明细
列
键
约束
触发器
索引
I商品明
统计信息
dbo.用户信息
视图
同义词
可编程性
Service Broker
存储
安全性
安全性
服务器对象
复制
管理
SQL Server 代理
新建索引(N)...
编写索引脚本为(S)
重新生成(B)
重新组织(O)
禁用(I)
存储(A)
策略(O)
方面(A)
启动 PowerShell(H)
报表(P)
重命名(M)
删除(D)
刷新(F)
图6-26　选择“删除”

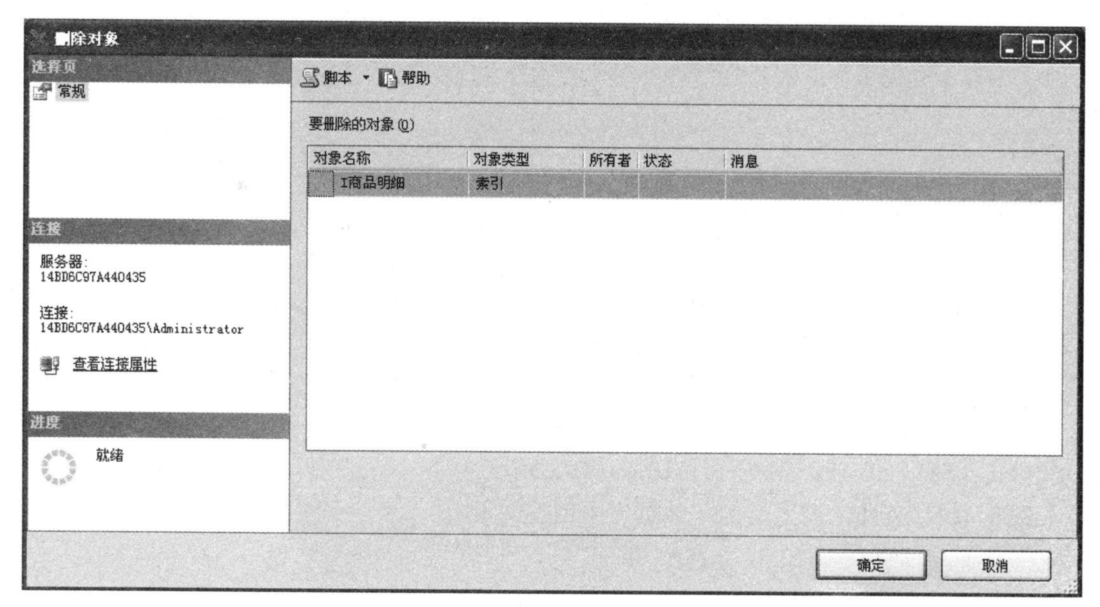

图 6－27　删除索引

2. 使用 SQL 语句删除索引

删除索引不会经常发生，使用图形界面工具即可，但也可以使用 SQL 语句完成。

格式：

DROPINDEX 表名. 索引名|视图名. 索引名 [, …n]

例 6－12　使用 DROP INDEX 语句删除例 6－6 中创建的索引。

```
DROP INDEX 用户信息 . IDX 用户信息
```

说明：如果删除出错，可能是因为在修改索引时更换了名称。

6. 2. 5　使用索引

1. 查询索引信息

(1) 使用图形界面工具查询索引信息。

使用图形界面工具查询索引信息参照使用图形界面工具修改索引的第一种方法。

① 展开具体数据库，展开“表”，展开“索引”，用鼠标右键点击具体索引，出现如图 6－25 所示界面。

②在图 6－25 所示界面中，选择“属性”，出现与创建时的图 6－18 所示界面类似的界面。

③在图 6－18 所示界面中就可以看到某个具体索引的详细信息。

(2) 使用 sp_indexs 存储过程查询表中的索引信息。

格式：sp_indexs 表名| 视图名

例 6－13　查询“用户信息”表中创建的索引。

```
sp_helpindex 用户信息
```

查询结果如图 6-28 所示。

结果 | 消息

	index_name	index_description	index_keys
1	IDX用户信息	clustered located on PRIMARY	注册用户,真实姓名(-)
2	NIDX用户信息	nonclustered located on PRIMARY	注册用户,真实姓名(-),注册日期(-)

查询已成功执行。 14BD6C97A440435 (10.0 RTM) 14BD6C97A440435\Admini... 网上购物 00:00:00 2 行

图 6-28　表中索引查询结果

（3）查询 sys. index_columns 表获取库中索引信息。

格式：SELECT * FROM SYS. INDEX_COLUMNS

例 6-14　查询“网上购物”数据库中创建的索引。

```
USE 网上购物
GO
SELECT * FROM sys. index_columns
```

查询结果如图 6-29 所示。

结果 | 消息

	object_id	index_id	index_column_id	column_id	key_ordinal	partition_ordinal	is_descending_key	is_included_column
1	3	1	1	1	1	0	0	0
2	3	1	2	3	2	0	0	0
3	5	1	1	1	1	0	0	0
4	7	1	1	1	1	0	0	0
5	7	2	1	3	1	0	0	0
6	7	2	2	2	2	0	0	0
7	7	2	3	1	3	0	0	0
8	7	2	4	12	0	0	0	1
9	17	1	1	1	1	0	0	0
10	17	2	1	3	1	0	0	0
11	17	2	2	4	2	0	0	0
12	17	2	3	5	3	0	0	0
13	17	2	4	6	0	0	0	1
14	17	3	1	2	1	0	0	0
15	19	1	1	1	1	0	0	0
16	19	1	2	2	2	0	0	0
17	19	1	3	3	3	0	0	0
18	19	1	4	4	4	0	0	0
19	23	1	1	2	1	0	0	0

查询已成功执行。 14BD6C97A440435 (10.0 RTM) 14BD6C97A440435\Admini... 网上购物 00:00:00 250 行

图 6-29　数据库中索引查询结果

2. 无法使用索引的查询语句

即使正确地创建了索引，在使用 SELECT 查询语句时也需要注意索引列的使用方法，否则可能无法在查询过程中有效地利用索引。

（1）索引列中使用函数。

（2）索引列中使用 LIIK '% xx '。

（3）WHERE 子句中的列进行类型转换。
（4）WHERE 子句中使用关键字 IN。
（5）复合索引中第 1 列不是查询使用最多的列。

练习题

一、单选题

1. 关于视图的特点，下面说法不正确的是（　　）。
A. 视图是由来自不同的表，甚至不同数据库的数据组合而成的单一的虚拟表
B. 视图是不同用户以不同的方式，查阅相同的或者不同的数据的方法
C. 删除视图也将删除基本表
D. 视图中对数据内容的更改直接影响基本表。

2. 视图的作用不包括（　　）。
A. 简化数据操作　　B. 强化数据的针对性
C. 加快查询速度　　D. 提升数据的安全性

3. 使用（　　）语句可以修改视图。
A. MODIFY VIEW　　B. EDIT VIEW
C. ALTER VIEW　　D. UPDATE VIEW

4. 对于视图的删除操作，下面说法不正确的是（　　）。
A. 删除视图，也将删除基本表。
B. 删除视图，不会删除基本表
C. 删除视图中的数据，也将删除基本表中的数据。
D. 不能对多个表的数据组成的视图进行删除操作。

5. 对于由多个表的数据组成的视图，可以进行（　　）。
A. 数据查询　　B. 数据添加
C. 数据修改　　D. 数据删除

6. 对表进行索引的目的是（　　）。
A. 加快查询速度　　B. 便于数据管理
C. 节省存储空间　　D. 便于数据排序

7. 关于索引，下面说法正确的是（　　）。
A. 只能按主关键字建立索引
B. 按照查询的需要尽力建立索引，索引越多，查询速度越快
C. 每个表只能建立一个索引
D. 对于经常更新的表，建立的索引越多，更新的速度越快

8. 使用（　　）语句可以删除索引。
A. DELETE INDEX　　B. DELETE VIEW
C. DROP INDEX　　D. DROP VIEW

9. 使用（　　）语句可以重启被禁用的索引。
A. ALTER INDEX… REUSED

B. ALTER INDEX … REBUILD

C. ALTER INDEX … DISABLE

D. ALTER INDEX … ENABLED

10. 下列可以使用索引查询语句的是（　　）。

A. 索引列中使用函数

B. 索引列中使用 LIIK '% xx '。

C. WHERE 子句中有查询条件

D. WHERE 子句中使用关键字 IN。

二、填空题

1. 使用关键字______________可以创建视图。

2. 视图是从一个表或多个相关的表或其他视图中进行筛选后形成的__________。

3. 在 SQL Server 中，根据索引的顺序与表中数据的物理顺序是否相同，可以将索引分为________________和________________。

4. 索引可以提高数据查询的速度，因此，建立索引时，越多越好。这种说法是______的。

5. 在 SQL Server 中，可以使用存储过程__________来查询表中索引的信息。

三、简答题

1. 简述视图的概念。

2. 列出视图的作用。

3. 简述索引的作用及建立索引的原则。

4. 列出索引的分类及其作用。

四、上机操作题

上机操作本章中的例 6－1～例 6－14。

第7章 数据库完整性

本章学习

①约束的概念、定义和管理。
②默认值的概念、定义和管理。
③规则的基本概念、定义和管理。
④约束、默认值和规则的比较

保证存放的数据的完整性是数据库设计首先考虑的问题，SQL Server 数据库管理系统提供完善的数据库完整性机制。数据库完整性包括数据的一致性、正确性和有效性，是衡量数据库质量好坏的重要标准。所谓“一致性”是指数据库各表中的数据应该相互照应，所谓“正确性”是指存放的数据必须正确无误，所谓“有效性”是指存放的数据应该合法有效。

7.1 约　　束

7.1.1 约束概述

在设计数据库时，必须考虑数据的完整性。数据库中既不能存放不应保存的数据，也不可缺少必须保存的数据。为了保证数据的完整性，首先需要对输入的数据进行约束。

1. 完整性的类型

数据完整性有以下 3 种类型。

1）列级完整性

列级完整性也称域完整性，通常使用数据有效性强制检查完整性，通过限定列中允许可能值的范围或格式实现。设计表结构时，在数据类型之后定义，即列级完整性定义在具体的某个列。非空约束、检查约束、默认值约束属于列级完整性。

2）行级完整性

行级完整性也称实体完整性，即要求表中的所有行有一个唯一的标识，像现实世界中的实体是可区分的一样。主键约束、唯一性约束属于行级完整性，它们可以包含多个列。

3）引用完整性

引用完整性也称参照完整性，即要求一个表中的一列或多列与其他表中的列之间满足对应关系。外键约束属于引用完整性。

2. 约束的类型

按照约束的功能划分，约束有以下 6 种类型。

1） 主键约束

主键约束指定表中的一列或多列的值能够唯一标识表中的每一行，表中每行数据的主键值不能相同。如果输入相同的主键值，系统拒绝将输入的整行数据保存到表中。主键列的值不能为 NULL，添加数据时必须给出。

每个表只能定义一个主键约束。

例如，“用户信息”表中的“注册用户”可以定义主键约束，以使用户名各不相同。

2） 唯一性约束

唯一性约束指定表中除主键外的其他一列或多列的数据保证唯一标识表中的每一行，表中每行唯一性约束的一列或多列数据不能重复。如果在唯一性约束列输入重复的值，系统拒绝将输入的整行数据保存到表中。

每个表可以定义多个唯一性约束。

例如：“用户信息”表中的“QQ 号码”可以定义唯一性约束，因为互联网上的 QQ 号码不能重复。

3）检查约束

检查约束指定表中的某列只能接受的数据值或格式。如果输入数据不能满足检查约束设置的限制，系统拒绝将输入的整行数据保存到表中。检查约束保证输入数据的正确性。

例如，在“商品明细”表中，“销售价格必须大于 0”可以定义为检查约束。

4）默认约束

默认约束指定为表中的某列设置一个默认值。在添加数据时，如果没有给出该列的值，在保存数据时，将把这个默认值保存到该列。默认约束保证列中的数据不为 NULL。

例如：“用户信息”表中的“用户性别”的默认值可以定义为“男”。

5）外键约束

外键约束指定两个表之间存在对应关系。将一个表中的主键列包含到另一个表中，这个主键列就是另一个表的外键。外键约束可以保证添加到外键表中的数据在主键表中存在对应数据。

例如，在“商品类型”表中类型编码为主键，“商品明细”表中的类型编码为外键。在“商品明细”表中商品类型必须首先在“商品类型”表中存在。

6）非 NULL 约束

非 NULL 约束指定表中某列的值不能为 NULL，在添加数据时必须给出。

NULL 是数据库的一种数据值，许多书中称之为“空值”，这其实不够准确。在给数据库的表中添加数据时，如果某列的值没有给出，默认值就是 NULL。NULL 的真正含义应该是“未给出”的值或“不确定”的值。

例如，“用户信息”表中的“注册用户”（用户名）不能为 NULL。

7.1.2 管理主键约束

1. 创建主键约束

1）使用图形界面工具创建主键约束

在 SQL Server Management Studio 中，创建主键约束的步骤如下：

(1) 用鼠标右键单击需要创建主键约束的表，出现图 7－1 所示界面。

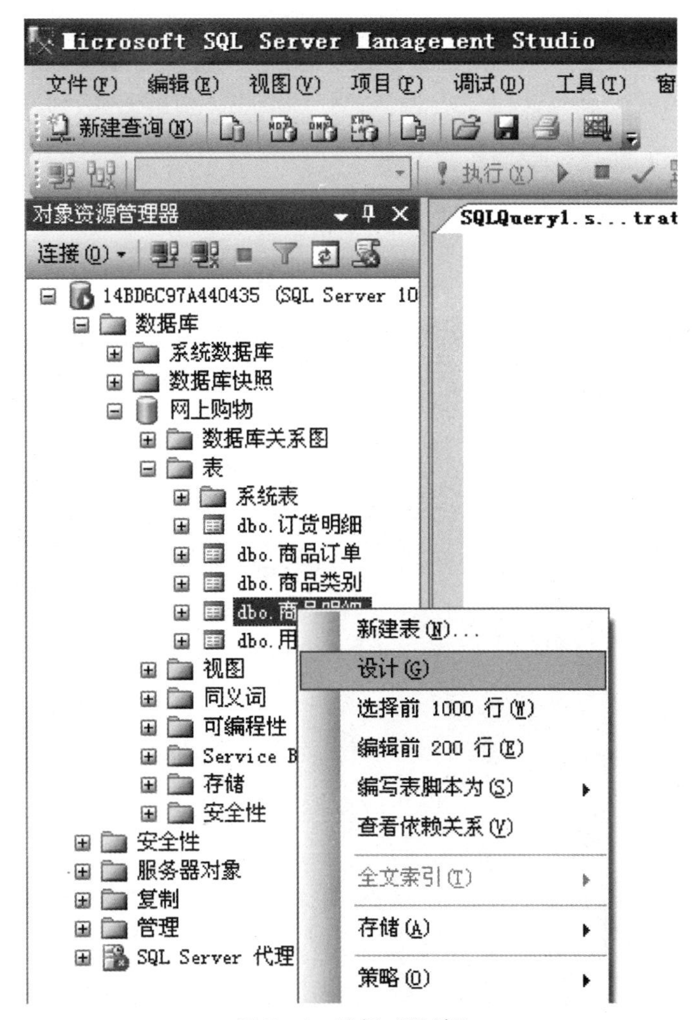

图 7－1 选择“设计”

(2) 在图 7－1 所示界面中，选择“设计”，出现图 7－2 所示界面。

(3) 在图 7－2 所示界面中，选择创建主键约束的列，如果有多列，则按住 Ctrl 键用鼠标选择。

(4) 点击工具栏中的“设置主键”按钮，上述选择的列就创建了主键约束，如图 7－3 所示。（主键列的“允许 Null 值”复选框被自动勾销，即主键列不允许为 NULL。）

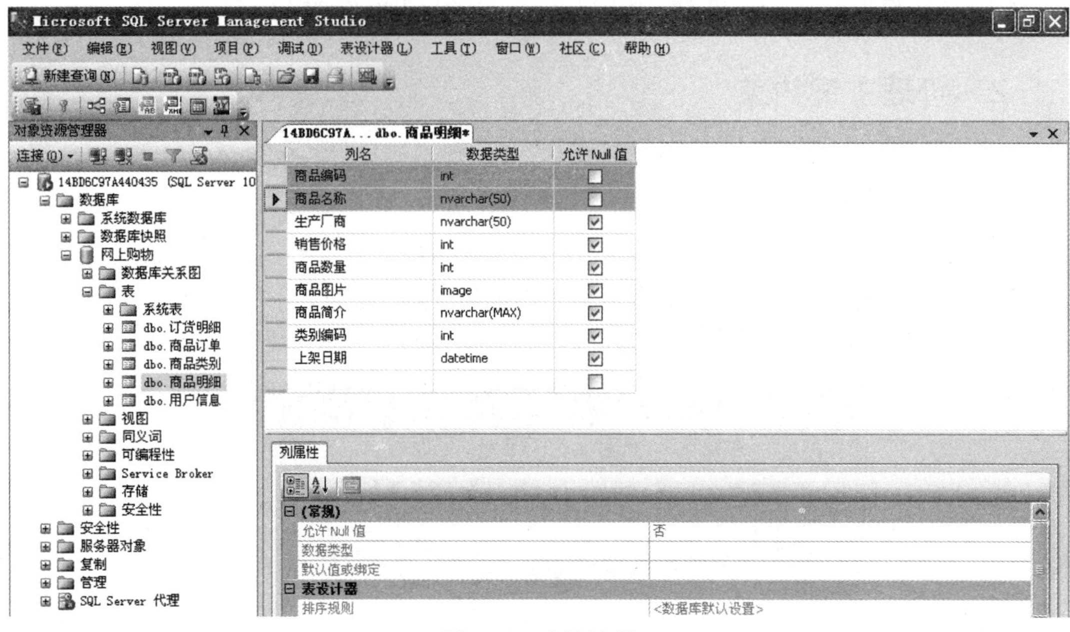

图 7－2　表设计器

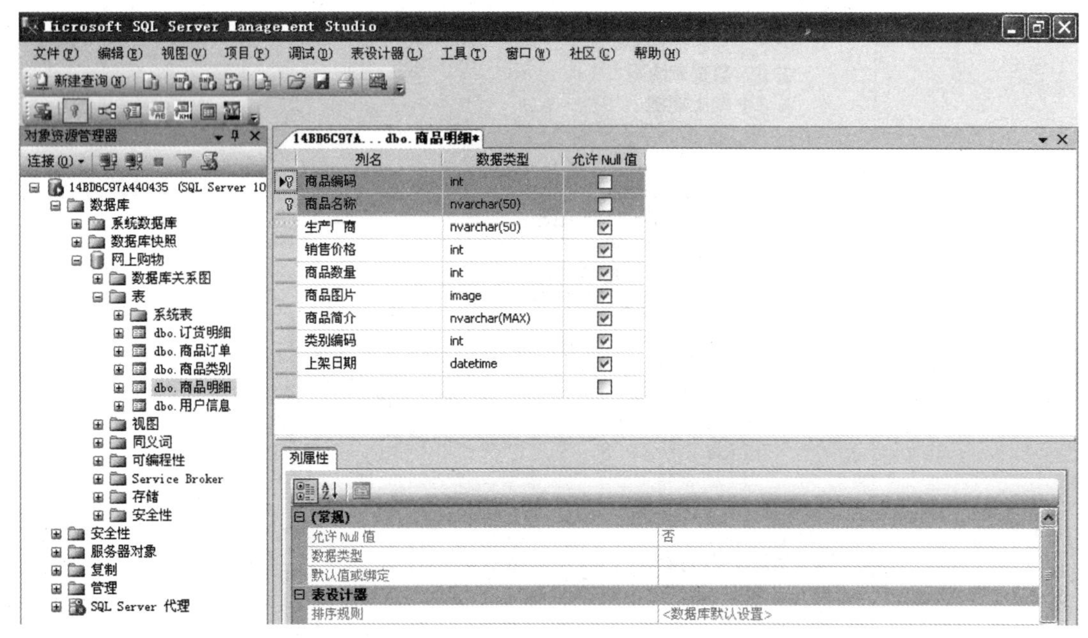

图 7－3　创建主键约束

（5）点击图 7－3 所示界面右上方“×”按钮，保存创建的主键约束。

说明：图 7－2 所示界面与图 7－3 所示界面的区别是图 7－3 所示界面的“商品编码”前增加了主键标记。

2）使用 SQL 语句创建主键约束

格式：

CONSTRAINT 主键名

RIMARY KEY（列名1，列名2，…列名n）

说明：

（1）“CONSTRAINT…PRIMARY KEY”为创建主键约束的关键字。

（2）“主键名”指定创建的主键名称。

例7-1 创建具有主键约束的“商品类别”表。

```
CREATE TABLE 商品类别
（类别编码 int IDENTITY(1,1),
 类别名称 nvarchar(50),
  CONSTRAINT PK_商品类别 PRIMARY KEY（类别编码）
）
```

说明：如果创建的主键约束只包含一列，可以直接在列上创建，但主键名由系统自动产生。

例7-2 创建具有主键约束的表。

```
CREATE TABLE 商品类别
（类别编码 int PRIMARY KEY IDENTITY(1,1),
 类别名称 nvarchar(50)
）
```

2. 删除主键约束

1）使用图形界面工具删除主键约束

（1）删除主键约束与创建主键约束的步骤相同。其区别在于在删除主键约束时需要取消创建时选择的列，重新点击“设置主键”按钮。

（2）也可以展开需要删除约束的表，展开“键”，用鼠标右键点击需要删除的约束名，选择“删除”。在出现的“删除对象”界面，点击“确定”按钮。

2）使用SQL语句删除主键约束

格式：

ALTER TABLE 表名

  DROP CONSTRAINT 主键约束名

例7-3 删除例7-2中给“商品类别”创建的主键约束。

```
ALTER TABLE 商品类别
  DROP CONSTRAINT PK_商品类别
```

3. 修改主键约束

1）使用图形界面工具修改主键约束

（1）修改主键约束与创建主键约束的步骤相同。其区别在于修改主键约束时需要对创建时选择的列进行重新选择，重新点击“设置主键”按钮。

（2）也可以展开需要修改约束的表，展开“键”，用鼠标右键点击需要修改的约束名，选择“修改”。在出现的“表设计器”界面，进行所需要的修改。

2）使用 SQL 语句修改主键约束

格式：

ALTER TABLE 表名

ADD CONSTRAINT 主键约束名

PRIMARY KEY（列名 1，列名 2，…列名 n ）

例 7-4 修改例 7-1 中给“商品类别”表创建的主键约束

```
ALTER TABLE 商品类别
    ADD CONSTRAINT PK_商品类别 PRIMARY KEY (类别编码,类别名称)
```

7.1.3 管理唯一性约束

1. 创建唯一性约束

1）使用图形界面工具创建唯一性约束

在 SQL Server Management Studio 中，创建唯一性约束的步骤如下：

（1）用鼠标右键点击需要创建唯一性约束的表，出现图 7-1 所示界面。

（2）在图 7-1 所示界面中，选择“设计”，出现图 7-2 所示界面。

（3）用鼠标右键点击图 7-2 所示界面的任意位置，出现图 7-4 所示界面。

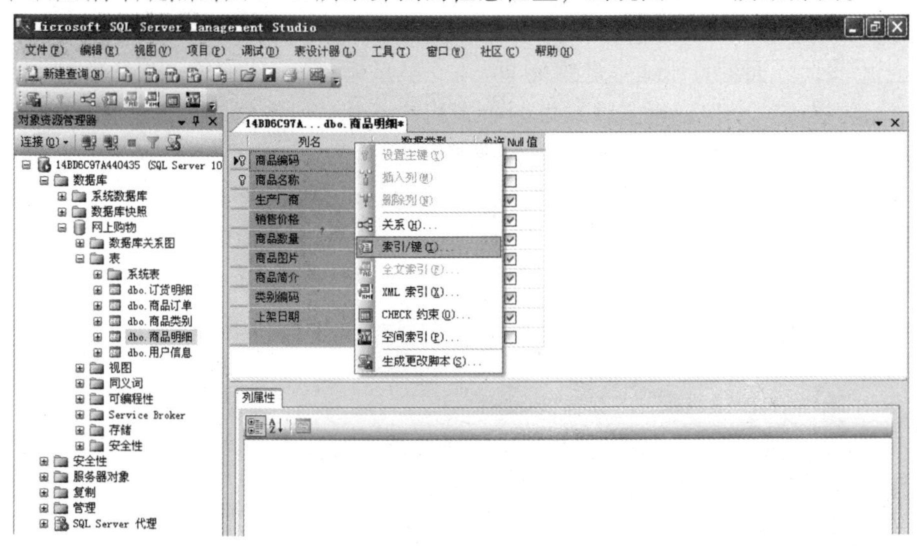

图 7-4 选择“索引/键”

（4）在图 7-4 所示界面中，选择“索引/键”，出现图 7-5 所示界面。

（5）图 7-5 所示界面左边出现先前创建的索引、主键约束等，点击“添加”产生唯一性约束名。

（6）在“类型”中，选择“唯一键”（“是唯一的”自动变成“是”）。

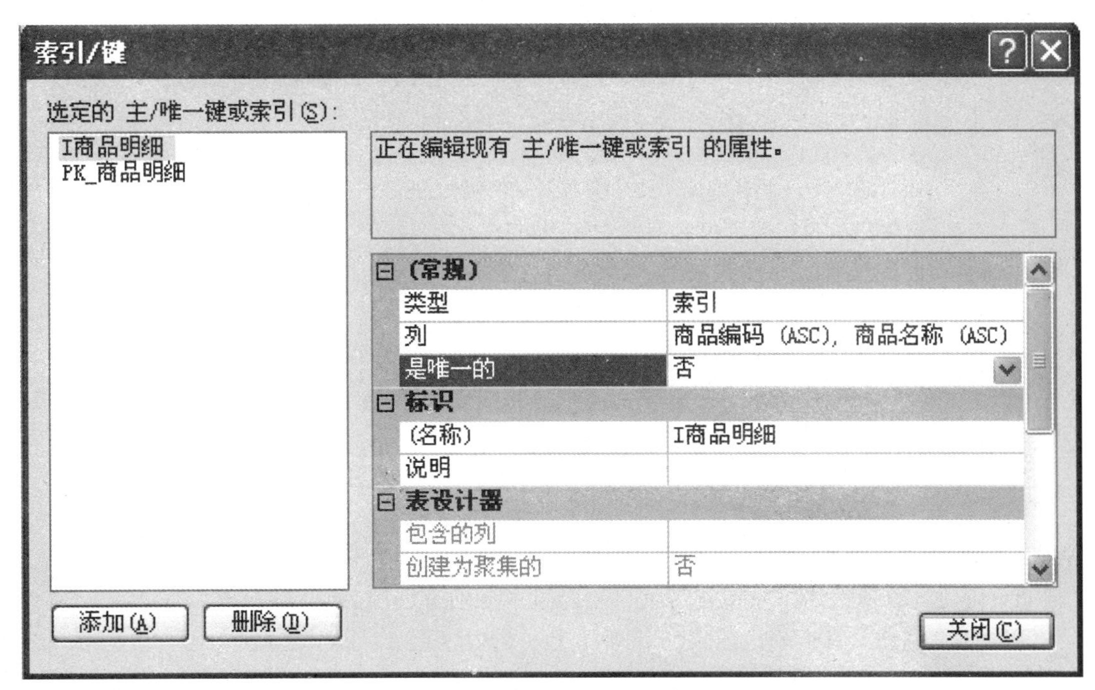

图7－5　创建唯一性约束

（7）点击“列”，再点击随后出现的小按钮，出现图7－6所示界面。

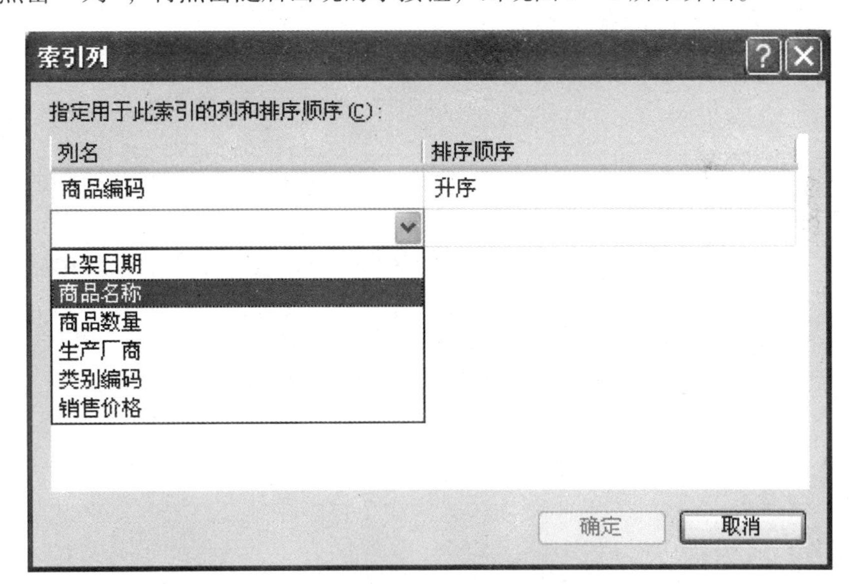

图7－6　选择“创建唯一性约束”列

（8）在图7－6所示界面中，选择创建唯一性约束的列名，如果是多列，连续点击列名下方选择。

（9）选择完毕，点击“确定”按钮，返回到图7－5所示界面。

（10）在图7－5所示界面中，点击“关闭”按钮，返回到图7－4所示界面。

（11）在图7－4所示界面中，点击右上方的“×”按钮，保存创建的唯一性约束。

2）使用SQL语句创建唯一性约束

格式：

CONSTRAINT 唯一性约束名
  UNIQUE（列名1，列名2，…列名n ）

说明：

（1）“CONSTRAINT…UNIQUE”为创建唯一性约束的关键字。

（2）“唯一性约束名”指定创建唯一性约束的名称。

例7-5 创建具有唯一性约束的“商品类别”表（1）。

```
CREATE TABLE 商品类别
（类别编码 int IDENTITY(1,1),
 类别名称 nvarchar(50),
  CONSTRAINT IX_商品类别 UNIQUE（类别编码,类别名称）
）
```

如果创建的唯一性约束只包含一列，可以直接在列上创建。

例7-6 创建具有唯一性约束的“商品类别”表（2）。

```
CREATE TABLE 商品类别
（类别编码 int UNIQUE IDENTITY(1,1),
 类别名称 nvarchar(50)
）
```

2. 删除唯一性约束

1）使用图形界面工具删除唯一性约束

（1）删除唯一性约束与创建唯一性约束的步骤相同。其区别在于在删除唯一性约束时要在图7-5所示界面中选择需要删除的约束，点击“删除”按钮，点击“关闭”按钮，重新保存对表的修改。

（2）也可以展开需要删除唯一性约束的表，展开“键”，用鼠标右键点击需要删除的约束名，选择“删除”，在出现的“删除对象”界面，点击“确定”按钮。

2）使用SQL语句删除唯一性约束

格式：

ALTER TABLE 表名
  DROP CONSTRAINT 唯一性约束名

例7-7 删除例7-5中给“商品类别”表创建的唯一性约束。

```
ALTER TABLE 商品类别
   DROP CONSTRAINT IX_商品类别
```

3. 修改唯一性约束

1）使用图形界面工具修改唯一性约束

（1）修改唯一性约束与创建唯一性的步骤相同。其区别在于修改唯一性约束时需要对创建时选择的列进行重新选择，重新保存对表的修改。

（2）也可以展开需要修改唯一性约束的表，展开“键”，用鼠标右键点击需要修改的约束名，选择“修改”，在出现的“表设计器”界面，进行所需要的修改。

2）使用 SQL 语句修改唯一性约束

格式：

```
ALTER TABLE 表名
ADD CONSTRAINT 唯一性约束名
  UNIQUE（列名1，列名2，…列名n）
```

例7－8 修改例7－6中创建的“商品类别”表的唯一性约束。

```
ALTER TABLE 商品类别
   ADD CONSTRAINT IX_商品类别 UNIQUE（类别编码）
```

7.1.4 管理检查约束

1. 创建检查约束

1）使用图形界面工具创建检查约束

在 SQL Server Management Studio 中，创建检查约束的步骤如下：

（1）用鼠标右键点击需要创建检查约束的表，出现图7－1所示界面。

（2）在图7－1所示界面中，选择“设计”，出现图7－2所示界面。

（3）用鼠标右键点击图7－2所示界面的任意位置，出现图7－7所示界面。

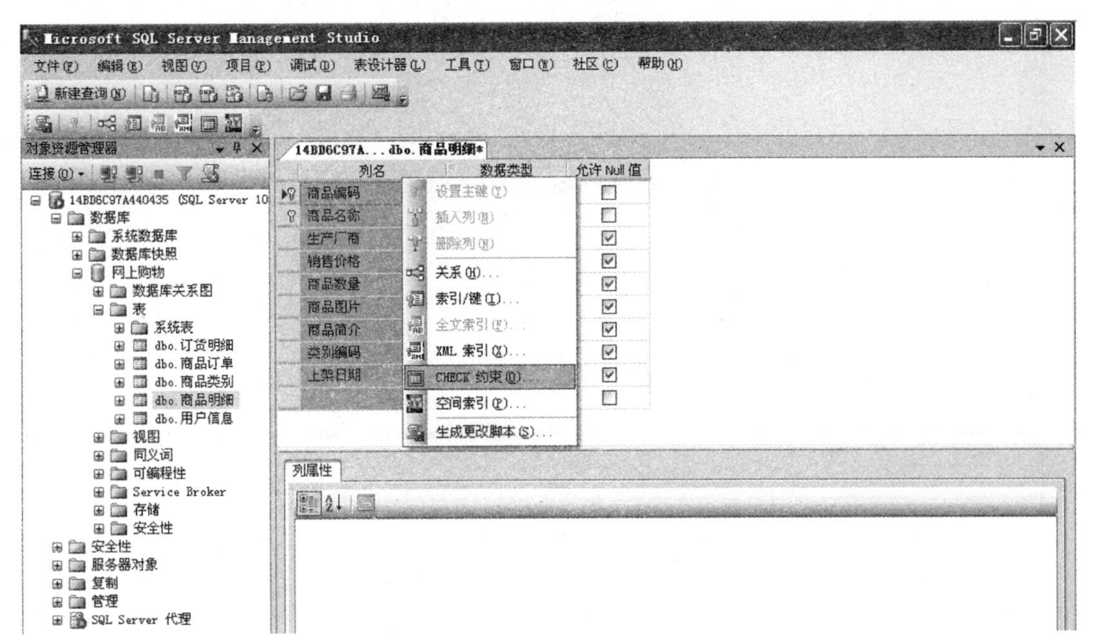

图7－7 选择“CHECK 约束”

（4）在图7－7所示界面中，选择“CHECK约束”，出现图7－8所示界面。

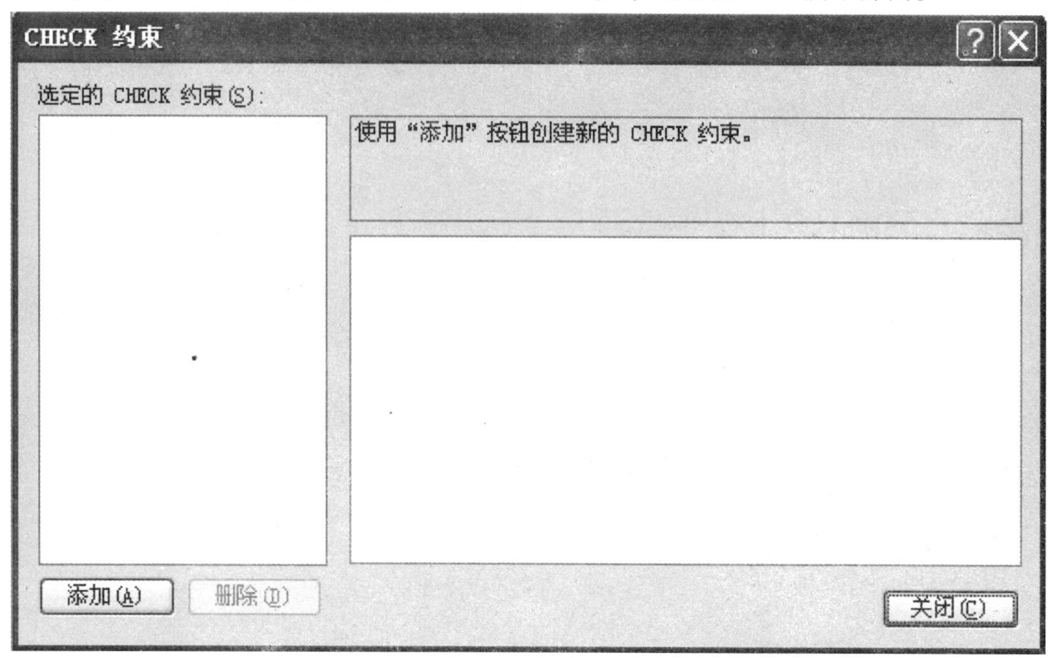

图7－8　添加检查约束

（5）在图7－8所示界面左边，点击“添加”，产生检查约束名，出现图7－9所示界面。

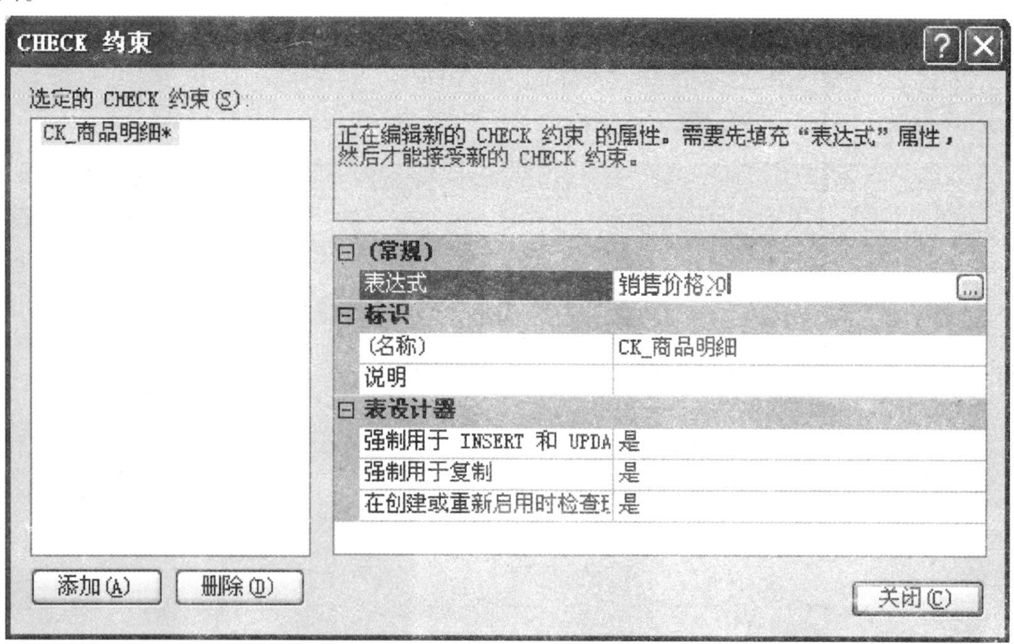

图7－9　输入检查约束

（6）在图7－9所示界面右边，在“表达式”中，输入检查约束的条件，例如销售价格>0。

（7）在图7－9所示界面中，点击“关闭”按钮，返回到图7－7所示界面。

（8）在图7－7所示界面中，点击右上方的“×”按钮，保存创建的检查约束。

2）使用 SQL 语句创建检查约束

格式：

CONSTRAINT 检查约束名
  CHECH［NOT FOR REPLICATION］
  （条件表达式）

说明：

（1）“CONSTRAINT…CHECK”为创建检查约束的关键字。

（2）“检查约束名”指定创建检查约束的名称。

（3）“NOT FOR REPLICATION”指定从其他表复制数据时，不检查约束条件。

例 7－9 创建“商品明细”表，使其具有检查约束“销售价格＞10”。

```
CREATE TABLE 商品明细
 （商品编码 int IDENTITY(1,1),
   商品名称 nvarchar(50),
   生产厂商 nvarchar(50),
   销售价格 int,
   商品数量 int,
   商品图片 image,
   商品简介 nvarchar(MAX),
   类别编码 int,
   上架日期 datetime,
        CONSTRAINT CK_商品明细 CHECK（销售价格＞10）
   )
```

2. 删除检查约束

1）使用图形界面工具删除检查约束

（1）删除检查约束与创建检查约束的步骤相同。其区别在于删除检查约束时要在图 7－9 所示界面中选择需要删除的约束，点击“删除”按钮，点击“关闭”按钮，重新保存对表的修改。

（2）也可以展开需要删除检查约束的表，展开“约束”，用鼠标右键点击需要删除的约束名，选择“删除”，在出现的“删除对象”界面，点击“确定”按钮。

2）使用 SQL 语句删除检查约束

格式：

ALTER TABLE 表名
  DROP CONSTRAINT 检查约束名

例 7－10 删除例 7－9 中给“商品明细”创建的检查约束。

```
ALTER TABLE 商品明细
    DROP CONSTRAINT CK_商品明细
```

3. 修改检查约束

1）使用图形界面工具修改检查约束

（1）修改检查约束与创建检查约束的步骤相同。其区别在于修改检查约束时需要对创建时选择的列进行重新选择，重新保存对表的修改。

（2）也可以展开需要修改检查约束的表，展开“约束”，用鼠标右键点击需要修改的约束名，选择“修改”，在出现的“表设计器”界面，进行所需要的修改。

2）使用 SQL 语句修改检查约束

格式：

```
ALTER TABLE 表名
ADD CONSTRAINT 检查约束名
   CHECK（约束条件）
```

例 7-11 修改例 7-10 中删除的“商品明细”表的检查约束。

```
ALTER TABLE 商品明细
    ADD CONSTRAINT CK_商品明细 CHECK（销售价格>0）
```

7.1.5 管理默认约束

1. 创建默认约束

1）使用图形界面工具创建默认约束

在 SQL Server Management Studio 中，创建默认约束的步骤如下：

（1）用鼠标右键点击需要创建默认约束的表，出现图 7-1 所示界面。

（2）在图 7-1 所示界面中，选择“设计”，出现图 7-2 所示界面。

（3）在图 7-2 所示界面中，选择需要创建默认约束的列，出现图 7-10 所示界面。

（4）在图 7-10 所示界面中，下面有个属性窗口。在“默认值或绑定”框，输入默认表达式。

（5）在图 7-10 所示界面中，点击右上方的“×”按钮，保存创建的默认约束。

2）使用 SQL 语句创建默认约束

格式：

```
CREATE TABLE 表名
  （列名数据类型 DEFAULT '默认表达式'）
```

说明：

（1）“DEFAULT”为创建默认约束的关键字。

（2）“默认表达式”指定默认值。

例 7-12 创建“用户信息”表，使之具有默认约束“用户性别='男'”。

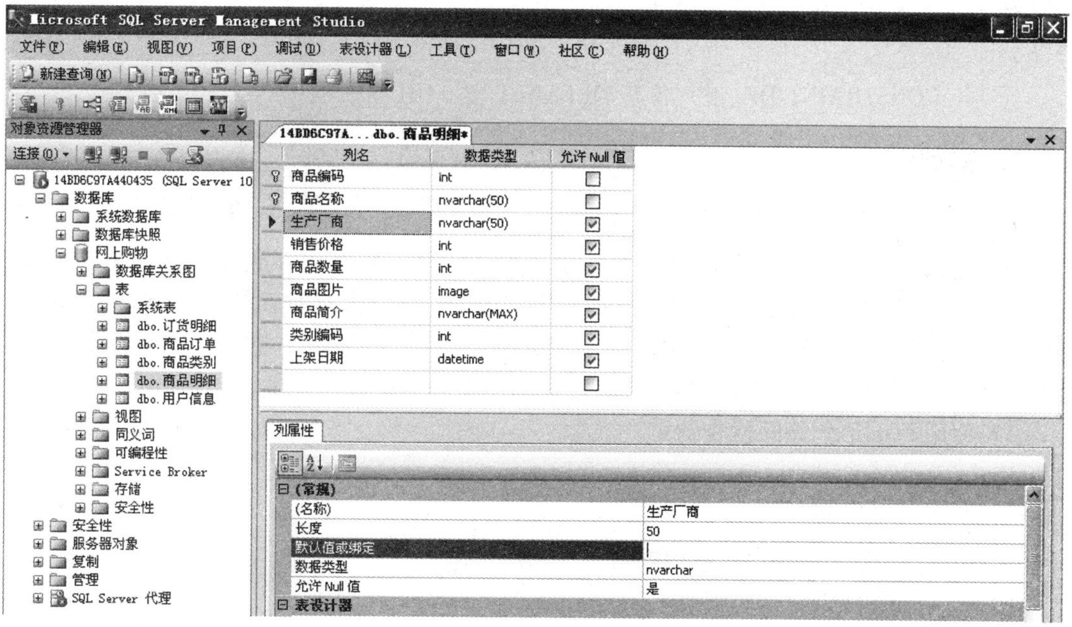

图 7-10 创建默认约束

```
CREATE TABLE 用户信息
(注册用户 nvarchar(20),
 用户类型 nvarchar(1),
 登录密码 nvarchar(20),
 真实姓名 nvarchar(20),
 通讯地址 nvarchar(100),
 邮政编码 nvarchar(6),
 用户性别 nvarchar(2) DEFAULT '男',
 联系电话 nvarchar(20),
 邮箱号码 nvarchar(30),
 QQ 号码 nvarchar(50),
 个人简历 nvarchar(MAX),
 注册日期 datetime,
 购买数量 int,
 购买金额 money
)
```

注意： 创建默认约束不能像检查约束那样在列定义之后使用下列语句，但修改时可以使用：

CONSTRAINT DE_用户信息 DEFAULT'男'FOR 用户性别

2. 删除默认约束

1）使用图形界面工具删除默认约束

（1）删除默认约束与创建默认约束的步骤形同。其区别在于在删除默认约束时需要在图7－10所示界面中取消“默认值或绑定”中的内容，重新保存对表的修改。

（2）也可以展开需要删除约束的表，展开“约束”，用鼠标右键点击需要删除的约束名，选择“删除”，在出现的“删除对象”界面，点击“确定”按钮。

2）使用SQL语句删除检查约束

格式：

```
ALTER TABLE 表名
  DROP CONSTRAINT 默认约束名
```

例7－13 删除例7－12中给“用户信息”表创建的默认约束。

```
ALTER TABLE 用户信息
    DROP CONSTRAINT DF_用户信息
```

3. 修改默认约束

1）使用图形界面工具修改默认约束

（1）修改默认约束与创建默认约束的步骤相同。其区别在于修改默认约束时需要对创建时在“默认值或绑定”中的内容进行修改，重新保存对表的修改。

（2）也可以展开需要修改默认约束的表，展开“约束”，用鼠标右键点击需要修改的约束名，选择“编辑约束脚本为”->“CREATE到”->“新查询编辑器窗口”，在出现的查询窗口中修改“默认表达式”中的内容，点击工具栏中的“执行”按钮。

2）使用SQL语句修改检查约束

格式：

```
ALTER TABLE 表名
ADD CONSTRAINT 默认约束名
  DEFAULT 默认表达式 FOR 列名
```

例7－14 修改例7－13中删除的“用户信息”表中的默认约束。

```
ALTER TABLE 用户信息
    ADD CONSTRAINT DF_用户信息
    DEFAULT '男' FOR 用户性别
```

7.1.6 管理外键约束

1. 创建外键约束

1）使用图形界面工具创建外键约束

在 SQL Server Management Studio 中，创建外键约束的步骤如下：

（1）用鼠标右键点击需要创建外键约束的表，出现图 7－1 所示界面。

（2）在图 7－1 所示界面中，选择“设计”，出现图 7－2 所示界面。

（3）用鼠标右键点击图 7－2 所示界面的任意位置，出现图 7－11 所示界面。

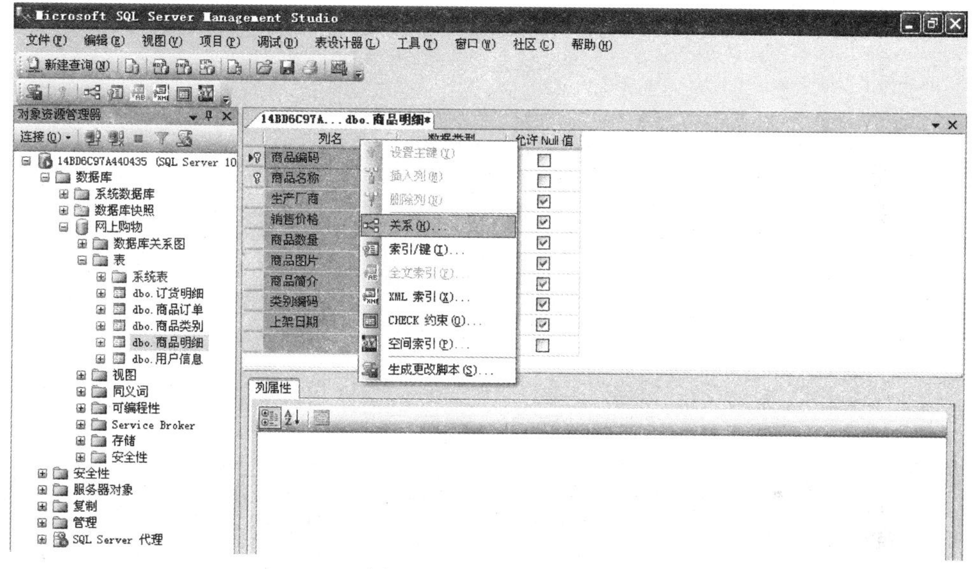

图 7－11 选择“关系”

（4）在图 7－11 所示界面中，选择“关系”，在出现的界面中点击“添加”，出现图7－12 所示界面。

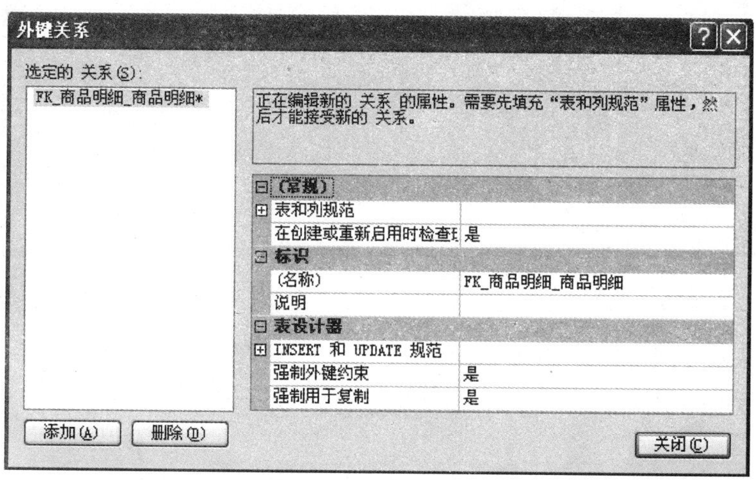

图 7－12 创建外键约束

（5）在图7－12所示界面右边，点击“表和列规范”，点击随后出现小按钮，出现图7－13所示界面。

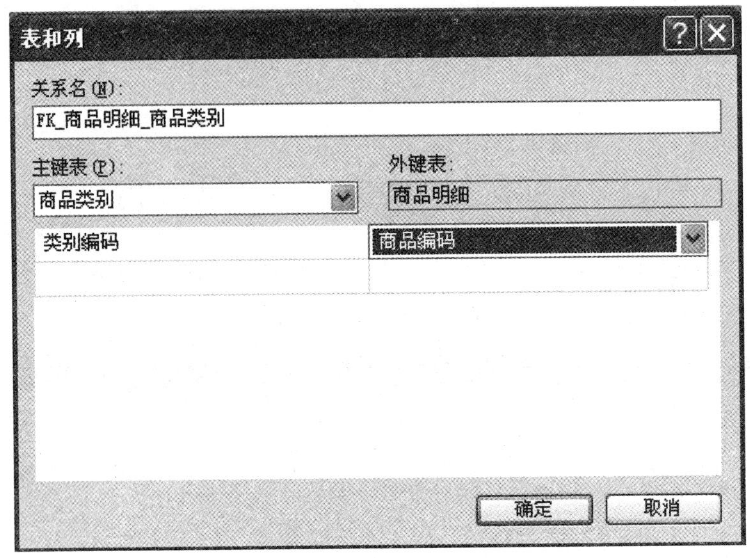

图7－13 “表和列”对话框

（6）在图7－13所示界面的“主键表”中，选择被外链的表名，点击正下方选择列名。

（7）在图7－13所示界面的“外键表”中，默认需要创建外键约束的表名，点击正下方选择列名。

（8）在图7－13所示界面中，点击“确定”按钮，返回到图7－12所示界面。外键约束名变成两个表名的组合。

（9）在图7－12所示界面中，点击“关闭”按钮，返回到图7－11所示界面。

（10）在图7－11所示界面中，点击右上方的“×”按钮，保存修改后的表。

（11）在保存表时牵扯到两个表，出现提示和确认界面，如图7－14和图7－15所示。

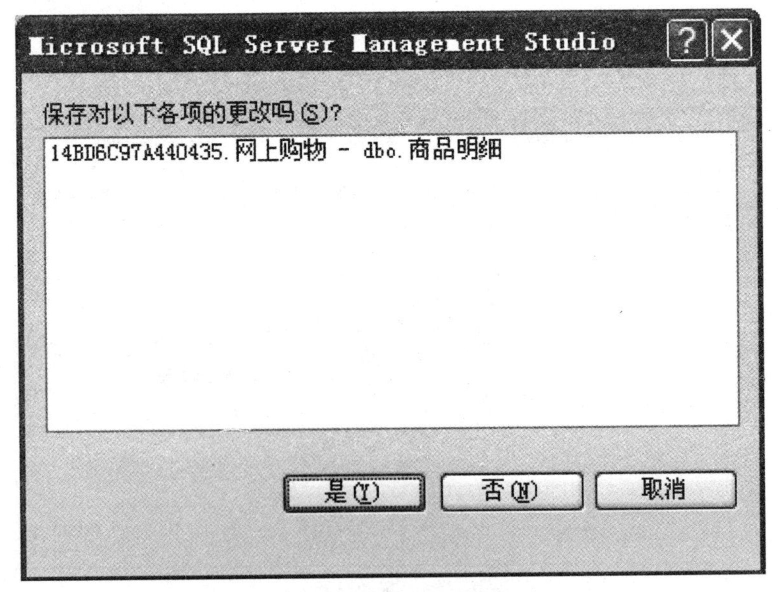

图7－14 创建外键约束提示

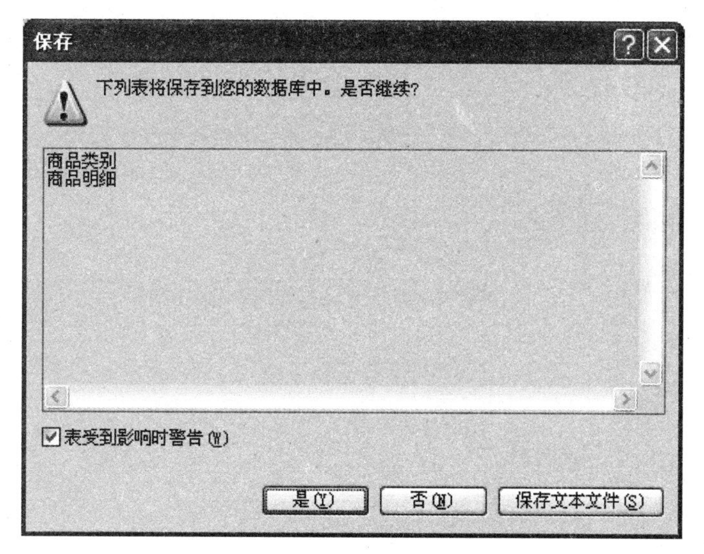

图 7－15　创建外键约束确认

(12) 在图 7－14 和图 7－15 所示界面中，点击“是”按钮，保存创建的外键约束。

说明：

(1) 在创建外键约束之前，被外链的表的列必须是该表的主键。

(2) 在创建外键约束之前，需要外链的表中的数据不能与外链表冲突。

2) 使用 SQL 语句创建外键约束

格式：

```
CONSTRAINT 外键约束名
   FOREIGN KEY (列名 1, 列名 2, … 列名 n)
   REFERENCES 外链表名 (外链列 1, 外链列 1, …外链列 n)
```

说明：

(1) “CONSTRAINT…FOREIGN KEY …REFERENCES” 为创建外键约束的关键字。

(2) “外键约束名” 指定创建外键约束的名称。

(3) “FOREIGN KEY” 指定需要创建外键约束的列名 (表名在创建或修改语句中指定)。

(4) “REFERENCES” 指定外链表的表名和列名。

例 7－15　创建具有外键约束的“商品订单”表和“订单明细”表。

```
CREATE TABLE 商品订单
 (订单编号 int PRIMARY KEY IDENTITY(1,1),
  注册用户 nvarchar(20),
  订单数量 int,
  订单金额 money,
  订货日期 datetime,
  是否发货 bit,
```

```
    发货日期 datetime
   )
GO
CREATE TABLE 订货明细
   (商品编码 int,
    单笔数量 int,
    订单编号 int,
  CONSTRAINT FK_订货明细
     FOREIGN KEY (订单编号)
     REFERENCES 商品订单 (订单编号)
    )
```

2. 删除外键约束

1）使用图形界面工具删除外键约束

（1）删除外键约束与创建外键约束的步骤相同。其区别在于删除外键约束时要在图7－12所示界面中选择需要删除的约束，点击“删除”按钮，再点击“关闭”按钮，重新保存对表的修改。

（2）也可以展开需要删除外键约束的表，展开“键”，用鼠标右键点击需要删除的约束名，选择“删除”，在出现的“删除对象”界面，点击“确定”按钮。

2）使用SQL语句删除外键约束

格式：

ALTER TABLE 表名

  DROP CONSTRAINT 外键约束名

例7－16　删除例7－15中给“订单明细”表创建的外键约束。

```
 ALTER TABLE 订单明细
    DROP CONSTRAINT FK_订单明细
```

3. 修改外键约束

1）使用图形界面工具修改外键约束

（1）修改外键约束与创建外键约束的步骤相同。其区别在于修改外键约束时需要对创建时选择的列进行重新选择，重新保存对表的修改。

（2）也可以展开需要修改外键约束的表，展开“建”，用鼠标右键点击需要修改的约束名，选择“修改”，在出现的“表设计器”界面，进行所需要的修改。

2）使用SQL语句修改外键约束

格式：
ALTER TABLE 表名
  ADD CONSTRAINT 外键约束名
    FOREIGN KEY（列名1，列名2，… 列名n）
    REFERENCES 外链表名（外链列1，外链列1，…外链列n）

例7－17 修改例7－16中删除的“订单明细”表的外键约束。

```
ALTER TABLE 订货明细
  ADD CONSTRAINT FK_订货明细
    FOREIGN KEY(订单编号)
    REFERENCES 商品订单(订单编号)
```

7.1.7 管理非NULL约束

1. 创建非NULL约束

1）利用图形界面工具创建非NULL约束

在SQL Server Management Studio中，创建非NULL约束的步骤如下：

（1）用鼠标右键点击需要创建非NULL约束的表，出现图7－1所示界面。

（2）在图7－1所示界面中，选择“设计”，出现图7－2所示界面。

（3）在图7－2所示界面中，在“允许NULL值”下方，勾销需要创建非NULL约束的列所在行。

（4）点击图7－2所示界面右上方的“×”按钮，保存创建的非NULL约束。

2）使用SQL语句创建非NULL约束。

格式：

（1）创建表时创建非NULL约束。

CREATE TABLE 表名
(列名 数据类型和长度 列属性 NOT NULL)

（2）修改表时创建非NULL约束。

ALTER TABLE 表名
 [ADD 列名 数据类型和长度 列属性 NOT NULL]
 [ALTER COLMN 列名 数据类型和长度 列属性 NOT NULL]

2. 修改和删除非NULL约束

1）利用图形界面工具修改或删除非NULL约束

在创建时的第（3）步，在“允许NULL值”下方，选中不需要创建非NULL约束的列所在行。

2）利用SQL语句修改或删除非NULL约束

在修改表时创建非NULL约束的语句中，去掉列属性后边的“NOT NULL”（默认为NULL）。

7.2 默 认 值

默认值是数据库的一种不依附于具体表的对象，是保证数据库中数据完整性的重要手段。定义默认值可以确保数据库表中的数据在未给出具体值的情况下提供默认值，代替系统默认的 NULL 值。

7.2.1 默认值概述

数据库应用的一项重要工作就是给表中添加数据，使用插入语句：

INSERT INTO 表名 [（列名1，列名2，…列名n）] VALUES（值1，值2，…值n）其中的列名列表和值列表可以包含表中的所有列，也可以不包含某些列，即有的列必须给出数据值，有的列可以暂时不给值。如果不给出某列的具体值，默认值为 NULL，即不确定的值或未给出的值，并且要求在创建表时，该列还必须指定“允许 NULL 值”。

如果这些列暂时不给出值，又不想让它为 NULL，可以使用默认值对象。

在 SQL Server 中，默认值是一种独立的数据库对象。首先需要创建默认值对象，然后绑定到表中的某个列，用于在给表中添加数据行时，为未给出具体值的列提供默认值。

需要说明，在实际应用中，NULL 值很难处理，用户在设计数据库的结构时应尽量避免。

7.2.2 创建默认值

在 SQL Server 中，默认值对象属于“可编程性”的范畴，只能使用 SQL 语句进行创建。

格式：

```
CREATE DEFAULT 默认值名
  AS 默认值表达式
```

说明：

（1）“CREATE DEFAULT”为创建默认值的关键字。

（2）“默认值名”指定绑定默认值时引用的名称，必须符合标识符的规则。

（3）“默认值表达式”指定添加到列的默认值，它只能是常量值，可以包含系统内置函数或数学表达式，不能包含列名等数据库对象。

例 7－18 创建名称为“DF_用户性别”、默认值为“男”的默认值对象。

```
CREATE DEFAULT DF_用户性别
  AS '男'
```

7.2.3 查看默认值

在 SQL Server Management Studio 中，查看默认值的步骤如下：

（1）展开需要查看默认值的数据库，再展开“可编程性”。

（2）展开“默认值”，用鼠标右键点击需要查看的默认值名，出现快捷菜单。

（3）选择“编写默认值脚本为”“CREATE 到”“新查询便捷器窗口”，出现图 7－16 所示界面。

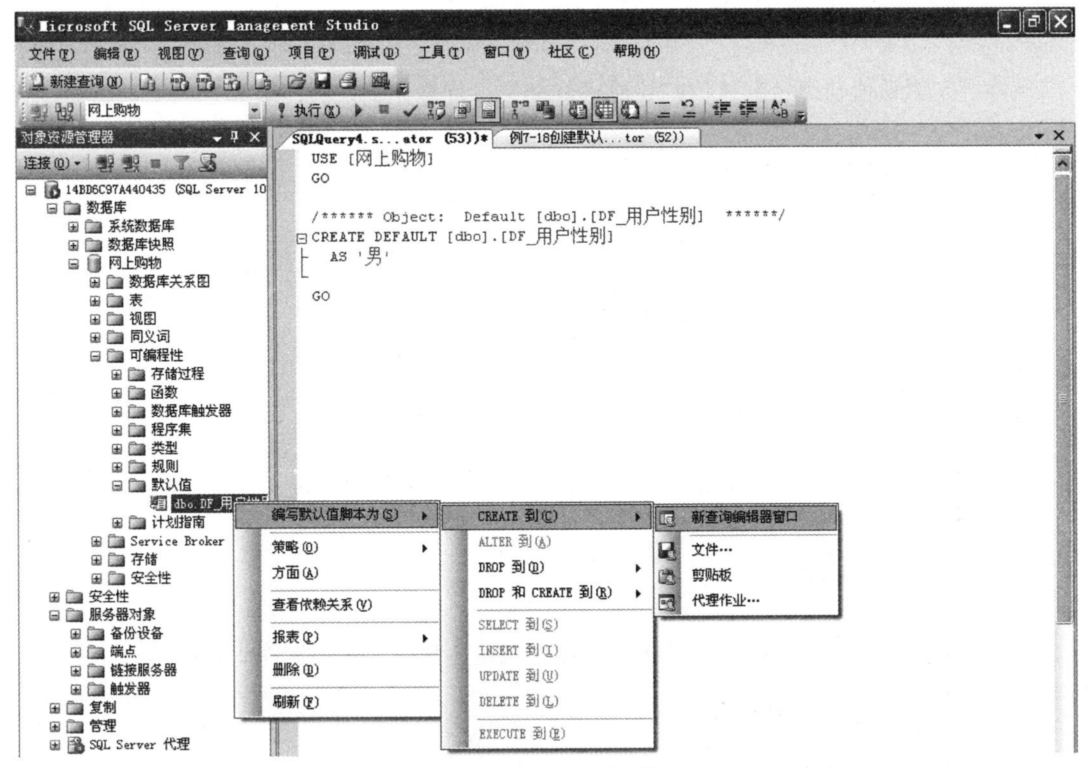

图 7－16 查看默认值

（4）在图 7－16 所示界面中，可以看到例 7－18 中创建的默认值。

7.2.4 绑定默认值

绑定默认值是指将已经创建的默认值应用到表中指定的列。

格式：

sp_ bindefault '默认值名'，'被绑定对象名'

说明：

（1）“sp_bindefault” 为绑定默认值的存储过程名。

（2）“默认值名” 指定创建时定义的默认值的名称。

（3）“被绑定对象名” 指定绑定到的表名和列名。

（4）默认值名和被绑定对象名两边必须有单引号，中间用逗号分隔。

注意：

（1）被绑定列的数据类型与默认值定义表达式的数据类型必须一致。

（2）若创建时被绑定列已经定义默认值，绑定时将发生冲突。

例 7－19 将例 7－18 中创建的默认值绑定到“用户信息”表。

```
sp_bindefault 'DF_用户性别','用户信息 . 用户性别'
```

使用给“用户信息”表添加数据行的方法，但不要给“用户性别”列输入数据，检验绑定默认值的效果（保存表之后再打开表，“用户性别”中出现“男”）。

7.2.5 解除绑定默认值

解除绑定默认值与绑定默认值的功能正好相反，就是让默认值在被绑定的列上消失。

格式：

sp_unbindefault '被绑定对象名'

说明：

（1）“sp_unbindefault”为解除绑定默认值的存储过程名。

（2）“被绑定对象名”指定绑定到的表名和列名。

例7－20 解除例7－19中绑定到“用户信息”表的默认值。

```
sp_unbindefault '用户信息.用户性别'
```

使用给“用户信息”表添加数据行的方法，但不要给“用户性别”列输入数据，检验解除绑定默认值的效果（保存表之后再打开表，“用户性别”中出现“NULL”）。

7.2.6 删除默认值

删除默认值与创建默认值的功能正好相反，就是让默认值在数据库中彻底消失。

1. 使用图形界面工具删除默认值

（1）展开需要删除默认值的数据库名，展开“可编程性”，展开“默认值”。

（2）用鼠标右键点击需要删除的默认值名，在出现的快捷菜单中选择“删除”。

（3）在出现的“删除对象”界面，点击“确定”按钮。

2. 使用SQL语句删除默认值

格式：

DROP DEFAULT 默认值名1［，默认值名2，…默认值名n］

说明：

（1）“DROP DEFAULT”为删除默认值的关键字。

（2）“默认值名”指定创建时指定的默认值的名称。

例7－21 创建名称为“DF_用户性别”、默认值为“男”的默认值。

```
DROP DEFAULT DF_用户性别
```

7.3 规　　则

规则是数据库的一种不依附于具体表的对象，是保证数据库中数据完整性的重要手段。定义规则可以确保数据库表中的数据能够满足用户的要求，因此，用户在设计数据库的结构时，不能忽视这个数据库对象。

7.3.1 规则概述

规则是维护数据库中数据完整性的一种手段，它保证存放的数据符合系统和用户的需求。规则指定插入到列中数据可能的范围，输入或更新的数据首先通过它的检查。如果输入的数据符合要求，则接收保存，否则拒绝接收整行数据。

规则作为独立的数据库对象存在，然后在需要时被绑定到指定的列上，它只有被绑定到列上才能起作用。一个列只能绑定一个规则，随时可以解除绑定。删除规则需要首先解除绑定。

7.3.2 创建规则

在 SQL Server 中，规则对象属于“可编程性”的范畴，只能使用 SQL 语句进行创建。

格式：

CREATE RULE 规则名
  AS 规则表达式

说明：

（1）“CREATE RULE”为创建规则的关键字。

（2）“规则名”指定绑定规则时引用的名称，必须符合标识符的规则。

（3）“规则表达式”指定添加到列的检查条件，只能是 WHERE 子句中任何有效的表达式，可以包含算术运算符和关系运算符，不能包含列名等数据库对象。表达式中的变量名可以是任何有效的标识符。

例 7 – 22 创建名称为“CK_销售价格”、规则为“ >0”的规则。

```
CREATE RULE CK_销售价格
    AS @xsjg >0
```

7.3.3 查看规则

在 SQL Server Management Studio 中，查看规则的步骤如下

（1）展开需要查看规则的数据库，再展开“可编程性”。

（2）展开“规则”，用鼠标右键点击需要查看的规则名，出现快捷菜单。

（3）选择“编写默认值脚本为”“CREATE 到”“新查询便捷器窗口”，出现图 7 – 17 所示界面。

（4）在图 7 – 17 所示界面中，可以看到例 7 – 22 中创建的规则。

7.3.4 绑定规则

绑定规则是指将已经创建的规则应用到表中指定的列。

格式：

sp_bindrule '规则名','被绑定对象名'

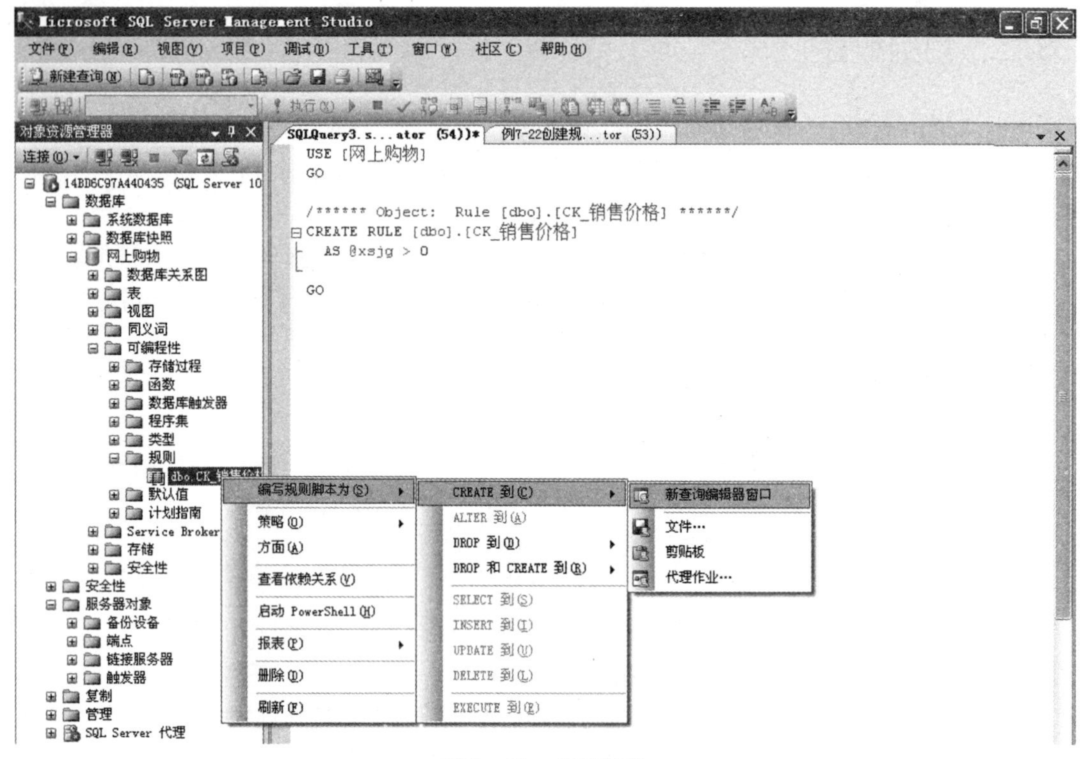

图 7－17　查看规则

说明：

（1）“sp_bindrule”为绑定规则的存储过程名。

（2）“规则名”指定创建时定义的规则的名称。

（3）“被绑定对象名”指定绑定到的表名和列名。

（4）“规则名”和“被绑定对象名”两边必须有单引号，中间用逗号分隔。

（5）创建时被绑定列已经定义检查约束，绑定时将不发生冲突，这与绑定默认值有所区别。

例 7－22　将例 7－21 中创建的规则绑定到“商品明细”表。

```
sp_bindrule 'CK_销售价格','商品明细.销售价格'
```

使用给“商品明细”表添加数据行的方法，给“销售价格”列输入负数，检验绑定规则的效果（将会出现“列的插入或更改与指定的规则发生冲突”的错误提示）。

7.3.5　解除绑定规则

解除绑定规则与绑定规则的功能正好相反，就是让规则在被绑定的列上消失。

格式：

sp_unbindrule '被绑定对象名'

说明：

（1）“sp_unbindrule”为解除绑定规则的存储过程名。

（2）“被绑定对象名”指定绑定到的表名和列名。

例 7－23 解除例 7－22 中绑定到“商品明细”表的规则。

```
sp_unbindrule '商品明细.销售价格'
```

使用给“商品明细”表添加数据行的方法，给“销售价格”列输入负数，检验规则已被解除的效果（将不会出现错误提示）。

7.3.6 删除规则

删除规则与创建规则的功能正好相反，就是让规则在数据库中彻底消失。

1. 使用图形界面工具删除规则

（1）展开需要删除规则的数据库名，展开“可编程性”，展开“规则”。

（2）用鼠标右键点击需要删除的规则名，在出现的快捷菜单中，选择“删除”。

（3）在出现的“删除对象”界面，点击“确定”按钮。

2. 使用 SQL 语句删除规则

格式：

DROP RULE 规则名 1 [,规则名 2,…规则名 n]

说明：

（1）“DROP RULE”为删除规则的关键字。

（2）“规则名”指定创建时指定的规则的名称。

（3）在删除规则之前，需要解除该规则的所有绑定。

例 7－25 删除名称为“CK_销售价格”、检查条件为“@xsjg>0”的规则。

```
CREATE RULE CK_销售价格
```

7.4 约束、默认值和规则的比较

在 SQL Server 中，检查约束和规则对象具有同样的功能，默认约束与默认值对象具有同样的功能，但是它们从创建到使用都有很大的区别。为了加深理解，本节对它们的共同点和不同点进行比较。

7.4.1 检查约束和规则对象

1. 共同点

检查约束和规则对象用于完成相同的功能，对于给表中添加数据或修改数据时输入的数据进行检查，拒绝接收不满足条件的数据。两者都是维护数据库中数据完整性的一种手段，保证存放的数据符合系统和用户的需求。例如：“商品明细”表中的“销售价格>0”。

在 SQL Server 中，规则是被淘汰的对象，将逐步被创建表时定义列的检查约束所取代。

2. 不同点

（1）检查约束在创建表或者修改表的结构时，使用关键字 CHECK 直接定义到表中指定的列；规则作为独立的对象存在，然后在需要时被绑定到指定的列，随时可以解除绑定。

（2）检查约束比规则更加明确，是检查数据正确性的首选。规则需要创建、绑定等多个步骤才能实现。

（3）一个列只能绑定一个规则，但可以定义多个检查约束。

（4）规则比检查约束使用灵活，作为对象独立存在，可以随时绑定和解除，不需要修改表的结构。检查约束直接定义到表上，改变时需要修改表的结构

7.4.2 默认约束和默认值对象

1. 共同点

默认约束和默认值对象用于完成相同的功能，为表中指定的列设置一个默认值，在添加数据时，如果没有给出该列的值，在保存数据时，这个默认值被保存到该列。两者都能保证指定列中的数据不是系统提供的默认值 NULL。例如：“用户信息”表中的用户性别的默认值被定义为“男”。

在 SQL Server 中，默认值是被淘汰的对象，将逐步被创建表时定义列的默认约束所取代。

2. 不同点

（1）默认约束在创建表或者修改表的结构时，使用关键字 DEFAULT 直接定义到表中指定的列；默认值作为独立对象存在，然后在需要时被绑定到表中指定的列，随时可以解除绑定。

（2）默认约束比默认值对象更明确，是实现数据有效性的首选。默认值对象需要创建、绑定等多个步骤才能实现。

（3）默认值对象比默认约束使用灵活，作为对象独立存在，可以随时绑定和解除，不需要修改表的结构。默认约束直接定义到表上，改变时需要修改表的结构。

练习题

一、单选题

1. 下列关于主键约束的说法中，不正确的是（　　）。

A. 每一个表中只能定义一个主键约束

B. 每一个表中都必须包含一个主键约束

C. 在输入数据或修改数据改时，不能向有主键约束的字段输入相同的值，也不能为空

D. 主键约束能用一列或多列的值唯一标识表中的每一行

2. 使用 Transact－SQL 语句创建唯一性约束的关键字为（　　）。

A. CONSTRAINT … PRIMARY KEY
B. CONSTRAINT … UNIQUE
C. CONSTRAINT … CHECK
D. CONSTRAINT … FOREIGN KEY … REFERENCES

3. 使用（　　）列做关键字的情况称为组合关键字。

A. 1 个　　B. 2 个　　C. 2 个或 2 个以上　　D. 任意

4. 下述不属于定义约束的关键字是（　　）。

A. NOT NULL　　B. UNIQUE　　C. CHECK　　D. HAVING

5. 下列关于默认值对象的说法中，不正确的是（　　）。

A. 默认值是一种独立的数据库对象
B. 默认值建立在表的列上，不能独立存在
C. 定义了默认值并绑定到表的列上，在给表中添加记录时就可以不指定具体的数值
D. 默认值对象与默认约束完成相同的功能

6. 使用（　　）语句创建默认值对象。

A. CREATE DEFAULT　　B. CREATE TABLE
C. CREATE VIEW　　D. ALTER DEFAULT

7. 使用（　　）存储过程绑定默认值对象。

A. sp_bindefault　　B. sp_unbindefault
C. sp_unbindrule　　D. sp_bindrule

8. 下列关于规则对象的说法中，不正确的是（　　）。

A. 规则是一种独立的数据库对象
B. 规则建立在表上，不能独立存在
C. 定义了规则并绑定到表的列上，在给表中添加记录时就可以保证数据的完整性
D. 规则对象与检查约束完成相同的功能

9. 使用（　　）语句创建规则对象。

A. CREATE DEFAULT　　B. CREATE RULE
C. CREATE TABLE　　D. ALTER RULE

10. 关于规则对象和检查约束，下面说法不正确的是（　　）。

A. 规则需要创建、绑定等多个步骤才能实现
B. 检查约束在创建表或者修改表的结构时直接定义到表中指定的列
C. 一个列只能绑定一个规则，也只能定义一个检查约束
D. 规则比检查约束使用灵活，可以随时绑定和解除，不需要修改表的结构

二、填空题

1. 完整性包括____________、____________和____________3 种类型。

2. 约束包含________、________、________、________、________、________6 种类型。

3. 使用________________存储过程绑定默认值。

4. 使用________________存储过程解除绑定规则。

5. 默认值对象与__________约束完成相同的功能，规则对象与__________约束完成相

同的功能。

三、简答题

1. 简述外键约束的用途。
2. 简述默认值对象的用途。
3. 简述规则与检查约束的异同。
4. 简述默认值与默认约束的异同。

四、上机操作题

上机操作本章中的例 7－1～例 7－25。

第 8 章

数据库操作编程

本章学习

①存储过程的概念和管理。
②用户自定义函数的概念和管理。
③触发器的概念和管理。
④存储过程、用户自定义函数和触发器的比较。

在数据库的应用中，简单的操作使用图形界面工具，但大部分较为复杂的操作都是使用 Transact - SQL 语句完成的，数据库编程是数据库应用必不可少的内容。

本章介绍的数据库编程不是编写数据库应用程序，本章介绍的内容包括存储过程、用户自定义函数和触发器。

8.1 存 储 过 程

存储过程是数据库的一种对象，是 Transact - SQL 语句和控制流程语句的预编译集合。它以一个名称存储并作为一个单元处理作业，极大地简化了对数据库的操作。

8.1.1 存储过程概述

存储过程是经编译后存储在数据库内、完成特定功能的一组 Transact - SQL 语句。它能够像一条 SQL 语句那样在数据应用程序中调用执行，能够完成更为复杂的数据库管理任务。

1. 存储过程的组成

存储过程由输入/输出参数、编程语句和返回值组成。

（1）通过输入参数向存储过程传递数据，通过输出参数向调用者传递信息。

（2）编程语句包括 Transact - SQL 数据库访问语句、控制流语句、表达式，也可以调用其他存储过程。

（3）返回值只有一个，用于表示调用存储过程的结果是成功还是失败。

2. 存储过程的优点

（1）加快执行速度。将需要大量的 Transact - SQL 语句或需要重复执行的程序块制作成存储过程，在服务器端执行，比在客户端执行一系列 Transact - SQL 语句速度快。因为创建存储过程时会进行分析和优化，并在首次执行后驻留在高速缓存中，这加速了存储过程后续的执行速度，不需要重复优化和编译。

（2）减少网络流量。用户通过发送一条调用存储过程的语句实现一个复杂的操作，而不需要在网络上传输大量的 Transact - SQL 语句，这减少了在服务器和客户机之间传输语句的数量，从而减少了网络流量。

（3）增强共享复用。创建存储过程，存放在数据库中。在应用程序中，可容易地像一条 SQL 语句那样多次调用它，完成特定的、需要一系列 SQL 语句完成的功能。所有客户可以使用相同的存储过程，以确保数据库访问和更改的一致性，并且可以独立于应用程序对存储过程进行修改维护，极大地提高了程序的一致性。

（4）提供安全机制。如果存储过程支持用户需要执行的所有功能，系统可以不必授予用户直接访问数据表的权限。也就是说，对于没有执行包含在存储过程中语句权限的用户，可以只授予其执行存储过程的权限。由于他们只知道如何调用存储过程，并不知道数据库中的表结构和数据的细节，也就不可能对数据库构成危害。

3. 存储过程的分类

（1）系统存储过程。系统存储过程是在安装 SQL Serve 时已经存在的存储过程，保存在系统数据库中，用于某些 SQL Server 的管理功能、显示有关数据库和用户信息。系统存储过程名以“sp_”开头，可以在任何数据库中调用执行。

（2）扩展存储过程。它是利用外部语言（如 C 语言）编写的存储过程，以弥补 SQL Server 的不足，扩展新的功能。扩展存储过程以“xp_”开头，可以像系统存储过程一样被调用。

（3）用户自定义存储过程。它是用户根据自己的实际需要而创建、存储在用户数据库中的存储过程。它只能被创建该过程的用户或被专门授权的用户调用执行。

（4）临时存储过程。其又分为局部临时存储过程和全局临时存储过程。

①局部临时存储过程的名称以“#”开头，存放在 temp 数据库中，只能被创建并连接的数据库用户调用，当该用户断开连接时被自动删除。

②全局临时存储过程的名称以“##”开头，存放在 temp 数据库中，允许所有连接到数据库的用户调用，当所有用户断开连接时被自动删除。

（5）远程存储过程。它存放在远程服务器上的存储过程，属于 SQL Server 的早期功能。

8.1.2 创建存储过程

1. 使用图形界面工具创建存储过程

使用 SQL Server Management Studio 图形界面工具创建存储过程的步骤如下：

（1）展开具体的数据库，展开“可编程性”，用鼠标右键点击“存储过程”，出现图8－1所示界面。

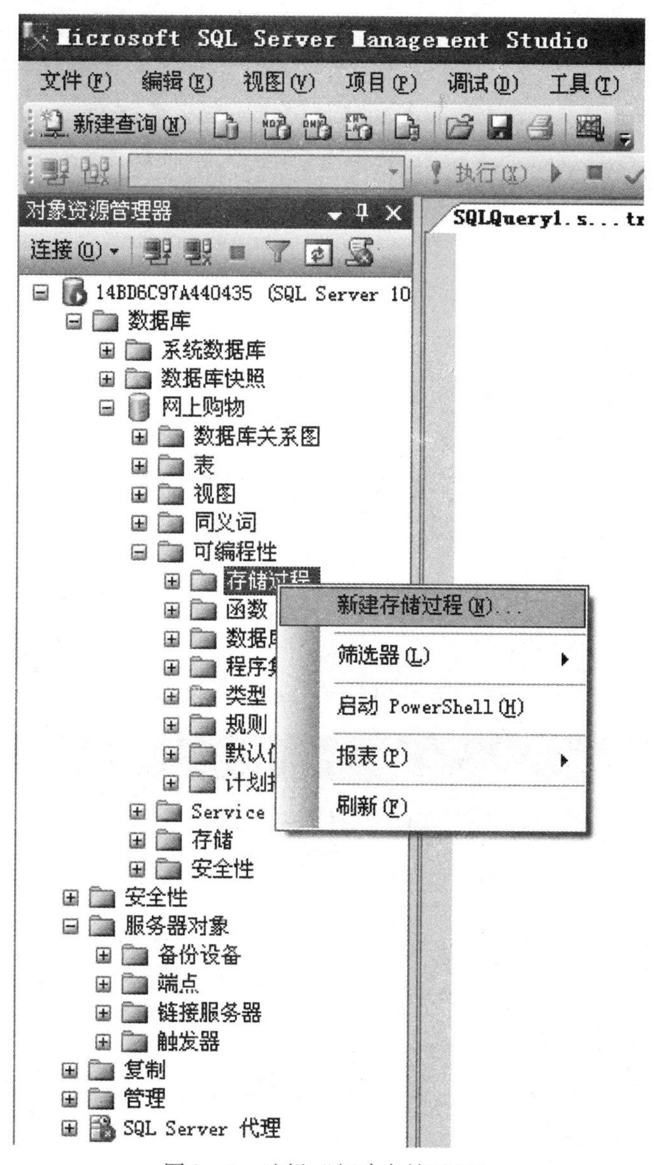

图8－1 选择“新建存储过程”

（2）在图8－1所示界面中，选择“新建存储过程”，出现图8－2所示界面。

（3）在图8－2所示界面中，参照其中的模板，删除没用的注释，输入需要的Transact－SQL语句，例如“SELECT * FROM 商品明细”。

（4）点击工具栏中靠右边的“指定模板参数的值”按钮，出现图8－3所示界面。

（5）在图8－3所示界面中，在“Procedure_Name”栏，输入存储过程名，点击“确定”按钮。

（说明：点击“确定”按钮返回后，再次点击“指定模板参数的值”按钮，出现空界面）

（6）点击工具栏中的“执行”按钮，保存创建的存储过程。

（7）用鼠标右键点击“存储过程”，选择“刷新”，可以看到创建的存储过程名。

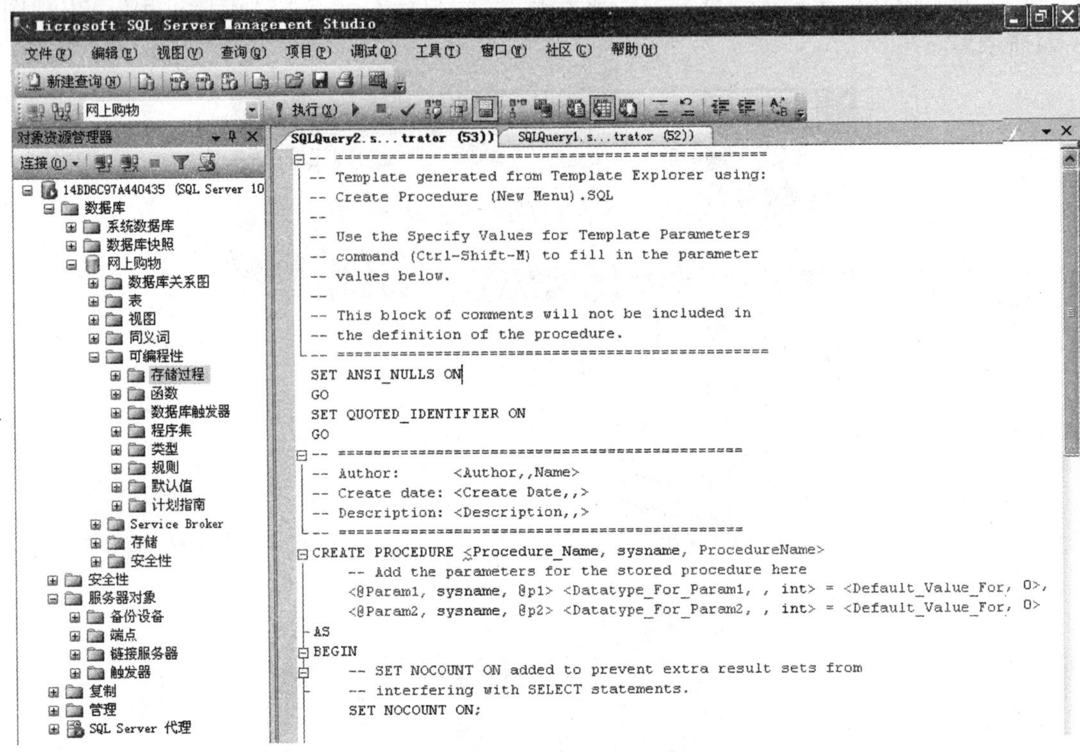

图 8-2 “创建存储过程”编辑器

指定模板参数的值

参数	类型	值
Author		Name
Create Date		
Description		
Procedure_Name	sysname	ProcedureName
@Param1	sysname	@p1
Datatype_For_Param1		int
Default_Value_For_Pa...		0
@Param2	sysname	@p2
Datatype_For_Param2		int
Default_Value_For_Pa...		0

确定 取消 帮助

图 8-3 “创建存储过程”指定模板参数值界面

2. 使用 SQL 语句创建存储过程

格式：

CREATE PROC [EDURE] 过程名

```
  [@形参名 数据类型，…] [,]
  [@变参名 数据类型 OUTPUT]
AS
  BEGIN
    T-SQL 语句
END
```

说明：

(1) “CREATE PROC [EDURE]” 为创建存储过程的关键字，“EDUER” 可有可无。

(2) “过程名” 指定创建的存储过程的名称，其必须符合标识符规则。

(3) “@形参名…” 指定输入参数的名称和数据类型，最多可以指定2 100个参数，以逗号分隔。

(4) “@变参名…” 指定返回参数的名称和数据类型，可以指定多个参数，以逗号分隔。

(5) “T-SQL 语句” 指定存储过程需要执行的任意数目的 Transact-SQL 语句。

例8-1 创建将“商品明细”表“销售价格”提高10%的存储过程“P_商品加价”。

```
CREATE PROCEDURE P_商品加价
AS
BEGIN
    UPDATE 商品明细 SET 销售价格 = 销售价格 * 1.1
END
```

说明：例8-1创建的存储过程为无参存储过程

例8-2 创建将“商品明细”表“销售价格”带参存储过程“P_商品加价1”。

```
CREATE PROCEDURE P_商品加价1
  @加价比例 real,
  @商品金额 float OUTPUT
AS
BEGIN
  UPDATE 商品明细 SET 销售价格 = 销售价格 * (1 + @加价比例)
    SELECT @商品金额 = SUM(商品数量 * 销售价格) FROM 商品明细
    RETURN @商品金额
END
```

说明：

(1) 例8-2创建的存储过程为带参存储过程。

(2) 输入加价比例，输出商品金额，从中可以看出销售价格变化所引起的商品金额变化。

8.1.3　执行存储过程

1. 使用图形界面工具执行存储过程

使用 SQL Server Management Studio 图形界面工具执行存储过程的步骤如下：

（1）展开具体的数据库，展开“可编程性”，展开“存储过程”，用鼠标右键点击需要执行的存储过程，出现图 8－4 所示界面。

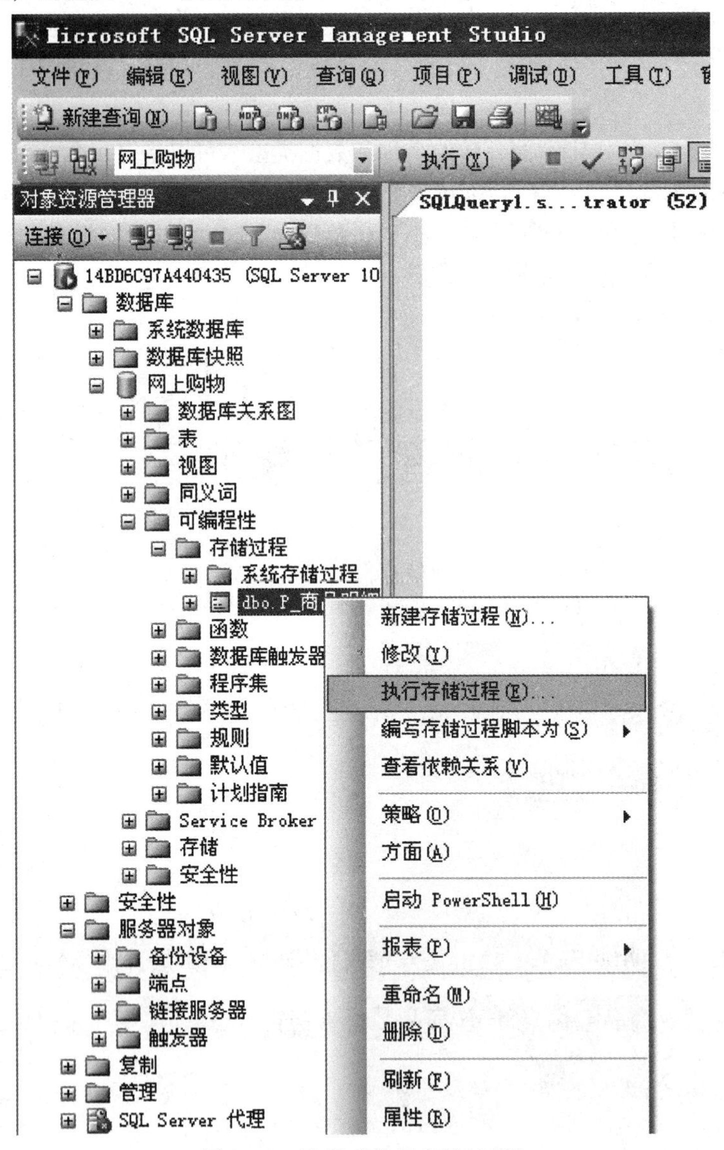

图 8－4　选择“执行存储过程”

（2）在图 8－4 所示界面中，对选择“执行存储过程”按钮，对出现“执行过程”界面，如图 8－5 所示按钮。

图 8－5 “执行存储过程”输入参数

（3）在图 8－5 所示界面中，对无参过程直接点击“确定”按钮，对带参过程输入参数值后点击“确定”按钮。

（4）点击工具栏中的“执行”。

（5）返回值为 0，表示执行成功。

2. 使用 SQL 语句执行存储过程

格式：

[DECLARE @变量名 int]
EXEC [@变量名 =] 存储过程名 [输入实参表达式] [，输出变量名 OUTPUT]
[{SELECT|PRINT} @变量名]

说明：

（1）第 1 条和第 3 条语句可有可无，但为了看到存储过程执行的结果，最好有。

（2）“存储过程名”指定创建时的存储过程名。

（3）“输入实参表达式”指定有输入参数存储过程的输入参数，注意参数两边不能有括号。

（4）“输出变量”名指定有输出参数存储过程的输出变量，它将返回结果。

例 8－3 执行例 8－1 创建的存储过程“P_商品加价”

```
DECLARE@ 返回值 int
EXEC @ 返回值 = P_商品加价
SELECT '返回值' = @ 返回值
```

说明：使用 SELECT 语句查看存储过程是否成功执行（是否返回 0）。

例 8－4 执行例 8－2 创建的带参存储过程“P_商品加价 1”

```
DECLARE @商品金额 float
EXEC P_商品加价 1, @商品金额 OUTPUT
PRINT @商品金额
```

说明：从输出的商品金额可以看到由销售价格变化所引起的商品金额变化。

8.1.4 查看存储过程信息

(1) sp_help '存储过程名'：可以查看存储过程名称、所有者、类型和创建日期等信息。

例 8－1 创建的存储过程的一般信息如图 8－6 所示。

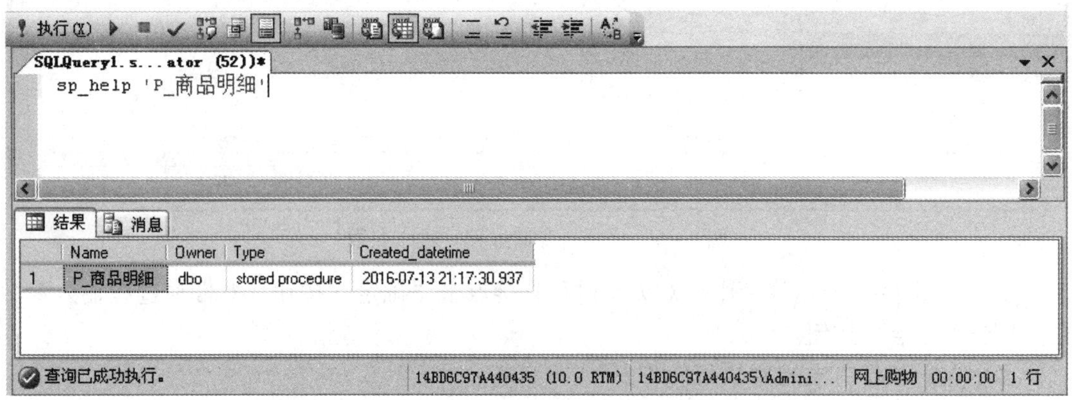

图 8－6　存储过程的一般信息

(2) sp_helptext '存储过程名'：可以查看存储过程的具体内容。

例 8－1 创建的存储过程的文本信息如图 8－7 所示。

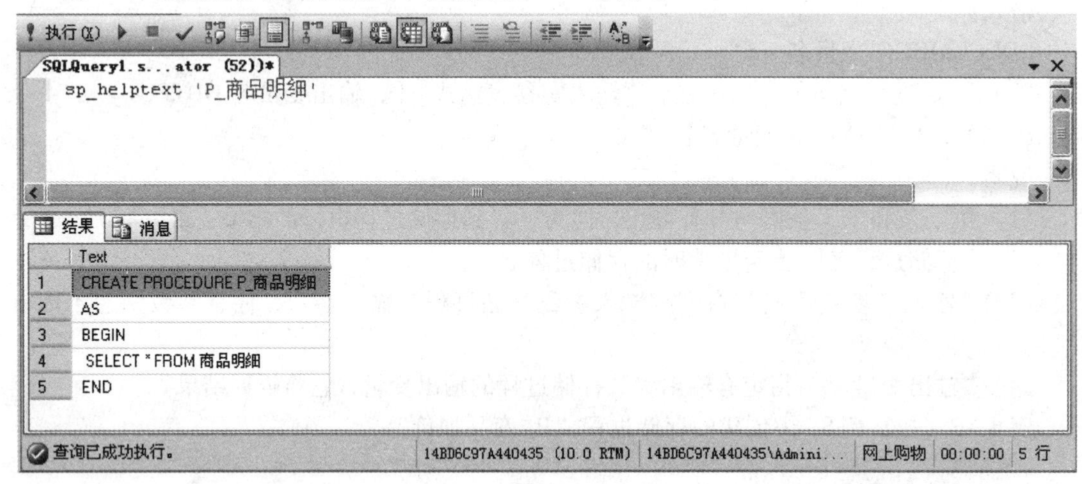

图 8－7　存储过程的文本信息

(3) sp_depends '存储过程名'：可以查看存储过程所引用的表、列等信息。

例 8－1 创建的存储过程所引用的表、列信息如图 8－8 所示。

(4) sp_depends '表名'：可以查看表名涉及的存储过程名等信息。

用户表“商品明细”所涉及的存储过程的信息如图 8－9 所示。

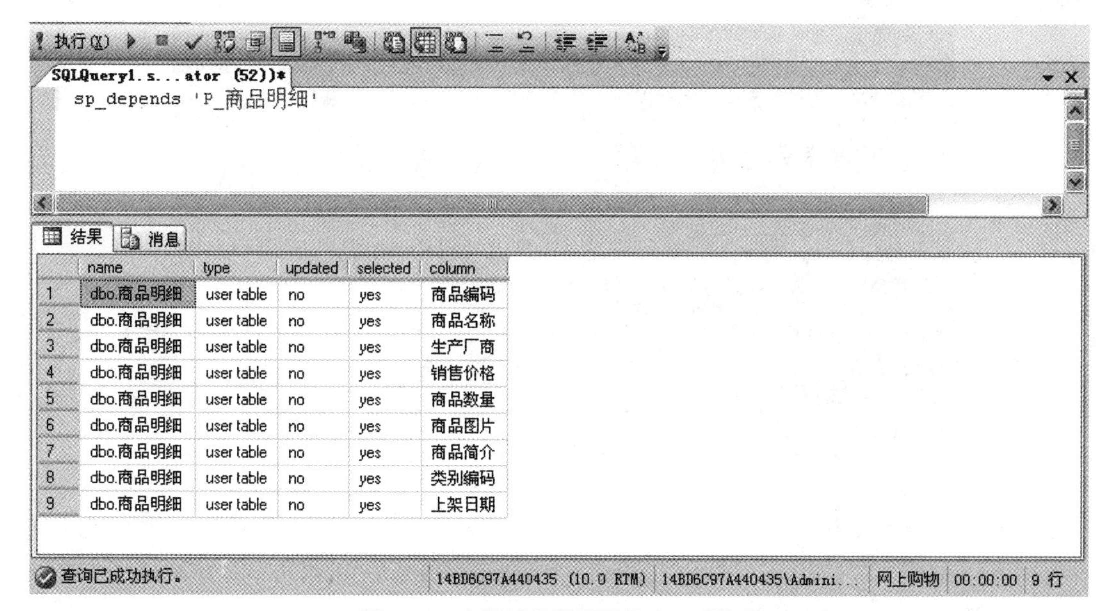

```
sp_depends 'P_商品明细'
```

	name	type	updated	selected	column
1	dbo.商品明细	user table	no	yes	商品编码
2	dbo.商品明细	user table	no	yes	商品名称
3	dbo.商品明细	user table	no	yes	生产厂商
4	dbo.商品明细	user table	no	yes	销售价格
5	dbo.商品明细	user table	no	yes	商品数量
6	dbo.商品明细	user table	no	yes	商品图片
7	dbo.商品明细	user table	no	yes	商品简介
8	dbo.商品明细	user table	no	yes	类别编码
9	dbo.商品明细	user table	no	yes	上架日期

图 8－8 存储过程所引用的表、列信息

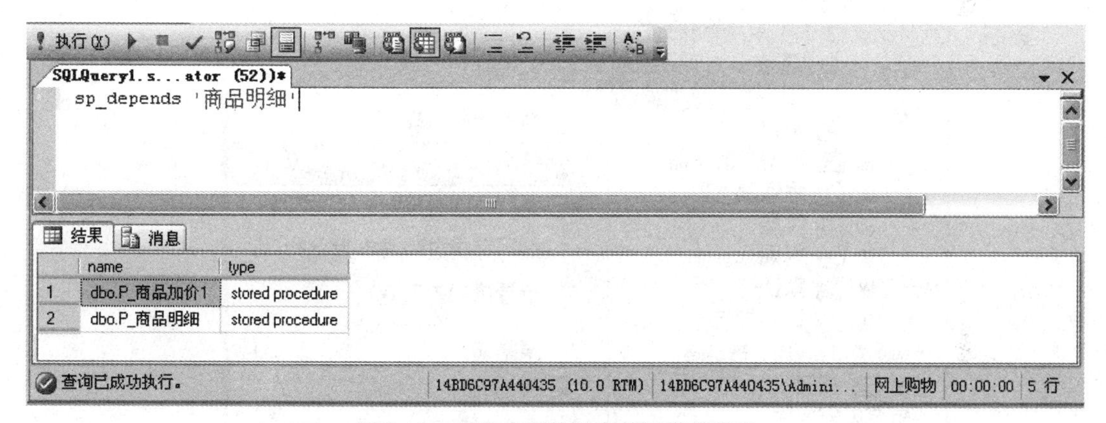

```
sp_depends '商品明细'
```

	name	type
1	dbo.P_商品加价1	stored procedure
2	dbo.P_商品明细	stored procedure

图 8－9 用户表所涉及存储过程的信息

8.1.5 修改存储过程

1. 使用图形界面工具修改存储过程

使用 SQL Server Management Studio 图形界面工具修改存储过程的步骤如下：

（1）展开具体的数据库，展开“可编程性”，展开“存储过程”，用鼠标右键点击需要修改的存储过程名，出现图 8－10 所示界面。

（2）在图 8－10 所示界面中，选择“修改”，出现图 8－11 所示界面。

（3）在图 8－11 所示界面中，输入或修改需要的 Transact－SQL 语句。

（4）点击工具栏中的“执行”按钮，保存修改的存储过程。

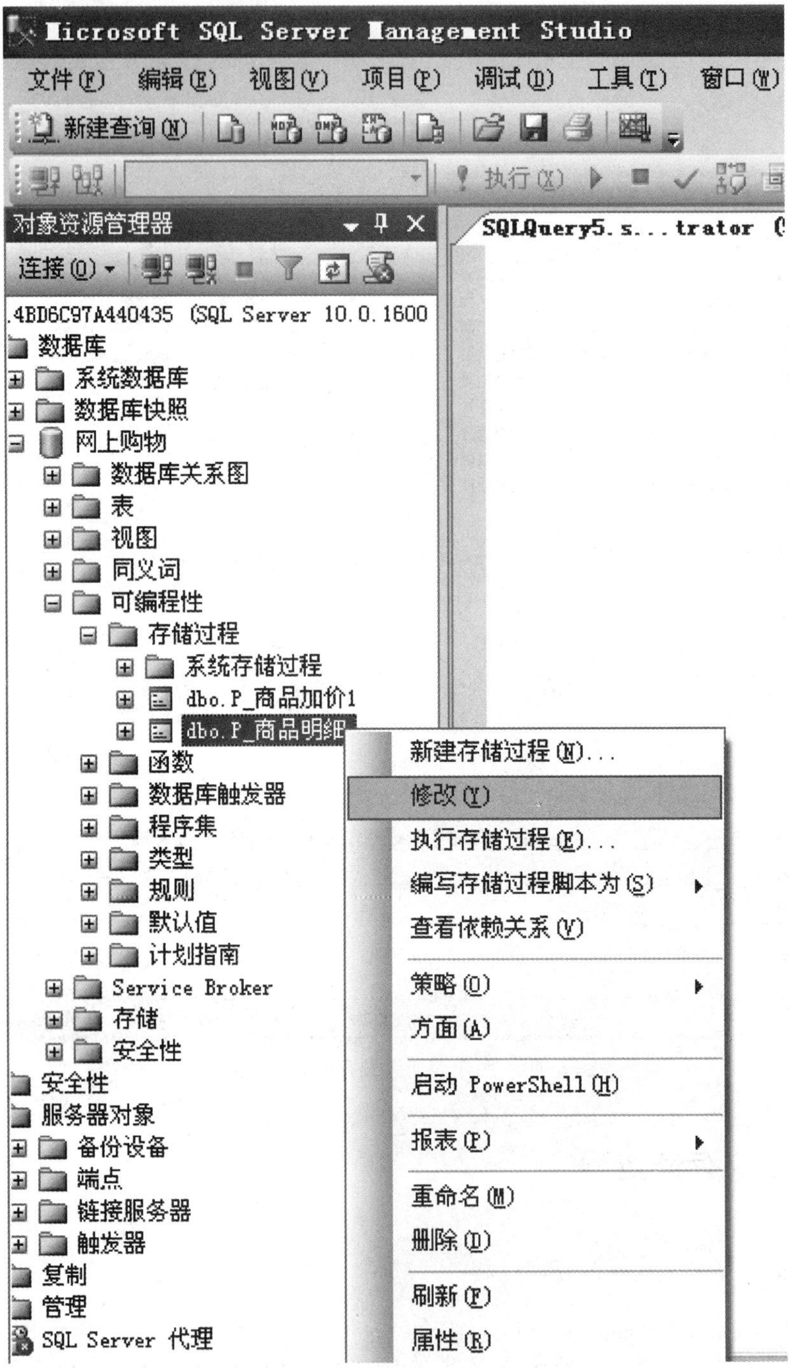

Microsoft SQL Server Management Studio
文件(F)　编辑(E)　视图(V)　项目(P)　调试(D)　工具(T)　窗口(W)
新建查询(N)
执行(X)
对象资源管理器
连接(O)
SQLQuery5.s...trator
4BD6C97A440435 (SQL Server 10.0.1600
数据库
系统数据库
数据库快照
网上购物
数据库关系图
表
视图
同义词
可编程性
存储过程
系统存储过程
dbo.P_商品加价1
dbo.P_商品明细
函数
数据库触发器
程序集
类型
规则
默认值
计划指南
Service Broker
存储
安全性
安全性
服务器对象
备份设备
端点
链接服务器
触发器
复制
管理
SQL Server 代理
新建存储过程(N)...
修改(Y)
执行存储过程(E)...
编写存储过程脚本为(S)
查看依赖关系(V)
策略(O)
方面(A)
启动 PowerShell(H)
报表(P)
重命名(M)
删除(D)
刷新(F)
属性(R)

图 8 – 10　选择“修改”

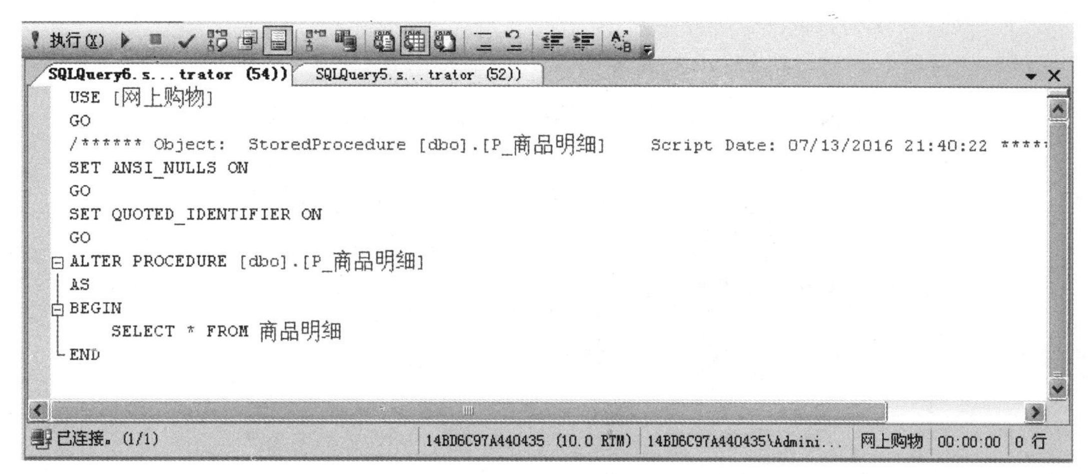

图 8-11 修改存储过程

2. 使用 SQL 语句修改存储过程

格式：

ALTER PROC [EDURE] 过程名

[@形参名 数据类型，…] [,]

[@变参名 数据类型 OUTPUT]

AS

BEGIN

T-SQL 语句

END

说明：

(1) "ALTER PROC [EDURE]" 为修改存储过程的关键字，"EDUER" 可有可无。

(2) 其他参见创建存储过程的说明。

例 8-5 修改例 8-1 中创建的存储过程 "P_商品加价"，将 "销售价格" 加价 20%。

```
ALTER PROCEDURE P_商品加价
AS
BEGIN
    UPDATE 商品明细 SET 销售价格 = 销售价格 * 1.2
END
```

8.1.6 删除存储过程

1. 使用图形界面工具删除存储过程

使用 SQL Server Management Studio 图形界面工具删除存储过程的步骤如下：

（1）展开具体的数据库，展开“可编程性”，展开“存储过程”，用鼠标右键点击需要删除的存储过程名，出现图8－12所示界面。

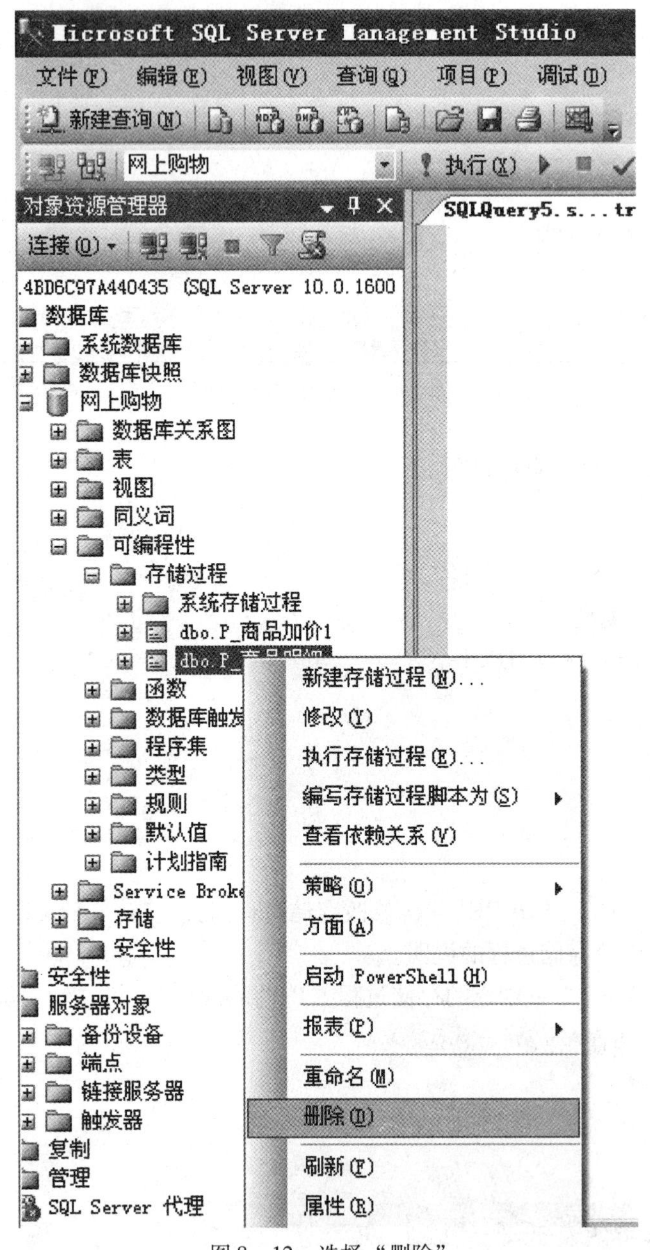

图8－12 选择“删除”

（2）在图8－12所示界面中，选择“删除”，出现图8－13所示界面。

（3）在图8－13所示界面中，点击“确定”按钮，选择的存储过程被删除。

2. 使用SQL语句删除存储过程

格式：

DROP PROC［EDURE］过程名1［，过程名2，…过程名n］

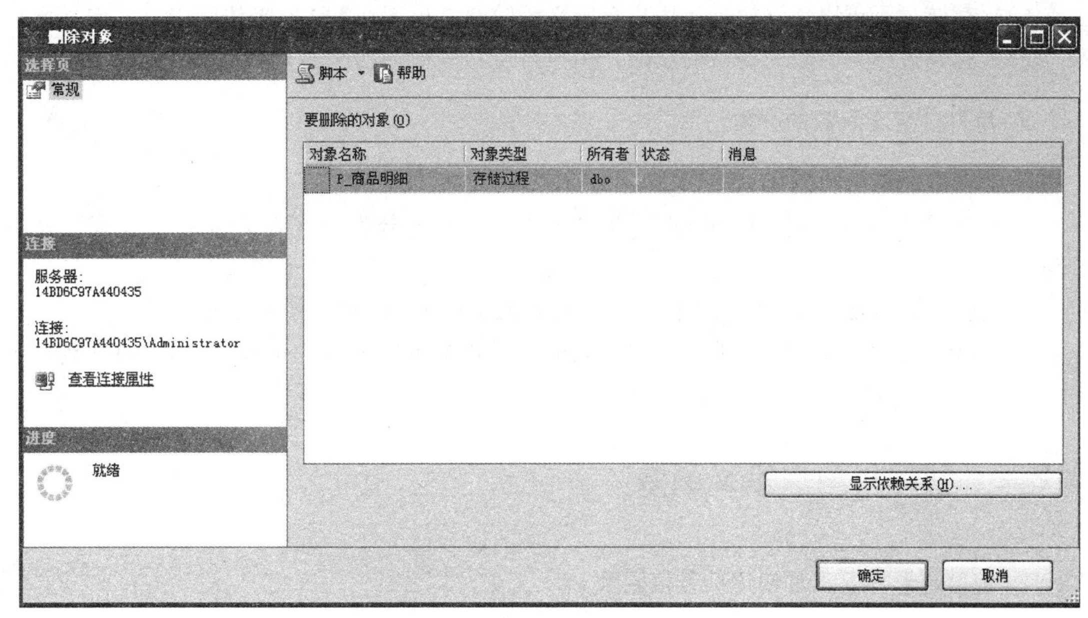

图 8-13 删除存储过程

例 8-6 删除例 8-1 创建的存储过程“P_商品加价”。

```
DROP PROCEDURE P_商品加价
```

8.2 用户自定义函数

用户自定义函数是数据库的一种对象，与存储过程类似，是由一条或多条 Transact - SQL 语句组成的保存在数据库内的子程序。

尽管系统提供了许多内置函数，编写应用程序可以按需调用，但由于应用环境千差万别，其往往还是不能完全满足需要。用户自定义函数可提高应用程序开发效率，保证程序的质量。

8.2.1 用户自定义函数概述

1. 用户自定义函数的组成

函数由参数、编程语句和返回值组成。

（1）通过参数向函数传递数据。

（2）编程语句包括 Transact - SQL 数据库访问语句、控制流语句等，也可以调用其他函数。

（3）返回值。

2. 用户自定义函数与存储过程的区别

（1）存储过程通过 OUTPUT 参数返回数据，用户自定义函数通过返回值返回数据。

（2）存储过程可以独立执行，用户自定义函数通常出现在 SELECT 语句中。

（3）存储过程具有较为复杂的功能，用户自定义函数的功能通常具有针对性。

3. 用户自定义函数的分类

（1）标量值函数：使用 RETURN 语句返回单个数据值。

（2）多语句表值函数：返回 table 类型的数据，又可分为内连表值函数和多语句表值函数。

①内连表值函数：没有函数主体，返回的表值是单个 SELECT 语句的结果集。

②多语句表值函数：在 BEGIN…END 之间定义函数主体，包含一系列 Transact - SQL 语句，这些语句可以生成行并将其插入到返回的表中。

8.2.2 创建用户自定义函数

1. 使用图形界面工具创建标量值函数

使用 SQL Server Management Studio 图形界面工具创建标量值函数的步骤如下：

（1）展开具体的数据库，展开“可编程性”，再展开“函数”，用鼠标右键点击“标量值函数”，出现图 8 - 14 所示界面。

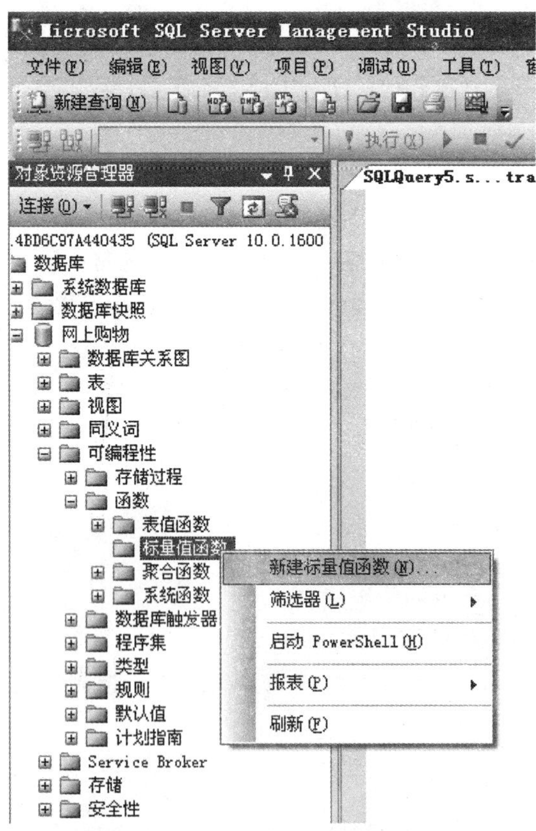

图 8 - 14　选择“新建标量值函数”

（2）在图8－14所示界面中，选择“新建标量值函数”，出现图8－15所示界面。

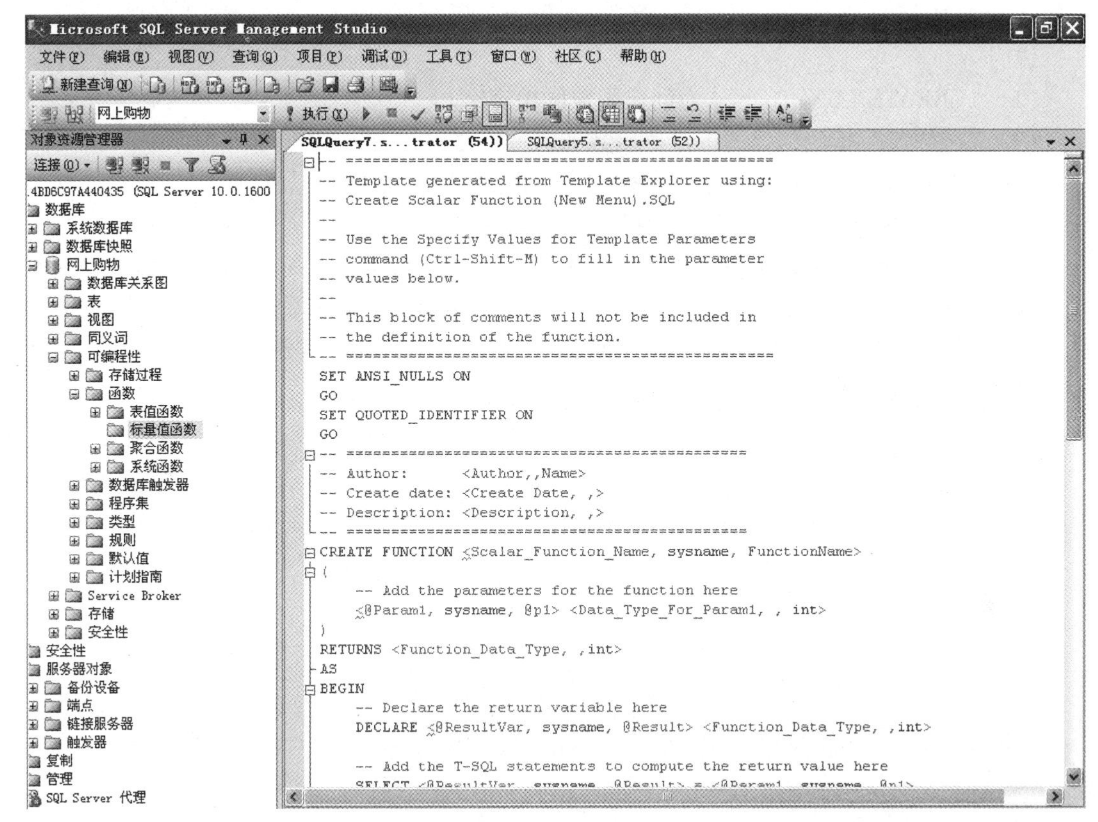

图8－15　创建标量值函数

（3）在图8－15所示界面中，参照其中的模板，删除没用的注释，修改FUNCTION后边的函数名，输入需要的Transact－SQL语句。具体内容参见后边的“使用SQL语句创建标量值函数”部分。

（4）点击工具栏中的“执行”按钮，保存创建的标量值函数。

（5）用鼠标右键点击“标量值函数”，选择“刷新”，可以看到创建的标量值函数名。

2. 使用图形界面工具创建表值函数

使用SQL Server Management Studio图形界面工具创建表值函数的步骤与创建标量值函数相同。其区别是在展开具体的数据库时，展开“可编程性”，再展开“函数”之后，用鼠标右键点击“表值函数”，在出现的快捷菜单中选择“新建内连表值函数”或者“新建多语句表值函数”，这时出现类似图8－15所示界面，然后输入有关的Transact－SQL语句。在此不再赘述。

3. 使用SQL语句创建标量值函数

格式：

```
CREATE FUNCTION 函数名
  ( 参数… )
RETURNS 返回值类型
```

```
AS
  函数主体
```

说明：

（1）“CREATE FUNCTION”为创建函数的关键字。

（2）“函数名”指定创建的标量值函数的名称，必须符合标识符规则。

（3）“参数…”指定输入参数的名称和数据类型，参数之间以逗号分隔。

（4）“RETURNS”指定返回标量值类型，注意最后的字母“S”不能少。

（5）“函数主体”是包含在BEGIN…END之间能够获得单个值的Transact－SQL语句。

（6）标量值函数只能返回一个数值。如果返回多个值，只显示最后一个值。

例8－7 创建函数，计算“商品明细”表的商品总额（商品数量＊销售价格）。

```
CREATE FUNCTION F_商品总额(@销售价格 int)
RETURNS float
AS
BEGIN
    DECLARE @商品总额 float
    SELECT @商品总额 = SUM(商品数量 * 销售价格)
       FROM 商品明细 WHERE 销售价格 > @销售价格
    RETURN @商品总额
END
```

说明：

（1）该函数可以随时统计网站商品的资金占用量。

（2）以销售价格作为输入参数，即统计销售价格大于指定值部分的商品资金占用量。

4. 使用SQL语句创建内连表值函数

格式：

```
CREATE FUNCTION 函数名
 ( 参数… )
RETURNS TABLE
AS
RETURN SELECT 语句
```

说明：

（1）“RETURNS”指定返回的是表，注意最后的字母“S”不能少。

（2）“RETURN”指定返回表的SELECT语句，注意最后没有“S”。

（3）其他与创建标量值函数相同。

例8－8 创建函数，获取“用户信息”表中指定性别的用户部分信息。

```
CREATE FUNCTION F_用户信息(@用户性别 char(2))
```

```
RETURNS TABLE
AS
RETURN
    SELECT 注册用户,真实姓名,通信地址,联系电话
        FROM 用户信息 WHERE 用户性别 = @用户性别
```

说明：该函数可以获取男性或女性用户的部分信息。

5. 使用 SQL 语句创建多语句表值函数

格式：

```
CREATE FUNCTION 函数名
 ( 参数… )
RETURNS 表变量名 TABLE
AS
BEGIN
   SQL 语句块
   RETURN
END
```

说明：

(1)"RETURNS"指定返回的是表，并为返回表定义了变量。

(2)"SQL 语句块"指定完成函数任务的多条 SQL 语句，这也是"多语句表值函数"的意义所在。

(2)"RETURN"指定返回表，不能有任何参数。

例 8-9 创建获取"用户信息"表中指定性别（男或女）的用户部分信息。

```
 CREATE FUNCTION F_用户信息1(@用户性别 char(2))
    RETURNS @返回部分信息 TABLE
    (
      v注册用户 nvarchar(20),
      v真实姓名 nvarchar(20),
      v通讯地址 nvarchar(100),
      v联系电话 nvarchar(20)
    )
  AS
  BEGIN
```

```
    WITH 获取部分信息(v 注册用户,v 真实姓名,v 通讯地址,v 联系电话)
    AS
     (SELECT 注册用户,真实姓名,通信地址,联系电话
        FROM 用户信息 WHERE 用户性别 = @用户性别
     )
    INSERT @返回部分信息
      SELECT v 注册用户,v 真实姓名,v 通信地址,v 联系电话 FROM 获取部分信息
    RETURN
END
```

说明：

（1）定义了其中“获取部分信息”函数的变量类型和函数本身。

（2）SELECT…FROM 语句查询“用户信息”表中“@用户性别”指定的用户 4 项信息。

（3）INSERT…SELECT 语句将“获取部分信息”函数中的内容保存到变量“@返回部分信息”。

（4）RETURN 返回变量“@返回部分信息”，但不再写出变量名。

（5）例 8－9 与例 8－8 获得同样的结果，因为 SQL 语句块只有一句查询语句。

所以，内连表值函数的功能可用多语句表值函数实现，但多语句表值函数可以更复杂。

8.2.3 执行用户有定义函数

在 8.1.3 节介绍执行存储过程时，用鼠标右键点击需要执行的“存储过程”，快捷菜单中会出现“执行存储过程”。

但是，用鼠标右键点击需要执行的“用户自定义函数”，快捷菜单不会出现“执行…”，即用户自定义函数不能通过图形界面工具执行。

1. 使用 SQL 语句执行标量值函数

格式：

SELECT 数据库用户名 . 标量值函数名（参数列表）

说明：

（1）此处“数据库用户名”一定不可缺少。

（2）如果没有参数，函数名后边的圆括号也不可缺少。

例 8－10 执行例 8－7 创建的标量值函数。

```
SELECT dbo. F_商品总额(0)
```

说明：
（1）函数执行后可以统计网站商品的资金占用量。
（2）参数0表示销售价格>0，可以给出不同的值，以统计不同销售价格及以上商品资金占用量。

2. 使用SQL语句执行表值函数（包括内连和多语句）

格式：
SELECT * FROM 数据库用户名.标量值函数名（参数列表）
说明：注意此处与执行标量值函数的不同（SELECT * FROM，而不只是SELECT）
例8-11 执行例8-8中创建的标量值函数。

```
SELECT dbo.F_用户信息('男')
```

或

```
SELECT F_用户信息('男')
```

说明：
（1）函数执行后获取“男”性用户的部分信息。
（2）参数可以更换成“女”，执行后获取“女”性用户的部分信息。
（3）此处的“数据库用户名”可有可无。
例8-12 执行例8-9中创建的标量值函数。

```
SELECT dbo.F_用户信息1('女')
```

或

```
SELECT F_用户信息1('女')
```

说明：
（1）函数执行后可以获取“女”性用户的部分信息。
（2）参数可以更换成“男”，执行后获取“男”性用户的部分信息。
（3）此处的函数名“F_用户信息1”可有可无。

8.2.4 修改用户自定义函数

1. 使用图形界面工具修改用户自定义函数

使用SQL Server Management Studio图形界面工具修改用户自定函数的步骤如下：
（1）展开具体的数据库，展开“可编程性”，展开“函数”，展开“标量值函数（或表值函数），用鼠标右键点击需要修改的函数名，出现图8-16所示界面。
（2）在图8-16所示界面中，选择“修改”，出现图8-17所示界面。
（3）在图8-17所示界面中，输入或修改需要的Transact-SQL语句。
（4）点击工具栏中的“执行”按钮，保存修改的用户自定义函数。

2. 使用SQL语句修改用户自定义函数

1）标量值函数修改格式

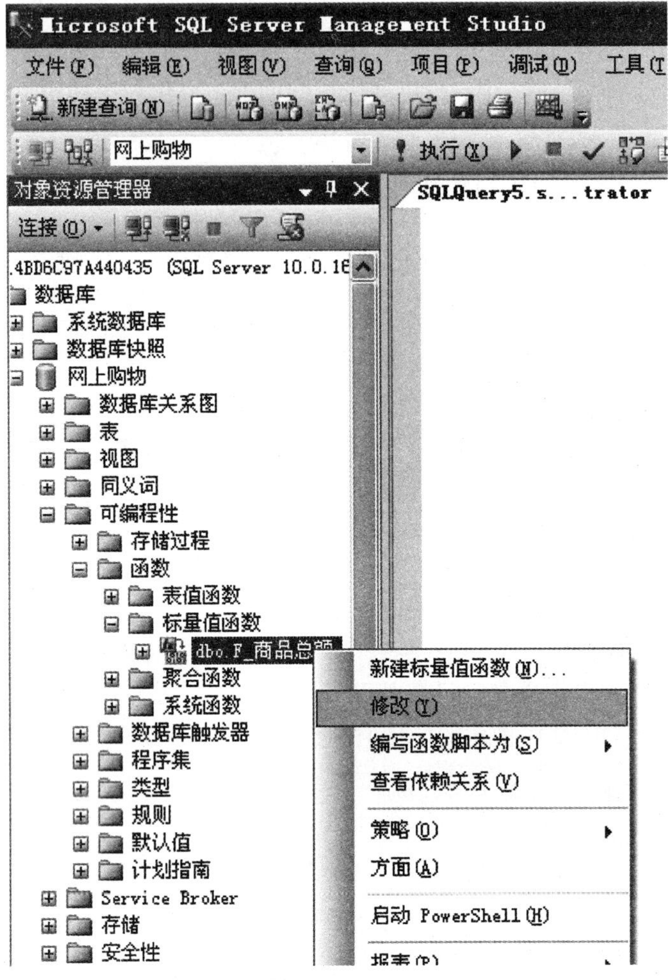

图 8－16　选择“修改”

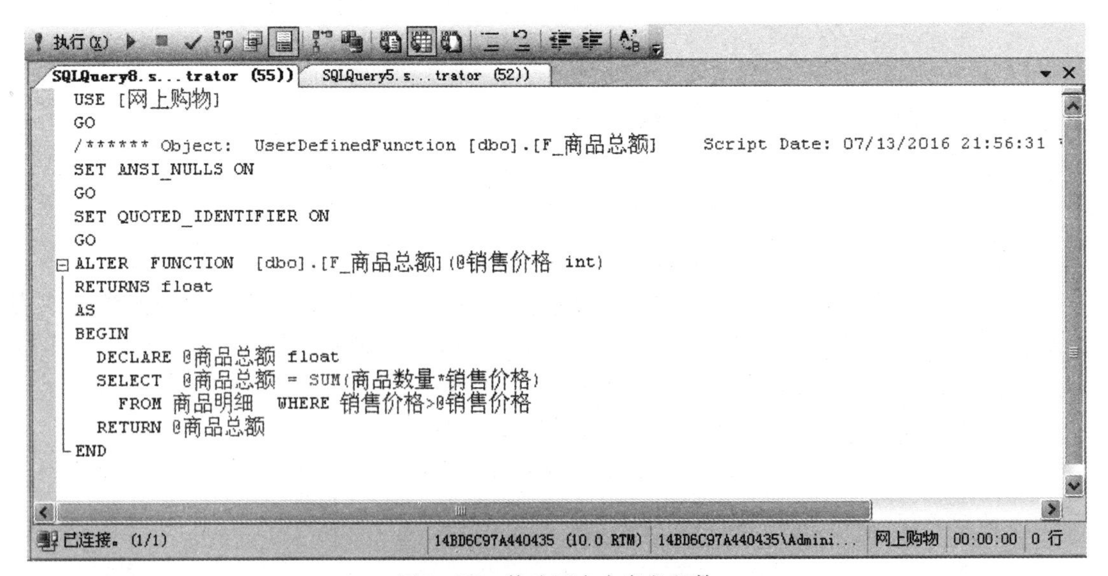

图 8－17　修改用户自定义函数

```
ALTER FUNCTION 函数名
( 参数… )
RETURNS 返回值类型
AS
  函数主体
```

说明：

(1) 除了“CREATE”换成“ALTER”，其他与创建用户自定义函数时相同。

(2) 创建时“函数名”不能已经存在，修改时“函数名”需要一定存在。

2) 内连表值函数修改格式

```
ALTER FUNCTION 函数名
( 参数… )
RETURNS TABLE
AS
RETURN SELECT 语句
```

3) 多语句表值函数修改格式

```
ALTER FUNCTION 函数名
( 参数… )
RETURNS 表变量名 TABLE
AS
BEGIN
   SQL 语句块
  RETURN
END
```

8.3.5 删除用户自定义函数

1. 使用图形界面工具删除用户自定义函数

使用 SQL Server Management Studio 图形界面工具删除用户自定义函数的步骤如下：

(1) 展开具体的数据库，展开“可编程性”，展开“存储过程”，用鼠标右键单击需要删除的函数名，出现图 8-18 所示界面。

(2) 在图 8-18 所示界面中，选择“删除”，在随后出现的“删除对象”界面，点击“确定”按钮，选择的用户自定义函数被删除。

2. 使用 SQL 语句删除用户自定义函数

格式：

```
DROP FOUNCTION 函数名 1 [ , 函数名 2, …函数名 n ]
```

例 8-13 删除例 8-11 创建的用户自定义函数“F_用户信息”。

```
DROP FUNCTION F_用户信息
```

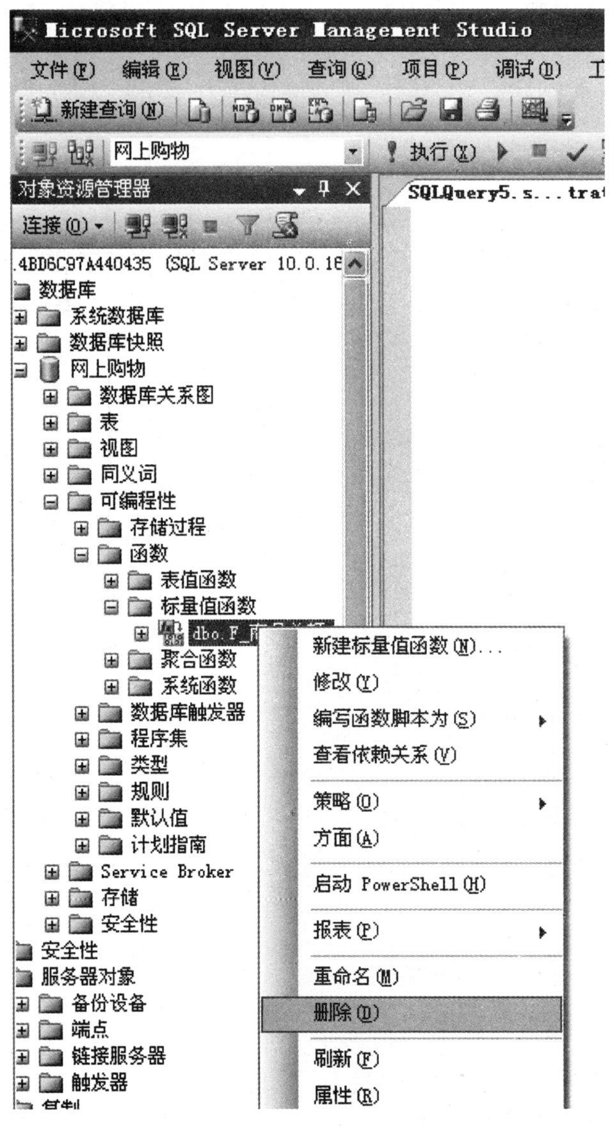

图 8－18　选择“删除”

8.3 触 发 器

触发器是数据库的一种对象，是一种特殊类型的存储过程，在指定表中的数据发生变化时被自动触发执行。其可以用于更好地维护数据库中数据的完整性。

8.3.1 触发器概述

1. 触发器的分类

（1）DML 触发器。它在数据库中发生数据操作语言（DML）时触发，数据操作包括

INSERT 语句、UPDATE 语句或 DELETE 语句。DML 触发器通常用于在数据被更改时强制执行某些命令，扩展约束、默认值和规则等数据完整性的检查功能。DML 触发器包括：

①AFTER 触发器：在数据更改完成之后才被触发，对更改后的数据进行检查，若发现错误，需要执行回滚操作。触发器定义最少需要一种更改数据的操作存在。

②INSTEAD OF 触发器：在数据更改完成之前就被触发，取代更改数据的操作，转而执行触发器定义的操作。触发器定义最多只允许一种更改数据的操作存在。

（2）DDL 触发器。当数据库中发生数据定义语言（DDL）时被触发，数据定义语言包括 CREATE 语句、ALTER 语句和 DROP 语句。DDL 触发器可以用于在数据库中执行管理任务，以避免用户因为考虑不周而删除或修改数据库结构，使有效数据丢失或破坏，使无效数据存入数据库。

设计 DDL 触发器主要用于：

①禁止修改数据库结构。

②修改数据库结构时，强制执行某些特定操作。

③记录数据库结构修改过程中的信息。

2. 触发器的优点

（1）触发器自动执行，可减少手动维护数据库数据完整性的工作量。

（2）触发器对数据库中的相关表进行级联更改，若更改某个表，则自动更改相关表。

（3）触发器限制向表中添加无效数据，强制比检查约束定义的约束更为复杂的约束操作。触发器可以引用其他表中的列，而检查约束只能在表的一个列上定义。

（4）拒绝或回滚违反引用完整性的约束操作。

（5）触发器可以评估数据更改前后数据表的状态，并根据它们的差异采取相应对策。

8.3.2 创建触发器

1. 使用图形界面工具创建触发器

使用 SQL Server Management Studio 图形界面工具创建触发器的步骤如下：

（1）展开具体的数据库，展开“表”，再展开具体的表，用鼠标右键点击“触发器”，出现图 8 – 19 所示界面。

（2）在图 8 – 19 所示界面中，选择“新建触发器”，出现图 8 – 20 所示界面。

（3）在图 8 – 20 所示界面中，参照其中的模板，删除没用的注释，修改 TRIGGER 后边的触发器名，输入需要的 Transact – SQL 语句。具体内容参见后边的“使用 SQL 语句创建触发器”部分。

（4）点击工具栏中的“执行”按钮，保存创建的函数。

（5）用鼠标右键点击“触发器”，选择“刷新”，可以看到创建的触发器名。

2. 使用 SQL 语句创建触发器

格式：

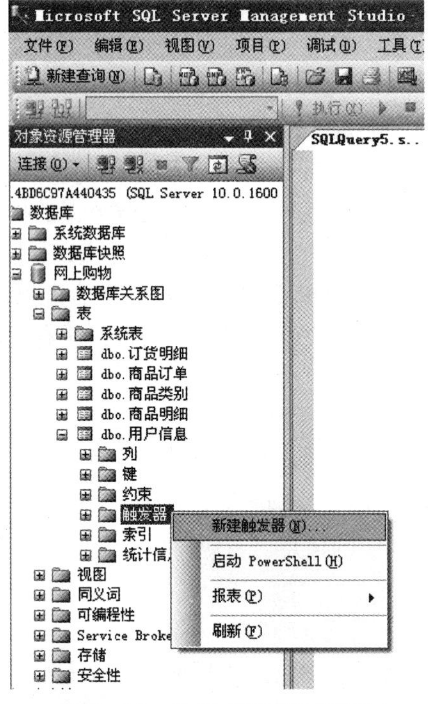

图 8－19　选择“新建触发器”

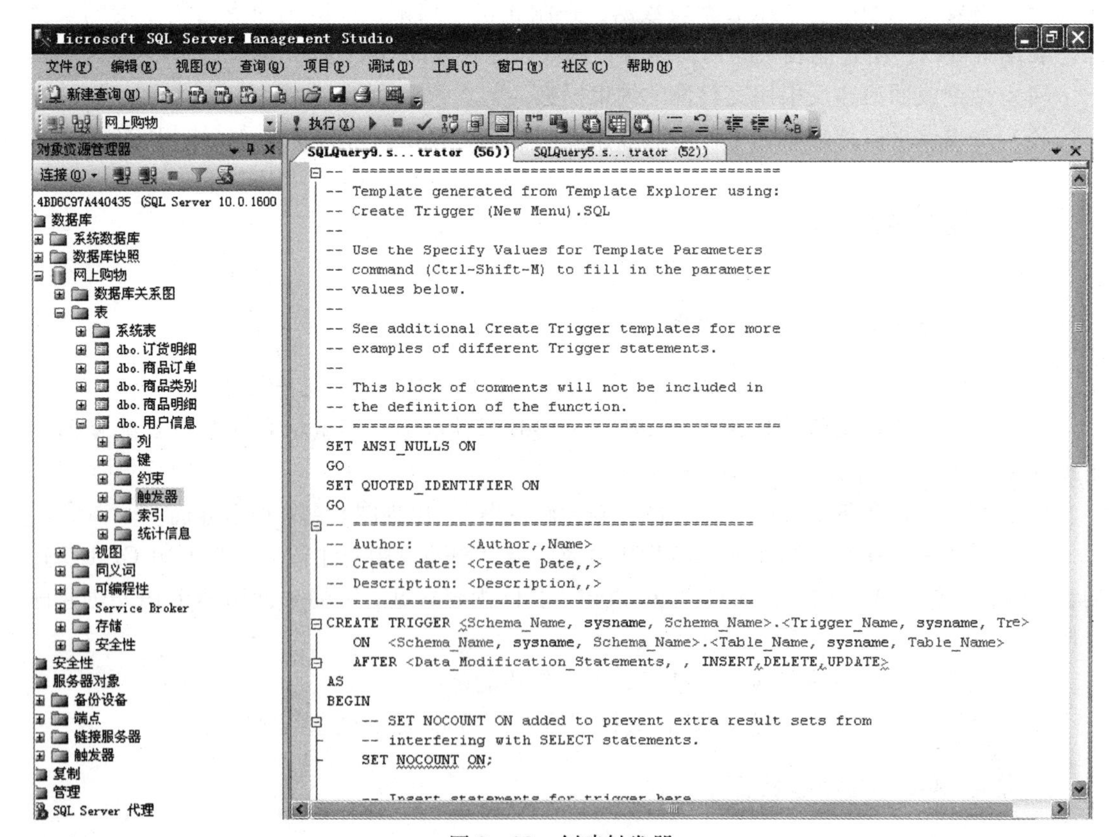

图 8－20　创建触发器

```
CREATE TRIGGER 触发器名
  ON {表名|视图名}
[WITH ENCRYPTION]
{{{FOR|AFTER|INSTEAD OF}
  {[INSERT][,][UPDATE][,][DELETE]}
  AS
    SQL 语句块
  }}
```

说明：

（1）“CREATE TRIGGER”为创建触发器的关键字。

（2）“触发器名”指定创建的触发器的名称，必须符合标识符规则。

（3）“WITH ENCRYPTION”指定对触发器进行加密处理。

（4）“AFTER”指定触发器在 SQL 语句块中所有操作都成功执行后才被激活。如果仅指定 FOR 关键字，AFTER 为默认值。不能在视图上定义 AFTER 触发器。

（5）“INSTEAD OF”指定执行触发器而不是执行触发 SQL 语句，从而代替触发语句的执行。在表和视图上，每个 INSERT、UPDATE 和 DELETE 语句最多只能定义一个 INSTEAD OF 触发器。

（6）“[INSERT][,][UPDATE][,][DELETE]”指定在表或视图上执行哪些操作将激活触发器。必须最少指定一个操作选项，如果指定多个则用逗号分隔，三者前后次序无关。

（7）“AS”指定触发器需要执行的操作。

（8）SQL 语句块是在 BEGIN…END 中的需要执行的 SQL 语句。

例 8－14 在“商品明细”表中创建一个 INSERT 触发器。

```
CREATE TRIGGER T_商品明细
  ON 商品明细
     FOR INSERT
     AS
      DECLARE @v 类别编码 int
      DECLARE @v 类别名称 nvarchar(50)
    --从 inserted 表获取类别编码
      SELECT @v 类别编码 = 类别编码 FROM inserted
    --从“商品类别”表获取类别名称
      SELECT@v 类别名称 = 类别名称 FROM 商品类别 WHERE 类别编码 = @v 类别编码
    --判断给“商品明细”表插入数据时，类别编码在“商品类别”中是否存在
      IF @v 类别名称 IS NULL
       BEGIN
```

```
        PRINT '输入的商品类别不存在！'
        ROLLBACK TRANSACTION
    END
```

说明：

（1）“inserted”是在执行 INSERT 语句时系统自动产生的一个特殊表。

（2）“ROLLBACK TRANSACTION”是回滚前边所进行的事务（如数据操作）。

例 8－15 给“商品明细”表插入数据，检验例 8－14 创建的触发器的效果。

```
INSERT INTO 商品明细（商品编码,商品名称,销售价格,商品数量,类别编码）
        VALUES（66,'红富士苹果',10,100,111）
```

说明：

（1）如果“商品类别”表中包含 111 类别编码，插入语句成功执行。如果“商品类别”表中不包含 111 类别编码，插入失败，提示错误，回滚插入操作。

（2）更换 111 为“商品类别”表中包含和不包含的类别编码，查看执行结果。

8.3.3 修改触发器

1. 使用图形界面工具修改触发器

使用 SQL Server Management Studio 图形界面工具修改触发器的步骤如下：

（1）展开具体的数据库，展开“表”，展开具体的表，再展开“触发器”，用鼠标右键单击需要修改的触发器名，出现图 8－21 所示界面。

（2）在图 8－21 所示界面中，选择“修改”，出现图 8－22 所示界面。

（3）在图 8－22 所示界面中，输入或修改需要的 Transact－SQL 语句。

（4）点击工具栏中的“执行”按钮，保存修改的触发器。

2. 使用 SQL 语句修改触发器

格式：

```
ALTER TRIGGER 触发器名
  ON {表名|视图名}
[WITH ENCRYPTION]
{{{FOR|AFTER|INSTEAD OF}
   {[INSERT][,][UPDATE][,][DELETE]}
   AS
    SQL 语句块
   }}
```

说明：除了“CREATE”换成“ALTER”，其他与创建触发器时相同。

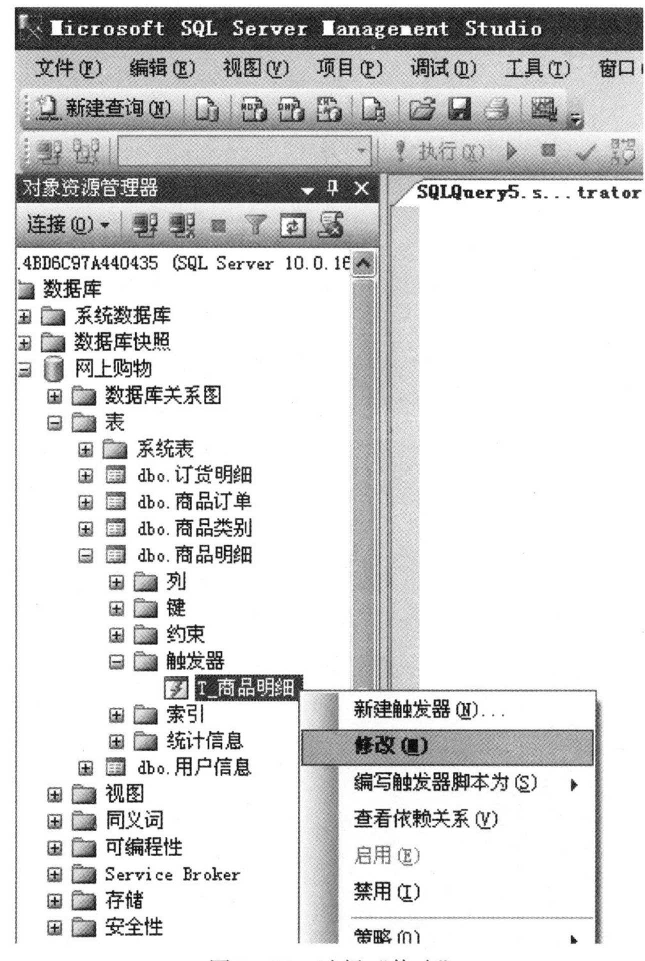

图 8－21　选择“修改”

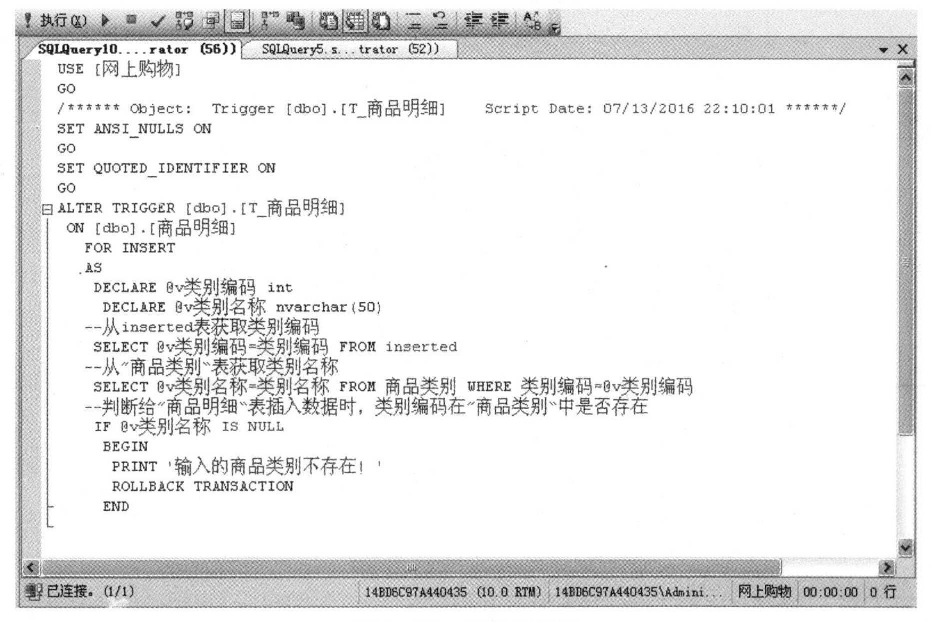

图 8－22　修改触发器

8.3.4 禁用和启用触发器

禁用触发器是使触发器失去作用，但并没有使触发器从数据库中消失（删除）。
启用触发器是使被禁用的触发器恢复作用。

1. 使用图形界面工具禁用/启用触发器

使用 SQL Server Management Studio 图形界面工具禁用/启用触发器的步骤如下：

（1）展开具体的数据库，展开“表”，展开具体的表，再展开“触发器”，用鼠标右键单击需要禁用的触发器名，出现图 8－23 所示界面。

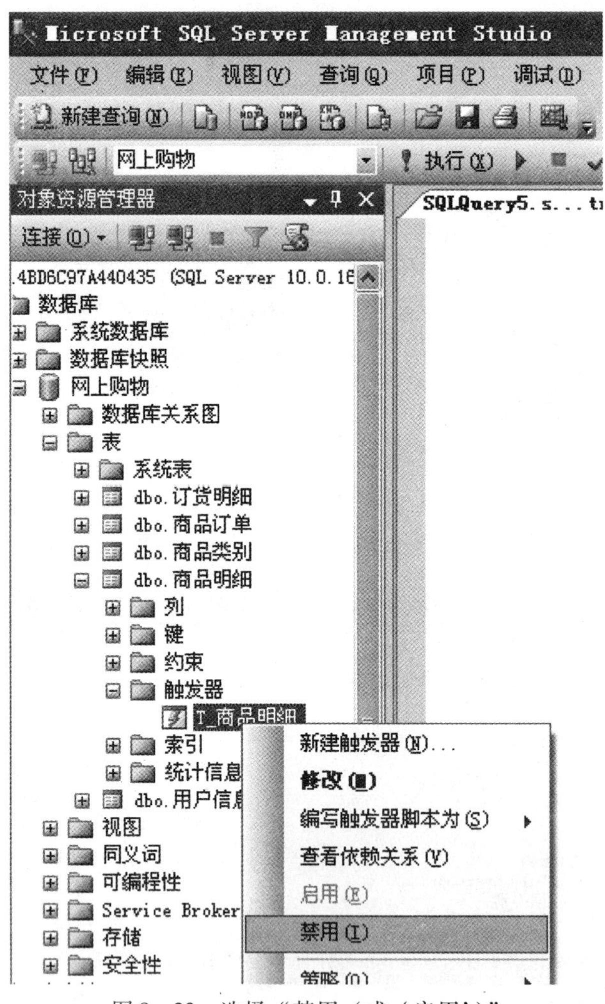

图 8－23 选择“禁用（或‘启用’）”

（2）在图 8－23 所示界面中，选择“禁用”，在随后出现的“禁用触发器”界面，点击“关闭”，选择的触发器被禁用。

（3）在图 8－23 所示界面中，选择“启用”，在随后出现的“启用触发器”界面，点击“关闭”，选择的触发器被启用。（“启用”在“禁用”上边，呈灰色）

2. 使用 SQL 语句禁用触发器

格式：
DISABLE TRIGGER 触发器名 ON 表名

例 8-16 禁用例 8-14 中创建的触发器“T_商品明细”。

```
DISABLE TRIGGER T_商品明细
```

3. 使用 SQL 语句启用触发器

格式：
ENABLE TRIGGER 触发器名 ON 表名

例 8-17 启用例 8-16 中禁用的触发器“T_商品明细”。

```
ENABLE TRIGGER T_商品明细
```

说明：调用例 8-15，检验触发器被禁用和启用的效果。

8.3.5 删除触发器

1. 使用图形界面工具删除触发器

使用 SQL Server Management Studio 图形界面工具删除触发器的步骤如下：

（1）展开具体的数据库，展开“表”，展开具体的表，再展开“触发器”，用鼠标右键点击需要修改的触发器名，出现图 8-24 所示界面。

（2）在图 8-24 所示界面中，选择“删除”，在随后出现的“删除对象”界面，点击“确定”按钮，选择的触发器被删除。

2. 使用 SQL 语句删除触发器

格式：
DROP TRIGGER 触发器名 1 [,触发器名 2,…触发器名 n]

例 8-18 删除例 8-14 中创建的触发器“T_商品明细”。

```
DROP TRIGGER T_商品明细
```

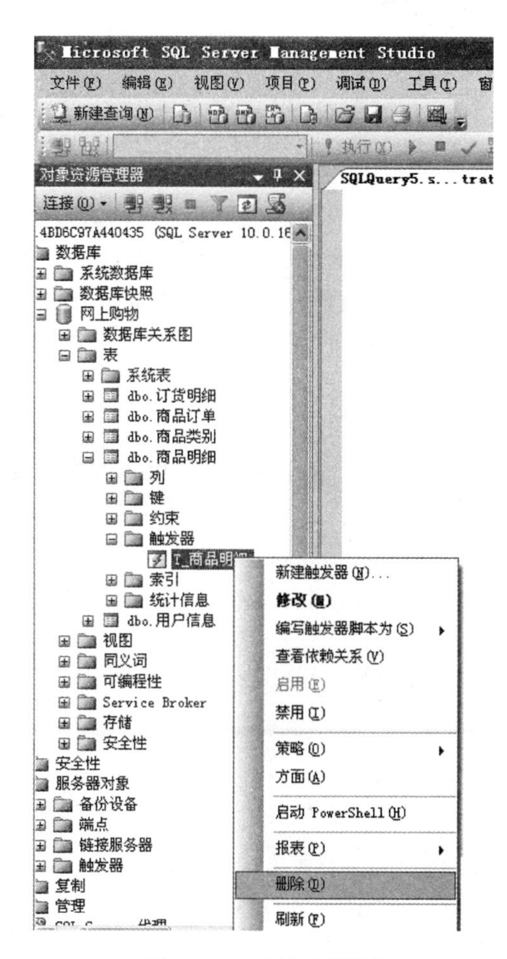

图 8-24 选择“删除”

8.4 存储过程、函数和触发器的比较

1. 相同点

（1）都是可以保存到数据库管理系统中的独立的数据库对象。
（2）都是可以在数据库管理系统中创建、修改和删除的数据库对象。
（3）都是可以在数据库管理系统中进行编写的程序代码段。
（4）都是可以完成某种特定功能的程序代码段。
（5）都是对 SQL 语句的补充，可以像一条 SQL 语句一样被调用和执行。

2. 不同点

1）返回值
（1）存储过程返回一个值，只能表示存储过程执行的成功与失败。
（2）函数可以返回一个标量值（标量值函数），也可以返回一张表（表值函数）。
（3）触发器没有返回值，不接受或传递参数。
2）调用方式
（1）存储过程和函数需要程序命令调用才能执行。
（2）触发器不需要调用，在执行数据库操作时被触发而自动执行。
3）执行命令：
（1）触发器没有执行命令，自动执行。
（2）存储过程：EXEC 存储过程名 参数列表
（注意：参数列表两边不用圆括号）
（3）函数：SELECT 数据库用户名.函数名（参数列表）
（注意：参数列表两边必用圆括号）
或 SELECT * FROM [数据库用户名.] 函数名（参数列表）
（注意：数据库用户名可有可无）
4）定义位置
（1）存储过程和函数定义在数据库上。
（2）触发器定义在表或视图上，比存储过程和函数低一级。

练习题

一、单选题

1. 下列选项中不属于存储过程的优点的是（　　）。
A. 增强代码的重用性和共享性
B. 加快运行速度，减少网络流量
C. 可以作为安全机制
D. 编辑简单

2. 对于存储过程，下列说法不正确的是（　　）。

A. 是Transact－SQL语句和控制流语句的预编译集合

B. 包含系统存储过程和用户自定义存储过程

C. 都是由数据管理系统提供，用户直接调用就可以完成特定任务

D. 需要使用Transact－SQL语句调用才能执行，不会自动执行

3. 使用Transact－SQL语句（　　）创建存储过程。

A. CREATE PROCEDURE

B. CREATE TABLE

C. CREATE FUNCTION

D. CREATE TRIGGER

4. （　　）不属于用户定义函数的组成成分。

A. 过程名　　B. 参数　　C. 编程语句　　D. 返回值

5. 使用Transact－SQL语句（　　）删除用户自定义函数。

A. DROP PROCEDURE

B. DROP FOUNCTION

C. DELETE FOUNCTION

D. DROP TRIGGER

6. 对于触发器，下列说法不正确的是（　　）。

A. 是一种特殊的存储过程

B. 需要使用T－SQL语句调用才能执行

C. 可以限制向表中添加无效数据

D. 在指定表中的数据发生变化时被触发执行

7. 在下列选项中不属于触发器的应用范围的是（　　）。

A. 级联修改数据库中的所有相关表。

B. 撤销或回滚违反引用完整性的操作，防止非法修改数据

C. 增强代码的重用性和共享性

D. 查找在数据修改前后，表状态之间的差别，并根据差别来采取相应的措施

8. 使用T－SQL语句（　　）创建触发器。

A. CREATE TRIGGER

B. ALTER TRIGGER

C. INSERT TRIGGER

D. DROP TRIGGER

二、填空题

1. 存储过程在__________端对数据库中的数据进行操作，并将结果返回到________端。

2. 存储过程的参数分为____________和__________两种类型。

3. 在一般情况下，系统存储过程返回0表示________；返回非0表示________。

4. 用户自定义函数由________、________、________和________组成。

5. 触发器与存储过程不同，触发器由________触发，存储过程是由________执行。

三、简答题

1. 简述存储过程的优点。
2. 简述用户自定义函数的组成。
3. 简述用户自定义函数与存储过程的区别。
4. 简述存储过程与触发器的异同。

四、上机操作题

上机操作本章中的例 8－1～例 8－18。

第 9 章 数据库安全管理

本章学习 

①数据库安全管理概述
②登录管理
③数据库用户管理
④数据库角色管理
⑤数据库权限管理

数据库安全管理是指采取一定的安全措施，防止不合法的使用造成数据的泄密或破坏。数据库安全管理包括两个方面：什么人能进入数据库系统，进入系统之后能干什么。在数据库管理系统中，首先是用户进入时，系统使用检查密码等方式验证身份；其次是对数据库进行操作时，系统检查用户是否拥有操作的权限。

9.1 数据库安全管理概述

数据库中存放着大量的数据，如果安全得不到保证，就会对数据造成危害。SQL Server 数据库管理系统使用身份验证、用户管理、角色管理和权限管理，保护数据库中的数据。

1. SQL Server 安全机制

1）操作系统级的安全性

在用户的客户机通过网络实现对 SQL Server 数据库的访问时，用户首先需要获得客户机操作系统的使用权。客户机操作系统安全性是网络管理员的任务，其需要给客户机分配能否连接到 SQL Server 数据库服务器的权限。由于 SQL Server 采用集成 Windows 操作系统安全模式，操作系统安全性的地位得到提高，但这同时加大了管理数据库系统安全性的难度。

2）SQL Server 级的安全性

SQL Server 级的安全性是通过验证登录账户和密码进行控制的。SQL Server 采用集成 Windows 登录和标准 SQL Server 登录两种模式，前一种是默认登录模式，不需要密码就可以进入数据库系统。后者需要进行设置，输入密码才能进入。管理和设计合理的登录方式，是数据库管理员的重要任务。

3）数据库级的安全性

数据库级的安全性是指用户在通过 SQL Server 服务器的安全检查之后，将面对不同的数据库入口，主要通过用户账户进行控制。要对某个数据库进行管理，必须拥有该数据库的一个用户账户身份。需要创建与数据库登录用户名对应的数据库用户，以此获得访问数据库的权利。

在默认情况下，只有数据库的所有者才拥有管理该数据库对象的所有权限，其也可以分配数据库的管理权限给其他用户，使其他用户也拥有管理该数据库对象的某些权限。

4）数据库对象级的安全性

数据库对象级的安全性是检查用户权限的最后一道防线，通过设置数据库对象的所有权进行控制。在创建数据库对象时，SQL Server 把数据库对象的所有权赋予该对象的所有者，对象的所有者能够实现对该对象的安全控制，也可以将对象的所有权分配给其他用户。

2. SQL Server 安全模式

1）身份验证

连接或登录到数据库系统，首先应该是一个合法的登录用户。当用户试图进入数据库系统时，系统验证用户是否拥有合法的登录账户和密码，从而决定是否允许用户进入数据库系统。

2）数据库用户

登录用户进入数据库系统，并不意味着该用户一定可以访问数据库，只有数据库用户才能访问具体的数据库。在每个数据库中，都有一组 SQL Server 用户账户。登录用户访问指定的数据库，需要将自身关联到这个数据库的一个用户账户上，从而获得访问数据库的权限。一个登录用户可以关联多个数据库用户账户。

3）数据库角色

数据库角色类似 Windows 操作系统中的用户组，可以对用户进行分组管理。首先对角色赋予访问数据库的权限，然后将创建的用户加入到角色，使用户拥有角色的权限。不需要对每个用户分别赋予权限，以方便对用户的管理。

4）数据库权限

数据库权限用于控制数据库对象的访问和语句的执行，其分为数据库对象权限和数据库语句权限。对数据库权限的管理包括授予权限（GRANT）、回收权限（REVOKE）和拒绝权限（REVOKE）。

3. SQL Server 验证过程

（1）当用户进入数据库系统时，验证用户是否拥有连接 SQL Server 数据库服务器的资格。

（2）当用户访问某个数据库时，验证用户是否是数据库的合法用户。

（3）当用户访问数据库的某个对象时，验证用户是否拥有对该对象的引用和操作权限。

9.2 登录管理

数据库身份认证是指用户登录到数据库系统时，系统对用户身份进行的验证。只有拥有合法的登录账户和密码，才能进入指定的数据库系统。

9.2.1 身份验证模式概述

SQL Server 提供两种身份验证模式。

1. Windows 身份验证模式

当用户通过 Windows 身份验证模式进行登录时，SQL Server 通过回叫 Windows 操作系统来获得用户信息，验证用户账户和密码。这种模式是 SQL Server 通过使用网络用户的安全特性控制登录，实现与 Windows 登录安全的集成。用户的网络安全特性在网络登录时建立，通过 Windows 域控制器进行验证。当网络用户试图登录时，SQL Server 使用基于 Windows 的功能确定经过验证的网络用户账户和密码。

2. 混合身份验证模式

混合身份验证模式既允许使用 Windows 身份验证，也允许使用 SQL Server 身份验证。

当用户通过 SQL Server 身份验证模式进行登录时，SQL Server 将对用户名和密码进行验证。如果未设置 SQL Server 身份验证模式、登录用户名或密码不正确，则身份验证失败。这些登录名和密码与 Windows 操作系统无关。使用 SQL Server 身份验证时，设置密码对于确保系统的安全性至关重要。

系统管理员账户 sa 是为了向后兼容而提供的特殊登录用户。在默认情况下，sa 被分配给固定服务器角色 sysadmin，并不能更改。在安装 SQL Server 时，如果启用混合模式身份验证，安装程序将提示更改 sa 的登录密码。

两种身份验证模式的转换参见第 2 章的有关介绍。

3. 内置的登录名

在安装 SQL Server 时，安装程序会在操作系统中创建一些 Windows 组，如图 9－1 所示。

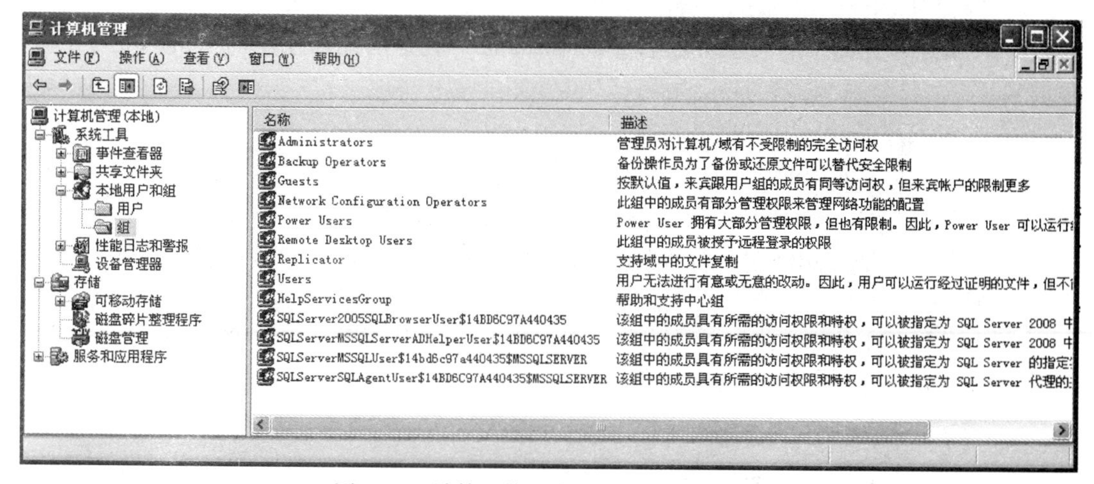

图 9－1　计算机管理中的“SQL Server 组”

（图 9－1 所示界面的获取步骤：用鼠标右键点击计算机桌面的“我的电脑”，选择“管理”，在出现的“计算机管理”界面，展开“系统工具”，展开“本地用户和组”，点击

"组"。)

同时，在 SQL Server 系统中关联 Windows 组的登录名，如图 9－2 所示。

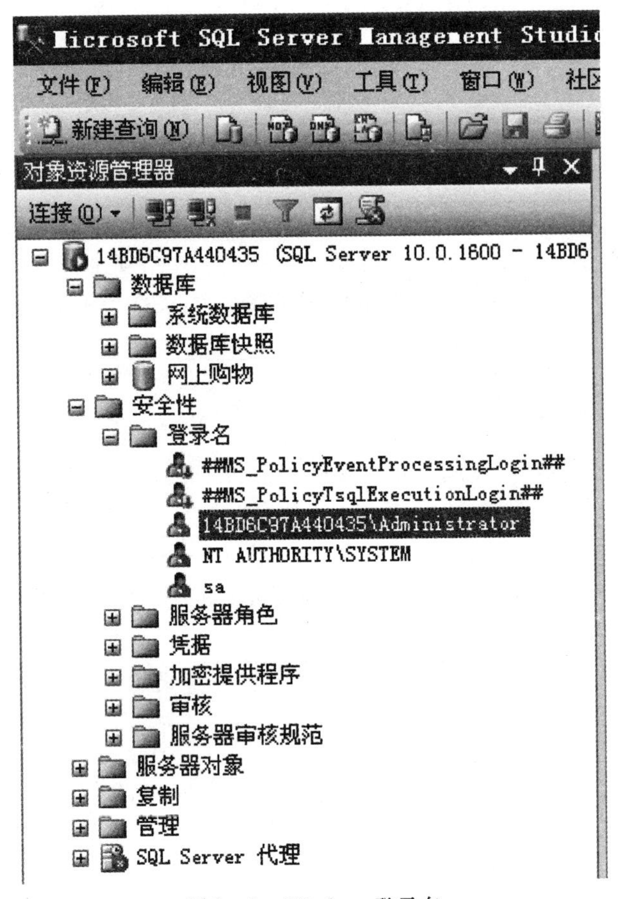

图 9－2　Windows 登录名

1）内置 Windows 用户的登录名

图 9－2 所示界面中的"服务器名/Administrator"就是前几章使用的 Windows 身份验证登录名。

2）内置 SQL Server 用户的登录名

图 9－2 所示界面中的"sa"就是前几章使用的 SQL Server 身份验证登录名。sa 为系统管理员用户，对 SQL Server 拥有完全的管理权限，是功能非常强大的登录名。对于大型数据库系统，应尽量避免使用 sa 登录。对于小型数据库系统，使用 sa 登录数据库系统，一般不再需要创建登录名。

9.2.2　创建登录名

1. 创建 Windows 身份验证登录名

1）使用图形界面工具创建

使用 SQL Server Management Studio 图形界面工具创建 Windows 身份验证登录名的步骤

如下：

（1）在操作系统的“计算机管理”中创建 Windows 用户，或查看已有的 Windows 用户。

（2）在图形界面工具中，展开“安全性”，用鼠标右键点击“登录名”，出现图 9－3 所示界面。

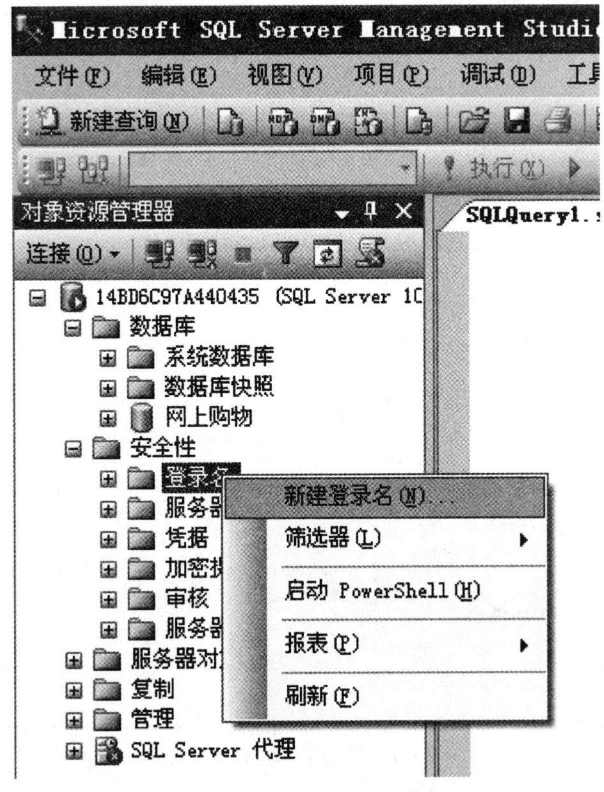

图 9－3　选择“新建登录名”

（3）在图 9－3 所示界面中，选择“新建登录名”，出现图 9－4 所示界面。

（4）在图 9－4 所示界面中，选择“Windows 身份验证”。

（5）点击“登录名”文本框后面的“搜索”按钮，出现图 9－5 所示界面

（6）在图 9－5 所示界面中，在“输入要选择的对象名称”框中输入服务器名/Windows 用户名，或点击“高级”，在随后出现的界面中，点击“立即查找”，出现图 9－6 所示界面。

（7）在图 9－6 所示界面中，选择用于创建登录名的 Windows 用户，点击“确定”按钮，返回图 9－5 所示界面。

（8）在图 9－5 所示界面中，点击“确定”按钮，返回图 9－4 所示界面，此时“登录名”文本框中出现登录名。

（9）在图 9－4 所示界面下部，在“默认数据库”列表框中选择默认数据库，点击“确定”按钮。

（10）在图形界面工具左边“登录名”下面，出现新建的登录名。

此时，从“开始”->“注销”，注销 Windows，以第（7）步选择的 Windows 用户登录计算机，再次启动 SQL Server 系统，选择“Windows 身份验证”，点击“连接”进行登录，系统将出现错误消息提示，如图 9－7 所示。

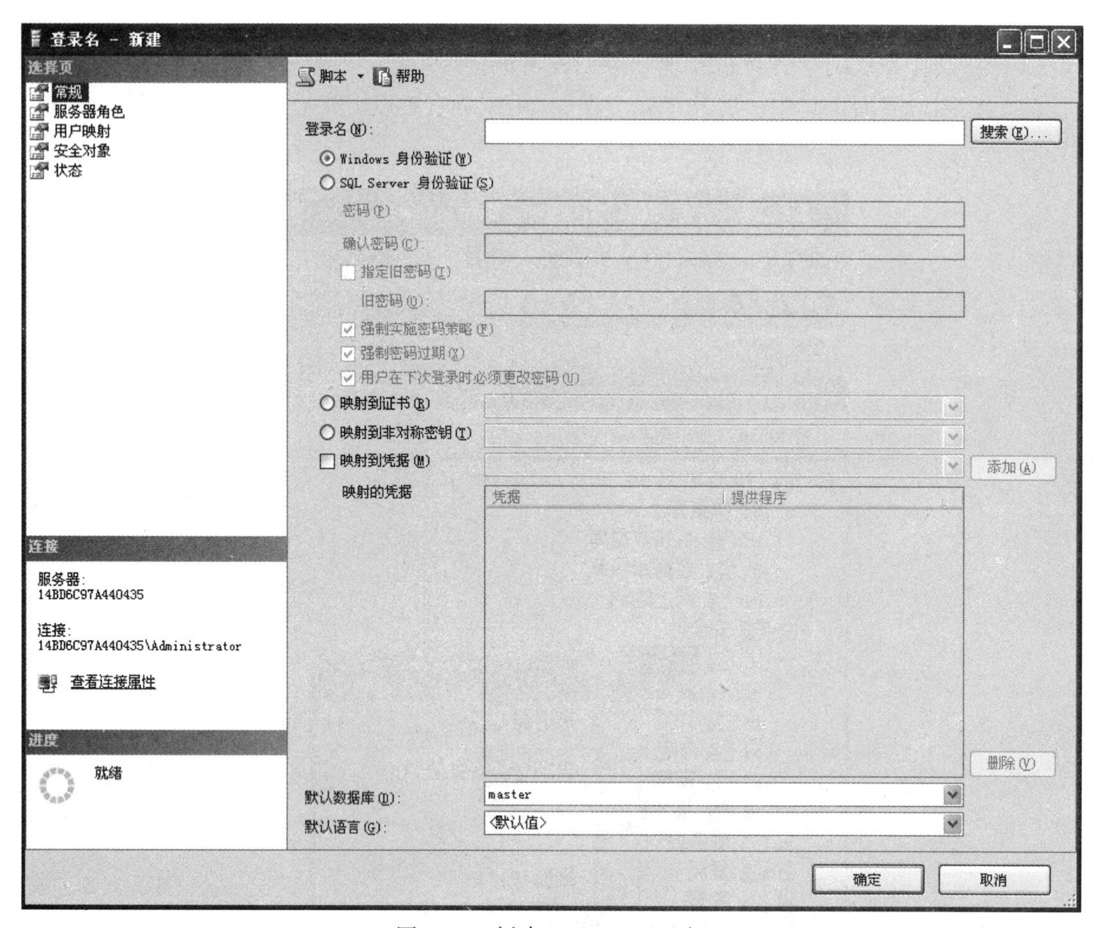

图 9－4　创建 Windows 登录名

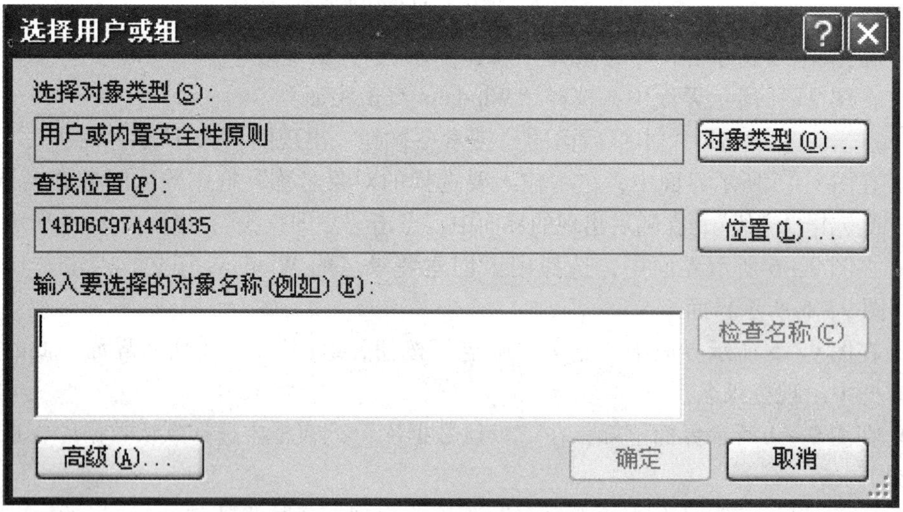

选择用户或组

选择对象类型(S):

用户或内置安全性原则　　对象类型(O)...

查找位置(F):

14BD6C97A440435　　位置(L)...

输入要选择的对象名称(例如)(E):

检查名称(C)

高级(A)...　　确定　　取消

图 9－5　查找“Windows 用户或组”

选择用户或组

选择此对象类型(S):

用户或内置安全性原则 对象类型(O)...

查找位置(F):

14BD6C97A440435 位置(L)...

一般性查询

名称(A): 开始

描述(D): 开始

禁用的帐户(B)

不过期密码(X)

自上次登录后的天数(I):

列(C)... 立即查找(N) 停止(T)

确定 取消

名称(RDN)	在文件夹中
HelpAssis...	14BD6C97A44...
INTERACTIVE	
LOCAL SER...	
NETWORK	
NETWORK S...	
REMOTE IN...	
SERVICE	
SQL1	14BD6C97A44...
SUPPORT_3...	14BD6C97A44...
SYSTEM	
TERMINAL ...	

图 9-6　选择“Windows 用户或组”

图 9-7　访问默认数据库错误消息提示

可以看出，Windows 登录用户不能直接访问数据库，因为没有被授予访问数据库的权限。这个问题在“数据库用户管理”一节的内容介绍之后才能解决。

2）使用 Transact-SQL 语句

格式：

```
CREATE LOGIN 登录名
   FROM WINDOWS
   WITH DEFAULT_DATABASE = 默认数据库名,
      DEFAULT_LANGUAGE = [默认语言]
```

说明：

（1）“CREATE LOGIN”为创建登录名的关键字。

（2）“登录名”指定“服务器名/用户名”形式的登录名。

（3）“FROM WINDOWS”指定是为 Windows 用户创建登录名。

（4）“DEFAULT_DATABASE”指定默认数据库。

（5）“DEFAULT_LANGUAGE”指定默认语言。

注意：

（1）必须以 Windows 计算机管理员“Administrator”账户登录计算机，才能创建登录名。

（2）登录名中的“用户名”必须是 Windows 的合法用户。

例 9-1 使用 SQL 语句创建 Windows 身份验证登录名。

```
CREATE LOGIN [AA972F0AD6FF4C8\BBBB]
    FROM WINDOWS
    WITH DEFAULT_DATABASE = 网上购物
```

说明：登录名两边的中括号不能缺少，也不能是单引号。

3）使用 sp_ grantlogin 存储过程

格式：

sp_grantlogin '服务器名\Windows 用户名'

例 9-2 使用存储过程创建 Windows 身份验证登录名。

```
sp_grantlogin [AA972F0AD6FF4C8\CCCC]
```

2. 创建 SQL Server 身份验证登录名

1）使用图形界面工具

使用 SQL Server Management Studio 图形界面工具创建 SQL Server 身份验证登录名的步骤如下：

（1）在图形界面工具中，展开“安全性”，用鼠标右键点击“登录名”，出现图 9-3 所示界面。

（2）在图 9-3 所示界面中，选择“新建登录名”，出现图 9-8 所示界面。

（4）在图 9-8 所示界面中，在“登录名”文本框中输入登录名。

（5）选择“SQL Server 身份验证”，输入“密码”和“确认密码”。

（6）在图 9-8 所示界面下部，在“默认数据库”列表框，选择“默认数据库”，点击“确定”按钮。

（7）在图形界面工具左边“登录名”下，出现新建的登录名。

注意： 如果 SQL Server 的版本不支持 MUST_CHANCE 选项，点击“确定”按钮会出现错误消息提示，如图 9-9 所示。

解决的方法：取消图 9-8 所示界面中的“强制实施密码策略”，再点击“确定”按钮。

2）使用 Transact-SQL 语句

格式：

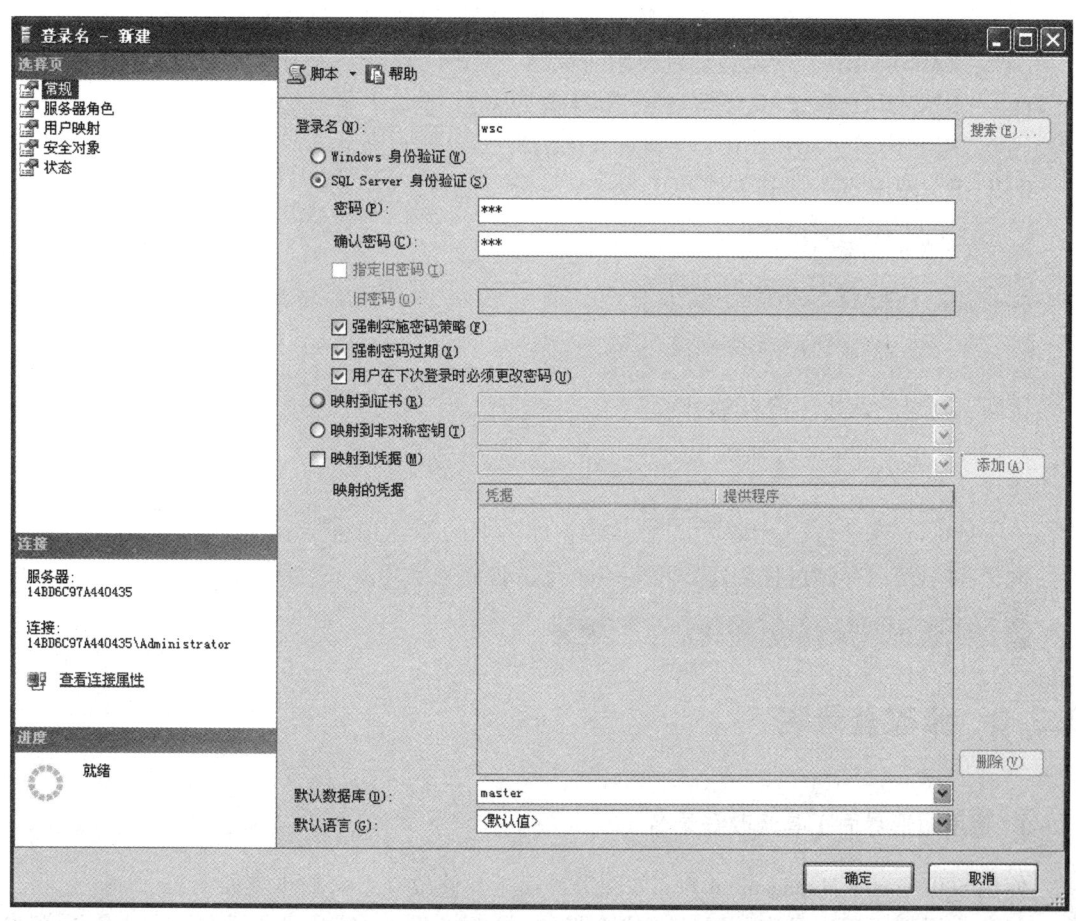

图 9－8　创建 SQL Server 身份验证登录名

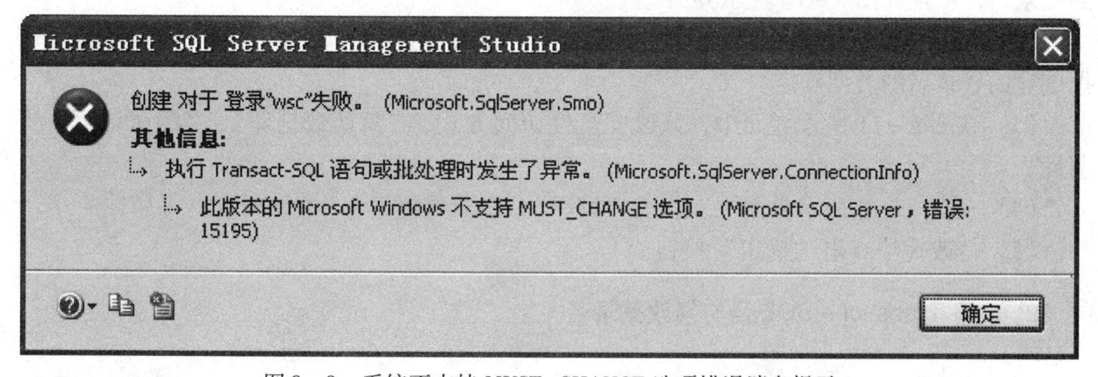

图 9－9　系统不支持 MUST_CHANCE 选项错误消息提示

CREATE LOGIN 登录名
　WITH PASSWORD ='密码',
　　DEFAULT_DATABASE = 默认数据库名,
　　DEFAULT_LANGUAGE = [默认语言]

说明:

(1) "CREATE LOGIN" 为创建登录名的关键字。

(2)“登录名”指定创建的登录名，必须遵守标识符规则，两边不能有单引号。

(3)“PASSWORD”指定登录时使用的密码，密码两边需要单引号。

(4)“DEFAULT_DATABASE”指定默认数据库。

(5)“DEFAULT_LANGUAGE”指定默认语言。

例9-3 使用SQL语句创建SQL Server身份验证登录名。

```
CREATE LOGIN BBBB
    WITH PASSWORD ='B123',
        DEFAULT_DATABASE =网上购物
```

说明：登录名两边不能有单引号。

3）使用sp_addlogin存储过程

格式：

sp_addlogin '登录名'[,'密码'][,'默认数据库名'][,'默认语言']

例9-4 使用存储过程创建SQL Server身份验证登录名。

```
sp_addlogin 'CCCC','C123','网上购物'
```

9.2.3 修改登录名

1. 使用图形界面工具修改登录名

使用SQL Server Management Studio图形界面工具修改登录名的步骤如下：

(1) 在图形界面工具中，展开“安全性”，展开“登录名”，用鼠标右键点击需要修改的登录名，出现如图9-10所示界面。

(2) 在图9-10所示界面中，选择“属性”，出现图9-11或图9-12所示界面。（根据创建的登录名的类型确定）

(3) 在图9-11所示界面中，修改安全性访问方式、“默认数据库”、“默认语言”等属性。

(4) 在图9-12所示界面中，修改“密码”“默认数据库”“默认语言”等属性。

(5) 修改完毕点击“确定”按钮。

2. 使用Transact-SQL语句修改登录名

1）Windows身份验证格式：

ALTER LOGIN 登录名
    WITH DEFAULT_DATABASE =默认数据库名,
        DEFAULT_LANGUAGE =默认语言

例9-5 使用SQL语句修改例9-1中创建的Windows身份验证登录名。

```
ALTER LOGIN [AA972F0AD6FF4C8\BBBB]
    WITH DEFAULT_DATABASE = master
```

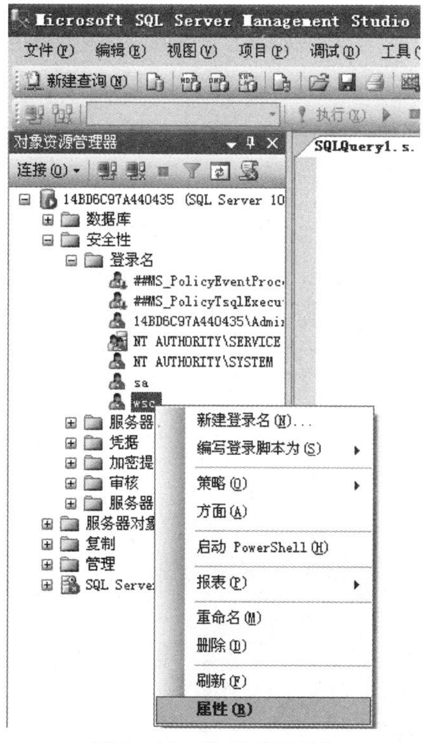

图9-10　选择“属性”

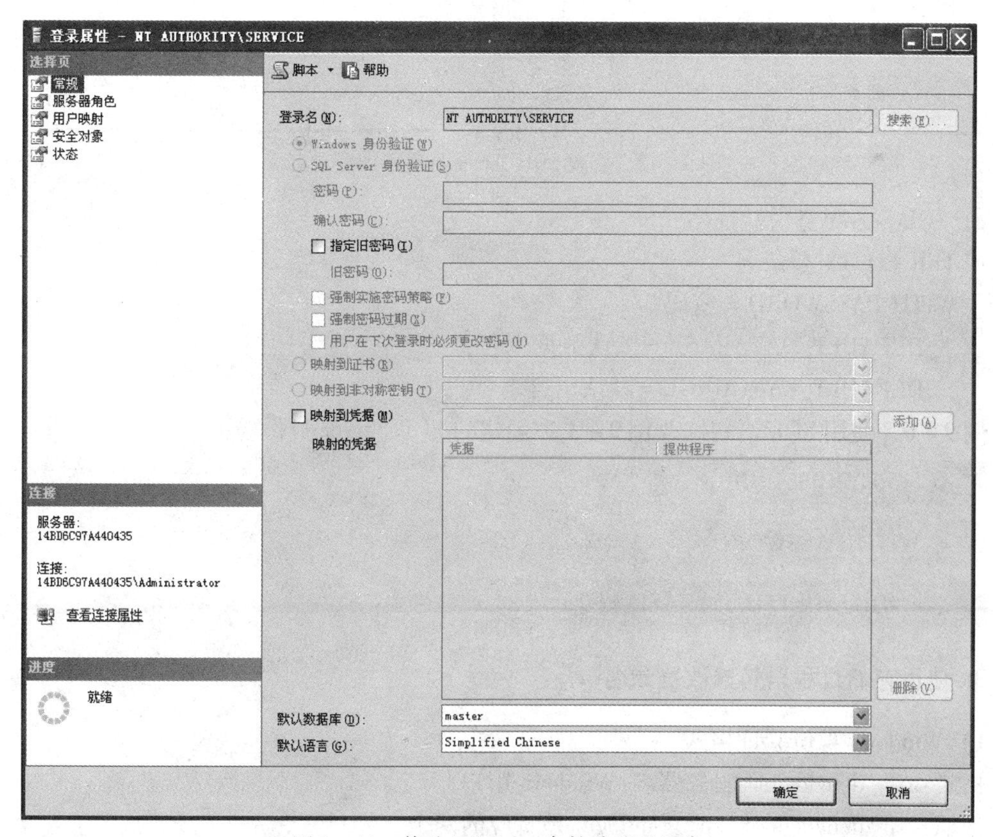

图9-11　修改 Windows 身份验证登录名

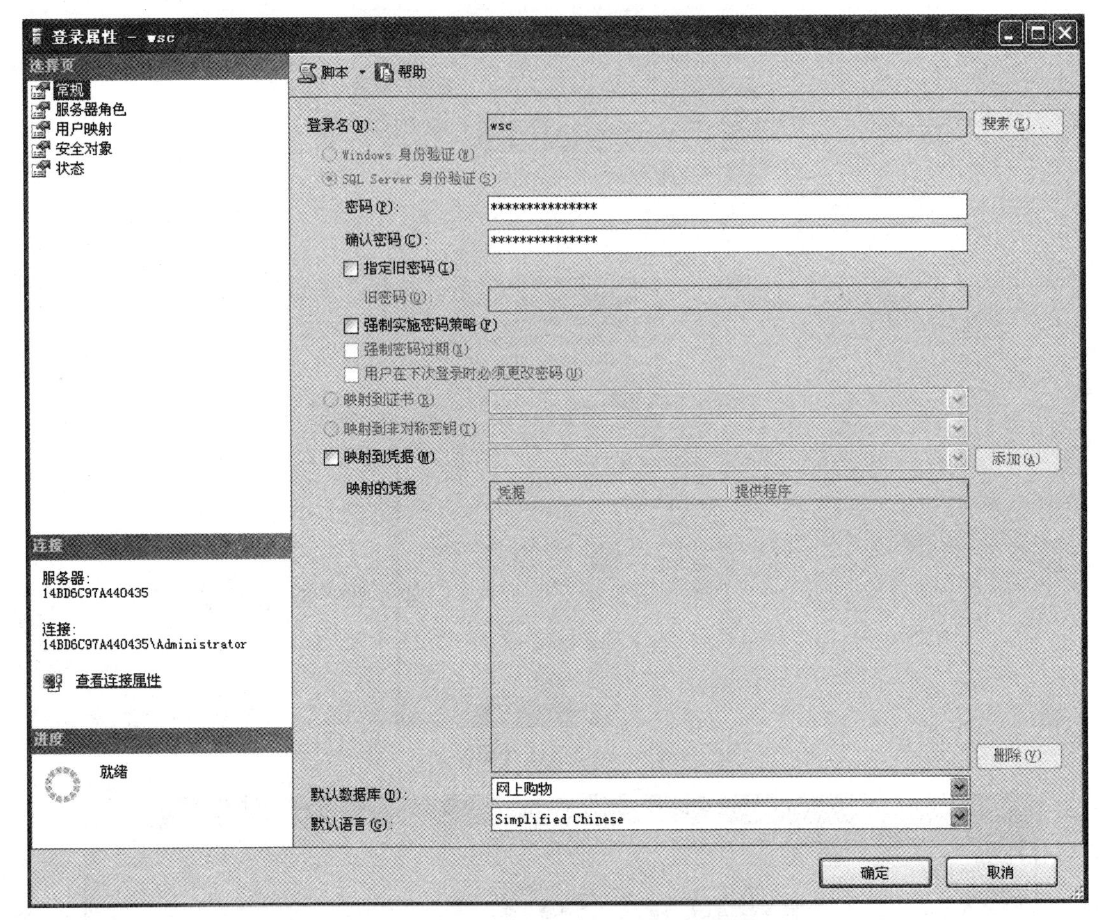

图 9－12　修改 SQL Server 身份验证登录名

2）SQL Server 身份验证格式

```
ALTER LOGIN 登录名
   WITH PASSWORD ='密码',
      DEFAULT_DATABASE = 默认数据库名,
      DEFAULT_LANGUAGE = 默认语言
```

例 9－6　使用 SQL 语句修改例 9－3 中创建的 SQL Server 身份验证登录名。

```
ALTER LOGIN BBBB
   WITH PASSWORD ='B123456',
      DEFAULT_DATABASE = 网上购物
```

3. 使用存储过程语句修改登录名

1）Windows 身份验证格式

格式：sp_denylogin [服务器名/Windows 用户]

说明：sp_denylogin 与 sp_grantlogin 是对应的两个存储过程，
　　　sp_denylogin 阻止 Windows 用户登录 SQL Server。

例 9－7　使用存储过程语句阻止例 9－2 中创建的 Windows 用户登录。

```
sp_denylogin [AA972F0AD6FF4C8\CCCC]
```

2）SQL Server 身份验证格式

格式：sp_password '旧密码','新密码','登录名'

说明：sp_password 只能用于修改密码。

例 9－8　使用存储过程语句修改例 9－4 中创建的 SQL Server 身份验证登录用户的密码。

```
sp_password 'C123','C123456','CCCC'
```

9.2.4　删除登录名

1. 使用图形界面工具删除登录名

使用 SQL Server Management Studio 图形界面工具删除登录名的步骤如下：

（1）在图形界面工具中，展开“安全性”，展开“登录名”，用鼠标右键点击需要删除的登录名，出现图 9－13 所示界面。

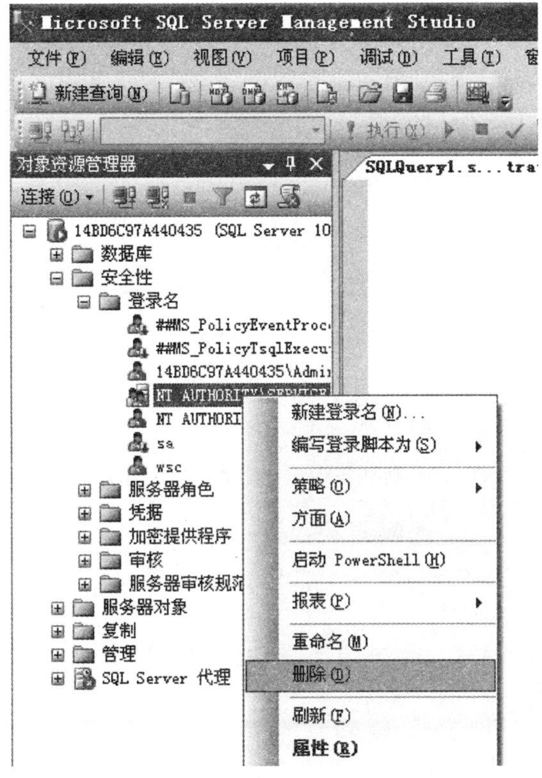

图 9－13　选择“删除”

（2）在图 9－13 所示界面中，选择“删除”，出现图 9－14 所示界面。

（3）在图 9－14 所示界面中，点击“确定”按钮，在出现的提示框中，点击“确定”按钮，选择的登录名被删除。

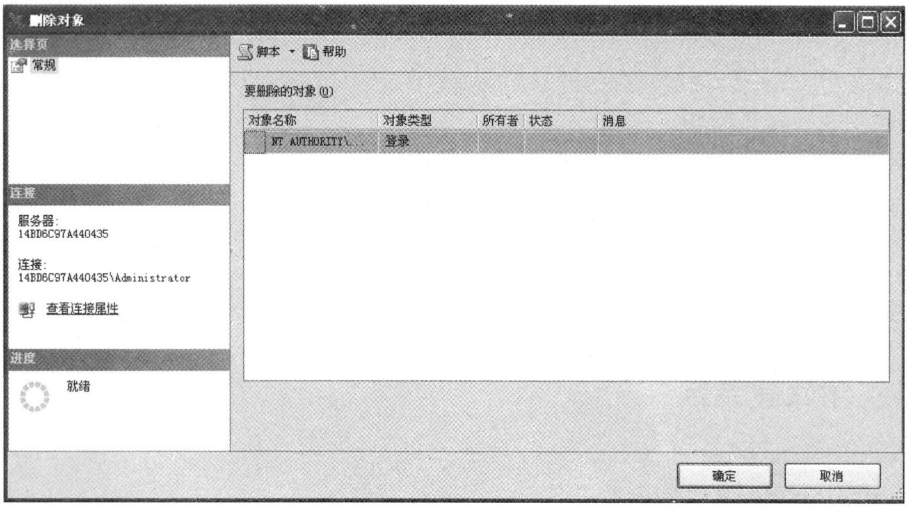

图 9 - 14　删除登录名

2. 使用 Transact - SQL 语句删除登录名

格式：

DROP LOGIN 登录名

例 9 - 9　使用 Transact - SQL 语句删除例 9 - 1 和例 9 - 3 中创建的登录名。

```
DROP LOGIN [AA972F0AD6FF4C8\BBBB]
GO
DROP LOGIN BBBB
```

3. 使用存储过程语句删除登录名

1）Windows 身份验证格式

格式：sp_revokelogin [服务器名/Windows 用户]

例 9 - 10　使用存储过程语句删除例 9 - 2 中创建的登录名。

```
sp_revokelogin [AA972F0AD6FF4C8\CCCC]
```

2）SQL Server 身份验证格式

格式：sp_droplogin '登录名'

例 9 - 11　使用存储过程语删除例 9 - 4 中创建的登录名。

```
sp_droplogin 'CCCC'
```

9.3　数据库用户管理

用户通过身份验证进入数据库系统，并不意味着该用户一定可以访问数据库，只有数据库用户才能访问具体的数据库。登录用户访问指定的数据库，需要将自身关联到这个数据库的一个用户账户上，从而获得访问数据库的权限。

9.3.1 数据库用户概述

1. 内置的数据库用户

在以默认的 Windows 身份验证（服务器名/Administrator）或 SQL Server 身份验证（sa）登录之后，创建的数据库自动内置两个数据库用户：dbo 和 guest。

在图形界面工具中，展开具体的数据库，展开“安全性”，展开“用户”，可以看到数据库用户，如图 9－15 所示。

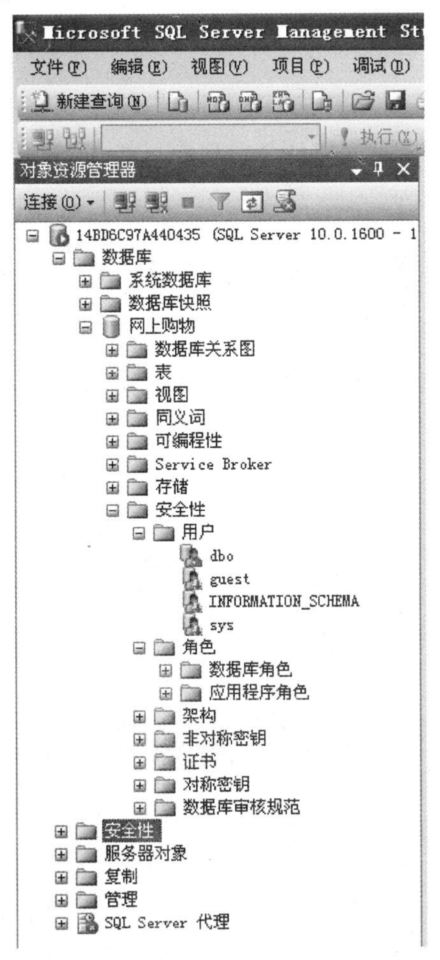

图 9－15　内置数据库用户

（1）dbo 用户也称为数据库所有者，是具有在数据库中执行所有操作权限的用户，与登录账户 sa 对应，即系统自动将登录账户 sa 与数据库用户 dbo 关联。对于小型数据库，使用 sa 登录，使用 dbo 管理数据，一般不再需要创建数据库用户。

（2）guest 用户允许没有用户账户的登录用户访问数据库。

2. 用户权限的授予

（1）数据库所有者用户。创建数据库的用户称为数据库所有者。数据库所有者有权将创建数据库对象的权限授予一般用户，使其成为数据库对象所有者。

（2）数据库对象所有者用户。创建数据库对象（表、视图、索引等）的用户称为数据库对象所有者。

创建数据对象的权限必须由数据库所有者或系统管理员（dbo）授予。

（3）其他用户没有创建数据库，也没有创建数据库对象，但企图使用某些数据库对象。数据库对象所有者有权授予其他用户使用该对象的权限。

9.3.2 创建用户

1. 使用图形界面工具创建用户

使用 SQL Server Management Studio 图形界面工具创建用户的步骤如下：

（1）在图形界面工具中，展开具体的数据库，展开“安全性”，用鼠标右键点击“用户”，出现图9－16所示界面。

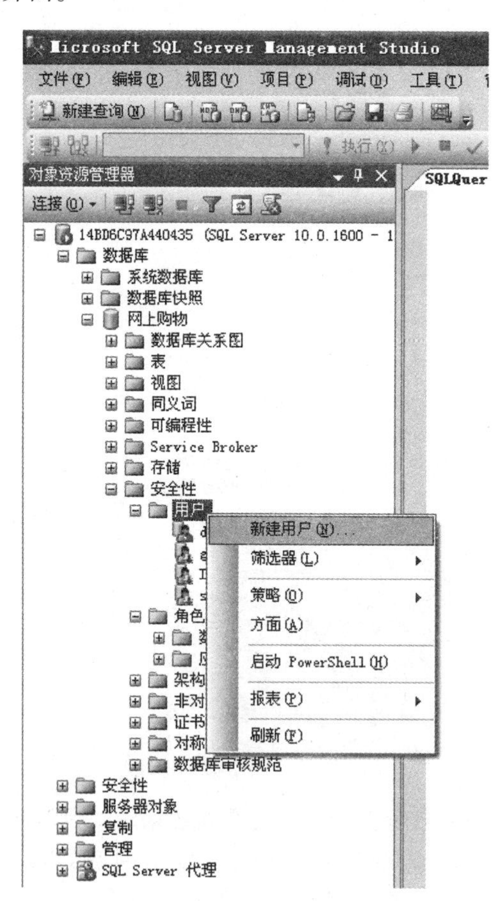

图9－16　选择“新建用户”

（2）在图9－16中所示界面中，选择“新建用户”，出现图9－17所示界面。

（3）在图9－17所示界面“用户名”文本框中，输入用户名。

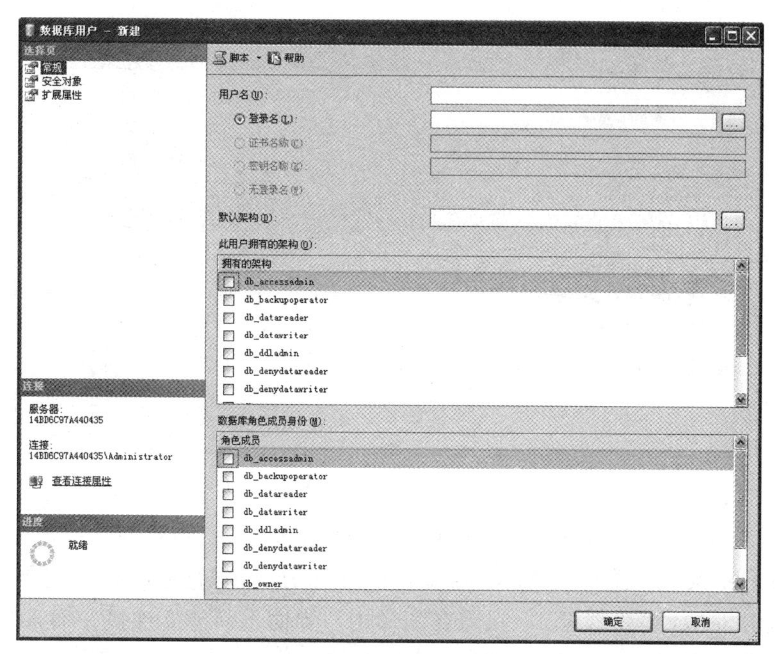

图 9－17　创建数据库用户

（4）点击图 9－17 所示界面中的“登录名”文本框后边的按钮，出现图 9－18 所示界面。

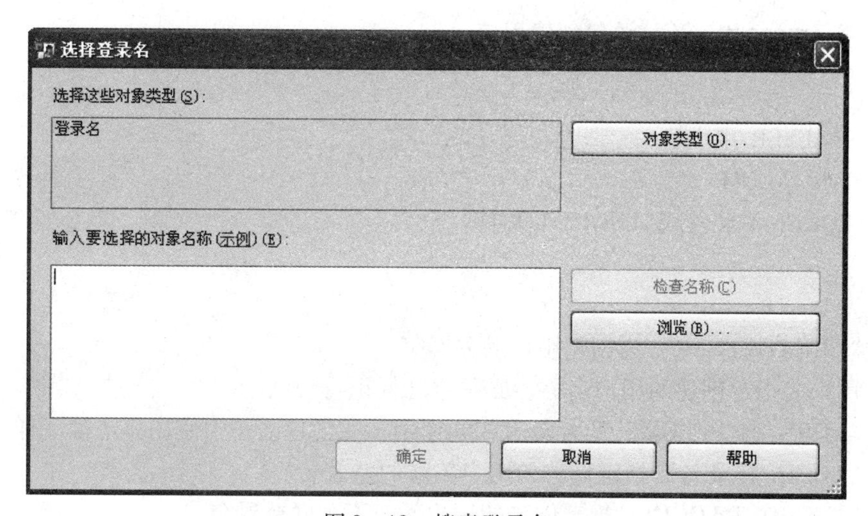

图 9－18　搜索登录名

（5）点击图 9－18 所示界面中的“浏览”按钮，出现图 9－19 所示界面。

（6）勾选图 9－19 所示界面中登录用名左边的复选框，可以多选，点击“确定”按钮，返回图 9－18 所示界面。

（7）点击图 9－18 所示界面中的“确定”按钮，返回图 9－17 所示界面。

注意：尽管在第（6）步可以多选，“登录名”文本框只保留一个登录名，即一个用户只能与一个登录名关联。

（8）点击图 9－17 所示界面中的“确定”按钮，保存创建的用户。

（9）在图形界面工具左边的数据库的“安全性”->“用户”下，出现新建的用户名。

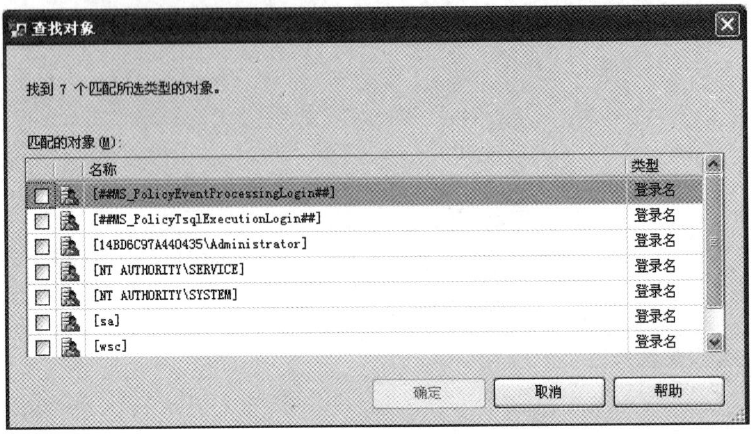

查找对象

找到 7 个匹配所选类型的对象。

匹配的对象(M):

	名称	类型
☐	[##MS_PolicyEventProcessingLogin##]	登录名
☐	[##MS_PolicyTsqlExecutionLogin##]	登录名
☐	[14BD6C97A440435\Administrator]	登录名
☐	[NT AUTHORITY\SERVICE]	登录名
☐	[NT AUTHORITY\SYSTEM]	登录名
☐	[sa]	登录名
☐	[wsc]	登录名

确定　取消　帮助

图 9－19　选择登录名

此时，从“开始”->“注销”，注销 Windows，以第（6）步选择的用户登录计算机，再次启动 SQL Server 系统，选择“Windows 身份验证”，点击“连接”进行登录。

使用“SQL Server 身份验证”，只需在图形用户界面重新建立连接，输入登录名和密码，点击“连接”进行登录。

通过上述两种登录方式，可以看到系统数据库和默认的用户数据库，但看不到任何数据库对象，更谈不上操作对象，这个问题在“数据库权限管理”一节的内容介绍之后才能解决。

2. 使用 Transact－SQL 语句创建用户

格式：

```
CREATE USER 用户名
   [ {FOR|FROM}
     {LOGIN 登录名|WITHOUT LOGIN}
   ]
```

说明：

(1)“CREATE USER”为创建用户的关键字。

(2) 用户名指定创建的用户名称，必须遵守标识符规则。

(3)“FOR”和“FROM”两者具有相同作用，在创建语句中使用哪个都一样。

(4)“LOGIN 登录名”指定创建的用户关联的登录名。

(5)“WITHOUT LOGIN”指定创建的用户暂时不关联登录名。

例 9－12　使用 Transact－SQL 语句创建数据库用户。

```
CREATE USER BBBB
    FOR LOGIN BBBB
```

说明：如果用户名与登录名相同，“FOR LOGIN 登录名”可以省略。

3. 使用存储过程语句创建用户

格式：

sp_grantdbaccess '登录名' [,'用户名']

例 9-13 使用存储过程语句创建数据库用户。

```
sp_grantdbaccess 'CCCC','CCCC'
```

说明：如果用户名与登录名相同，用户名可以省略。

注意： 使用存储过程创建的数据库用户与“架构”关联，先删除架构，才能删除用户。

9.3.3 修改用户

1. 使用图形界面工具修改用户

使用 SQL Server Management Studio 图形界面工具修改用户的步骤如下：

（1）在图形界面工具中，展开具体的数据库，展开“安全性”，展开“用户”，用鼠标右键点击具体的用户，出现图 9-20 所示界面。

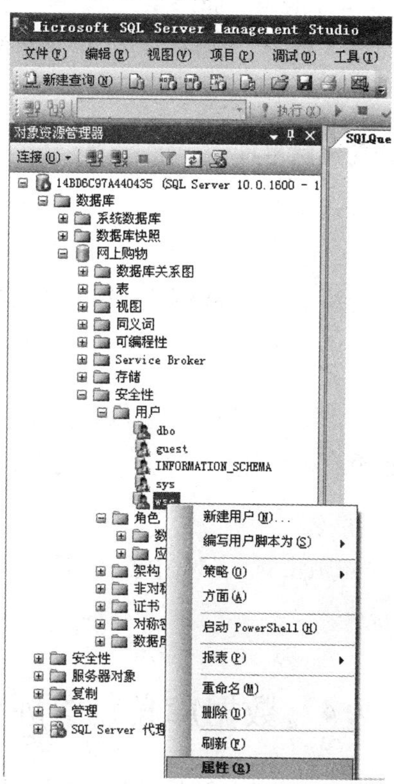

图 9-20 选择“属性”

（2）在图 9-20 所示界面中，选择“属性”，打开与创建数据库用户时类似的窗口。

（3）在其中可以修改用户的“安全对象”等属性。

2. 使用 Transact-SQL 语句修改用户

格式：

```
ALTER USER 用户名
  WITH NAME = 新用户名[ ,LOGIN = 登录名]
```

例 9 –14 使用 Transact – SQL 语句修改例 9 – 12 中创建的数据库用户

```
ALTER USER BBBB
    WITH NAME = BBDD, LOGIN = DDDD
```

说明：本例更换了用户名和关联的登录名。

9.3.4 删除用户

1. 使用图形界面工具删除用户

使用 SQL Server Management Studio 图形界面工具删除用户的步骤如下：

（1）在图形界面工具中，展开具体的数据库，展开“安全性”，展开“用户”，用鼠标右键点击具体的用户，出现图 9 – 20 所示界面。

（2）在图 9 – 20 所示界面中，选择“删除”，打开“删除对象”窗口，点击“确定”按钮。

2. 使用 Transact – SQL 语句删除用户

格式：

DROP USER 用户名

例 9 –15 使用 Transact – SQL 语句删除例 9 – 12 中创建的例 9 – 14 中换名的数据库用户。

```
DROP USER BBDD
```

3. 使用存储过程语句删除用户

格式：sp_revokedbaccess '用户名'

例 9 –16 使用存储过程语句删除例 9 – 14 中创建的数据库用户。

```
sp_revokedbaccess 'CCCC'
```

9.4 数据库角色管理

数据库角色可以对用户进行分组管理。首先对角色赋予访问数据库的权限，然后将创建的用户加入到角色，使用户拥有角色的权限，从而方便对用户的管理。

9.4.1 内置角色

SQL Server 数据库角色包括固定服务器角色和数据库角色。数据库角色包括固定数据库角色和用户自定义数据库角色。

SQL Server 根据管理任务的重要性，把具有管理功能的用户划分成不同的用户组，每组定义为一个固定服务器角色。每个角色具有的管理权限由 SQL Server 系统内置，不能添加、删除和修改。可以在这些角色中加入用户以获取相关的管理权限。

1. 固定服务器角色

SQL Server 内置的固定服务器角色与具体数据库无关，可以将登录账户添加到对应角色中。内置的固定服务器角色如图 9－21 所示。

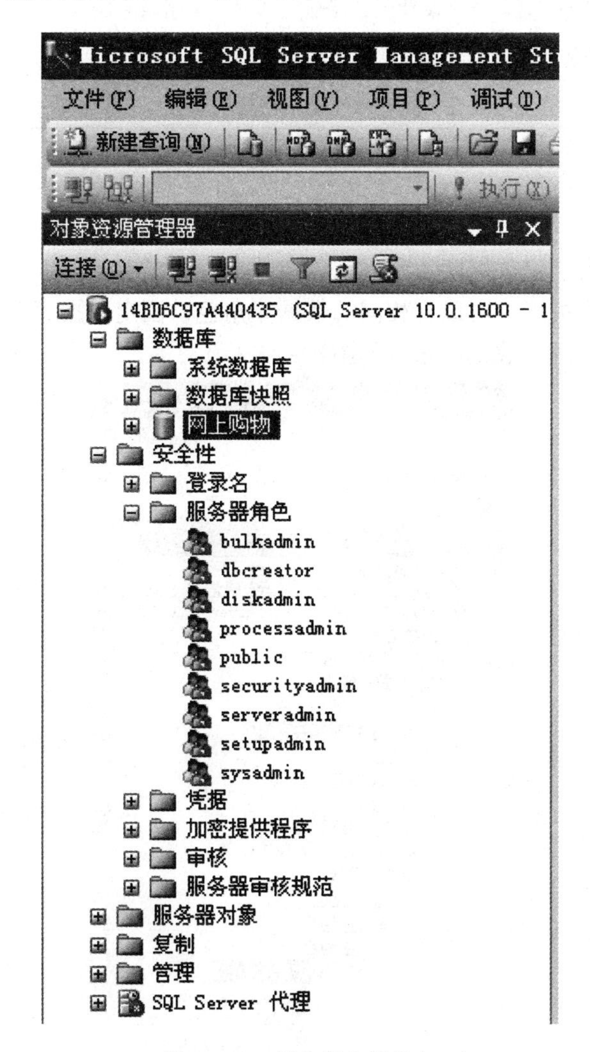

图 9－21　固定服务器角色

内置的固定服务器角色的功能见表 9－1。

表 9－1　固定服务器角色的功能

角色名	功　　能
bulkadmin	批量管理员，执行 BULK INSERT 语句，完成大容量数据插入操作
dbcreator	数据库创建者，创建、修改和删除数据库
diskadmin	磁盘管理员，管理磁盘文件
processadmin	进程管理员，管理 SQL Server 中运行的进程

续表

角色名	功　能
public	登录名管理员，管理登录名，每个 SQL Server 登录名都隶属于该角色
securityadmin	安全管理员，管理登录和创建数据库权限，读取错误日志和更改密码
serveradmin	服务器管理员，设置服务器配置选项，关闭服务器
setupadmin	安装管理员，管理连接服务器和启动过程
sysadmin	系统管理员，在 SQL Server 中执行任何操作

2. 固定数据库角色

每个数据库都拥有固定数据库角色。在创建数据库用户时，可以指定该用户属于哪一个数据库角色。不同的数据库中可以有相同的数据库角色，固定数据库角色的作用域只是在指定的数据库内。内置的固定数据库角色如图 9－22 所示。

图 9－22　固定数据库角色

内置的固定数据库角色的功能见表9－2。

表9－2　固定数据库角色的功能

角色名	功　　能
db_accessadmin	可以增加或删除数据库用户和角色
db_backupoperator	可以备份和恢复数据库
db_datareader	可以读取任何用户表中的所有数据
db_datawriter	可以更改（增、删、改）任何用户表中的所有数据
db_ddladmin	可以执行任何数据定义语句。
db_denydatareader	不能读取所有用户表中的任何数据
db_denydatawriter	不能更改（增、删、改）所有用户表中的任何数据
db_owner	可以对数据库中的所有对象进行操作，拥有数据库管理的所有权限
db_securityadmin	可以管理数据库角色成员，管理数据库中语句和对象权限
public	可以管理数据库用户，每个数据库用户都隶属于该角色

9.4.2　自定义数据库角色

用户只能自定义数据库角色。

1. 使用图形界面工具自定义数据库角色

使用 SQL Server Management Studio 图形界面工具自定义数据库角色的步骤如下：

（1）在图形界面工具中，展开具体的数据库，展开“安全性”，展开“角色”。用鼠标右键点击“数据库角色”，出现图9－23所示界面。

（2）在图9－23所示界面中，选择“新建数据库角色”，出现图9－24所示界面。

（3）在图9－24所示界面中，在“角色名称”文本框中输入自定义的角色名称。

（4）点击图9－24所示界面中的“所有者”文本框后边的按钮，出现图9－25所示界面。

（5）在图9－25所示界面中，点击“浏览”按钮，出现图9－26所示界面。

（6）勾选图9－26所示界面中用户或角色左边的复选框，可以多选，点击“确定”按钮，返回图9－25所示界面。

（7）点击图9－25所示界面中的“确定”按钮，返回图9－24所示界面。

注意： *尽管在第（6）步可以多选，所有者文本框只保留一个用户名。*

（8）点击图9－24所示界面中的“确定”按钮，保存创建的角色。

（9）在图形界面工具左边的数据库的“安全性”－>“角色”－>“数据库角色”下，出现新建的角色名。

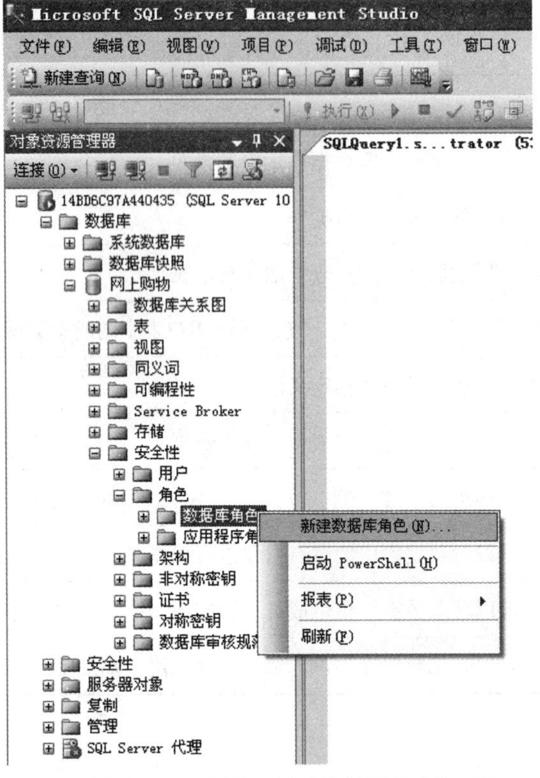

图9－23　选择“新建数据库角色”

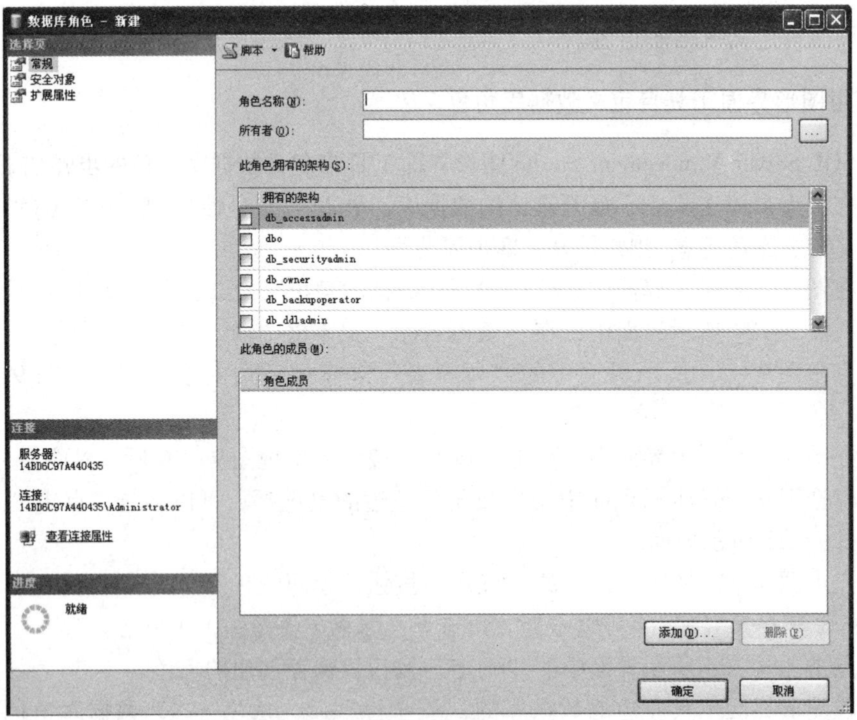

图9－24　创建数据库角色

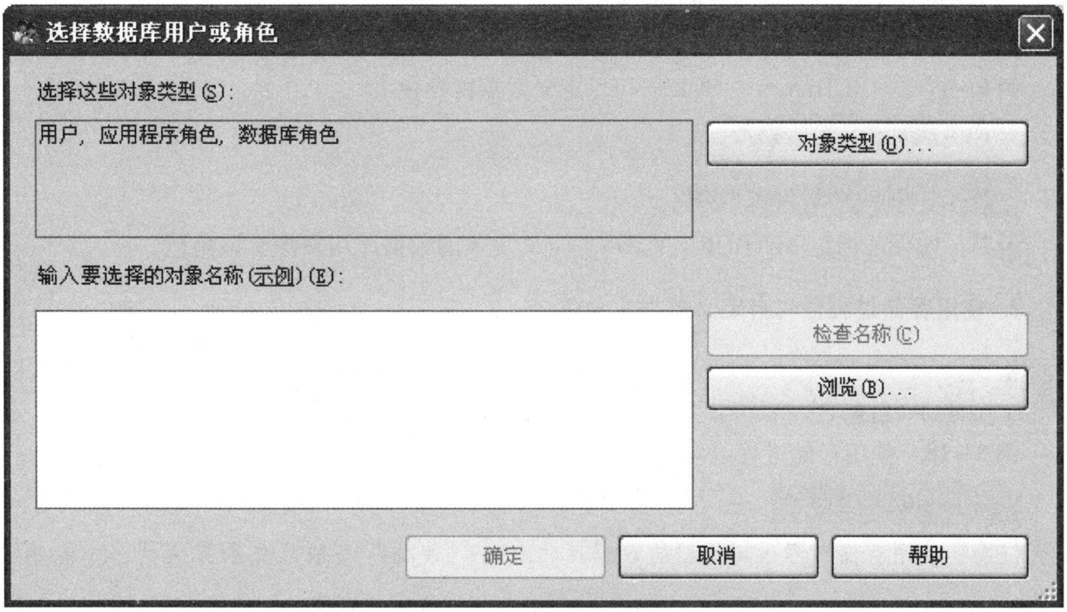

选择数据库用户或角色

选择这些对象类型(S):

用户，应用程序角色，数据库角色

对象类型(O)...

输入要选择的对象名称(示例)(E):

检查名称(C)

浏览(B)...

确定 取消 帮助

图9－25 搜索用户或角色

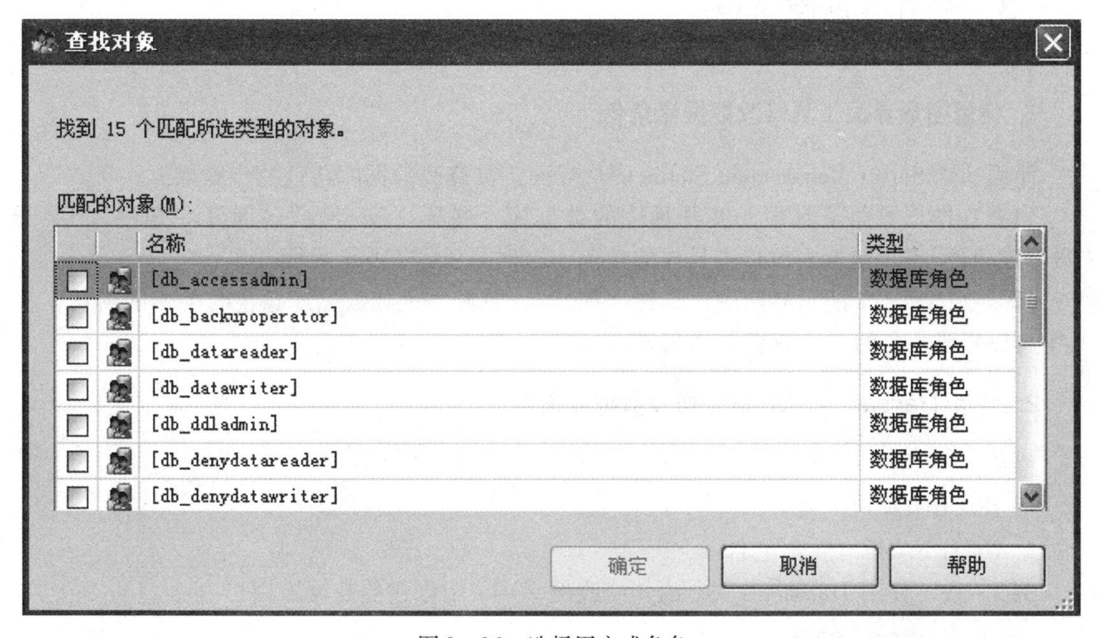

图9－26 选择用户或角色

2. 使用Transact－SQL语句自定义数据库角色

格式：

CREATE ROLE 角色名

　[AUTHORIZATION 所有者名]

说明：

(1)“CREATE ROLE”为自定义数据库角色的关键字。

(2)“角色名”指定自定义的角色的名称。

(3)“AUTHORIZATION”指定拥有新角色的数据库用户或角色。

例9－17 使用Transact－SQL语句自定义数据库角色。

```
CREATEROLE XXXX
    AUTHORIZATION BBBB
```

说明：如果不指定AUTHORIZATION，定义角色的数据库用户拥有该角色。

3. 使用存储过程语句自定义数据库角色

格式：

sp_addrole '角色名'

例9－18 使用存储过程语句创建数据库用户。

```
sp_addrole 'YYYY'
```

注意：使用存储过程语句创建的数据库角色与“架构”关联，先删除架构，才能删除角色。

9.4.3 修改数据库角色

1. 使用图形界面工具修改数据库角色

使用SQL Server Management Studio图形界面工具修改数据库角色的步骤如下：

(1)在图形界面工具中，展开具体的数据库，展开“安全性”，展开“角色”，展开“数据库角色”，用鼠标右键点击具体的角色，出现图9－27所示界面。

(2)在图9－27所示界面中，选择“属性”，打开与创建数据库角色时类似的窗口，在其中可以修改角色的“所有者”等属性。

2. 使用Transact－SQL语句修改数据库角色

格式：

ALTER ROLE 角色名

  WITH NAME＝新角色名

例9－19 使用Transact－SQL语句修改例9－17中创建的数据库用户

```
ALTER ROLE XXXX
    WITH NAME = XXYY
```

9.4.4 管理数据库角色中的用户

1. 使用图形界面工具添加和删除数据库角色成员

使用SQL Server Management Studio图形界面工具管理角色中的用户的步骤如下：

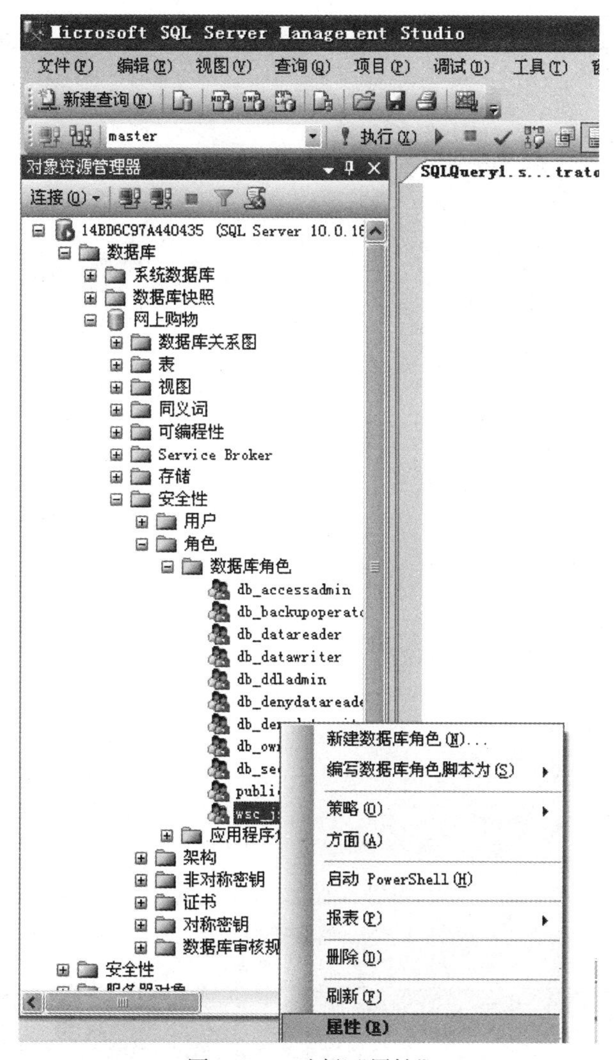

图9－27 选择“属性”

（1）在图形界面工具中，展开具体的数据库，展开“安全性”，展开“角色”，展开“数据库角色”，用鼠标右键点击具体的角色，出现图9－27所示界面（利用修改角色启用界面）。

（2）在图9－27所示界面中，选择“属性”，出现图9－28所示界面。

（3）在图9－28所示界面中，点击“添加”按钮，出现图9－29所示界面。

（4）在图9－29所示界面中，点击“浏览”，出现图9－30所示界面。

（5）在图9－30所示界面中，勾选需要添加的用户，点击“确定”，返回图9－28所示界面。

（6）在图9－28所示界面中，点击“确定”按钮，返回图9－27所示界面。在返回的图9－27所示界面中，用户被添加到“角色成员”中。

（7）在图9－27所示界面中，点击“删除”，“角色成员”中的用户被删除。

（8）在图9－27所示界面中，点击“确定”按钮，保存“添加”或“删除”后角色中的成员。

使用上述类似的步骤可以添加和删除固定服务器角色成员，不再赘述。

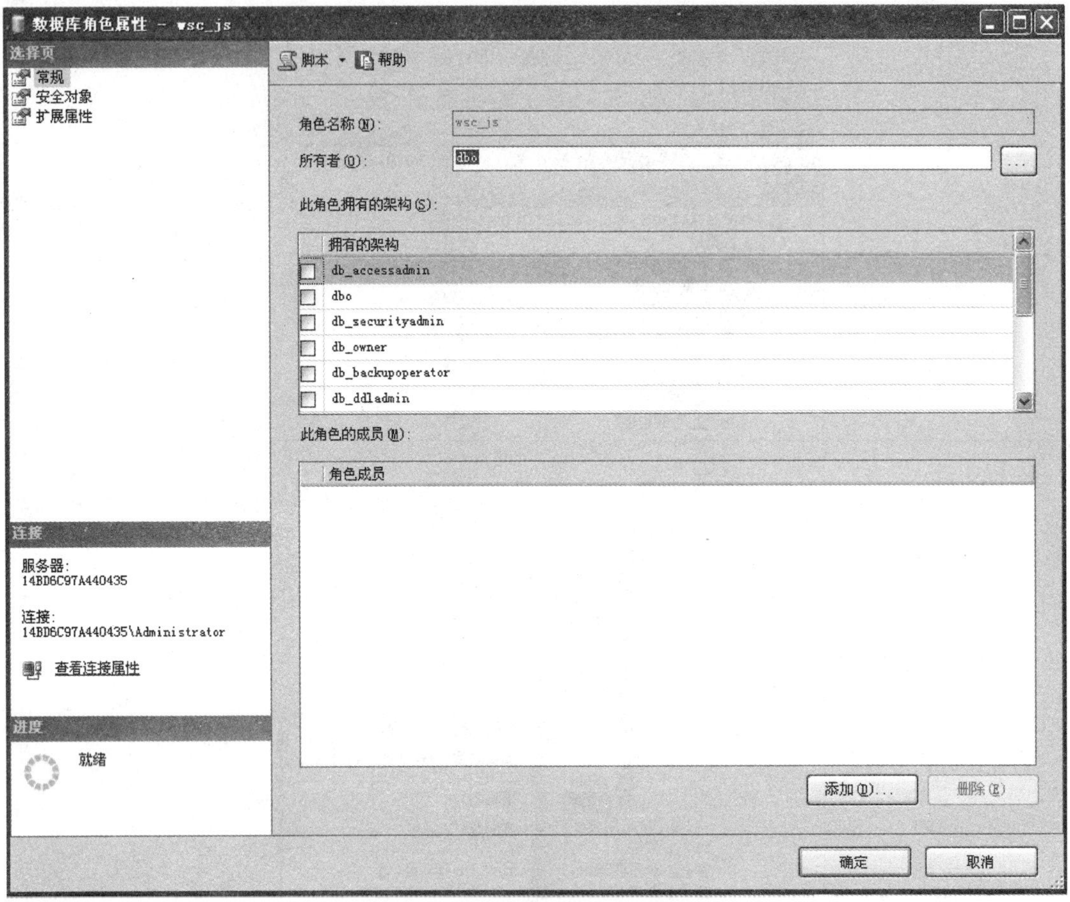

图 9－28　管理数据库角色

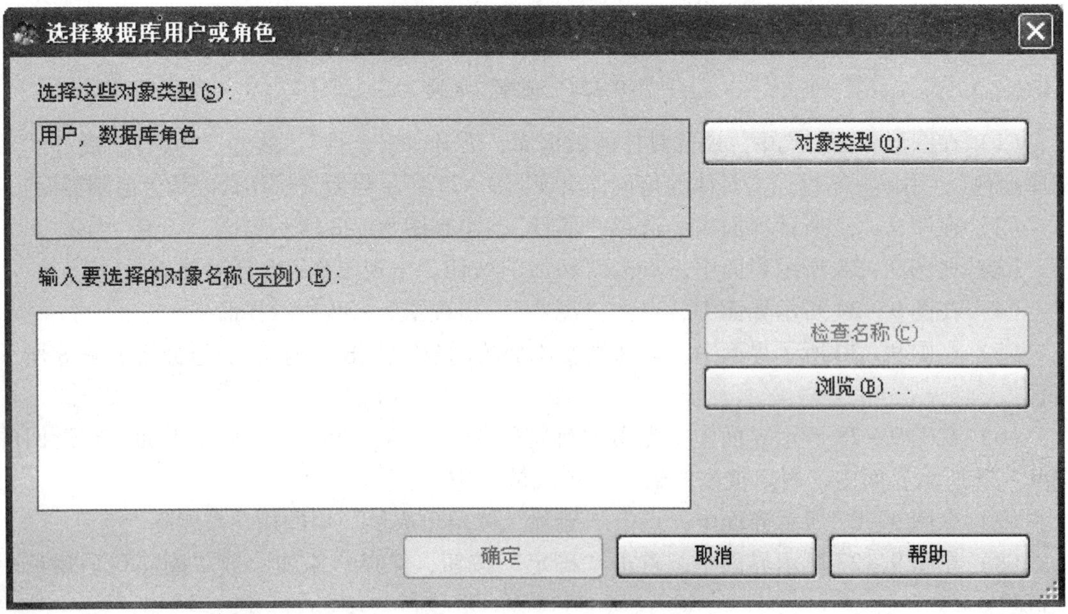

图 9－29　搜索角色或用户

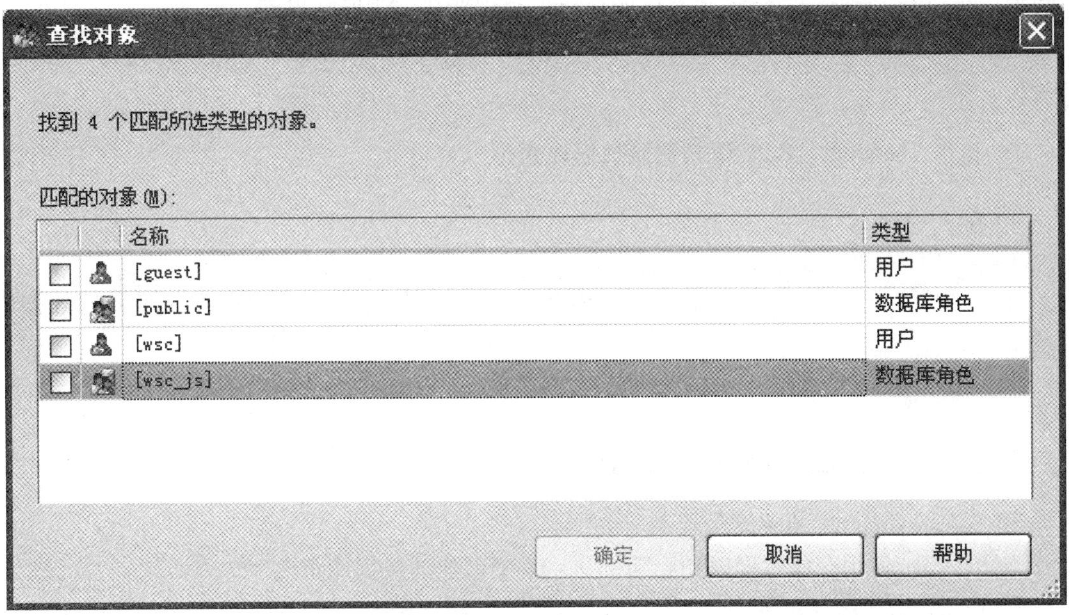

图 9－30　选择用户或角色

2. 使用存储过程语句添加和删除数据库角色成员

1）添加数据库角色成员

格式：sp_addrolemember '数据库角色名','数据库用户名'

例 9－20　使用存储过程语句给数据库角色添加成员。

```
sp_addrolemember 'YYYY','CCCC'
```

2）删除数据库角色成员

格式：sp_droprolemember '数据库角色名','数据库用户名'

例 9－21　使用存储过程从数据库角色中删除成员。

```
sp_addrolemember 'YYYY','CCCC'
```

使用类似的存储过程可以添加和删除固定服务器角色成员。

添加成员：sp_addsrvrolemember '登录名','固定服务器角色名'

删除成员：sp_dropsrvrolemember '登录名','固定服务器角色名'

注意：添加或删除数据库角色成员时角色名在前，用户名在后；添加或删除服务器角色成员时登录名在前，角色名在后。

9.4.5　删除数据库角色

1. 使用图形界面工具删除数据库角色

使用 SQL Server Management Studio 图形界面工具删除数据库角色的步骤如下：

（1）在图形界面工具中，展开具体的数据库，展开“安全性”，展开“角色”，展开

“数据库角色”，用鼠标右键点击具体的角色，出现图9-27所示界面。

（2）在图9-27所示界面中，选择“删除”，打开“删除对象”窗口，点击“确定”按钮。

2. 使用Transact-SQL语句删除数据库角色

格式：

DROP ROLE 角色名

例9-22 使用Transact-SQL语句删除例9-17中创建的例9-19中换名的数据库角色。

```
DROP ROLE XXYY
```

3. 使用存储过程语句删除数据库角色

格式：sp_droprole '角色名'

例9-23 使用存储过程语句删除例9-18中创建的数据库角色。

```
sp_droprole 'YYYY'
```

9.5 数据库权限管理

完成了SQL Server的登录管理，只能通过进入数据库系统的身份验证。创建了数据库用户和角色，只能看到系统中的数据库名。对数据库对象进行操作，还需要给用户或角色授予指定的权限。

9.5.1 数据库权限概述

数据库权限用于控制对数据库对象的访问和语句的执行。在SQL Server中，数据库权限分为数据库对象权限和数据库语句权限。对权限的管理包含3方面内容。

1. 权限的种类

1）对象权限

对象权限表示用户对指定数据库对象（表、视图、索引等）的操作权限，即用户能否查询、插入、删除和修改表中的数据，能否执行存储过程。对象权限包括：

SELECT、INSERT、DELETE和UPDATE语句：可以应用到整个表或视图；

SELECT、INSERT和DELETE语句：可以应用到表或视图的整个行；

SELECT和UPDATE语句：可以应用到表或视图的单个列；

SELECT语句：可以应用到用户自定义函数；

EXECUTE语句：可以执行存储过程和函数。

2）语句权限

语句权限表示用户对数据库的操作权限，即用户能否执行创建和删除对象的语句、能否执行备份和恢复数据库的语句。语句权限包括：

BACKUP DATABASE 语句：备份数据库的权限；
BACKUP LOG 语句：备份数据库日志的权限；
CREATE DATABASE 语句：创建数据库的权限；
CREATE TABLE 语句：创建表的权限；
CREATE VIEW 语句：创建视图的权限；
CREATE…INDEX 语句：创建索引的权限；
CREATE DEFAULT 语句：创建默认值的权限；
CREATE RULE 语句：创建规则的权限；
CREATE PROCEDURE 语句：创建存储过程的权限；
CREATE FUNCTION 语句：创建函数的权限；
CREATE TRIGGER 语句：创建触发器的权限。

3）暗示性权限

暗示性权限是指系统安装之后数据库角色和用户不需要授权就拥有的权限，即数据库角色和用户默认拥有的权限。数据库对象所有者拥有的暗示权限，可以对数据库中所有对象执行任何操作。拥有表的用户的暗示权限可以查询、添加、删除和修改表中的数据，更改表的结构，控制允许其他用户对表进行操作。

2. 权限管理的内容

（1）授予权限（GRANT）：授予用户或角色对象权限和语句权限，使数据库用户在当前数据库中具有执行操作或处理数据的权限。

（2）拒绝权限（DENY）：删除以前授予用户或角色的权限，停用从其他角色继承的权限，确保用户或角色将来不继承更高级别的角色的权限。

（3）回收权限（REVOKE）：回收以前授予用户或角色的权限。回收类似拒绝，两者都是在同一级别上删除已经授予的权限。但是，回收权限只是删除已经授予的权限，并不妨碍用户或角色继承更高级别的权限。

9.5.2 数据库对象权限

1. 使用图形界面工具管理数据库对象权限

使用 SQL Server Management Studio 图形界面工具管理数据库对象权限的步骤如下：

（1）在图形界面工具中，展开具体的数据库，用鼠标右键点击具体的对象（例如表），出现如图 9-31 所示界面。

（2）在图 9-31 所示界面中，选择“属性”，在随后出现的界面中点击“权限”，出现图 9-32 所示界面。

（3）在图 9-32 所示界面中，点击“搜索”，出现图 9-33 所示界面。

（4）在图 9-33 所示界面中，点击“浏览”，出现图 9-34 所示界面。

（5）在图 9-34 所示界面中，勾选需要添加权限的用户或角色，点击“确定”按钮，返回图 9-33 所示界面。

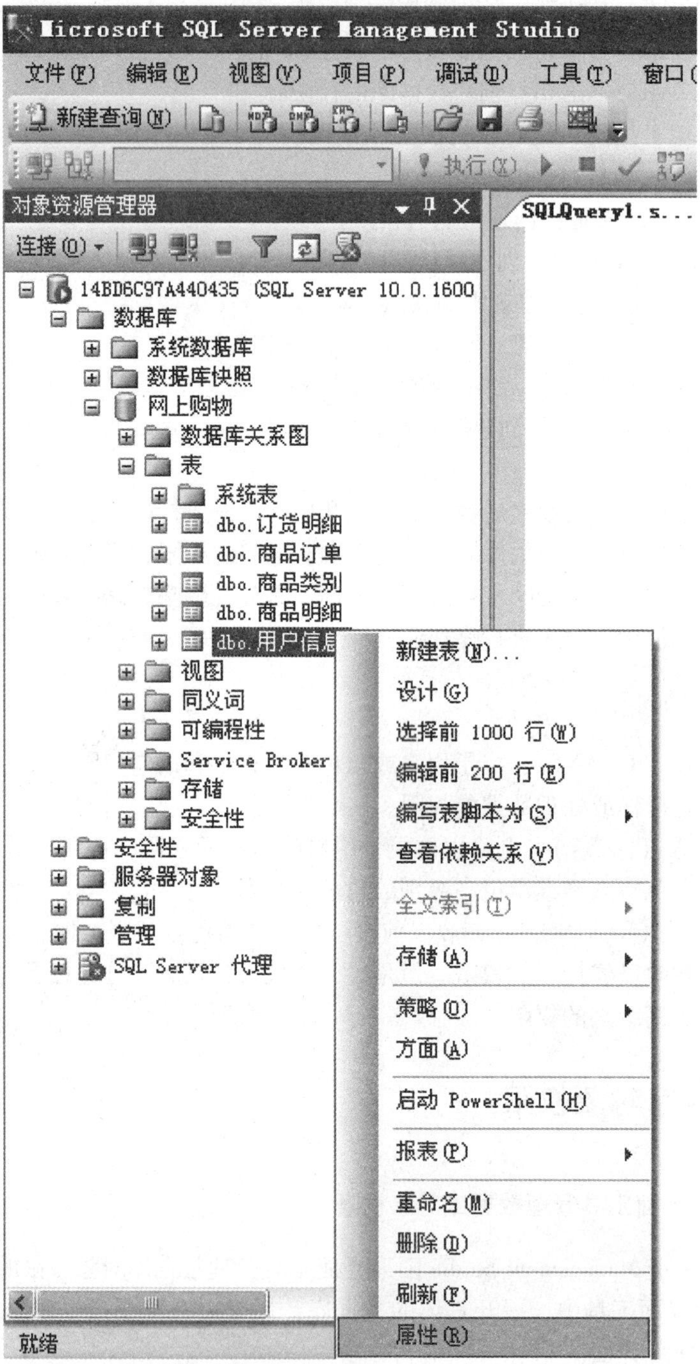

Microsoft SQL Server Management Studio

文件(F)　编辑(E)　视图(V)　项目(P)　调试(D)　工具(T)　窗口(

新建查询(N)

执行(X)

对象资源管理器

SQLQuery1.s...

连接(O)

14BD6C97A440435 (SQL Server 10.0.1600

数据库

系统数据库

数据库快照

网上购物

数据库关系图

表

系统表

dbo.订货明细

dbo.商品订单

dbo.商品类别

dbo.商品明细

dbo.用户信息

视图

同义词

可编程性

Service Broker

存储

安全性

安全性

服务器对象

复制

管理

SQL Server 代理

新建表(N)...

设计(G)

选择前 1000 行(W)

编辑前 200 行(E)

编写表脚本为(S)

查看依赖关系(V)

全文索引(T)

存储(A)

策略(O)

方面(A)

启动 PowerShell(H)

报表(P)

重命名(M)

删除(D)

刷新(F)

属性(R)

就绪

图9－31　选择“属性”

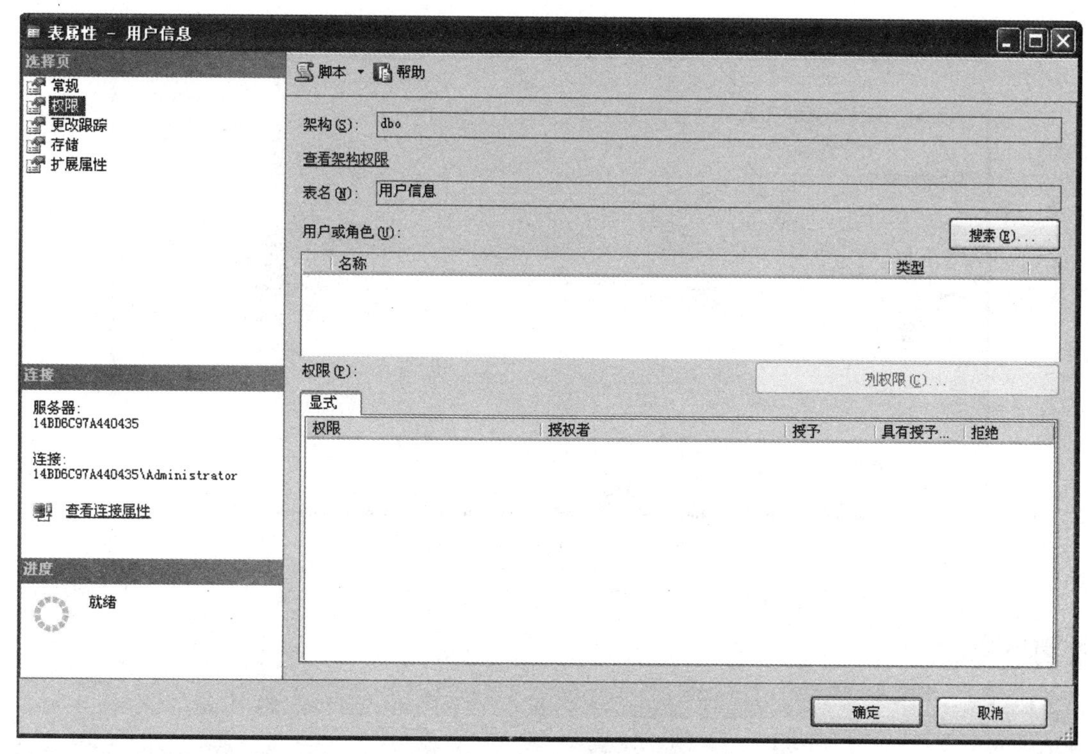

图 9－32 管理对象权限

选择用户或角色

选择这些对象类型(S):

用户，数据库角色，应用程序角色

对象类型(O)...

输入要选择的对象名称(示例)(E):

检查名称(C)

浏览(B)...

确定 取消 帮助

图 9－33 获取用户或角色

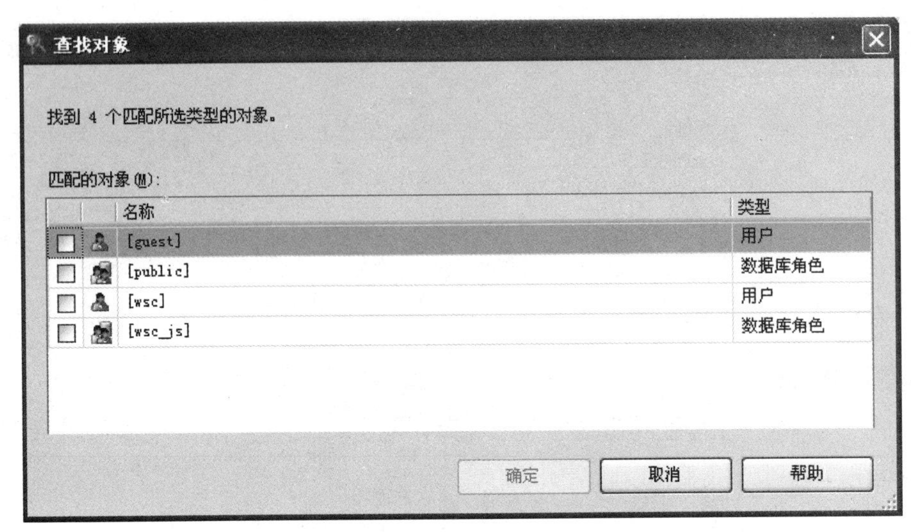

图 9－34　选择用户或角色

（6）在图 9－34 所示界面中，“名称”栏有选择的内容。点击“确定”按钮，出现图 9－35 所示界面。

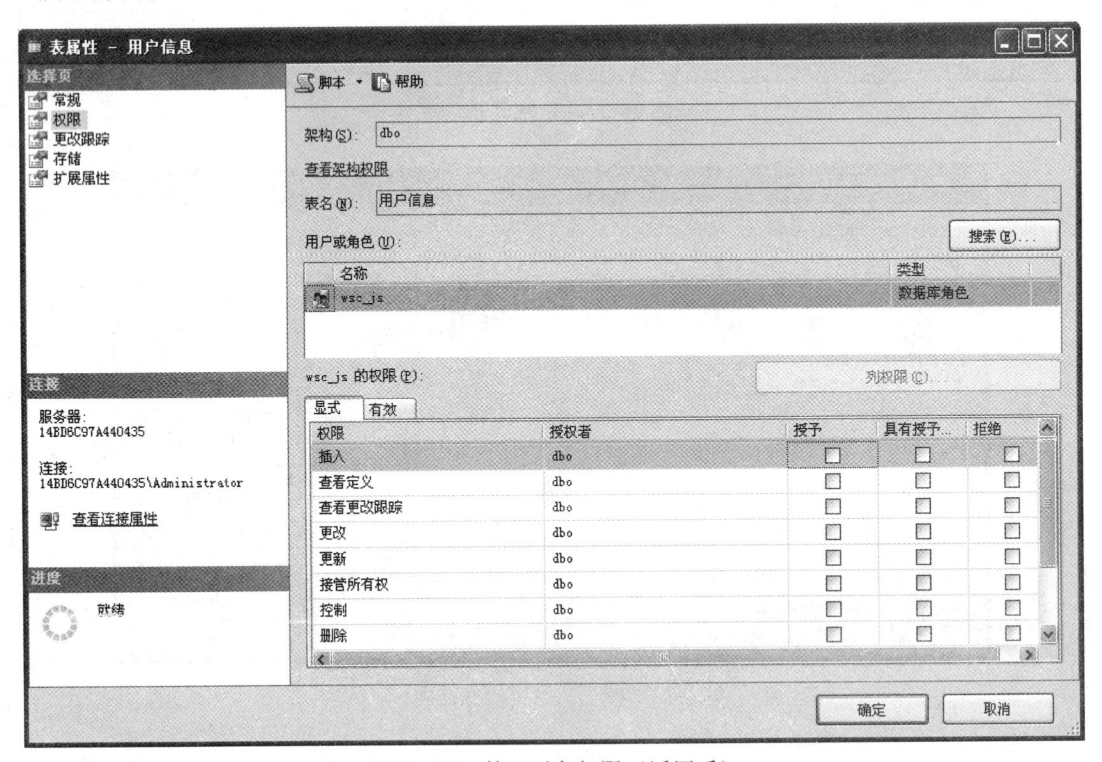

图 9－35　管理对象权限（返回后）

（7）图 9－35 所示界面包含选择的对象类型和对象名称。在“用户或角色”栏，依次选择每个用户或角色，在“＊＊权限”栏，根据需要勾选“授予”“具有授予”和“拒绝”，添加或禁止对对象的访问权限，其中有插入（INSERT）、更改（UPDATE）、删除（DELETE）和选择（查询 SELECT）。

（8）点击图 9－35 所示界面中的“确定”按钮，保存管理权限的内容。

注意：此时，9.3.2节留下的问题就得到解决，即以上述指定的用户登录，不仅可以看到数据库名，也可以看到表名，并可以对表进行授权操作。

2. 使用Transact－SQL语句管理数据库对象权限

1）授予对象权限

格式：

```
GRANT {ALL|权限 [, …]}
   [列名 [, …]] ON {表名|视图名|存储过程名|用户自定义函数 [, …]}
   TO {数据库用户名|用户角色名 [, …]}
   [WITH 授予权限]
```

说明：

（1）"GRANT"为授予对象权限的关键字。

（2）"ALL"表示授予所有可用的权限。

（3）"权限"指定授予对象的权限，如表上可以授予INSERT、DELETE、UPDATE、SELECT。

（4）"ON"指定对象的名称，例如表名、视图名等。

（5）"TO"指定被授予权限的用户或角色。

（6）"WITH"指定被授予权限的用户或角色拥有再将权限授予其他用户的权限。

例9－24 使用GRANT语句给BBBB用户授予对"用户信息"表拥有增、删、改、查的权限。

```
GRANT INSERT,DELETE,UPDATE,SELECT
    ON 用户信息 TOBBBB
```

2）拒绝对象权限

格式：

```
DENY {ALL|权限 [, …]}
   [列名 [, …]] ON {表名|视图名|存储过程名|用户自定义函数 [, …]}
   TO {数据库用户名|用户角色名 [, …]}
   [CASCADE]
```

说明：

（1）"DENY"为拒绝对象权限的关键字。

（2）"CASCADE"表示在拒绝用户或角色的权限时，也将拒绝转授其他用户的权限。

例9－25 使用DENY语句拒绝例9－24中授予的权限。

```
DENY INSERT,DELETE,UPDATE,SELECT
    ON 用户信息 TOBBBB
```

3）回收对象权限

格式：

```
REVOKE [GRANT OPTION FOR]
 {ALL|权限 [, …]}
```

[列名 [, …]] ON {表名|视图名|存储过程名|用户自定义函数 [, …]}
TO {数据库用户名|用户角色名 [, …]}
[CASCADE]

说明:

(1) "REVOKE" 为回收对象权限的关键字。

(2) "GRANT OPTION FOR" 指定回收授予的是 WITH GRANT OPTION 权限。

例 9-26 使用 REVOKE 语句回收例 9-24 中授予的权限。

```
REVOKE INSERT,DELETE,UPDATE,SELECT
    ON 用户信息 TOBBBB
```

9.5.3 数据库语句权限

1. 使用图形界面工具管理数据库语句权限

使用 SQL Server Management Studio 图形界面工具管理数据库语句权限的步骤如下:

(1) 在图形界面工具中，用鼠标右键点击具体的数据库，出现图 9-36 所示界面。

(2) 在图 9-36 所示界面中，选择"属性"，在随后出现的界面中点击"权限"，出现图 9-37 所示界面。

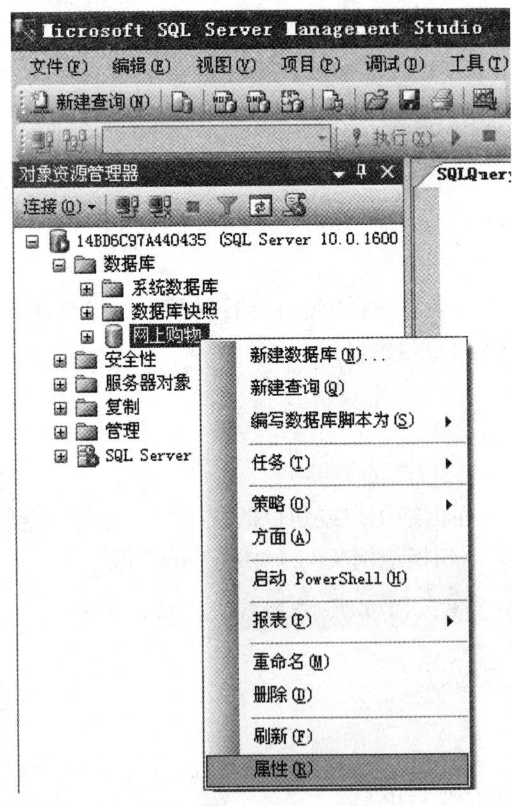

图 9-36 选择"属性"

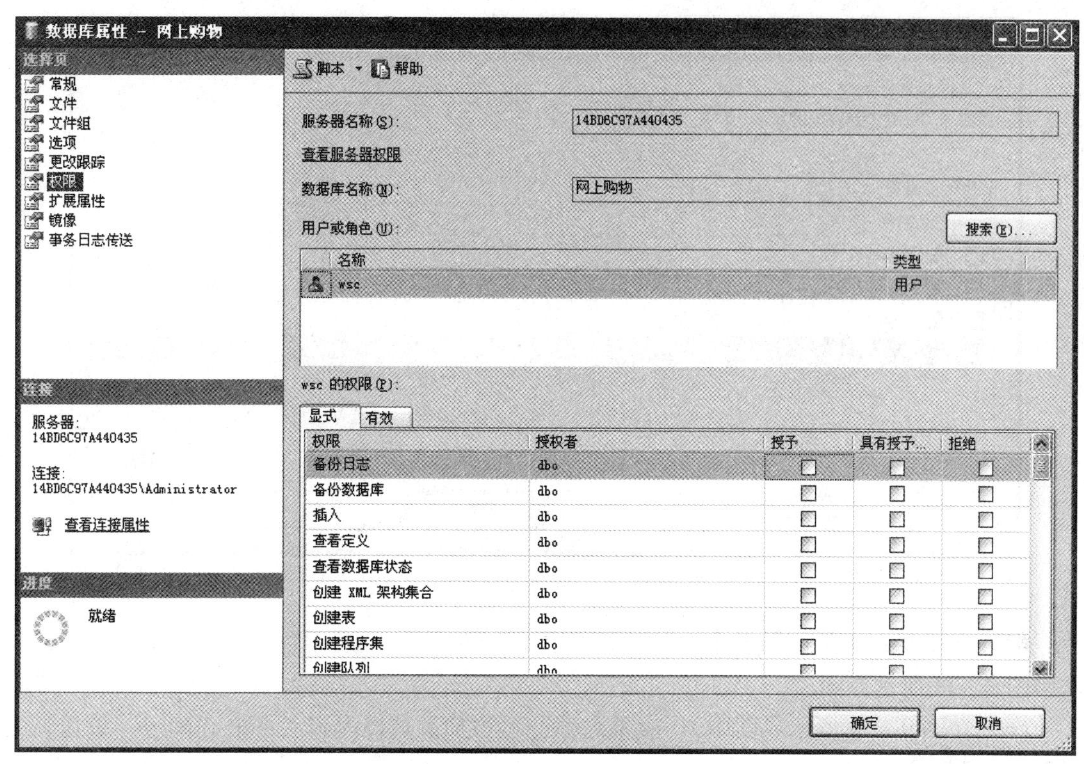

图 9－37　管理语句权限

(3) 在图 9－37 所示界面中，可以对出现的用户进行授权。

如果需要对角色或未出现的用户进行授权，点击“搜索”，出现图 9－38 所示界面。

(4) 在图 9－38 所示界面中，点击“浏览”，出现图 9－39 所示界面。

选择用户或角色

选择这些对象类型(S):

用户，数据库角色，应用程序角色

对象类型(O)...

输入要选择的对象名称(示例)(E):

检查名称(C)

浏览(B)...

确定　取消　帮助

图 9－38　获取用户或角色

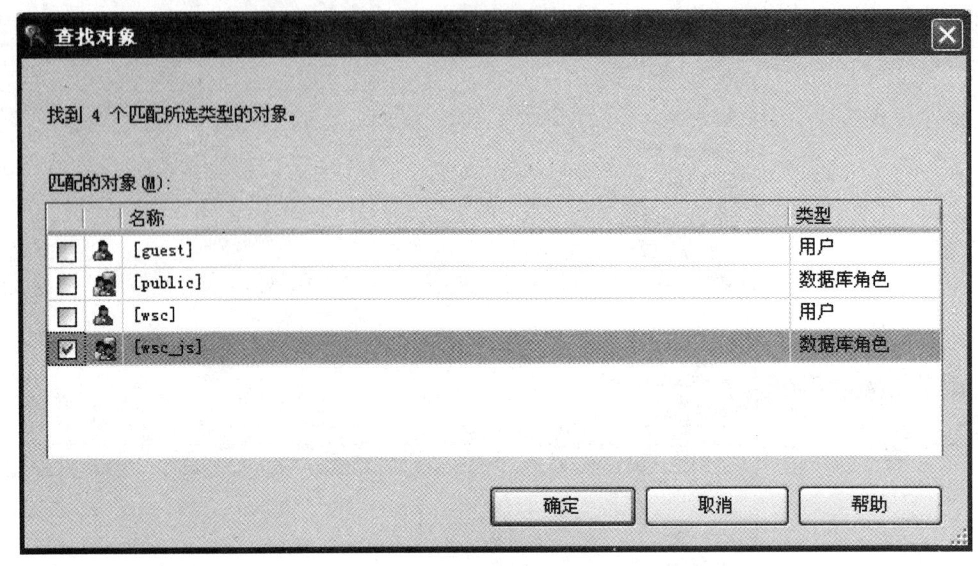

图9－39　选择用户或角色

(5) 在图9－39所示界面中，勾选需要添加权限的用户或角色，点击“确定”按钮，返回图9－38所示界面。

(6) 在图9－38所示界面中，“对象名称”栏添加了选择内容。点击“确定”按钮，返回图9－37所示界面。

(7) 在图9－37所示界面中，在“用户或角色”栏，依次选择每个用户或角色，在“＊＊权限”栏，根据需要勾选“授予”“具有授予”和“拒绝”，添加或禁止对语句的执行权限。

(8) 点击图9－37所示界面中的“确定”按钮，保存语句管理权限的内容。

2. 使用Transact－SQL语句管理数据库语句权限

1) 授予对象权限

格式：

GRANT {ALL | 语句 [, …]}
　TO {数据库用户名|用户角色名 [, …]}

说明：

(1) “GRANT”为授予语句权限的关键字。

(2) “ALL”表示授予所有可用的权限。

(3) “语句”指定授予权限的语句，如创建表CREATE TABLE。

(4) “TO”指定被授予权限的用户或角色。

例9－27　使用GRANT语句给BBBB用户授予创建表的权限。

```
GRANT CREATE TABLE BBBB
```

2) 拒绝对象权限

格式：

DENY {ALL|语句 [, …]}

TO{数据库用户名|角色名 [, …]}

说明:“DENY”为拒绝语句权限的关键字。

例9-28 使用DENY语句拒绝例9-27中授予的权限。

```
DENY CREATE TABLE TO BBBB
```

3) 回收对象权限

格式:

REVOKE {ALL| 语句 [, …]}

{TO|FROM}{数据库用户名|角色名 [, …]}

说明:“REVOKE”为回收语句权限的关键字。

例9-29 使用REVOKE语句回收例9-27中授予的权限。

```
REVOKE CREATE TABLE TO BBBB
```

练习题

一、单选题

1. 在SQL Server中,系统管理员登录账户为( )。

A. root　　B. admin　　C. administrator　　D. sa

2. 用户必须使用一个login账户才能连接到SQL Server中。SQL Server可以识别两种类型的login账号,即( )。

A. SQL Server用户账户和Windows用户账户。

B. 登录账号和用户账号

C. 登录名认证机制和用户名认证机制

D. SQL Server认证机制和混合认证机制

3. SQL Server的( )权限主要管理用户对数据库对象的访问,如这个用户能否进行查询、删除、插入和修改一个表中的行,能否执行一个存储过程。

A. 语句权限　　B. 对象权限

C. 缺省权限　　D. 以上三种权限

4. SQL Server的( )权限指用户执行数据库操作的权限,即用户执行某些T-SQL语句的权利,如创建和删除对象、备份和恢复数据库。

A. 语句权限　　B. 对象权限

C. 缺省权限　　D. 以上三种权限

5. 用户试图连接到一个SQL Server上,服务器使用的是混合认证模式,且该用户不是Windows用户,用户需如何填写登录名和口令框中的内容才能连接成功?( )

A. 什么也不用填　　B. SQL SERVER账户和口令

C. WINDOWS账户和口令　　D. 以上的选项都行。

6. 系统管理员需要让Windows的用户和非Windows的用户都能够访问SQL Server,应该使用哪种安全模式?( )

A. Windows验证模式　　B. 混合验证模式

C. 哪种模式均可　　D. 哪种模式都不能满足要求

7. 在 SQL Server 中，角色有服务器角色和数据库角色两种。其中，用户可以创建和删除（　　）。

A. 服务器角色　　　　B. 数据库角色

C. 服务器角色和数据库角色　　　　D. 两种角色都不行

8.（　　）是一些系统定义好操作权限的用户组，其中的成员是登录账户。该角色不能被增加或删除，只能对其中的成员进行修改。

A. 服务器角色　　　　B. 数据库角色

C. 操作员角色　　　　D. 应用程序角色

二、填空题

1. SQL Server 安全管理模式包括____________、____________、____________和____________4 个主要方面。

2. 用户在登录时，系统会核对连接到 SQL Server 数据库管理系统的登录账户名和密码是否正确，这个过程称为________________。

3. 在 SQL Server 中可以使用两类登录验证模式，____________和____________。

4. 在 SQL Server 中，角色有__________和__________两种。

5. 使用______________可以删除数据用户。

三、简答题

1. 简述 SQL Server 安全模型的主要内容。

2. 简述 SQL Server 提供的两种身份验证模式。

3. 简述数据库权限管理的内容。

4. 简述管理数据库对象权限的两种方法。

四、上机操作题

上机操作本章中的例 9－1～例 9－29。

第 10 章

数据库数据维护

本章学习

①数据库数据维护概述。
②数据的导出和导入。
③数据的备份和恢复。
④数据的分离和附加、导出和导入、备份和恢复的比较。

数据库系统在一般情况下能够保证正常运行，也可能出现故障。计算机硬件的故障、人为操作失误都在所难免。日积月累，数据库中保存了大量数据，一旦出现故障，被损坏的数据很难恢复。因此，数据库数据的维护非常重要。

10.1　数据库数据维护概述

数据库数据的维护是让数据库中的数据脱离数据库系统，转移到与数据库服务器隔离的介质上。当数据库系统发生故障时，转移到其他介质上的数据能够使系统快速恢复。

1. 数据库数据维护的重要性

数据库服务器磁盘设备损坏、服务器软件瘫痪、用户的错误操作、计算机病毒和人为破坏等，都会使保存在数据库中的数据丢失或损坏、不能正常提供人们需要的信息。为了使数据库中的数据快速恢复，把损失降低到最低限度，需要实施对数据库数据的维护。

2. 数据库数据维护的方法

1）数据的导出和导入

数据的导出和导入是在异类数据源之间转移数据。通过数据的导出和导入操作，可以在SQL Server 数据库与其他数据源之间转移数据。“导出”是将数据从 SQL Server 表复制到其他数据文件，“导入”是将其他数据文件加载到 SQL Server 表。

2）数据的备份和恢复

数据的备份和恢复是在同类数据源之间转移数据。通过数据的备份和恢复操作，可以在

SQL Server 数据库与同类数据文件之间转移数据。“备份”是将数据从 SQL Server 表复制到与之隔离的数据文件。“恢复”是将备份的数据加载到 SQL Server 系统。

10.2 数据库数据的导出和导入

SQL Server 数据库提供的数据导出和导入工具，用于在 SQL Server 与其他数据格式文件之间转移数据。可以将 SQL Server 表中的数据“导出”到独立的操作系统文件，也可以将文件中的数据“导入”到 SQL Server 数据库系统。

10.2.1 数据库数据导出和导入概述

数据的导出和导入是在异类数据格式文件之间转移数据。一般情况下，可以把 SQL Server 数据库中的数据导出到多种可以保存数据的文件，也可以从多种数据格式的文件中导入数据。

1. 转移数据常用的数据文件

1）文本文件

文本文件是一种无格式文件，可以被复制到其他与数据库服务器隔离的介质上，是 SQL Server 数据库导出和导入“最简单”的数据文件。其由于格式的兼容性较低而较少被使用。

2）Excel 文件

Excel 文件是一种存放表格数据的文件，与 SQL Server 数据库中的表有类似的格式，可以被复制到其他与数据库服务器隔离的介质上，是 SQL Server 数据库导出和导入常用的数据文件。在实际应用中，通常采用这种方式对数据报表进行二次加工。

3）Access 数据库

Access 数据库是一种简单的数据管理系统，可以作为独立的操作系统文件存在，可以被复制到其他与数据库服务器隔离的介质上。它是 SQL Server 数据库导出和导入数据的“理想”的数据源。在实际应用中，它通常在应用程序开发初期调试程序阶段用于数据传输。

2. 导出和导入存在的问题

（1）在异类数据格式之间转移数据，有许多种数据类型不被支持，例如 image、nvarchar（max）等数据类型不能导出到文本文件。

（2）在异类数据格式之间的转移数据，不能做到完全兼容。有时虽然转移成功，但导出的数据在导入后不一定能恢复原貌，有些类型的数据需要手工改正。

（3）异类数据格式转移数据，会花费较多的时间，所以不适合特大型数据库的数据维护。

（4）数据导出和导入的使用范围有限，只能用于临时数据传输，不是最好的数据维护方法。

10.2.2 数据库的导出

1. 将表中数据导出到文本文件

使用 SQL Server Management Studio 图形界面工具导出数据到文本文件的步骤如下：

（1）在图形界面工具中，展开“数据库”，用鼠标右键点击具体的数据库，出现图 10－1 所示界面。

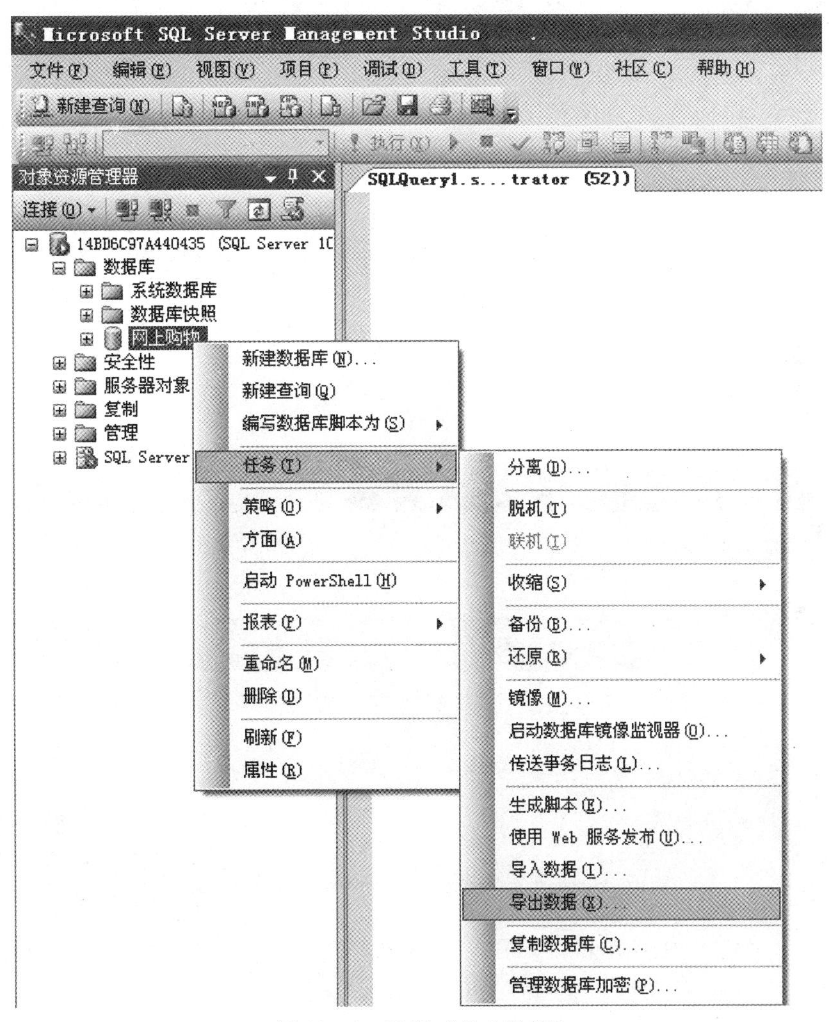

图 10－1 选择“导出数据”

（2）在图 10－1 所示界面中，选择“任务”“导出数据”，出现图 10－2 所示界面。

（3）在图 10－2 所示界面中，点击“下一步”，出现图 10－3 所示界面。

（4）在图 10－3 所示界面中，在“数据源”栏选择默认的“SQL Server Native Client 10.0”。

如果以 SQL Server 身份验证登录，需要输入用户名和密码。

在“数据库”栏选择需要导出的数据库。点击“下一步”，出现图 10－4 所示界面。

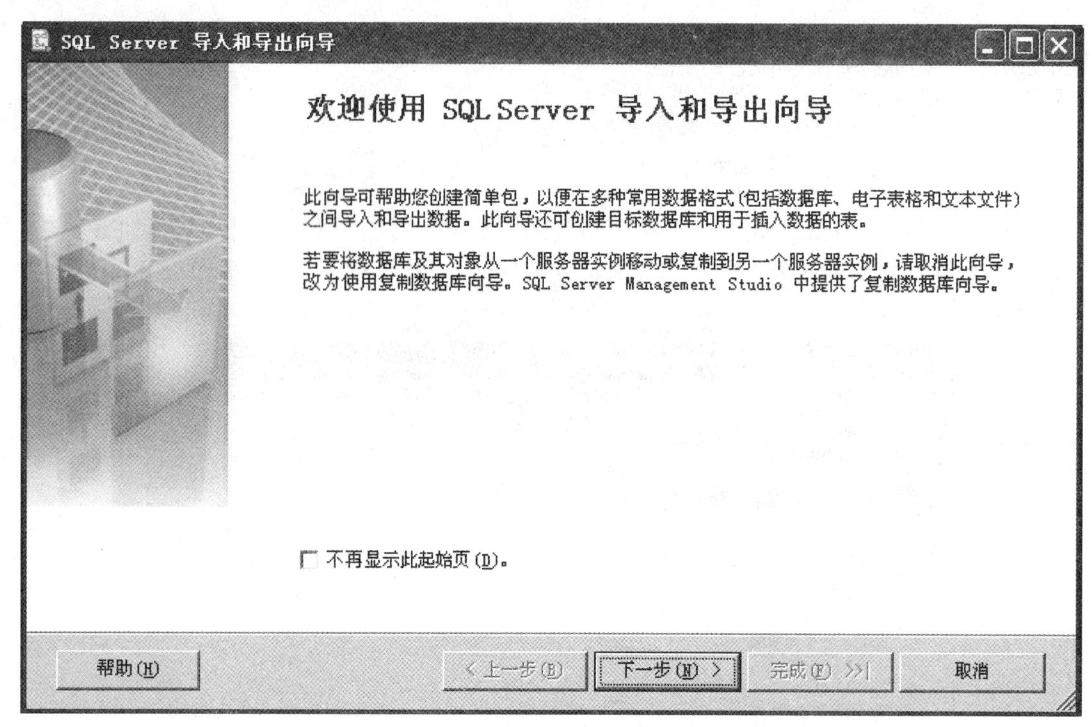

图 10－2　欢迎界面

SQL Server 导入和导出向导

选择数据源

选择要从中复制数据的源。

数据源(D):　SQL Server Native Client 10.0

服务器名称(S):　14BD6C97A440435

身份验证

- 使用 Windows 身份验证(W)
- 使用 SQL Server 身份验证(Q)

用户名(U):

密码(P):

数据库(T):　网上购物　　刷新(R)

帮助(H)　　< 上一步(B)　　下一步(N) >　　完成(F) >>|　　取消

图 10－3　选择数据源

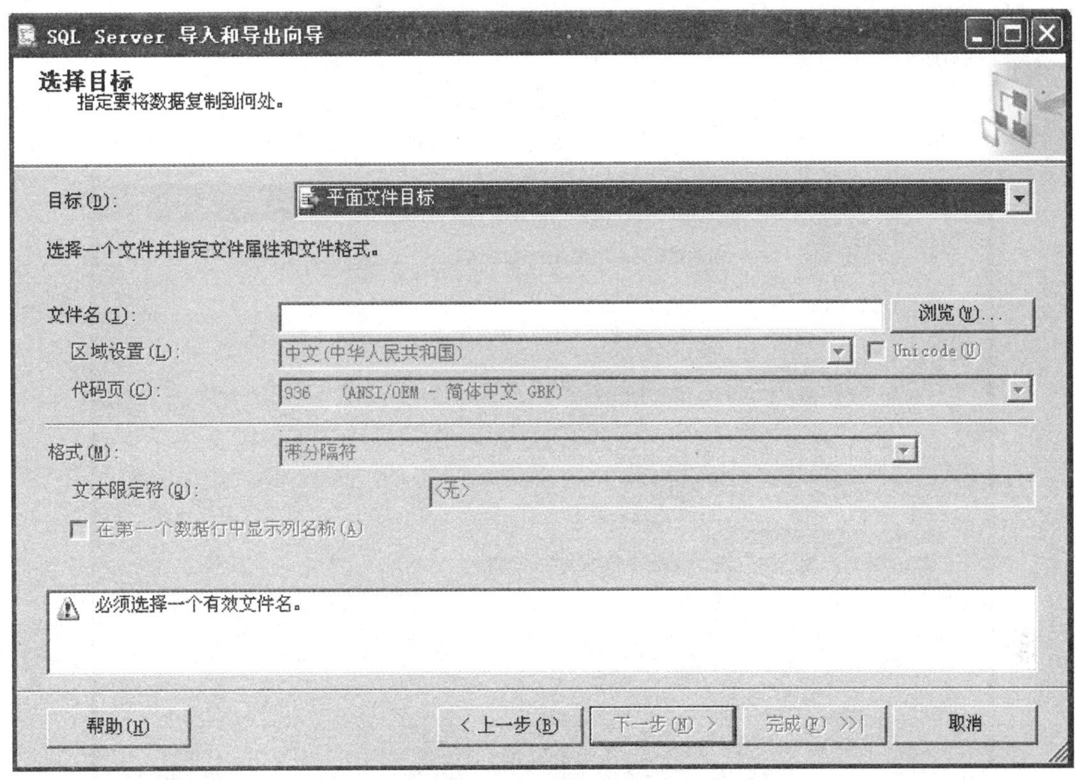

图 10－4 选择导出目标

(5) 在图 10－4 所示界面中，在“目标”栏中选择“平面文件目标”。点击“文件名”文本框后面的“浏览”按钮，出现图 10－5 所示界面。

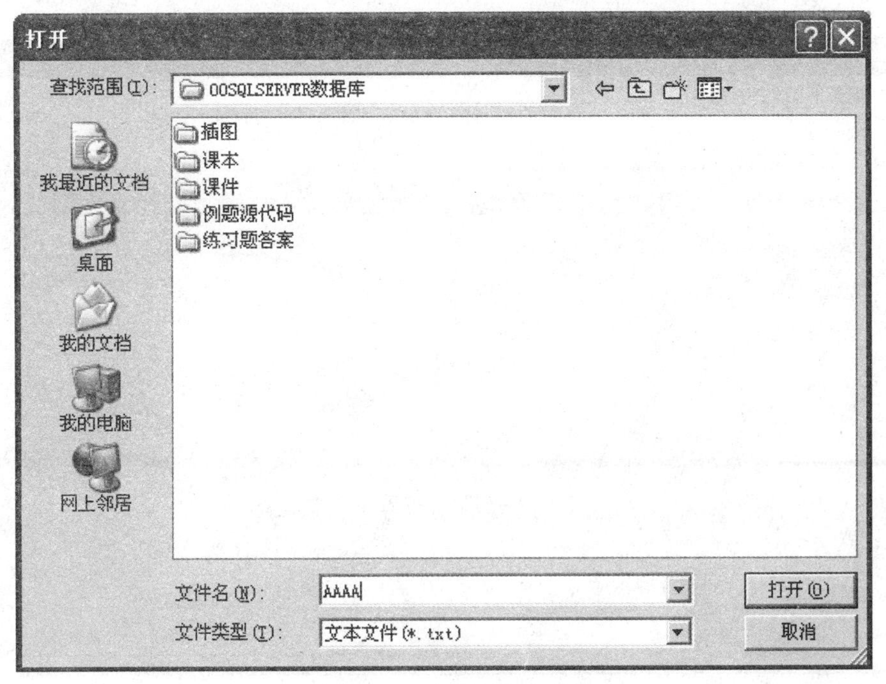

图 10－5 打开目标文件

（6）在图 10－5 所示界面中，在“查找范围”中选择文件路径，在“文件名”中输入文件名。点击“打开”按钮，返回图 10－4 所示界面。

（7）在图 10－4 所示界面中，“文件名”框中出现文件名。点击“下一步”按钮，出现图 10－6 所示界面。

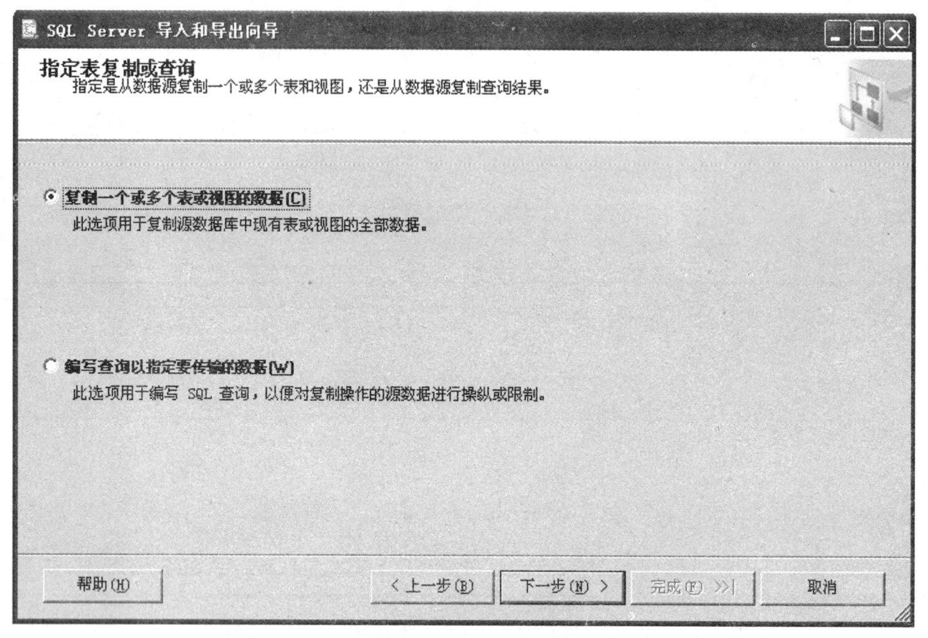

图 10－6　选择查询或复制

（8）在图 10－6 所示界面中，选择默认“复制一个或多个表或视图的数据”。点击“下一步”按钮，出现图 10－7 所示界面。

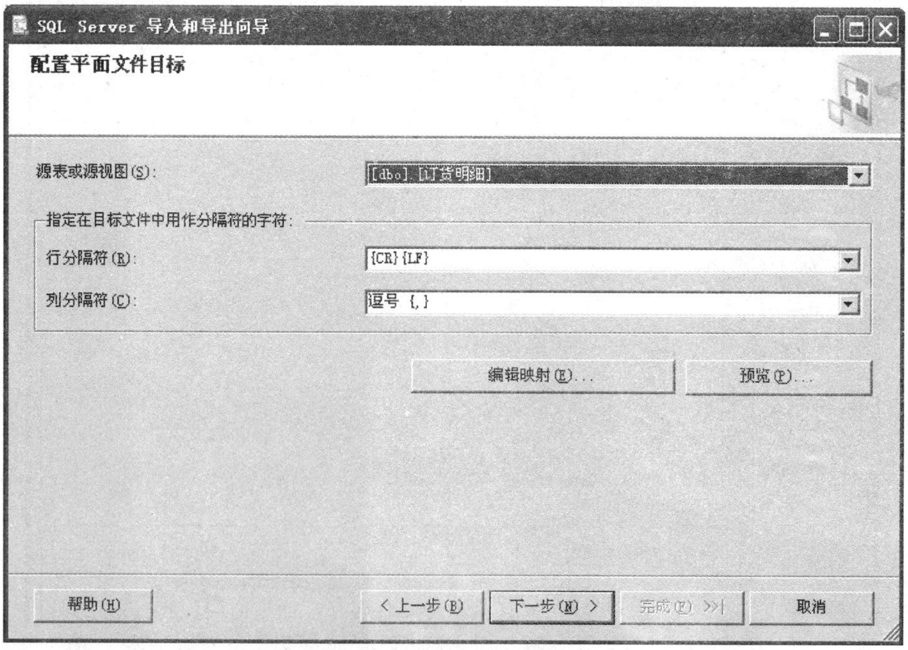

图 10－7　选择表或视图

（9）在图 10－7 所示界面中，在“源表或源视图”中选择导出的表或视图，在“行分隔符”和“列分隔符”中选择默认值。点击“下一步”按钮，出现图 10－8 所示界面。

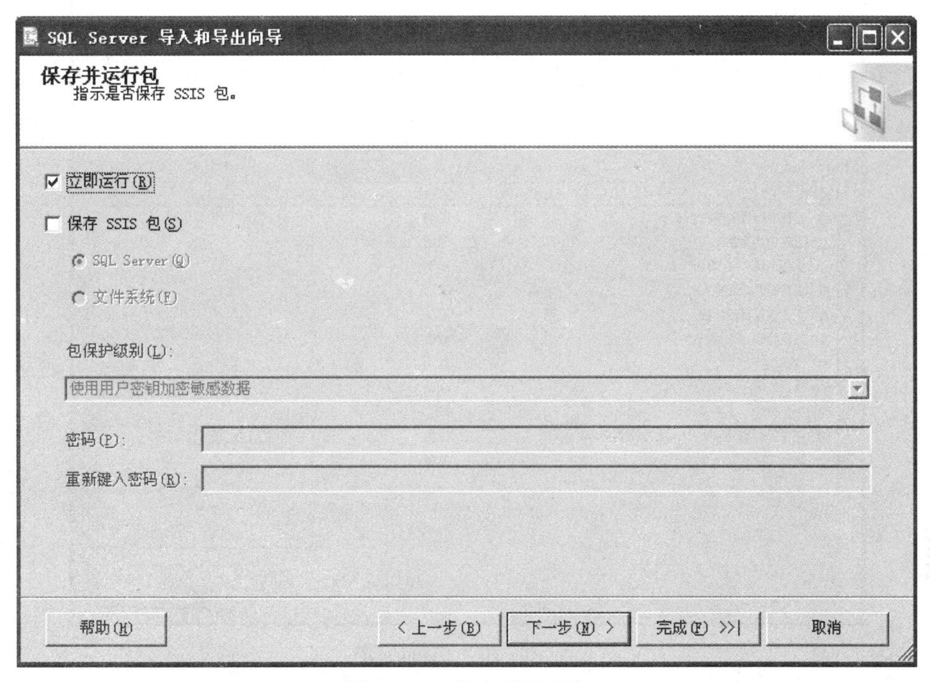

图 10－8　保存并运行包

（10）在图 10－8 所示界面中，选择“立即运行”，点击“下一步”按钮，出现图 10－9 所示界面。

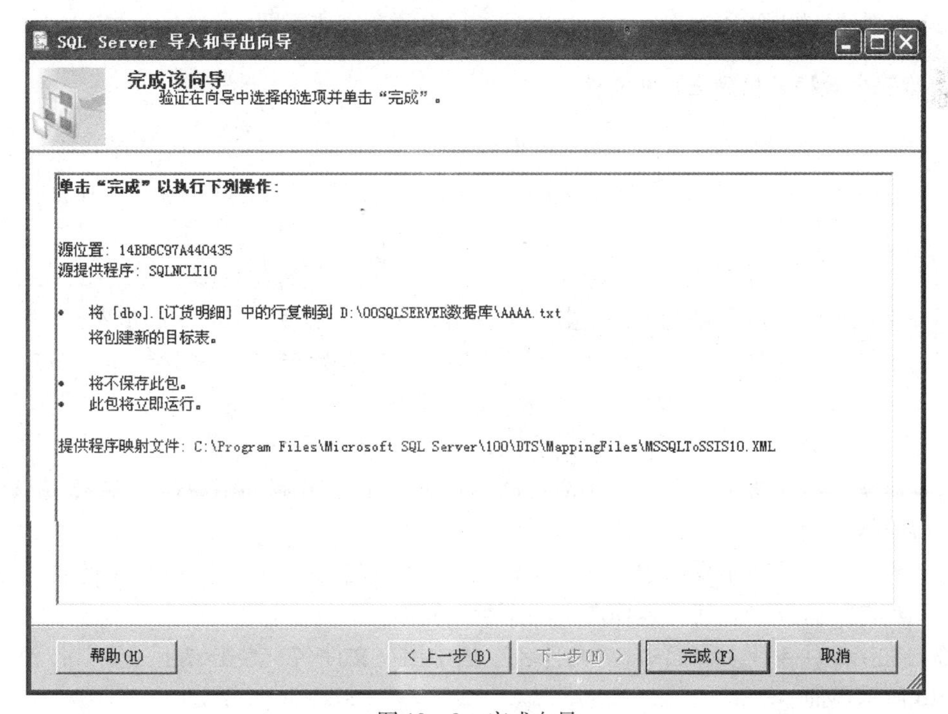

图 10－9　完成向导

（11）在图 10－9 所示界面中，点击“完成”按钮，出现图 10－10 所示界面。

图 10－10　执行成功

（12）在图 10－10 所示界面中，点击“关闭”按钮，完成导出操作。

说明：

（1）表中的列为 image、nvarchar（max）等类型的数据时不能导出到文本文件。

（2）将数据导出到文本文件时，每次只能导出一个表或视图。

2. 将表中数据导出到 Excel 文件

使用 SQL Server Management Studio 图形界面工具导出数据到 Excel 文件的步骤如下：

（1）在图形界面工具中，展开“数据库”，用鼠标右键点击具体的数据库，出现图 10－1 所示界面。

（2）在图 10－1 所示界面中，选择“任务”“导出数据”，出现图 10－2 所示界面。

（3）在图 10－2 所示界面中，点击“下一步”按钮，出现图 10－3 所示界面。

（4）在图 10－3 所示界面中，在“数据源”栏选择默认的“SQL Server Native Client 10.0”，如果是以 SQL Server 身份验证登录，还需要选择用户名和密码，在“数据库”栏选择需要导出的数据库，点击“下一步”按钮，出现图 10－4 所示界面。

（5）在图 10－4 所示界面中，在“目标”栏中选择“Microsoft Excel”，点击“文件名”文本框后面的“浏览”按钮，出现图 10－5 所示界面。

（6）在图 10－5 所示界面中，在“查找范围”中选择文件路径，在“文件名”中输入文件名。点击“打开”按钮，返回图 10－4 所示界面。

（7）在图 10－4 所示界面中，“文件名”框中出现文件名。点击“下一步”按钮，出现图 10－6 所示界面。

（8）在图 10－6 所示界面中，选择默认“复制一个或多个表或视图的数据”。点击“下一步”按钮，出现图 10－11 所示界面。

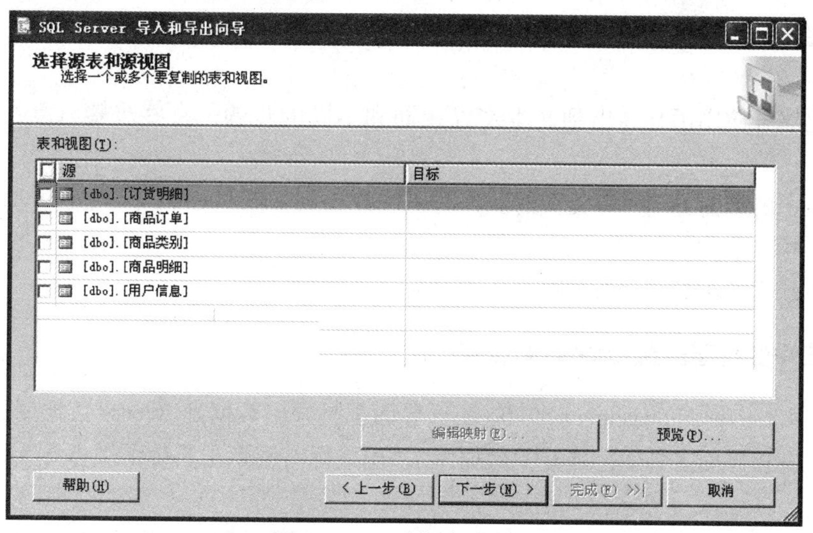

图 10－11 选择表或视图

（9）在图 10－11 所示界面中，在“表或视图”中选择导出的表或视图，点击“下一步”按钮。如果存在数据类型不完全兼容的列，出现图 10－12 所示界面。

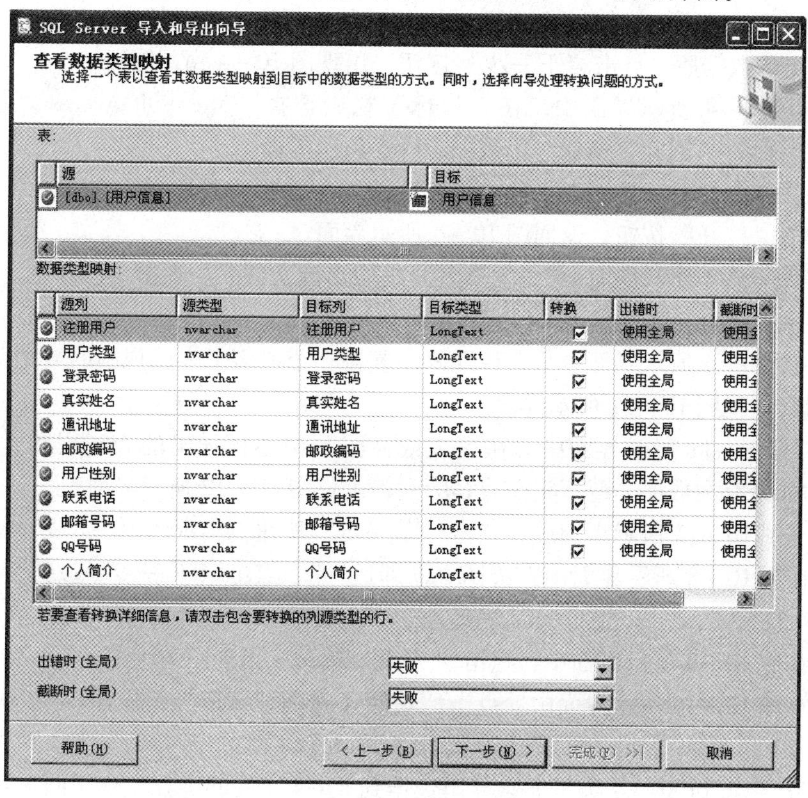

图 10－12 数据类型映射

（10）在图 10－12 所示界面中，点击“下一步”按钮，出现图 10－8 所示界面

（11）在图 10－8 所示界面中，选择“立即运行”，点击“下一步”按钮，出现图 10－9 所示界面。

（12）在图 10－9 所示界面中，点击“完成”按钮，出现图 10－10 所示界面。

（13）在图 10－10 所示界面中，点击“关闭”按钮，完成导出操作。

说明：

（1）此部分使用了与导出到文本文件相同和不同的步骤，有些步骤重复，写出为了步骤完整。

（2）表中的列为 image 等类型的数据时不能导出到 Excel 文件，但为 nvarchar（max）类型的数据时可以导出。

（3）将数据导出到 Excel 文件时，每次可以导出多个表或视图。

3. 将表中数据导出到 Access 数据库

使用 SQL Server Management Studio 图形界面工具导出数据到 Access 数据库的步骤如下：

（1）在图形界面工具中，展开“数据库”，用鼠标右键点击具体的数据库，出现图 10－1 所示界面。

（2）在图 10－1 所示界面中，选择“任务”“导出数据”，出现图 10－2 所示界面。

（3）在图 10－2 所示界面中，点击“下一步”按钮，出现图 10－3 所示界面。

（4）在图 10－3 所示界面中，在“数据源”栏选择默认的“SQL Server Native Client 10.0”，如果是以 SQL Server 身份验证登录，还需要选择用户名和密码，在“数据库”栏中选择需要导出的数据库，点击“下一步”按钮，出现图 10－4 所示界面。

（5）在图 10－4 所示界面中，在“目标”栏中选择“Microsoft Access”，点击“文件名”文本框后面的“浏览”按钮，出现图 10－5 所示界面。

（6）在图 10－5 所示界面中，在“查找范围”中选择文件路径，在“文件名”中选择文件名。点击“打开”按钮，返回图 10－4 所示界面。

（7）在图 10－4 所示界面中，“文件名”框中出现文件名。点击“下一步”按钮，出现图 10－6 所示界面。

（8）在图 10－6 所示界面中，选择默认“复制一个或多个表或视图的数据”。点击“下一步”按钮，出现图 10－11 所示界面。

（9）在图 10－11 所示界面中，在“表或视图”中选择导出的表或视图，点击“下一步”按钮。如果存在数据类型不完全兼容的列，出现图 10－12 所示界面。

（10）在图 10－12 所示界面中，点击“下一步”按钮，出现图 10－8 所示界面。

（11）在图 10－8 所示界面中，选择“立即运行”，点击“下一步”按钮，出现图 10－9 所示界面。

（12）在图 10－9 所示界面中，点击“完成”按钮，出现图 10－10 所示界面。

（13）在图 10－10 所示界面中，点击“关闭”按钮，完成导出操作。

说明：

（1）导出数据到 Access 数据库与导出数据到 Excel 文件的步骤完全相同，其区别只在第（5）步目标选择。

（2）第（6）步是选择文件名，即在导出数据到 Access 数据库之前，必须先创建 Access 数据库。

（3）Access 的数据类型与 SQL Server 的数据类型比较接近，导出和导入一般不会失败。

10.2.3 数据库的导入

1. 从文本文件向表中导入数据

使用 SQL Server Management Studio 图形界面工具从文本文件向表中导入数据的步骤如下：

（与导出时相同的界面示图只列出图号，不再显示图形界面，需要时请参见导出部分）

（1）在图形界面工具中，展开“数据库”，用鼠标右键点击具体的数据库，出现图 10－1 所示界面。

（2）在图 10－1 所示界面中，选择“任务”“导入数据”，出现图 10－2 所示界面。

（3）在图 10－2 所示界面中，点击“下一步”按钮，出现图 10－3 所示界面。

（4）在图 10－3 所示界面中，在“目标”栏中选择“平面文件源”，点击“文件名”文本框后面的“浏览”按钮，出现图 10－5 所示界面。

（5）在图 10－5 所示界面中，在“查找范围”中选择文件路径，选择需要导入的文件名，点击“打开”按钮，返回图 10－3 所示界面。

（6）在图 10－3 所示界面中，点击“下一步”按钮，出现图 10－13 所示界面。

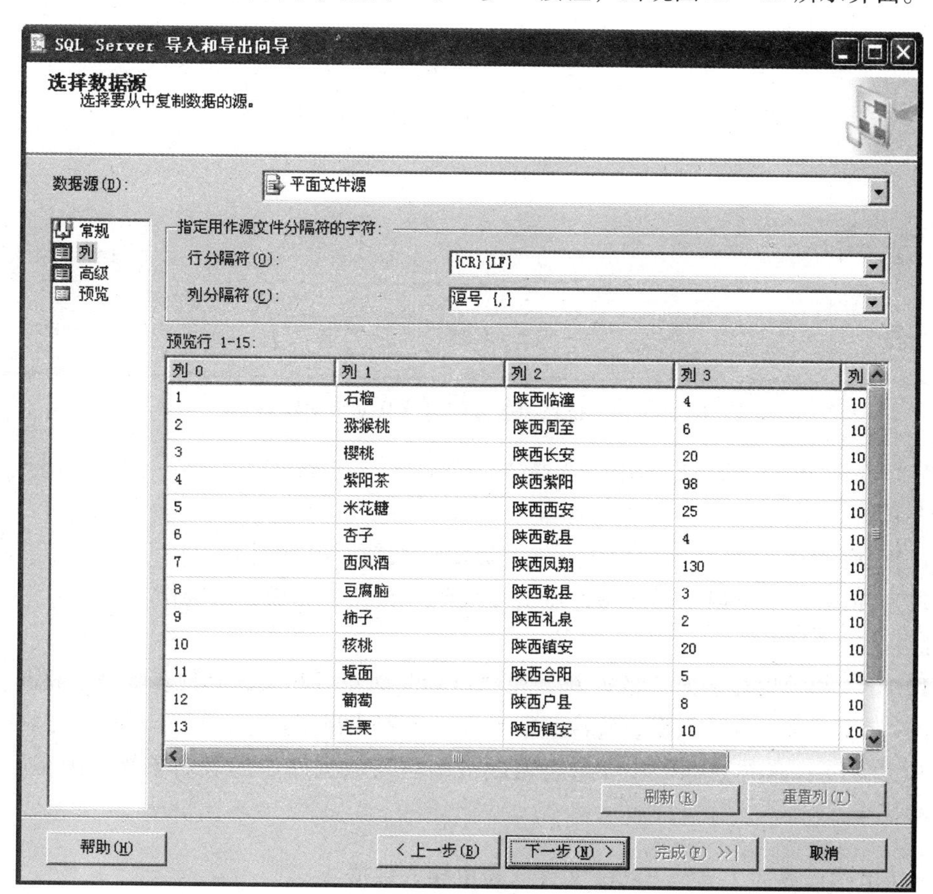

图 10－13 数据预览

（7）在图10－13所示界面中，点击“下一步”按钮，出现与图10－3所示界面类似的界面（源换成目标）。

（8）在图10－3所示界面中，默认的数据源为“SQL Server Native Client 10.0”，如果是以SQL Server身份验证登录，还需要选择用户名和密码，在“数据库”栏选择需要导入的数据库。点击“下一步”按钮，出现图10－14所示界面。

（9）在图10－14所示界面中，更改“目标”中的表或视图名（以防与导出时的原表名重复），点击“下一步”按钮，出现图10－8所示界面（注意：这里没有出现导出时的图10－6所示界面）。

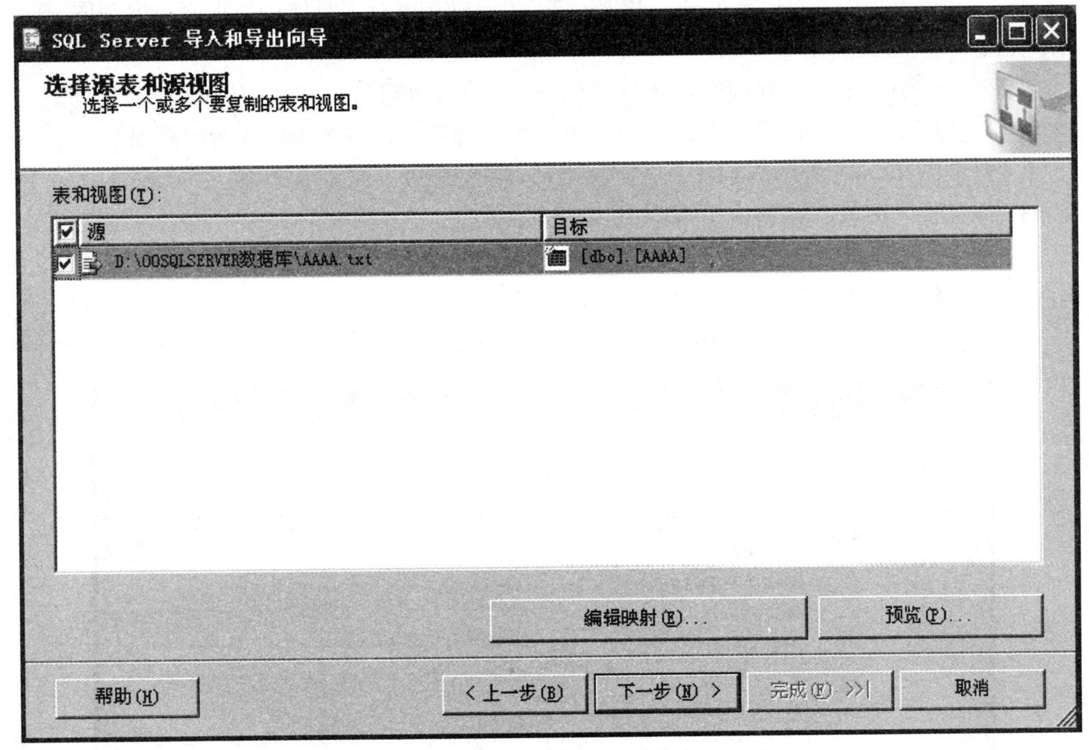

图10－14　选择表或视图名（从文本文件导入）

（10）在图10－8所示界面中，选择“立即运行”，点击“下一步”按钮，出现图10－9所示界面。

（11）在图10－9所示界面中，点击“完成”按钮，出现图10－10所示界面。

（12）在图10－10所示界面中，点击“关闭”按钮，完成导出操作。

说明：

（1）导入与导出在选择“数据源”和“目标”时正好相反，其他步骤完全相同。

（2）从文本文件导入数据，每次只能导入一个表或视图。

（3）第（8）步“目标”中如果表名或视图名与数据库中的表名重复，则在原表中添加新数据。

2. 使用图形界面工具从Excel文件向表中导入数据

使用SQL Server Management Studio图形界面工具从Excel文件向表中导入数据的步骤

如下：

（1）在图形界面工具中，展开“数据库”，用鼠标右键点击具体的数据库，出现图 10－1 所示界面。

（2）在图 10－1 所示界面中，选择“任务”→“导入数据”，出现图 10－2 所示界面。

（3）在图 10－2 所示界面中，点击“下一步”按钮，出现图 10－3 所示界面。

（4）在图 10－3 所示界面中，在“目标”栏中选择“Microsoft Excel”，点击“文件名”文本框后面的“浏览”按钮，出现图 10－5 所示界面。

（5）在图 10－5 所示界面中，在“查找范围”中选择文件路径，选择需要导入的文件名，点击“打开”按钮，返回图 10－3 所示界面。

（6）在图 10－3 所示界面中，点击“下一步”按钮，出现图 10－4 所示界面。

（7）在图 10－4 所示界面中，默认数据源为的“SQL Server Native Client 10.0”，如果是以 SQL Server 身份验证登录，还需要选择用户名和密码，在“数据库”栏中选择需要导入的数据库。点击“下一步”按钮，出现图 10－6 所示界面。

（8）在图 10－6 所示界面中，选择默认“复制一个或多个表和视图的数据”，点击“下一步”按钮，出现图 10－15 所示界面。

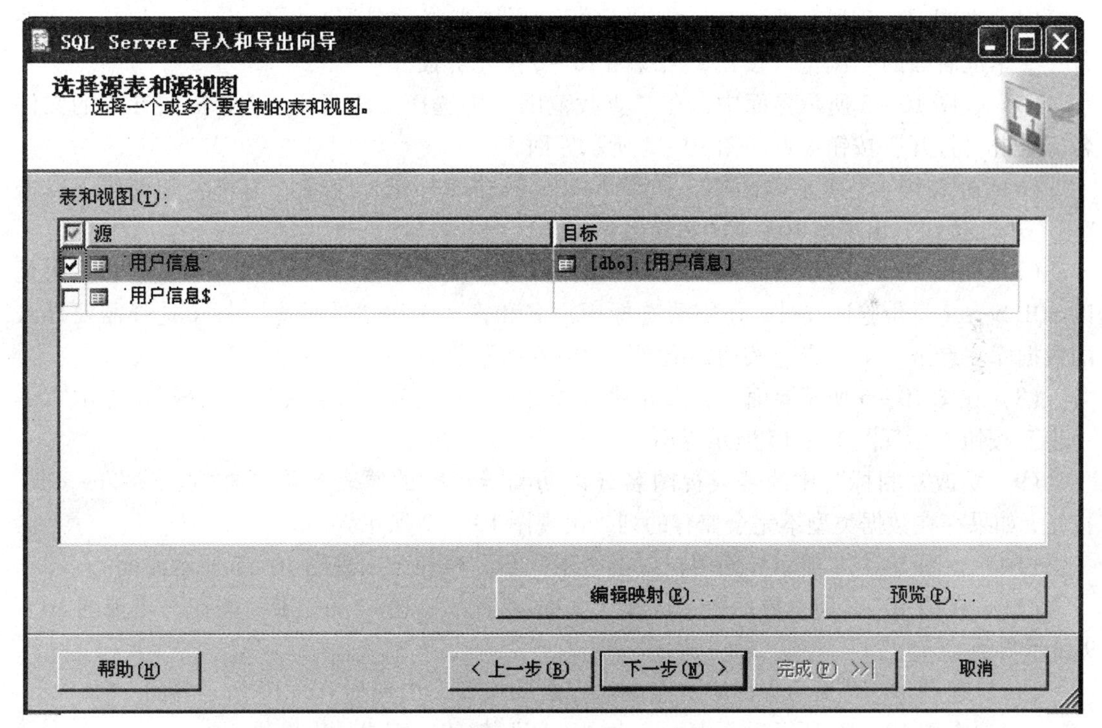

图 10－15　选择表名或视图名（从 Excel 导入）

（9）更改“目标”中的表或视图名（以防与导出时的原表名重复，另外不要选择带“$”的表），点击“下一步”按钮，如果存在数据类型不完全兼容的列，则出现图 10－12 所示界面。

（10）在图 10－12 所示界面中，点击“下一步”按钮，出现图 10－8 所示界面。

（11）在图 10－8 所示界面中，选择“立即运行”，点击“下一步”按钮，出现图 10－9 所示界面。

(12) 在图 10 - 9 所示界面中，点击“完成”按钮，出现图 10 - 10 所示界面。

(13) 在图 10 - 10 所示界面中，点击“关闭”按钮，完成导出操作。

说明：

(1) 从 Excel 文件导入数据，每次可以导入多个表或视图。

(2) 若图 10 - 14 中出现重复的表名（多最后的“ $ ”），只能选择其中之一。

(3) 第 (9) 步“目标”中如果表名或视图名与数据库中的表名重复，则在原表中添加新数据。

3. 从 Access 数据库向表中导入数据

使用 SQL Server Management Studio 图形界面工具从 Access 数据库向表中导入数据的步骤如下：

(1) 在图形界面工具中，展开“数据库”，用鼠标右键点击具体的数据库，出现图 10 - 1所示界面。

(2) 在图 10 - 1 所示界面中，选择“任务”“导入数据”，出现图 10 - 2 所示界面。

(3) 在图 10 - 2 所示界面中，点击“下一步”按钮，出现图 10 - 3 所示界面。

(4) 在图 10 - 3 所示界面中，在“目标”栏中选择“Microsoft Access”，点击“文件名”文本框后面的“浏览”按钮，出现图 10 - 5 所示界面。

(5) 在图 10 - 5 所示界面中，在“查找范围”中选择文件路径，选择需要导入的文件名，点击“打开”按钮，返回图 10 - 3 所示界面。

(6) 在图 10 - 3 所示界面中，如果 Access 数据库加密，应输入用户名和密码。点击“下一步”按钮，出现图 10 - 4 所示界面。

(7) 在图 10 - 4 所示界面中，默认的数据源为“SQL Server Native Client 10. 0”，如果是以 SQL Server 身份验证登录，还需要选择用户名和密码，在“数据库”栏中选择需要导入的数据库。点击“下一步”按钮，出现图 10 - 6 所示界面。

(8) 在图 10 - 6 所示界面中，选择默认“复制一个或多个表和视图的数据”。点击“下一步”按钮，出现图 10 - 15 所示界面。

(9) 更改“目标”中的表或视图名（以防与导出时的原表名重复）。点击“下一步”按钮，如果存在数据类型不完全兼容的列，出现图 10 - 12 所示界面。

(10) 在图 10 - 12 所示界面中，点击“下一步”按钮，出现图 10 - 8 所示界面。

(11) 在图 10 - 8 所示界面中，选择“立即运行”，点击“下一步”按钮，出现图 10 - 9 所示界面。

(12) 在图 10 - 9 所示界面中，点击“完成”按钮，出现图 10 - 10 所示界面。

(13) 在图 10 - 10 所示界面中，点击“关闭”按钮，完成导出操作。

说明：

(1) 从 Access 数据库导入数据，每次可以导入多个表或视图。

(2) 第 (9) 步“目标”中如果表名或视图名与数据库中的表名重复，则在原表中添加新数据。

10.3 数据库的备份和恢复

SQL Server 提供的数据库备份和恢复机制，用于 SQL Server 数据库中数据丢失或损坏的情况，将数据恢复到损坏之前的正确状态，使损失降低到最低程度。可以将 SQL Server 表中的数据“备份”到独立的操作系统文件，也可以将文件中的数据“恢复”到 SQL Server 数据库系统。

10.3.1 数据库的备份和恢复概述

数据库备份是把数据保存到进行备份操作时数据库中所有数据的状态，以便在数据库出现故障时能够及时将其恢复。

1. 数据库备份的内容

SQL Server 数据库备份包括对系统数据库、用户数据库和事务日志的备份。

（1）系统数据库存放服务器的配置参数、系统存储过程、用户登录信息、用户数据库名等重要内容。在执行了任何影响系统数据库的操作之后，需要备份系统数据库。在系统或数据库发生故障时，可以使用系统数据库的备份重建系统。

（2）用户数据库保存用户输入、删除或修改等操作后的数据。在对数据库中的数据进行更改后，需要备份用户数据库。在数据库遭到破坏时，可以使用备份的数据库恢复数据。

（3）事务日志记录用户对数据库执行的更改操作。系统自动管理和维护所有数据库的事务日志。当数据库发生故障时，可以结合使用数据库备份和事务日志备份有效地恢复数据。

2. 数据库备份的方式

SQL Server 提供完整备份、差异备份、事务日志备份和文件或文件组备份 4 种不同的数据库备份方式，另外增加了一种用于小型数据库、很实用的备份方式，称为“实用文件备份”。

1）完整备份

完整备份是对整个数据库进行备份，在数据库发生故障时，可以完整地恢复数据库。备份内容包括用户表、系统表、索引、视图和存储过程等所有数据库对象，还包括事务日志。完整备份花费时间较长，占用空间较大，推荐每周备份一次。恢复时只能恢复最后一次备份，最后一次备份之后操作的数据全部丢失。完整备份是小型数据库备份的最佳选择。

2）差异备份

差异备份只是对上次数据库备份之后发生更改的内容进行备份。差异备份时间短，占用空间小，推荐每天备份一次，但需要一个基准备份，执行一次完整备份。恢复时，需要先恢复基准（完整）备份，在此基础上再恢复差异备份。差异备份是大型数据库的必然选择。

注意：在执行了几次差异备份后，应执行一次完整备份。因为距离基准备份时间越长，执行差异备份需要的时间和空间就越多。

3）事务日志备份

事务日志是独立的文件，记录上次备份后所有对数据库操作的事务，可以使用事务日志备份将数据库恢复到特定的即时点或故障点。只需很少时间，占用很小空间，推荐每小时备份一次。但是利用事务日志文件恢复数据库时，需要重新执行日志中记录的操作命令，花费较长时间。恢复时，先恢复完全备份，再恢复差异备份，最后恢复差异备份之后的所有事务日志备份。

4）文件或文件组备份

备份特定的数据库文件或文件组，常用于超大型数据库的备份。在数据库非常大，一个晚上都不能完成备份时使用该备份方式，该方式一般不太常用。

5）实用文件备份

在实际应用中，有一种很简单但很实用的备份方式，即在操作系统的资源管理器中直接复制数据库文件。在数据库应用中，有不少用户在软件开发者提供的应用程序中操作数据库，根本不了解也无须了解数据库。但是他们可以在“资源管理器”中复制文件，教会他们把特定的数据库文件复制到磁盘、U 盘或其他介质非常容易。

3. 备份设备的种类

SQL Server 提供磁盘、磁带和命名管道 3 种备份设备。

1）磁盘（disk）

磁盘是指服务器本身或与服务器连接的其他磁盘设备。

2）磁带（tape）

磁带与磁盘一样，但需要磁带设备直接物理连接到数据库服务器。

3）命名管道（pipe）

命名管道为使用第三方的备份软件和设备提供了一个灵活、强大的通道。

4. 数据库恢复模式

SEL Server 提供简单恢复、完整恢复和大容量事务日志恢复 3 种数据库恢复模式。

1）简单恢复模式

简单恢复模式是最简单的备份和恢复形式，支持数据库备份和文件备份，不支持事务日志备份。其优点是备份和恢复操作简单。其缺点是数据只能恢复到最后一次备份，备份后的更新将丢失。

2）完整恢复模式

完整恢复模式是利用事务日志备份将数据库回滚到事务日志备份所包含的任意时点。其优点是可最大限度地防止发生故障时丢失数据。其缺点是需要较大的存储空间，增加了恢复的时间和复杂性。

3）大容量事务日志模式

大容量事务日志模式是一种特殊用途的恢复模式，用于提高大量数据恢复等性能。该模式只用于偶尔的大容量操作，不能常用。

用鼠标右键点击具体的数据库，选择“属性”，在数据库属性界面选择“选项”，在“恢复模式”列表框对数据库的恢复模式进行设置。

10.3.2 创建和删除备份设备

在进行数据库备份的过程中，需要指定存放数据的备份设备。SQL Server 提供磁盘、磁带和命名管道 3 种备份设备。创建备份设备是在设备的物理文件名和逻辑文件名之间建立联系。设备的物理文件名是操作系统使用的文件名，用于介质之间的复制。设备的逻辑文件名是标识物理设备的公用名称，用于在数据备份时指定数据存放的位置。

1. 使用图形界面工具创建设备

使用 SQL Server Management Studio 图形界面工具创建备份设备的步骤如下：

（1）在图形界面工具中，展开“服务器对象”，用鼠标右键点击“备份设备”，出现图 10－16 所示界面。

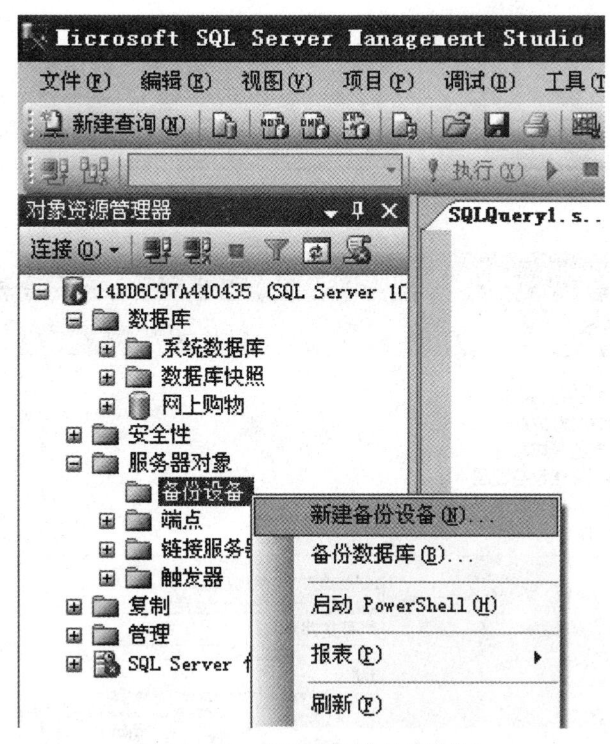

图 10－16 选择“新建备份设备”

（2）在图 10－16 所示界面中，选择“新建备份设备”，出现图 10－17 所示界面。

（3）在图 10－17 所示界面中，在“设备名称”文本框中输入备份设备名称（逻辑文件名），更改“文件”文本框中的默认文件名，点击后边的按钮，出现图 10－18 所示的界面。

（4）在图 10－18 中，选择路径，在“文件名”框中输入文件名，点击“确定”按钮，返回图 10－17 所示界面。

（5）在图 10－17 所示界面中的“文件”文本框出现路径和文件名（物理文件名），点击“确定”按钮。

（6）在图形界面工具中，展开“服务器对象”→“备份设备”，查看创建的备份设备名。

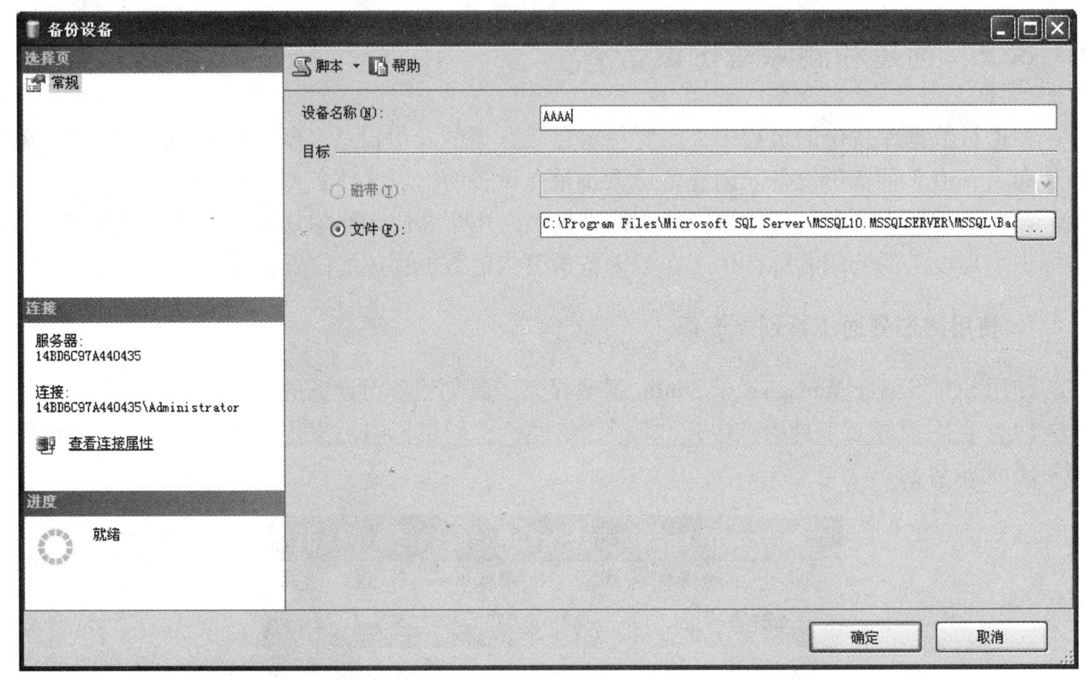

图 10－17　创建备份设备

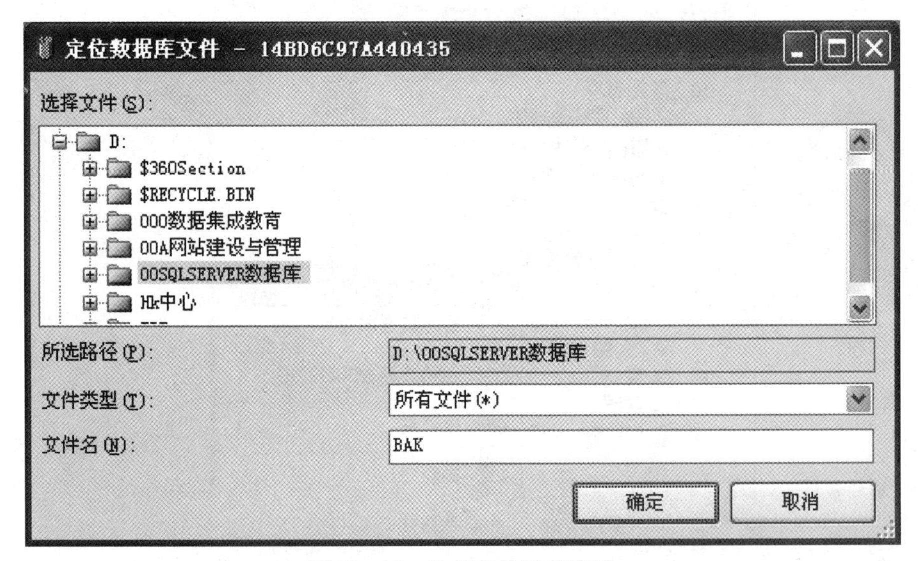

图 10－18　选择备份设备路径

说明：创建备份设备之后，在“资源管理器”中找不到物理文件名，它是个虚拟的名称，当执行了具体的数据备份之后，才能看到物理文件名。

2. 使用图形界面工具删除设备

使用 SQL Server Management Studio 图形界面工具删除备份设备的步骤如下：

（1）在图形界面工具中，展开“服务器对象”->“备份设备”，用鼠标右键点击具体的备份设备名。

（2）在随后出现的快捷菜单中，选择“删除”，出现“删除对象”界面。
（3）在“删除对象”界面，点击“确定”按钮，选择的备份设备被删除。
说明：使用图形界面工具删除设备时不能删除已经备份数据库的设备的物理文件。

3. 使用存储过程语句创建设备

格式：sp_addumpdevice '设备类型','逻辑文件名','物理文件名'
说明：
（1）设备类型可以为 disk（磁盘）、type（磁带）、pipe（命名管道）。
（2）“逻辑文件名”指定备份数据时需要文件的逻辑名称。
（3）“物理文件名”指定存放的操作系统物理名称。
例 10－1 使用存储过程语句创建名为“BBBB”的备份设备。

```
sp_addumpdevice 'disk','BBBB','D:/BAK/BBBB.bak'
```

4. 使用存储过程语句删除设备

格式：sp_dropdevice '逻辑文件名' [,'DELFILE']
说明：DELFILE 参数可有可无，如果有，将删除相应的物理文件。
例 10－2 使用存储过程语句删除名为“AAAA”的备份设备。

```
sp_dropdevice 'AAAA','DELFILE'
```

10.3.3 数据库的备份

1. 使用图形界面工具备份数据库

使用 SQL Server Management Studio 图形界面工具备份数据库的步骤如下：
（1）在图形界面工具中，展开“数据库”，用鼠标右键点击具体的数据库，出现图 10－19 所示界面。
（2）在图 10－19 所示界面中，选择“任务”->“备份”，出现图 10－20 所示界面。
（3）在图 10－20 所示界面中，在“数据库”列表框中选择默认的数据库名，也可以另选。
（4）在“备份类型”列表框中选择“完整”“差异”或“事务日志”。
（5）在“备份组件”中，选择“数据库”或“文件或文件组”。
（6）如果选择“文件或文件组”，出现图 10－21 所示界面。
（7）在图 10－21 所示界面中，选择需要备份的文件或文件组，点击“确定”按钮，返回图 10－20 所示界面。
（8）在图 10－20 所示界面中，在“备份集”->“名称”中，选择默认值，也可以修改。
（9）在“备份集”->“说明”中，输入必要的说明，也可以不输入。
（10）在“备份集过期时间”中，选择 0，表示永不过期。

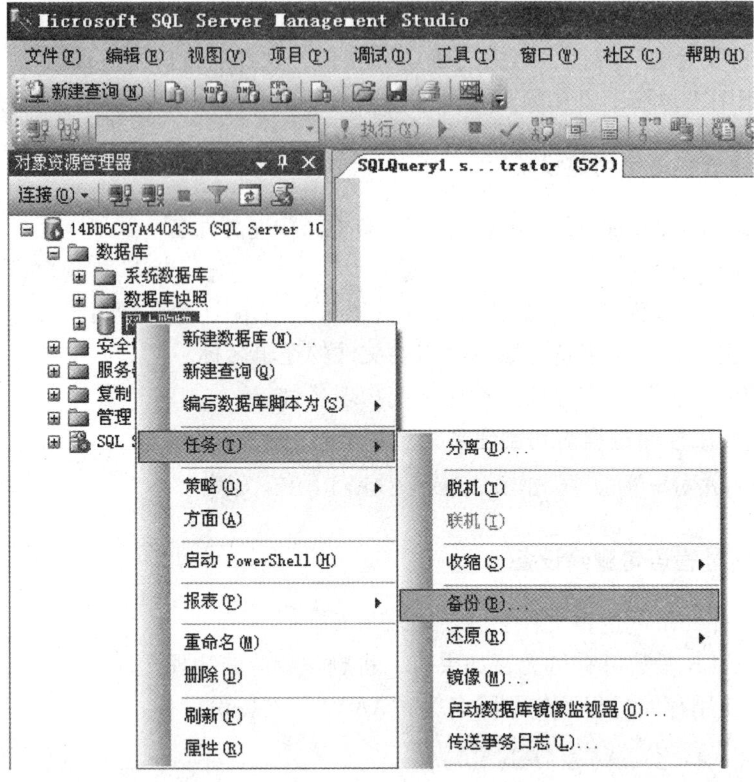

图 10－19　选择“备份”

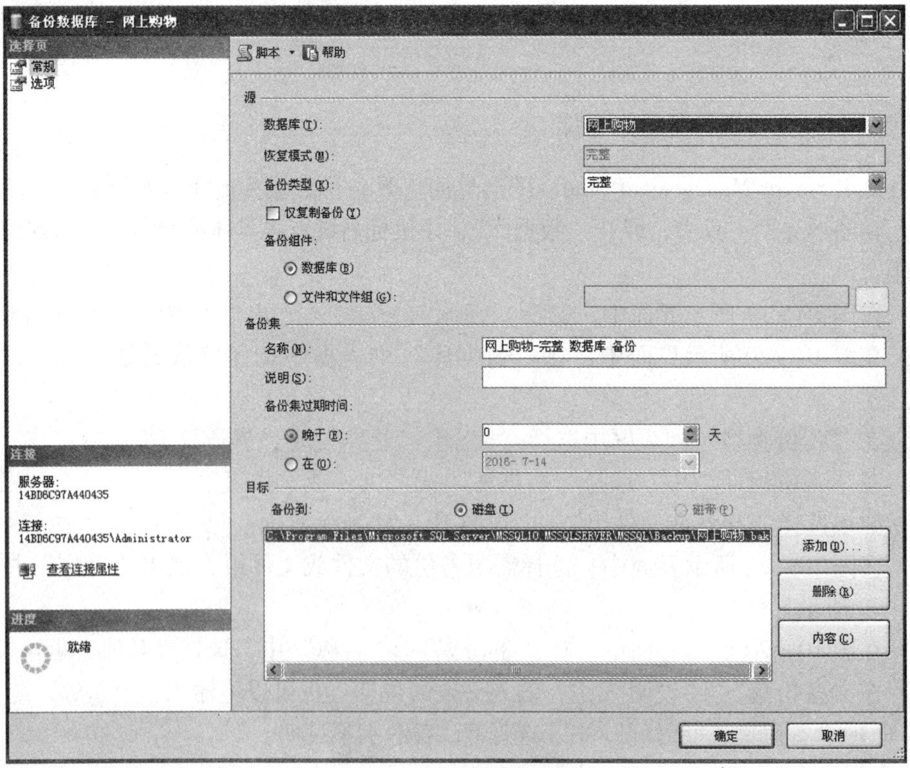

图 10－20　备份数据库

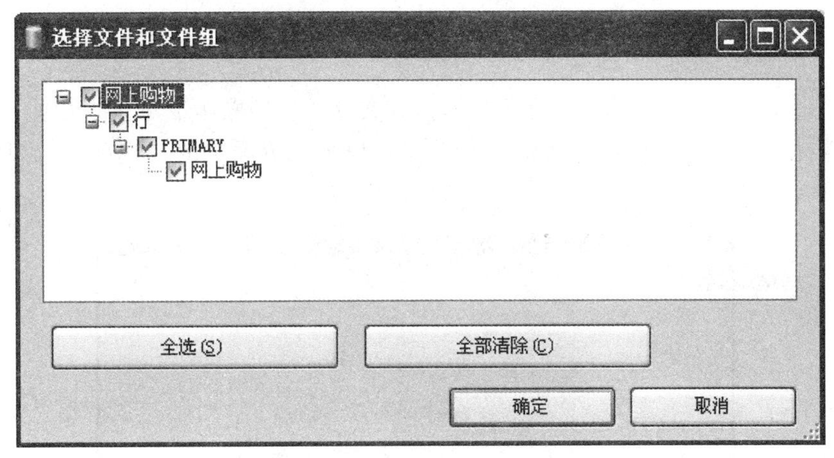

图 10－21　选择文件或文件组

（11）在“目标”中，选择“磁盘”或“磁带”（如果磁带未连接，该项不能启用）。

（12）选择默认“磁盘”，如果需要可修改默认备份设备，点击“删除”按钮，除去默认的物理文件名，点击“添加”按钮，出现图 10－22 所示界面。

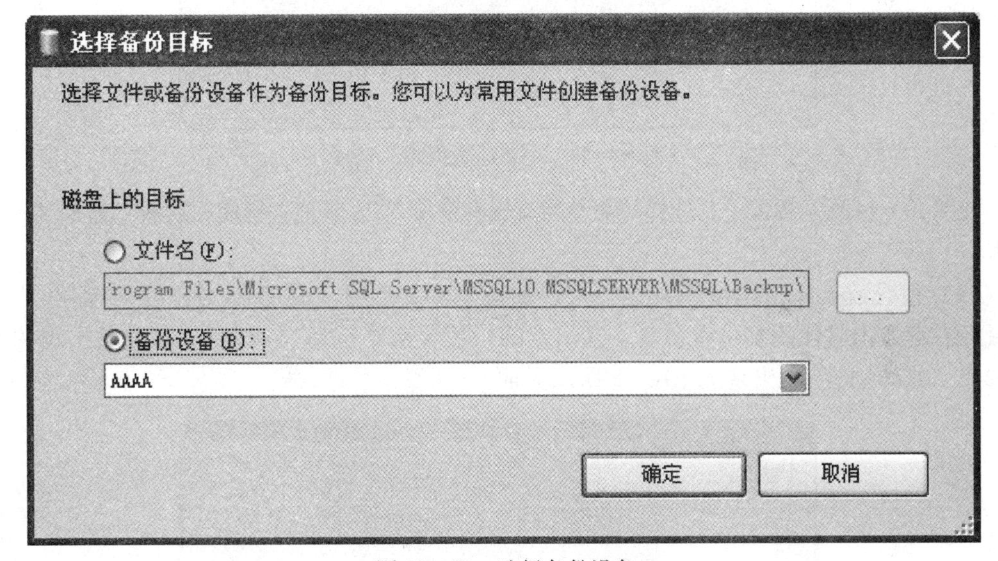

图 10－22　选择备份设备

（12）在图 10－22 所示界面中，点击“备份设备”，选择设备名，点击“确定”按钮，返回图 10－20 所示界面。

（13）在图 10－20 所示界面中，点击“确定”按钮，出现图 10－23 所示界面。

图 10－23　备份完成提示

（14）在图10-23中所示界面，点击“确定”按钮，完成本次数据库备份操作。

说明：

（1）完整备份、差异备份、事务日志备份和文件备份的操作步骤基本类似。

（2）选择“完整”备份后，需要点击图10-20所示界面中的“选项”，出现图10-24所示界面。

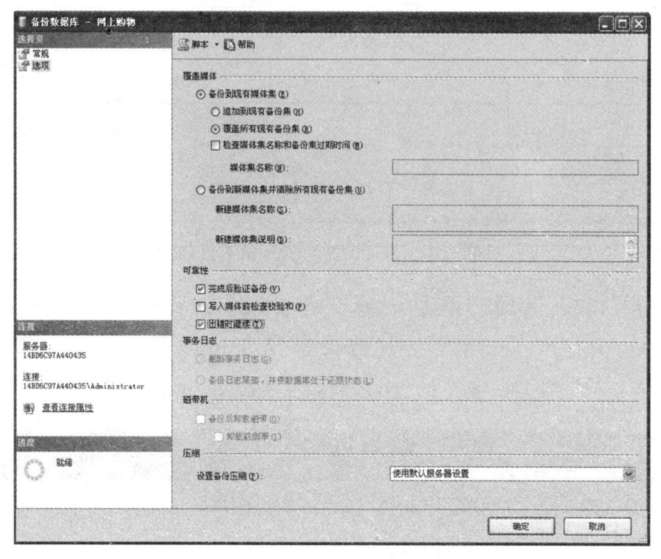

图10-24 “备份数据库”选项

在图10-24所示界面中，选择“覆盖所有现有备份集”。其他备份使用默认“追加到现有备份集”。

（3）查看数据库备份结果，在图形界面工具中，展开“服务器对象”->“备份设备”，用鼠标右键点击具体的备份设备名，在出现的快捷菜单中选择“属性”，在随后出现的界面中选择“媒体内容”，出现图10-25所示界面。

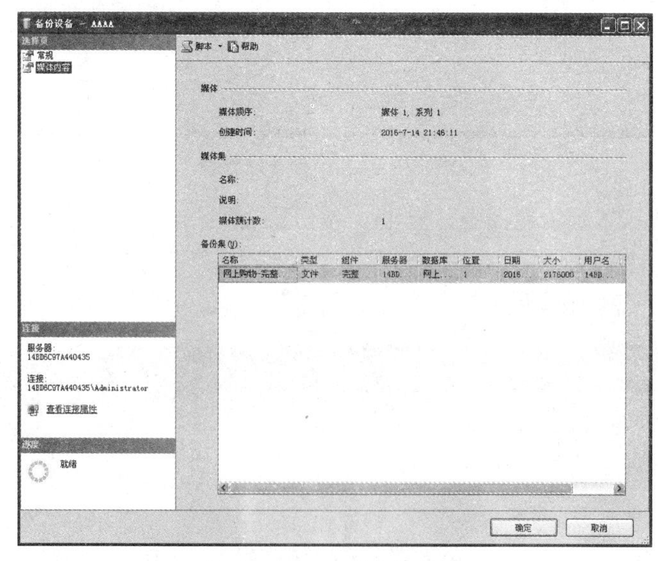

图10-25 查看备份结果

2. 使用 Transact－SQL 语句 备份数据库

1）完整数据库备份

格式：

```
BACKUP DATABASE 数据库名
   TO 备份设备逻辑名［,{DISK|TAPE}='备份设备物理名'］
   ［WITH
     ［NAME=备份集名称 ］
     ［,DESCRIPTION='备份集描述'］
     ［,{INIT| NOINIT}}
   ］
```

说明：

（1）“BACKUP DATABASE”为备份数据库的关键字。

（2）“数据库名”指定需要备份的数据库。

（3）“备份设备逻辑名”指定备份使用的逻辑文件名。

（4）“备份设备物理名”指定备份使用的物理文件名。

（5）“NAME”指定备份集名称。

（6）“DESCRIPTION”指定备份集描述。

（7）“INIT”表示覆盖所有现有备份集。

（8）“NOINIT”追加到现有备份集，默认为 NOINIT。

例 10－3 使用 BACKUP DATABASE 语句完整备份“网上购物”数据库。

```
sp_addumpdevice 'disk','网上购物_完整','D:\BAK\网上购物_完整.BAK'
GO
BACKUP DATABASE 网上购物
   TO 网上购物_完整
   WITH NAME='完整备份'
        ,DESCRIPTION='网上购物完整备份'
        ,INIT
```

2）差异数据库备份

格式：

```
BACKUP DATABASE 数据库名
   TO 备份设备逻辑名［,{DISK|TAPE}='备份设备物理名'］
   WITH
     DIFFERENTIAL
     ［NAME=备份集名称］
     ［,DESCRIPTION='备份集描述'］
     ［,{INIT|NOINIT}}
   ］
```

说明："DIFFERENTIAL" 指定进行差异备份，其他与完整备份相同。

例 10-4 使用BACKUP DATABASE语句差异备份"网上购物"数据库。

```
sp_addumpdevice 'disk','网上购物_差异','D:\BAK\网上购物_差异.BAK'
GO
BACKUP DATABASE 网上购物
   TO 网上购物_差异
   WITH  DIFFERENTIAL,NAME='差异备份'
         ,DESCRIPTION='网上购物差异备份'
```

3）事务日志数据库备份

格式：

```
BACKUP LOG 数据库名
   TO 备份设备逻辑名[,{DISK|TAPE}='备份设备物理名']
   WITH
      [NAME=备份集名称]
      [,DESCRIPTION='备份集描述']
      [,{INIT|NOINIT}
   ]
```

说明："BACKUP LOG" 为事务日志数据库备份的关键字。

例 10-5 使用BACKUP LOG语句备份"网上购物"数据库的事务日志。

```
sp_addumpdevice 'disk','网上购物_日志','D:\BAK\网上购物_日志.BAK'
GO
BACKUPLOG 网上购物
   TO 网上购物_差异
   WITH NAME='事务日志备份'
         ,DESCRIPTION ='网上购物事务日志备份'
```

4）文件或文件组数据库备份

格式：

```
BACKUP DATABASE 数据库名
   FILE='逻辑文件名' [,FILEGROUP='逻辑文件组名']
   TO 备份设备逻辑名[,{DISK|TAPE}='备份设备物理名']
   WITH
      [NAME=备份集名称 ]
      [,DESCRIPTION='备份集描述']
      [,{INIT|NOINIT}
   ]
```

说明：

(1) “逻辑文件名”指定数据库文件的逻辑名。

(2) “逻辑文件组名”指定数据库文件组的逻辑名。

例 10－6 使用 BACKUP DATABASE 语句文件备份“网上购物”数据库。

```
sp_addumpdevice 'disk','网上购物_文件','D:\BAK\网上购物_文件.BAK'
GO
BACKUPLOG 网上购物
   FILE ='网上购物'
   TO 网上购物_文件
   WITH NAME ='文件备份'
         ,DESCRIPTION ='网上购物文件备份'
```

10.3.4 数据库的恢复

1. 恢复前的准备

(1) 在恢复数据库之前，需要限制网上其他用户访问数据库。

在图形界面工具中，展开“数据库”，用鼠标右键点击具体的数据库，在快捷菜单中选择“属性”，打开数据库属性窗口。在窗口左边点击“选项”，出现图 10－26 所示界面。

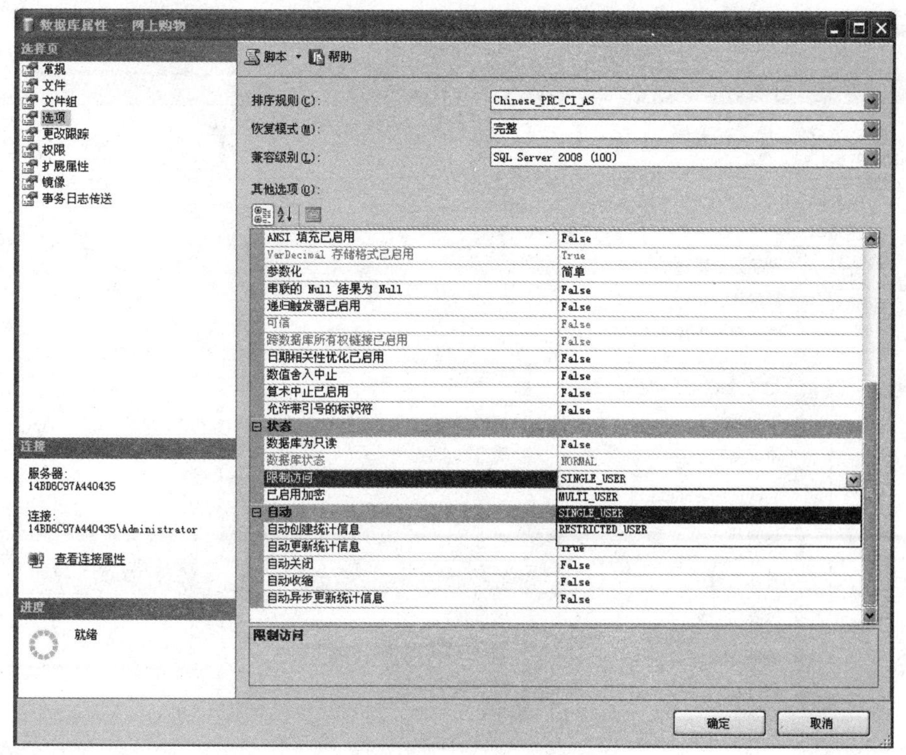

图 10－26 限制访问为单用户界面

在窗口右边的“其他选项”下面，展开“状态”，在“限制访问”栏中选择“SINGLE_USER”，点击“确定”按钮。

（2）为了看到恢复数据库产生的结果，删除需要恢复的数据库，重建该数据库（空库），即对数据库造成“人为破坏”。

2. 使用图形界面工具恢复数据库

使用 SQL Server Management Studio 图形界面工具恢复数据库的步骤如下：

（1）在图形界面工具中，展开“数据库”，用鼠标右键点击具体的数据库，出现图 10－27所示界面。

（2）在图 10－27 所示界面中，选择“任务”->“还原”->“数据库”，出现图 10－28 所示界面。

（3）在图 10－28 所示界面中部，点击“设备名”，再点击后边的按钮，出现图 10－29 所示界面。

（4）在图 10－29 所示界面中，在“备份媒体”中选择“备份设备”，点击“添加”按钮，出现图 10－30 所示界面。

（5）在图 10－30 所示界面中，选择需要恢复数据库备份时存放的设备，点击“确定”按钮，返回图 10－29 所示界面。

（6）在图 10－29 所示界面中，点击“确定”按钮，返回图 10－28 所示界面。

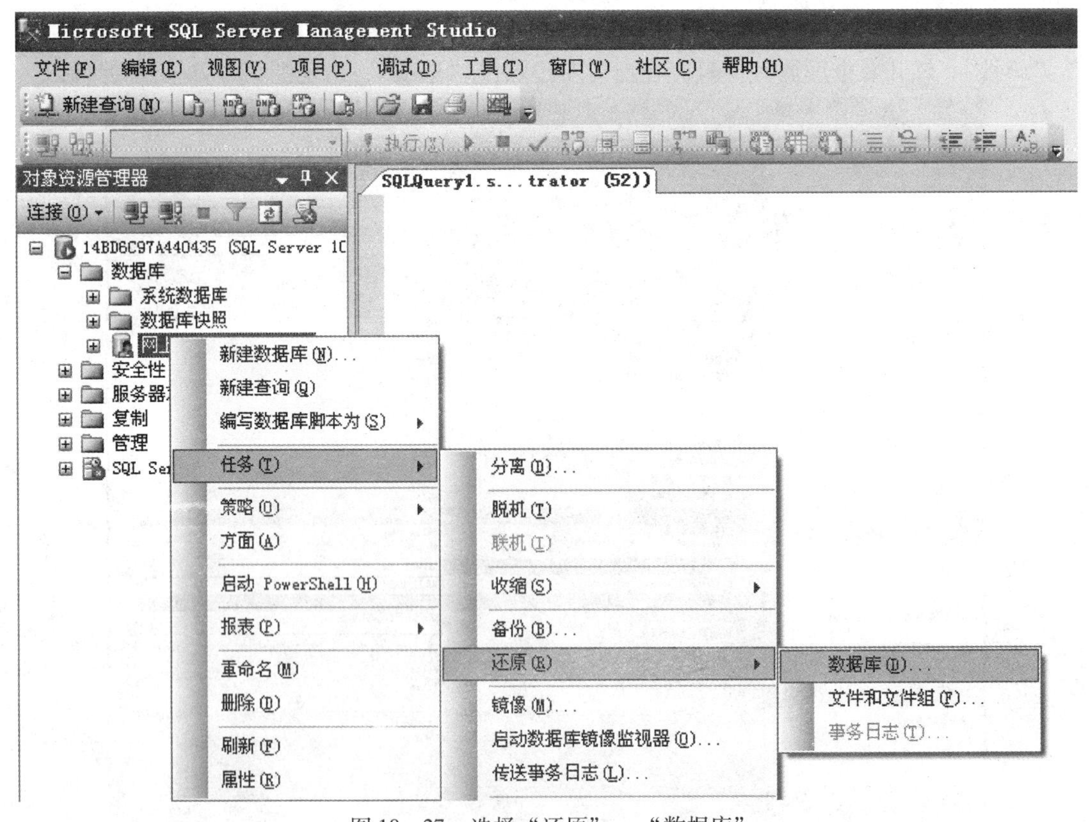

图 10－27　选择“还原”→“数据库”

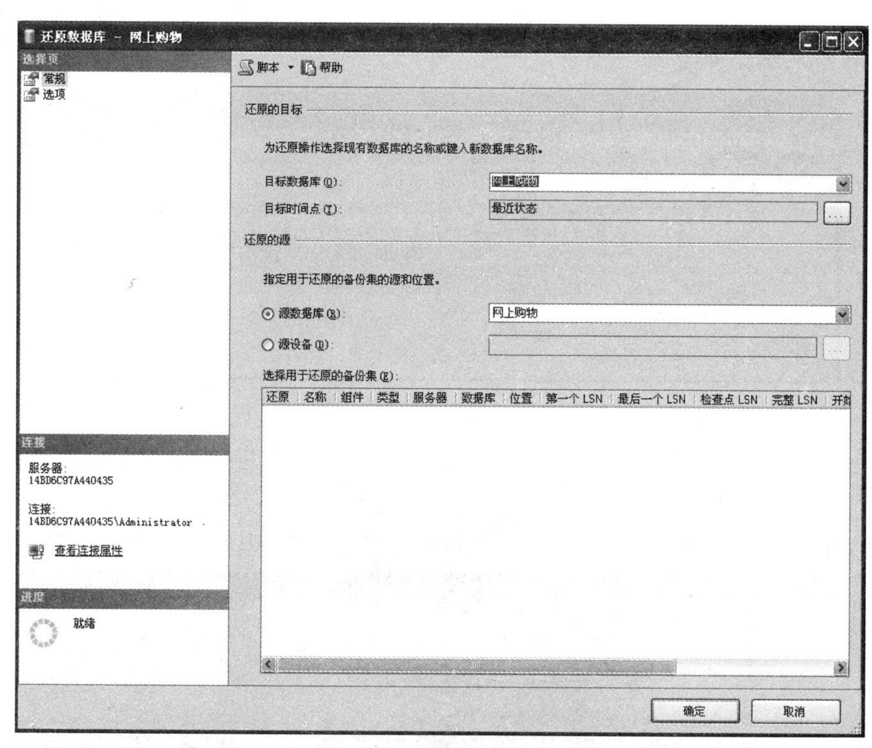

图 10－28　恢复数据库

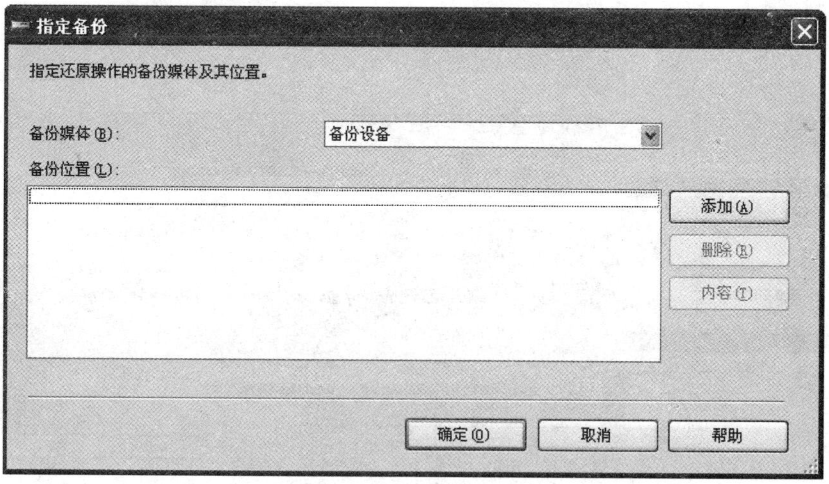

指定备份

指定还原操作的备份媒体及其位置。

备份媒体(B):　备份设备

备份位置(L):

添加(A)　删除(R)　内容(T)

确定(O)　取消　帮助

图 10－29　添加设备

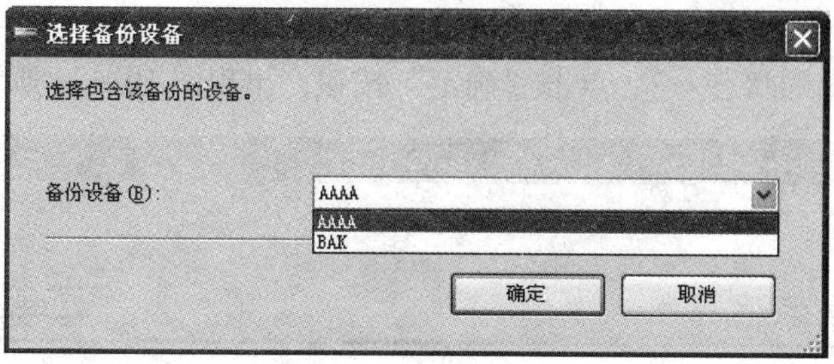

选择备份设备

选择包含该备份的设备。

备份设备(B):　AAAA

AAAA

BAK

确定　取消

图 10－30　选择设备

（7）在图 10－28 所示界面中，勾选“还原的源”下面的复选框，点击“确定”按钮，出现如图 10－31 所示界面。

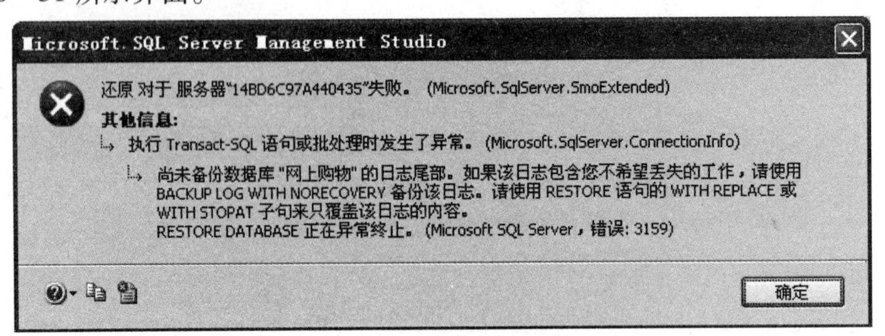

图 10－31　数据恢复错误提示

（8）出现错误是因为备份数据库之后删除了原数据库，重建新的空数据库，导致事务日志改变。

解决的方法：点击图 10－28 所示界面中的“选项”，出现图 10－32 所示界面。

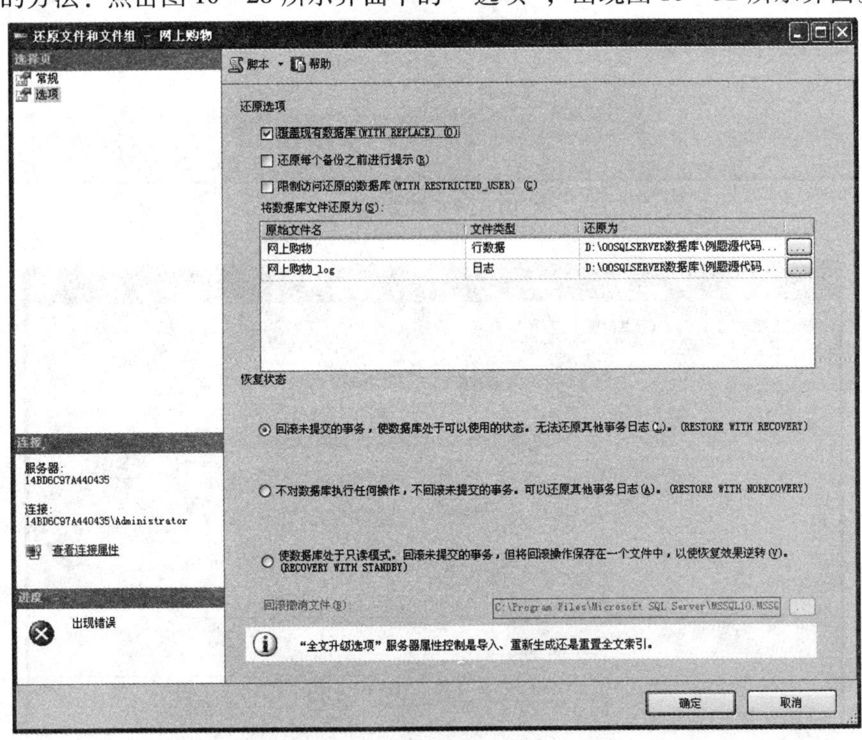

图 10－32　“恢复数据库”选项

（9）在图 10－32 所示界面中，勾选“覆盖现有数据库”，选择“回滚未提交事务，使数据库处于可以使用的状态…”，点击“确定”按钮，出现图 10－33 所示界面。

图 10－33　恢复完成

(10) 在图10－33所示界面中，点击“确定”按钮，完成本次恢复操作。

说明：

(1) 有时需要完整恢复、差异恢复、事务日志恢复配合使用。

(2) 在第 (9) 步不选择“回滚未提交事务，……”，恢复完成后数据库处于“正在还原”状态。

2. 使用Transact－SQL语句恢复数据库

1) 完整数据库恢复

格式：

```
RESTORE DATABASE 数据库名
  FROM 备份设备逻辑名[,{DISK|TAPE} ='备份设备物理名']
  [WITH
    [MOVE '逻辑文件名' TO '物理文件名'[, …]]
    [,{NORECOVERY|RECOVERY}]
    [,REPLACE]
  ]
```

说明：

(1) “RESTORE DATABASE”为恢复数据库的关键字。

(2) “数据库名”指定恢复后的数据库。

(3) “备份设备逻辑名”指定恢复使用的逻辑文件名。

(4) “备份设备物理名”指定恢复使用的物理文件名。

(5) “MOVE”指定将数据库移放到物理文件名指定的磁盘位置。

(6) “NORECOVERY”指定不回滚未提交事务，在恢复完成后数据库处于“正在还原”状态，不能操作数据库。当恢复数据库和多个事务日志时，前面的几个恢复语句必须使用NORECOVERY。

(7) “RECOVERY”指定回滚未提交事务，在恢复完成后数据库可以进行操作。当恢复数据库和多个事务日志时，最后一个恢复语句必须使用RECOVERY。

(8) “REPLACE”指定如果存在同名数据库，将被替代（覆盖）。

例10－7 使用RESTORE DATABASE语句恢复例10－3中完整备份的数据库。

```
RESTORE DATABASE 网上购物
    FORM 网上购物_完整
    WITH REPAACE
```

例10－8 使用RESTORE DATABASE语句恢复例10－6中文件备份的数据库。

```
RESTORE DATABASE 网上购物
    FORM 网上购物_文件
    WITH REPAACE
```

2) 事务日志数据库恢复

格式：

```
RESTORE LOG 数据库名
   FROM 备份设备逻辑名 [,{DISK|TAPE} = '备份设备物理名']
   WITH
      [MOVE '逻辑文件名' TO '物理文件名' [,…]]
      [,{NORECOVERY|RECOVERY}]
```

说明："RESTORE LOG"为事务日志数据库恢复的关键字。

例 10-9 使用 RESTORE LOG 语句恢复例 10-3、例 10-4、例 10-5 中备份的数据库。

```
RESTORE DATABASE 网上购物
   FORM 网上购物_完整
   WITH NORECOVERY
RESTORE DATABASE 网上购物
   FROM 网上购物_差异
   WITH NORECOVERY
RESTORE LOG 网上购物
   FROM 网上购物_日志
   WITH RECOVERY
```

说明：

在备份后删除数据库再重建构成的"人为破坏"中，事务日志被改变。若不进行变化的事务日志备份，上述联合备份将出现错误，恢复失败，只有最后备份一次事务日志才能完成恢复。语句如下：

```
sp_addumpdevice 'disk','网上购物_最后', 'D:\BAK\网上购物_最后.BAK'
BACKUP LOG 网上购物
   TO 网上购物_最后
   WITH NORECOVERY
```

注意："WITH NORECOVERY"一定不可缺少，否则恢复还会失败。

10.3.5 实用数据库备份和恢复

所谓"实用数据库备份和恢复"是平时将数据库文件简单地复制下来，在系统出现故障后再复制回去的一种简单、实用的数据库维护方法。

在实际的数据库应用中，并不是所有用户都熟悉数据库，有不少用户只能在软件开发商提供的应用程序界面操作数据库。对于这些用户，不可能要求他们使用数据库系统备份和恢复数据库，但是他们能够使用操作系统的资源管理器复制文件。尽管这些用户使用的数据库很小，但用户数量很大。该方法对于不熟悉数据库的用户或开始涉足数据库的初学者非常有用。

1. 备份数据库

备份数据库文件由数据库最终用户执行，步骤如下：

（1）从计算机桌面的“开始”->“所有程序”，启动图 10－34 所示界面。

图 10－34　启动“SQL Server 配置管理器”

（2）在图 10－34 所示界面中，选择“SQL Server 配置管理器”，出现图 10－35 所示界面。

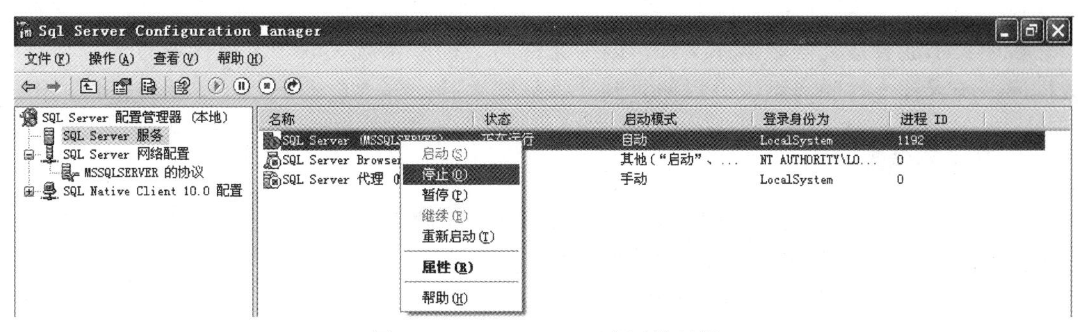

图 10－35　SQL Server 配置管理器

（3）在图 10－35 所示界面中，点击“SQL Server 服务”，用鼠标右键点击“SQL Server (MSSQLSERVER)”。

（4）在出现的快捷菜单中，选择“停止”，出现图 10－36 所示界面。

图 10－36　停止提示

（5）在图 10－36 所示界面中，不要点击“关闭”按钮，直到自动结束。

（6）在图 10－35 所示界面中，点击右上角的“×”按钮，关闭“配置管理器”。

（7）在“资源管理器”中，展开默认 SQL Server 数据库文件存放目录，如图 10－37 所示。

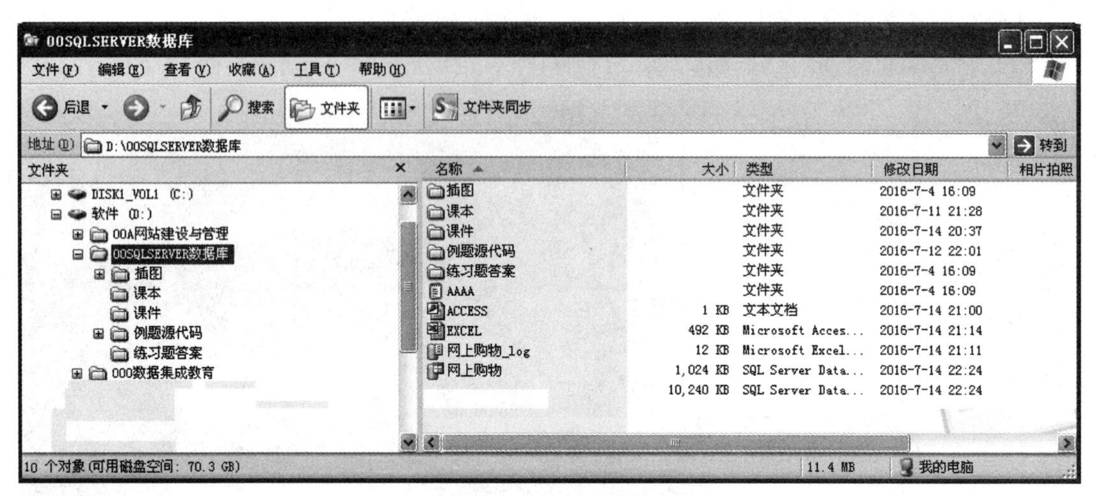

图 10－37　默认 SQL Server 数据库文件存放目录

（8）在图 10－37 所示界面中，选择需要备份的数据库文件（最少两个），进行复制。

（9）重新启动图 10－35 所示的“配置管理器”，再次用鼠标右键点击“SQL Server (MSSQLSERVER)”。

（10）在出现的快捷菜单中，选择“启动”，直到图 10－36 所示界面结束，关闭“配置管理器”。

说明：不能直接复制数据库文件，因为文件与数据库系统关联。上述操作首先“停止”数据库系统，让文件脱离系统，以便复制。等复制之后，再“启动”系统，系统正常工作。

2. 恢复数据库

数据库故障时，恢复数据库由软件开发者完成，步骤如下：

（1）重新安装 SQL Server 数据库管理系统。

（2）重新创建原来存放数据库的目录和数据库，在目录中产生与原来同名的数据库文件。

（3）将故障前最后一次备份的数据库文件复制到上述目录，覆盖新产生的数据库文件。

（4）启动新的数据库管理系统。

说明：该方法丢失了最后一次备份与系统故障之间增加或修改的数据。

10.4　数据的分离和附加、导出和导入、备份和恢复的比较

SQL Server 提供的分离和附加、导出和导入、备份和恢复，其共同之处是都让数据库中的数据脱离数据库系统而成为独立的操作系统文件，需要时再加载到数据库系统，但是三者有许多不同之处。为了更好地理解，有必要对其进行比较，见表 10－1。

表 10－1　分离和附加、导出和导入、备份和恢复的比较

操作名称	数据格式		脱离方式	
	同类	异类	剪切	复制
分离－附加	■		■	
导出－导入		■		■
备份－恢复	■			■

从表 10－1 中可以清楚地看到三者的不同之处：

（1）分离－附加是同类数据格式之间的转移，但分离后原服务器上不再保留数据，只适合于在应用系统开发初期将数据从一台服务器转移到另一台服务器，不能在正式运行的应用系统中使用。

（2）导出－导入可以在原服务器保留数据，但在异类数据格式之间转移数据，数据格式的兼容性受到限制，只适合于临时的数据二次加工，不能作为数据维护的主要方法。

（3）备份－恢复可以在原服务器保留数据，是配备专业数据库管理人员的大型数据库进行数据库维护的首选，不适合缺少专业管理人员的小型数据库。

练习题

一、单选题

1. 在不影响数据库正常运行的情况下，维护数据库不应采用的方法是（　　）。

A. 数据库文件的备份　　B. 数据的导出和导入

C. 数据库的分离与附加　　D. 数据的备份和恢复

2. 下面文件中无法与 SQL Server 数据库进行导入/导出操作的是（　　）。

A. Word 文件　　B. Excel 文件

C. Access 数据库　　D. 文本文件

3. 关于导出数据，下面说法错误的是（　　）。

A. 可以将 SQL Server 数据导出到文本文件

B. 可以将 SQL Server 数据导出到 Access 数据库

C. 导出数据后，原数据将被保留

D. 导出数据后，原数据将被删除

4. 关于导入数据，下面说法正确的是（　　）。

A. 可以将 Word 文件导入到 SQL Server 数据库

B. 可以将 Excel 文件导入到 SQL Server 数据库

C. 可以将任何文件导入到 SQL Server 数据库

D. 以上几种说法都不正确，只有 Access 文件才能导入到 SQL Server 数据库

5. 关于导入和导出数据，下面说法正确的是（　　）。

A. 导出数据时必须选择目标，可以不选择数据源

B. 导入数据时必须选择数据源，可以不选择目标

C. 导入和导出数据时都必须选择数据源和目标

D. 以上几种说法都不正确

6. 下面（　　）不属于数据库备份方式。

A. 完整备份　　B. 差异备份

C. 事务日志备份　　D. 整个磁盘备份

7. 下面哪个不属于备份设备（　　）。

A. 磁盘设备　　B. 磁带设备

C. 光盘设备　　D. 命名管道设备

8. 下面哪个不属于数据库恢复模式（　　）。

A. 简单恢复　　B. 完整恢复

C. 差异恢复　　D. 大容量事物日志恢复

9. 使用 Transact－SQL 语句进行差异备份，不能缺少关键字（　　）。

A. DIFFERENTIAL　　B. DESCRIPTION

C. WITH　　D. NAME

10. 关于数据的备份与恢复，下列说法错误的是（　　）。

A. 备份保留原数据库中的数据，是大型数据库进行数据库维护的首选

B. 备份保留原数据库中的数据，是小型数据库进行数据库维护的首选

C. 备份是删除原数据库中的数据，还原是恢复数据库中的数据

D. 备份是删除原数据库中的数据，还原不能恢复数据库中的数据

二、填空题

1. 数据的导出和导入是在__________________之间转移数据，数据的备份和恢复是在____________之间转移数据。

2. 导出数据常用的数据文件为____________、____________、Access 数据库文件。

3. SQL Server 备份数据库包括________、________和________的备份。

4. SQL Server 提供________、差异、________、________备份 4 种数据库备份方式。

5. 使用 BACKUP DATABASE 语句备份数据库时，如果指定 DIFFERENTIAL 选项，则表示要执行__________备份。

6. 使用 RESTORE DATABASE 语句还原数据库时，如果当前服务器中存在同名数据库，可以使用____________关键字，表示覆盖现有的数据库。

三、简答题

1. 简述数据导出和导入存在的问题。

2. 列出将数据导出到文本文件的几个步骤。

3. 列出创建备份设备的几个步骤。

4. 简述 SQL Server 的 4 种备份方式。

5. 简述数据库的分离和附加、导出和导入、备份和恢复三者的不同之处。

四、上机操作题

上机操作本章中的例 10－1 ~ 例 10－9。

第11章 数据库应用编程技术

本章学习 

①ASP 编程技术
②ASP. NET 编程技术
③JSP 编程技术
④PHP 编程技术

数据库系统是保存和管理数据的系统，由计算机硬件、系统软件、数据库管理系统、数据库、数据库应用程序和管理使用人员 6 部分组成。除了前面章节介绍的内容之外，在大多数情况下，人们使用数据库的应用程序对数据库中的数据进行增加、删除、修改和查询，最终用户通过应用程序提供的操作界面对数据库进行操作。为了使开发的应用程序操作简单、使用方便、界面友好、功能强大，首先需要选择合适的数据库应用编程技术。到目前为止，有几十种数据库应用编程技术，这里介绍在网站应用程序设计中广泛使用的 4 种。

11.1 ASP 编程技术

11.1.1 ASP 技术概述

ASP 是 Active Server Pages（动态服务器页面）的缩写，是微软公司推出的 Web 应用程序编程技术，它提供了对多种类型数据库进行操作的功能。通过 ASP 编程技术，开发者可以结合 Html 标记、ASP 指令和 ActiveX 组件，开发动态、交互、高效的 Web 服务器应用程序。ASP 的出现使开发者不必担心客户端能否正确运行编写的代码，因为所有程序都是在服务器端执行的，包括内嵌在 Html 中的脚本。客户端只需要执行 Html 语言的浏览器，就可浏览由 ASP 设计的网页内容。ASP 编程技术使 Web 应用程序的开发更加简单、方便、灵活。

ASP 并不是最好的，但绝对是应用最广泛的网页编程技术。

ASP 技术存在的不足，一是该技术基本上局限于微软的操作系统平台，主要工作环境是微软的 IIS 应用结构，不容易实现跨平台的 Web 应用程序设计；二是面向过程的编程方法，导致网页的维护难度很大；三是解释型 VBScript、JavaScript 脚本语言，使得有关的性能无法完全发挥。

11.1.2 ASP 技术的特点

（1）使用 VBScript 和 Jscript 脚本语言，结合 Html 标记，可以快速开发网站应用程序。

（2）无须编译，在服务器端，而不是在客户端直接解释执行。

（3）无须专门的编辑工具，使用任何一种文本编辑器都可以编写程序，如记事本。

（4）无须在客户端配置执行脚本代码的软件，只需可以执行 Html 语言的浏览器即可。

（5）能与任何 ActiveX Scripting 语言兼容，除 VBScript 和 Jscript 之外，可通过 plug - in 的方式，使用第三方提供的其他脚本语言，如 Perl、Tel 等。

（6）ActiveX 服务器组件具有无限可扩充性，可使用 VB、Java、VC + + 、Cobol 等高级编程语言编写需要的 ActiveX 服务器组件。

（7）可以利用 ADO（Active Data Object）很方便地访问数据库，制作动态网页。

11.1.3 ASP 运行环境

不像静态的 Html 文件，只要有浏览器，双击该文件就可以显示网页内容，ASP 文件需要在计算机中安装微软互联网信息服务（Internet Information Service，IIS）才能运行。

1. 在 Windows XP 中安装 IIS

（1）从“开始”->“控制面板”->“添加或删除程序”，打开“添加或删除程序”窗口，如图 11 - 1 所示。

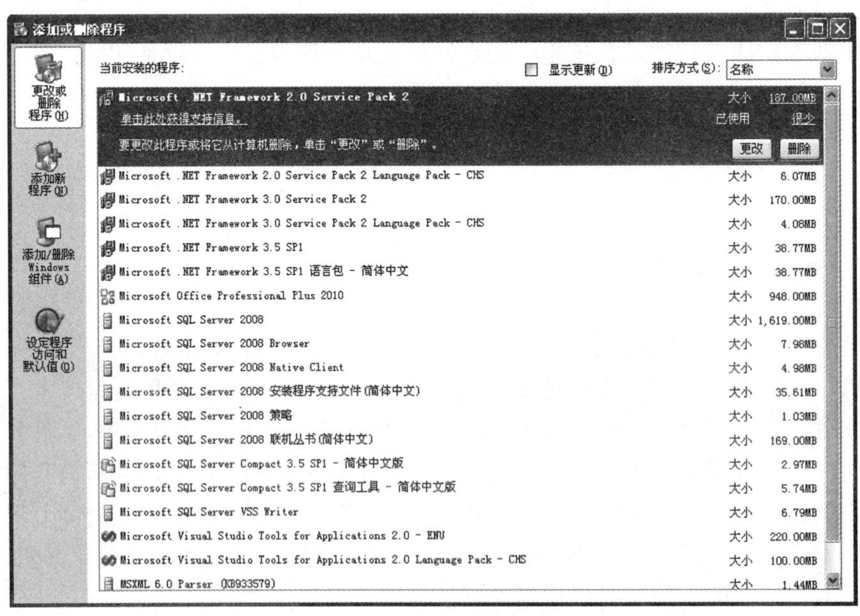

图 11 - 1　添加或删除程序

（2）在图 11 - 1 所示界面中，单击左边的“添加或删除 Windows 组件”，出现图 11 - 2

所示界面。

(3) 在图 11 - 2 所示界面中，勾选“Internet 信息服务 (IIS)”，单击“详细信息”，出现图 11 - 3 所示界面。

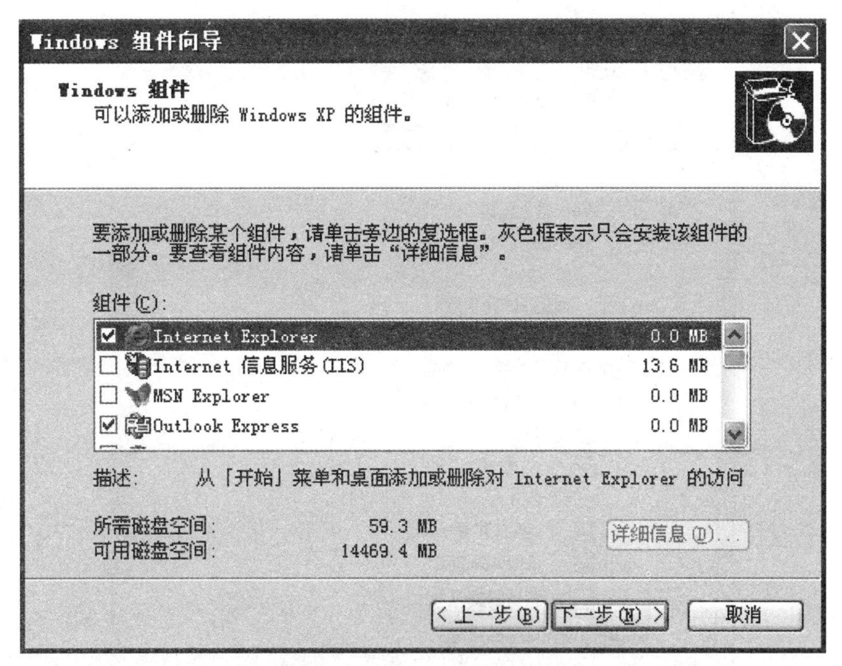

图 11 - 2　Windows 组件向导

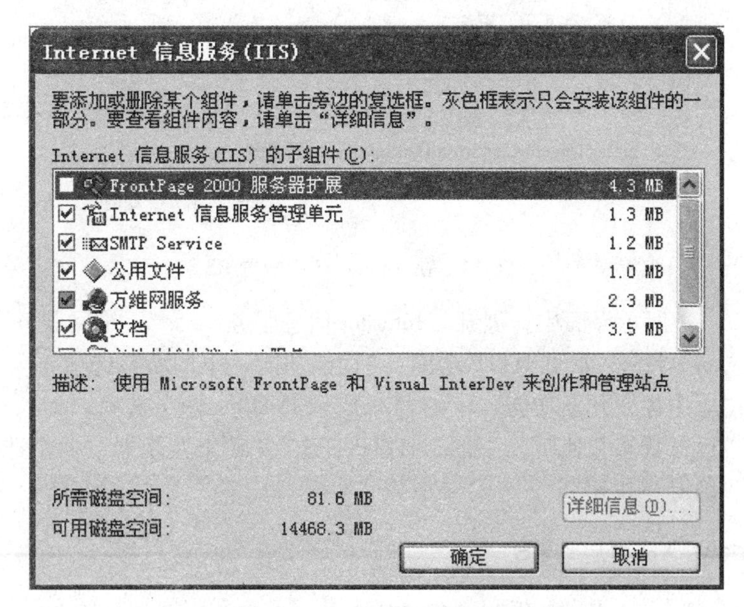

图 11 - 3　Internet 信息服务

(4) 在图 11 - 3 所示界面中，勾选“Internet 信息服务管理单元”，单击“确定”按钮。

2. 在 Windows 7 及以上版本中安装 IIS

(1) 从“开始” -> “控制面板” -> “程序和功能” -> “打开或关闭 Windows 功能”，打开“Windows 功能”窗口，如图 11 -4 所示。

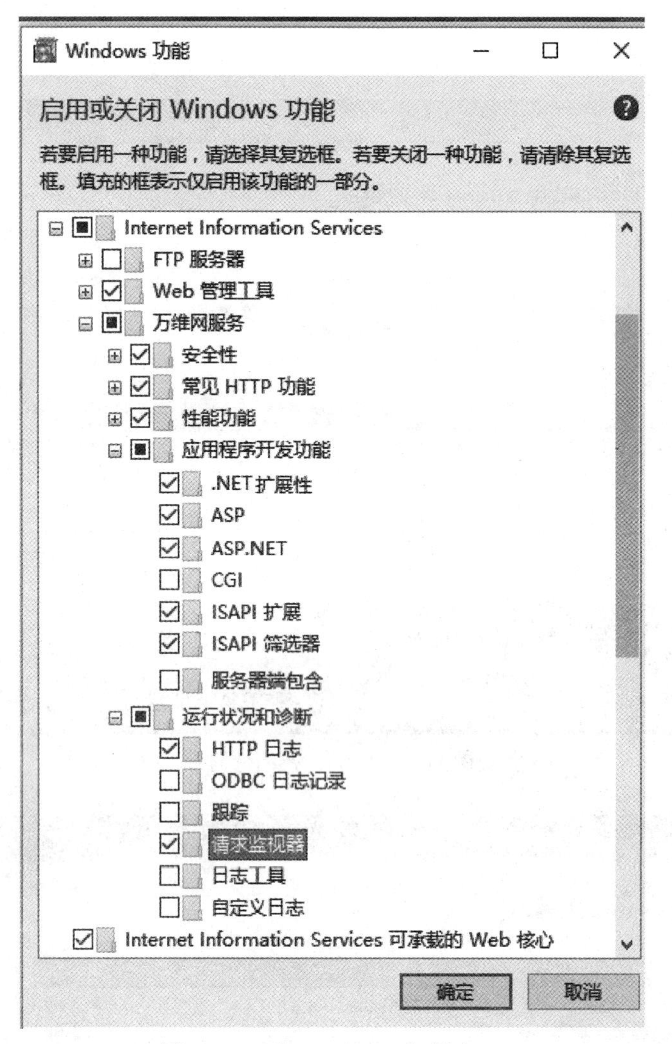

图 11 -4　在 Windows7 中配置 IIS

（2）在图 11 -4 所示界面中，展开“Internet 信息服务”->“万维网服务”。

（3）勾选“安全性”“常见 HTTP 功能”“性能功能”下的所有选项。

（4）勾选“应用程序开发功能”下的“ASP”“ISAPI”两个选项。

（5）勾选“运行状态和侦听”下的“HTTP 日志”“请求监视器”两个选项。

（6）点击“确定”按钮。

3. 在 Windows XP 中启动 IIS

（1）从“开始”->“控制面板”->“管理工具”->“Internet 信息服务”，打开“Internet 信息服务”窗口。

（2）依次展开“计算机名”->“网站”->“默认网站”。

其他与在 Windows 7 及以上版本中的步骤类似。

11.1.4 ASP 内置对象

ASP 编程技术使网站应用程序的开发更加简单、方便、灵活，其关键是 ASP 内置对象，ASP 内置对象是 ASP 编程技术的核心。该技术提供了 6 类内置对象。

1. Request 对象

Request 对象的功能是从客户端获取信息，所谓动态网页的交互性就是该对象实现的。特别是网站数据库中存储的数据，都是利用该对象从 Html 表单获取。

Request 对象的集合、属性和方法：

（1）集合：ClientCertificate、Cookies、Form、QueryString、ServerVariable；

（2）属性：TotalBytes；

（3）方法：BinaryRead。

2. Response 对象

与 Request 对象相反，Response 对象的功能是向客户端输出信息。特别是网站数据库中的数据能够显示到计算机的屏幕上，都是利用该对象。

Response 对象的集合、属性和方法：

（1）集合：Cookies；

（2）属性：Buffer、CacheControl、Charset、Contenttype、Expires、ExpiresAbsolute、IsClientConnected、PICS、Status；

（3）方法：AddHeader、AppendTolog、BinaryWrite、Clear、End、Plush、Redirect、Write。

3. Session 对象

Session 对象的功能是保存单个用户的会话信息。当用户在网站的多个页面之间跳转时，Session 对象保存的信息可以被任何一个页面利用。Session 对象的用途是当用户访问一个网站时，服务器为用户设立一个独立的 Session 对象，用于存放 Session 变量，自动产生一个称为会话标识符的整型数 SessionID，每个用户的 SessionID 各不相同，所以互不干扰。

Session 对象的集合、属性、方法和事件：

（1）集合：Contents、StaticObjects；

（2）属性：CodePage、LCID、SessionID、Timeout；

（3）方法：Abandon；

（4）事件：Session_OnEnd、Session_OnStart。

4. Application 对象

Session 对象解决了单个用户数据的存储问题，使在网页之间传递信息成为可能。但是网站有时需要记录所有用户的共享数据，例如两个用户聊天，需要两个用户共享聊天的内容，解决这个问题要用到 Application 对象。Application 对象定义的变量与普通的全局变量类似，该变量保存的数据可以被访问网站的所有用户共享，并且永久保存，没有失效期，除非人为清除或服务器关闭。

Application 对象的集合、方法和事件：

（1）集合：Contents、StaticObjects；

（2）方法：Lock、Unlock；

（3）事件：Application_OnEnd、Application_OnStart。

5. Server 对象

建立网站需要有服务器，服务器系统的许多工具以对象模型的方式被保存。例如，访问数据库的组件 Adodb 中的连接数据库对象 Connection、获取记录集对象 Recordset 等，就是非常有用的对象模型。Server 对象是为了访问这些服务器对象而提供的方法。

Server 对象的属性和方法：

（1）属性：ScriptTimeout；

（2）方法：CreateObject、HTMLEncode、Mappath、URLEncode。

6. ObjectContext 对象

ObjectContext 对象的功能是提交或撤销由 ASP 脚本初始化的事务。

ObjectContext 对象的方法和事件：

（1）方法：SetAbort、SetComPlete；

（2）事件：OnTransactionAbort、OnTransactionCommit。

11.1.5 ASP 文件结构和基本语法

1. ASP 文件结构

使用任何文本编辑器都可以编写 ASP 应用程序，程序文件以“.asp”为扩展名进行保存，而不是以“.html”为扩展名。如果以“.html”为扩展名，服务器端将不会解释文件中所包含的 ASP 代码。以“.asp”为扩展名，就是告诉服务器这是一个 ASP 应用程序，必须在发送到客户端之前进行解释。

ASP 文件还需要保存到 IIS 指定的网站目录，默认为“C:\inetpub\wwwroot”。

一般情况下，ASP 包含以下几个部分：

（1）普通的 Html 标记。

（2）放置在 <Script> 和 </Script> 之间的客户端脚本程序代码。

（3）放置在“<%”和“%>”之间的服务器端 ASP 脚本程序代码。

（4）用于在本页面引入其他应用程序的“#include”语句。

2. ASP 基本语法

ASP 对网页代码的语法有一定的要求，需要让系统知道那些是 Html 语言，哪些是 Script 脚本，哪些是 ASP 脚本。

1）区分 Html 标记和普通字符

在字符两端分别加上“<”和“>”，表示其中的内容为 Html 标记。

例如：<font size = "5" >这里显示 5 号字</font>

2）区分服务器端 ASP 脚本和其他字符

在字符两端分别加上“<%”和“%>”，表示其中的内容为 ASP 脚本代码。

例如：<% Response. write("在屏幕上显示这些字符") %>

11.1.6 ASP 技术编程实例

1. ASP 连接 SQL Server 数据库

1）使用 OLE DB 连接字符串连接数据库

```
<%
    Set conn = Server. CreateObject( " ADODB. Connection" )
    Connstr  = " Provider = SQLOLEDB. 1 ;Data Source = 计算机名; " _
            &" Initial Catalog = 数据库名;User ID = 用户名;Password = 密码;"
    conn. Open ConnStr
%>
```

2）使用 ODBC 连接字符串连接数据库

```
<%
    Set conn = Server. CreateObject( " ADODB. Connection" )
    ConnStr  = " Driver = {SQL Server} ;Server = 计算机名;" _
            &" Database = 数据库名;UID = 用户名;PWD = 密码"
    conn. Open ConnStr
%>
```

说明：

(1) “计算机名”为 SQL Server 数据库系统计算机名称，可以使用“(local)”或“.”代替。

(2) “数据库名”为 SQL Server 数据库名，在调试上述代码之前需要创建。

(3) “用户名”和“密码”为 SQL Server 数据库的用户名称和对应的密码。

2. ASP 获取 SQL Server 数据库中的数据

(1) 使用上述两种方法之一连接数据库，不再重述。

(2) 获取数据：

```
<% Set rs = Server. CreateObject ( " ADODB. Recordset" )
    sql = " Select * from 表名"
    rs. Open sql, conn, 1, 1
    Do While Not rs. Eof
      Response. Write rs( " 字段名1" )
```

```
        Response. Write rs("字段名2")
        ……
        Response. Write rs("字段名 n")
        rs. MoverNext
    Loop
    rs. close
    conn. close
%>
```

例 11 -1 利用 ASP 技术获取 SQL Server 2008 数据库数据。

源代码参见“例题源代码/第 11 章”中的“例 11 -1”，限于篇幅，此处不再列出。

11.2 ASP. NET 编程技术

11.2.1 ASP. NET 技术概述

ASP. NET 是微软在 ASP 的基础上推出的网站网页编程的新技术。该技术延续了 ASP 的许多优点，又在很多方面弥补了 ASP 的不足，摆脱了 ASP 使用脚本语言编程的缺点。ASP. NET 可以使用多种编程语言，包括 C ++ 、C#、VB、Java 等，最合适的编程语言是 C#，它是 VC 和 Java 语言的混合体。ASP. NET 不能被看成 ASP 的下一个版本，因它是一种建立在通用语言上的优秀的编程框架。一是该技术面向对象编程，而不是一种脚本语言，具有面向对象编程语言的一切特性，比如封装型、继承性和多态性。封装性可以使处理代码与显示页面分离，继承性可以使已有的对象得到最大程度的利用，多态性可以使程序代码的可重用性大大提高。二是可以在多种平台上运行，这使该技术的应用范围更加广泛。三是对数据库的操作更加方便，几乎不需要编程就可以对数据库中的数据进行增加、删除、修改和查询。

11.2.2 ASP. NET 的技术优势

1）执行效率大幅度提高

ASP. NET 是把基于普通语言的程序在服务器上运行，不像 ASP 那样即时解释，而是在首次运行时将程序在服务器端进行编译，这样的执行效率比一条一条地解释要快很多。

2）世界级的工具支持

ASP. NET 框架使用微软公司的最新产品 Visual Studio. NET 开发环境，它是所见即所得的程序编辑器，是 ASP. NET 强大的软件支持的一小部分。

3）强大的语言适应性

ASP. NET 是基于通用语言编译运行的程序，强大的适应性使其可以运行在几乎所有 Web 应用软件开发平台。语言独立性可以使开发者选择一种最适合、最熟悉的语言编写自己的程序，或者把自己的程序用多种语言进行描述。

4）简单易学

在 ASP. NET 中，编写程序非常简单，从工具箱拖拉几个控件，进行简单的配置，就可以连接数据库、开发一个简单的应用程序，组合一套软件就像组装一台电脑一样简单。

5）多处理器环境

ASP. NET 被刻意设计成一种可以用于多处理器的开发环境，在多处理器环境下使用特殊的无缝连接技术，可大大提高运行速度。即使现在的应用程序是在单处理器下开发，将来在多处理器下运行也无须任何改变，这就可以提高性能。

6）可扩展性

ASP. NET 在设计时就考虑到让开发者在自己的代码中加入自己定义的外插模块，即可以很容易地加入用户控件和自定义组件。

7）安全性

基于 Windows 认证技术和应用程序设置，可以确保源程序绝对安全。

11. 2. 3 ASP. NET 运行环境

ASP. NET 运行环境有多种，较早的有 Visual Studio. NET，目前流行的为 Visual Studio 2010。

1. Visual Studio 2010 简介

Visual Studio 2010 是一套完整的开发工具集，用于开发 . NET 平台的各种应用程序，其中包括 ASP. NET Web 应用程序、XML Web 服务、桌面应用程序和移动应用程序。Visual Basic、Visual C ++ 、Visual C#和 Visual J#全部使用同一个集成开发环境，可以共享其中的工具和创建混合语言解决方案。这些语言利用 . NET 框架的功能，可以使各种应用程序的开发更简单。

2. Visual Studio 2010 的安装和使用

Visual Studio 2010 的安装软件大小为 2. 5GB，其安装是一个漫长的过程，但操作非常简单。双击其中的“setup”应用程序，然后按照屏幕提示进行相应操作，即可完成安装。

安装完成之后，就可以使用 Microsoft Visual Studio 2010 建立网站。

（1）从“开始”->“程序”中找到“Microsoft Visual Studio 2010”快捷方式。点击下一级“Microsoft Visual Studio 2010”打开开发界面，如图 11 -5 所示。

（2）在图 11 -5 所示界面中，选择“文件”->“新建”->“网站”，出现图 11 -6 所示界面。

（3）在图 11 -6 所示界面中，在左边选择语言，例如“Visual C#”，在右边选择“ASP. NET 空网站”。

在底部左边选择“文件系统”，在底部右边选择已经建好的存放文件的目录。

单击“确定”按钮，出现图 11 -7 所示界面。

（4）在图 11 -7 所示界面中，选择“网站”->“添加新项”，出现图 11 -8 所示界面。

（5）在图 11 -8 所示界面中，在中间选择“Web 窗体”，在底部输入窗体名称（默认为“Default. aspx”），单击“添加”按钮，在操作界面添加一个窗体。

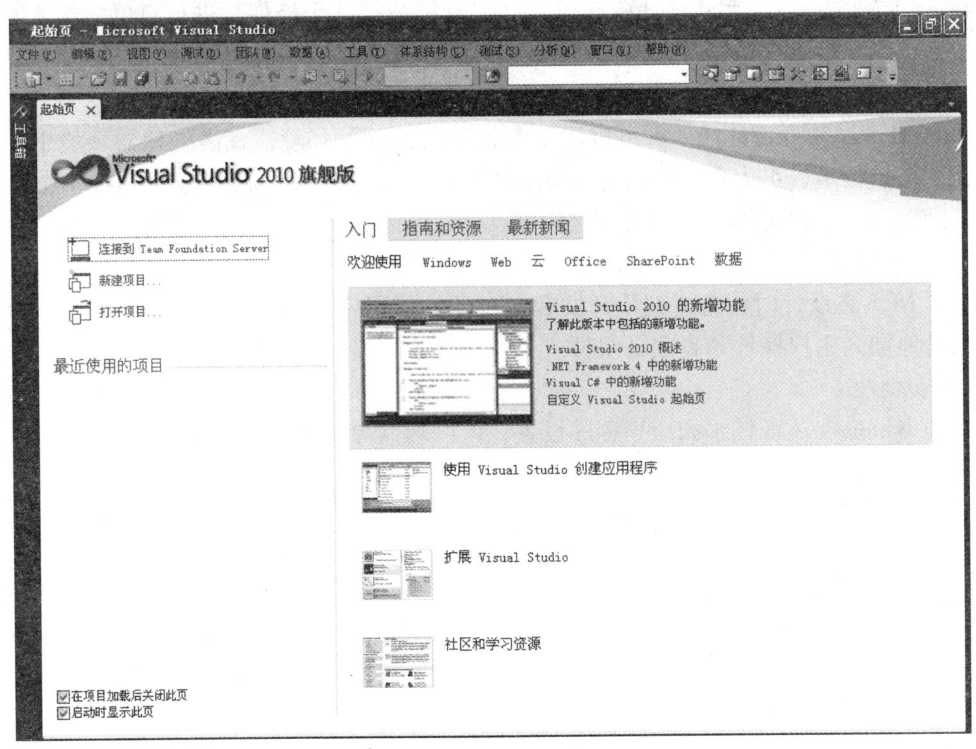

图 11－5　启动 Visual Studio 2010

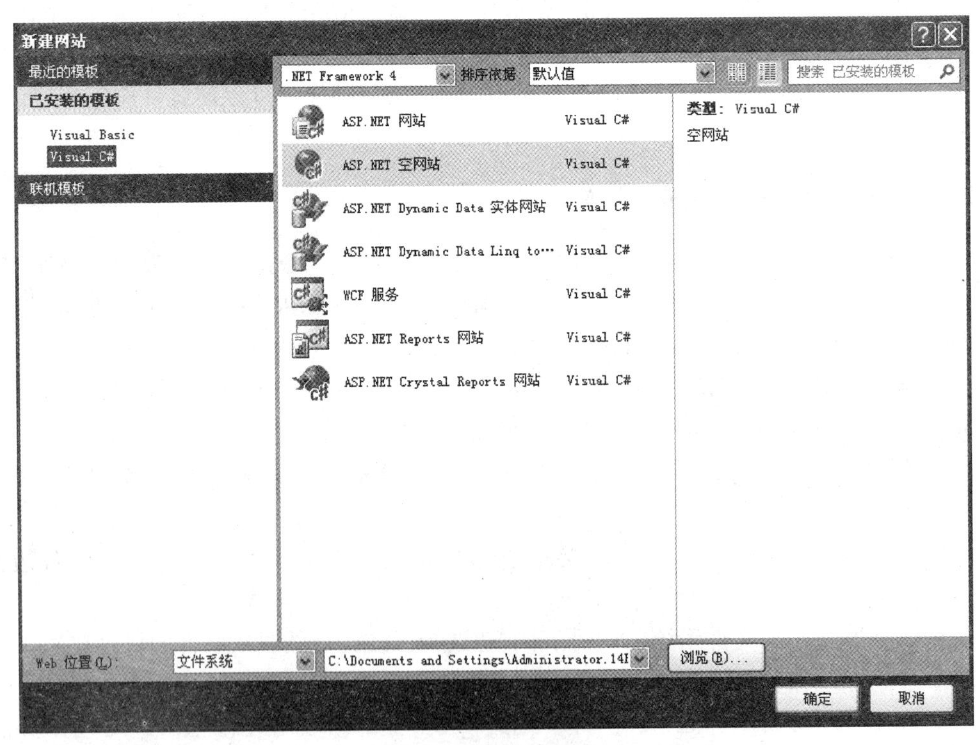

图 11－6　新建网站

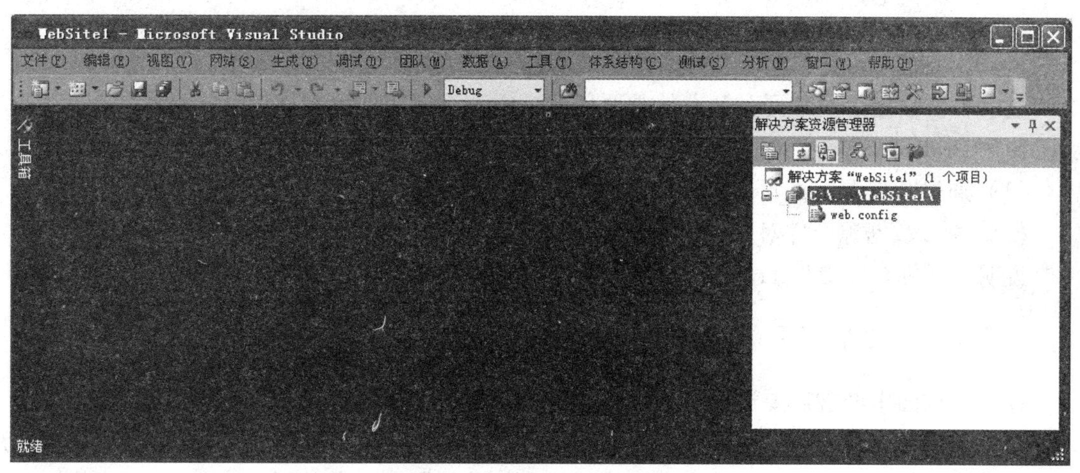

图 11－7　Web 设计操作界面

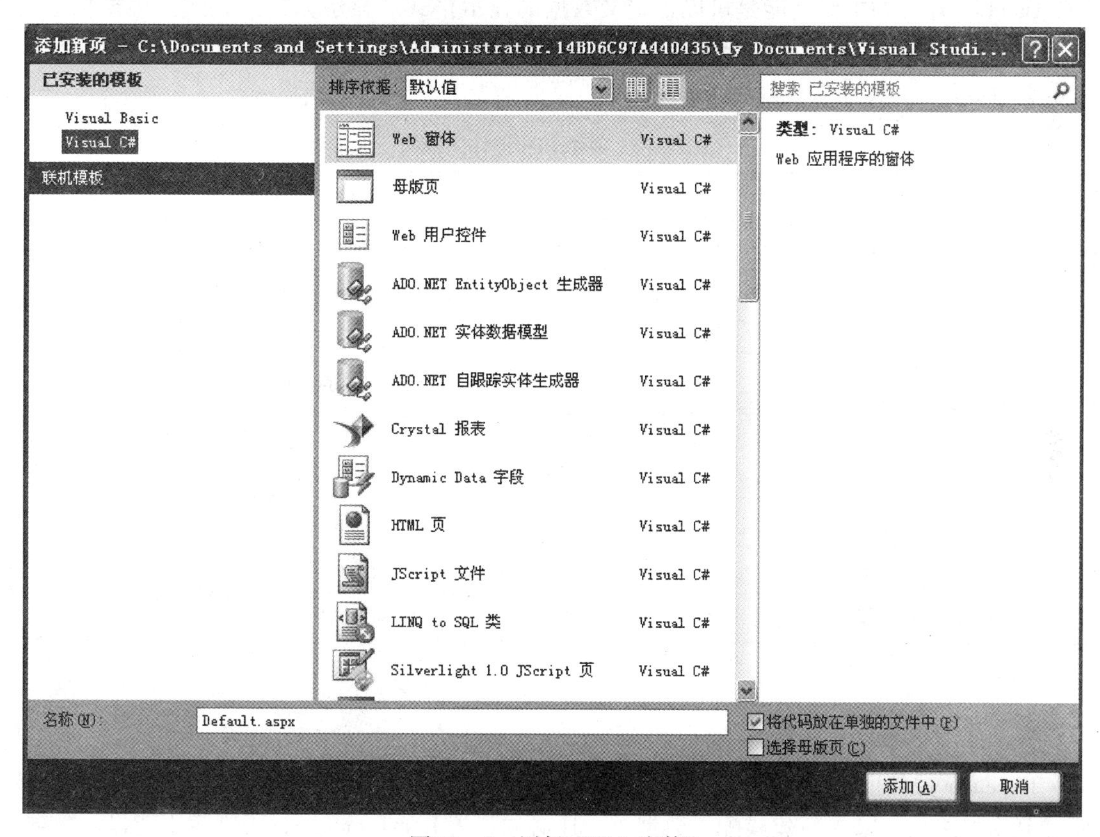

图 11－8　添加“Web 窗体”

11.2.4　ASP.NET 数据绑定控件

ASP.NET 是一种面向对象的应用程序开发技术，包含各种各样的控件，在此只介绍几个与数据库有关的数据绑定控件。

Visual Studio 2010 中的数据绑定控件有 16 个，在此介绍其中最常用的 3 个。

1. GridView 控件

显示表格数据是网站网页开发的重要任务，GridView 控件以网格的形式显示数据。

使用 GridView 控件，可以执行以下操作：

（1）通过数据源控件自动绑定和显示数据。

（2）通过数据源控件对数据进行选择、排序、分页、修改和删除。

说明：详细介绍参见 11.2.5 节。

2. DataList 控件

在网站页面中经常需要进行列表选择，DataList 控件以列表的形式显示数据。

与 GridView 控件类似，DataList 控件需要配置数据源控件才能显示数据，其操作步骤与 GridView 控件相同。不同的是前者以网格的形式显示数据，后者以列表的形式显示数据。

DataList 控件的主要功能是可以自定义数据的显示格式。显示数据的格式使用模板进行定义，可以为项、交替项、选定项和编辑项创建模板。也可以使用标题、脚注和分隔符模板自定义 DataList 的整体外观。DataList 控件的模板见表 11－1。

表 11－1　DataList 控件的模板

模板名称	说　　明
ItemTemplate	指定 Html 标记和控件，为数据源每一行的显示提供格式
AlternatingItemTemplate	指定 Html 标记和控件，为数据源每两行的显示提供格式，通常是为交替显示两行创建不同的外观
SelectedItemTemplate	指定一些元素，当选择控件中某一行时显示这些元素，通常用不同的背景色或字体直观的区分选定的行
EditItemTemplate	指定某一行处于编辑状态，可以包含 TextBox 等可编辑控件
SeparatorTemplate	指定在每一行之间显示的分隔符，例如一条直线
HeaderTemplate	指定在列表的开始处显示的内容和控件
FooterTemplate	指定在列表的结束处显示的内容和控件

3. Repeater 控件

Repeater 控件也是非常有用的数据绑定控件。与上面两个控件不同的是 Repeater 控件被添加到窗口之后，除了新建或配置数据源，还必须设置 ItemTemplate，否则将不能显示数据。

Repeater 控件最常用于列表选项中的超级链接，根据点击不同选项跳转到不同的网页。Repeater 控件的模板见表 11－2。

表 11－2　Repeater 控件的模板

模板名称	说　　明
ItemTemplate	指定列表中显示的内容和布局，此模板为必选
AlternatingItemTemplate	指定交替（从 0 开始的奇数索引）行的内容和布局

续表

模板名称	说　　明
SeparatorTemplate	指定在每一行之间显示的分隔符，例如一条直线
HeaderTemplate	指定在列表的开始处显示的内容和布局
FooterTemplate	指定在列表的结束处显示的内容和布局

11.2.5 ASP. NET 技术使用实例

使用 GridView 控件，查询显示 SQL Server 数据库数据。

1. 创建数据库“网上购物”

参照“第4章 数据库管理”中的有关内容。

2. 创建表“商品明细”并添加数据

参照“第5章 表的管理”中的有关内容。

3. 使用 GridView 控件查询显示数据

（1）在设计窗口，在菜单“视图”中，选择“工具箱”。

（2）展开工具箱中的“数据”，双击“GridView”控件。

（3）在出现的“任务”对话框中，展开“选择数据源”，选择“新建数据源...”。

（4）在“数据源配置向导”窗口，选择“SQL 数据库”，点击“确定”按钮。

（5）在“配置数据源”窗口，点击“新建连接”。

（6）在“选择数据源”窗口，选择“Microsoft SQL Server”，点击“继续”按钮。

（7）在“添加连接”窗口的“服务器名”中，找到“服务器名（具体的服务器名称）”，在下边的“选择或输入一个数据库名”中，找到“网上购物”数据库，点击“确定”按钮。

（8）点击“下一步”按钮，再点击“下一步”按钮。

（9）在“配置数据源”窗口，在“指定来自表或视图的列名称”中，找到“商品明细”表，点击“下一步”按钮，再点击“完成”按钮。

（10）在菜单栏中选择“启动调试”或点击“工具栏”中的绿色小三角，启动程序运行，等待片刻，IE 浏览器就会显示数据库的数据表的数据内容。

4. 使用 GridView 控件修改和删除数据

（1）~（8）与上述步骤相同。

（9）在“配置数据源”窗口，选择“指定自定义 SQL 语句或存储过程”，点击“下一步”按钮。

（10）在新的“配置数据源”窗口，输入相应的 UPDATE、INSERT、DELETE 语句。（一般使用“查询生成器”完成上述语句的自动生成）

（11）点击“下一步”按钮，点击“完成”按钮，返回到原来的“设计”界面。

（12）点击 GridView 控件右上方的“ > ”，展开“任务”。

（13）勾选“启用编辑”“启用删除”，在控件各行出现“编辑”“删除”按钮。

（14）在菜单栏中选择“启动调试”或点击“工具栏”中的绿色小三角，启动程序运行，等待片刻，在 IE 浏览器中，可以对显示的数据进行修改和删除。

例 11 – 2　利用 ASP. NET 技术获取 SQL Server 2008 数据库数据。

源代码参见“例题源代码/第 11 章”中的“例 11 – 2”，限于篇幅，此处不再列出。

11.3　JSP 编程技术

11.3.1　JSP 技术概述

JSP 是 Java Server Pages（Java 服务器页面）的缩写，是 SUN 公司主导、联合计算机硬件、通信、数据库领域的多家厂商，共同制定的一种基于 Java 的 Web 动态网页技术。它是整合并平衡了已经存在的对 Java 编程环境支持的技术和工具后产生的一种新的、网站开发技术，是一种服务器端脚本语言，是一种为创建动态 Web 应用程序提供的一个简洁、快速的方法。这些应用程序能够与各种 Web 服务器、浏览器和开发工具共同工作。

JSP 实际上就是 Java 和 Servlet，只是引入了 < %... % > 等一系列特别的标记。

11.3.2　JSP 的技术特点

（1）能够在任何硬件平台上工作。

（2）能够在 85% 以上的 Web 服务器上运行。

（3）能够在几乎所有的浏览器上输出结果。

（4）能够分离应用程序的逻辑处理和页面显示。

（5）能够进行快速开发和测试。

（6）能够简化开发 Web 交互式应用程序的过程。

11.3.3　JSP 与 ASP 的比较

作为动态 Web 应用程序开发技术，JSP 与 ASP 之间存在许多相似之处，两者都可以使网站开发和应用更加快捷、更加容易。JSP 晚于 ASP，其在发展过程中借鉴了 ASP 中诸如“ < %... % > ”之类的语法。明白两者的差异，可能对 JSP 的应用更有意义。

1. 运行平台

ASP 是微软公司推出的技术，一般仅能在 Windows 平台上运行，总是作为微软 IIS 的强有力的基本特性出现。尽管 ASP 借助第三方产品可以移植到其他平台，但在现实当中很少被使用。

JSP 是一种与平台无关的技术，由于其开放性，很多厂商开发了多种平台下的 JSP 开发工具、JSP 引擎，这使 JSP 的平台无关性具备了实现基础。

JSP 与 ASP 在运行平台上的差异直接影响使用者的选择。公司或企业究竟选用 ASP 还是 JSP 完全取决于实际情况。如果在 Windows 系列平台上，无疑 ASP 具有先天的优势。而在 Linux、UNIX 和 MAC OS 平台上，或者在对平台迁移有特殊要求的情况下，JSP 比 ASP 具有更大的灵活性。

JSP 与 ASP 具有不同的请求处理方式。对于用户的每个请求，ASP 解释程序都会产生一个新的线程对 ASP 网页重新进行解释执行，并且基于特定平台（例如 Windows 系列）的代码，其执行效率通常高于 Java 虚拟机对 Java 字节码的解释效率。虽然 JSP 节省了重新编译网页的时间，但 Java 虚拟机的解释又多花了时间。因此，JSP 与 ASP 的执行效率大体相当。如果采用好的 JSP 引擎和 Java 虚拟机，JSP 的性能要高于 ASP。

2. 内建对象

在面向对象的编程中，对象就是指由作为完整实体的操作和数据组成的变量，网页设计者可以直接使用。在对象中，通过一组方法或相关函数的接口访问对象的数据，执行某种操作。ASP 和 JSP 都提供了内建对象，这些对象可以用于收集浏览器请求发送的信息、回复浏览器请求、存储用户信息等。

ASP 提供了 6 个内建对象，前面章节已经介绍。

JSP 提供 9 个内建对象：

（1）Request 对象：与 ASP 的 Request 对象作用相同；

（2）Response 对象：与 ASP 的 Response 对象作用相同；

（3）Session 对象：与 ASP 的 Session 对象作用相同；

（4）Application 对象：与 ASP 的 Application 对象作用相同；

（5）Out 对象：提供传输内容到客户端浏览器的输出流；

（6）PageContext 对象：保存所有在页面有效的对象；

（7）Config 对象：对应 Servletconfig 接口，用于取得 Servlet 的运行环境和初始参数；

（8）Page 对象：代表当前页面的 Servlet 对象的一个实例；

（9）Exception 对象：仅在错误处理页面有效，用于处理捕捉到的异常。

3. 访问数据库

ASP 使用 ADO，通过 ODBC 连接访问数据库。要求必须在服务器端建立机器数据源，并且数据源带有 ODBC 驱动程序。ODBC 是向用户提供一个标准的数据库访问机制，目前几乎所有的数据库（如 MS SQL Server、Oracle、DB2、Sybase、Informix）都支持 ODBC 标准。

JSP 使用 JDBC 连接访问数据库。使用 JDBC 不必在服务器端建立机器数据源，但是数据库必须带有 JDBC 驱动程序。JDBC 提供了基于 Java 的标准的数据库访问接口，目前并不是所有的数据库都有免费 JDBC 驱动程序。Oracle 提供免费的 JDBC 驱动程序可供下载，MS SQL Server 的 JDBC 驱动程序需要向 JDBC 提供商购买。也可以使用 SUN 公司的免费 JDBC - ODBC bridge，通过 JDBC 向 ODBC 的转化访问数据库，JDBC - ODBC bridge 一般包含在 JDK 中。

11.3.4 JSP 与 Servlet 的关系

JSP 与 Servlet 之间的主要差异在于，JSP 提供了一套简单的标签，使不熟悉 Servlet 的用户也可以制作动态网页。即使对 Java 语言不很了解，也会觉得 JSP 开发比较方便。JSP 代码在修改之后不需要编译就可立即看到结果，而 Servlet 需要编译、重启 Servlet 引擎等一系列动作。但是在 JSP 中，Html 标记与 JSP 代码交错，显得较为混乱，不利于调试和纠错，这一点 JSP 不如 Servlet 方便。

当 Web 服务器（或 Servlet 引擎）支持 JSP 引擎时，JSP 引擎会依照 JSP 的语法，将 JSP 文件转换成 Servlet 源代码文件，接着 Servlet 会被编译成 Java 的可执行字节码，并以 Servlet 的方式加载和执行。

JSP 语法简单，可以很方便地嵌入 Html 中，很容易加入动态成分，方便输出 Html。而从 Servlet 中输出 Html，需要调用特定的方法，对于引号之类的字符也需要特殊处理，在复杂的 Html 中加入动态成分则更加烦琐。

11.3.5 JSP 的运行环境和开发工具

1. 运行环境

（1）浏览器：常用的浏览器为 IE 或 Netscape。

（2）数据库：常用的数据库为 Oracle、SQL Server、Access、DB2、Sybase、MySQL 等。

（3）操作系统：常用的操作系统为 Windows、Linux、UNIX 等。

（4）Web 服务器：根据实际需要可以采用不同的方案，通常有以下 3 种：

①JDK + Tomcat：Tomcat 用作 JSP 引擎，配置比较简单。

②JDK + Apache + Tomcat：结合 Apache，提高处理速度和加强处理功能。

③JDK + IIS + Tomcat：结合 IIS，可以在不支持 JSP 的 Windows 平台上运行。

2. 开发工具

（1）页面设计工具：常用的页面设计工具有 Frontpage、Dreamweaver 等，它们方便地完成基本页面的设计，然后手工加入 JSP 标签成为 JSP 文件。

（2）文本编辑工具：常用的文本编辑工具有 UltraEdit、EditPlus 等，它们提供 JSP 模板，可以按照 JSP 的关键字分色显示，使编辑 JSP 文件更加简单。

（3）Java 程序开发工具：例如 Sun 公司的 Portal、IBM 公司的 Websphere Studio 等。

11.3.6 JSP 的基本语法

1. 基本语法原理

JSP 是一种很容易学习和使用的在服务器端编译执行的 Web 程序设计语言，其脚本采用 Java，完全集成了 Java 的所有优点。通过 JSP 能使网页的动态部分和静态部分分开，开发者

只要使用自己熟悉的网页设计工具编写普通的 Html，然后通过专门的 JSP 标签将动态部分加入即可。绝大部分标签以“ <%”开始，以“% >”结束，标签中间包含 JSP 元素内容。JSP 元素被 JSP 引擎解读和处理。

JSP 元素分为脚本元素、指令元素和动作元素三种类型。脚本元素规范 JSP 网页使用的 Java 代码，指令元素针对 JSP 引擎控制编译后的 Servlet 的整个结构，动作元素主要用于连接需要用到的组件。

2. 脚本元素

（1）表达式：表达式用于直接输出 Java 的值，表达式被计算出来，转换成字符型式，然后输出到页面。

表现形式：<% =表达式% >

例如，输出当前日期/时间：<% =new java. util. Date( )% >

（2）程序码片段：程序码片段是比表达式更复杂的程序段，能够将任意的 Java 代码插入到 Html 中。

表现形式：<%程序代码% >

例如，将用户提交的内容输出：

```
<% String Str1 =request. get. QueryString( )
     Out. println("提交的数据:" +Str1)
%>
```

（3）声明：声明用于定义网页范围内使用的变量和方法。由于声明不产生任何输出，需要与表达式和程序码片段结合使用。

表现形式：<%！声明代码% >。

例如，声明 i 为整型变量并赋值：<%！int i =0;% >

（4）注释：JSP 的注释有两种，一种是浏览者在查看网页源代码时能够看到的注释，另一种是浏览者看不到的注释。

输出到客户端的表现形式：<！-- 注释内容 -->

输出不到客户端的表现形式：<% -- 注释内容-- %>

3. 指令元素

指令元素用于与 JSP 引擎沟通，并不产生任何看得见的输出，告诉引擎如何处理 JSP 页面。

1）JSP page 指令（页面指令）

page 指令定义应用于整个页面内的多个大、小写敏感的属性 - 属性值对。

表现形式：<% @page 属性名 1 ="值 1" 属性名 2 ="值 2"… 属性名 n ="值 n" %>

在实际使用中，可以选择其中的一个或多个属性，所有属性如下：

（1）Language：用于指定程序码片段、声明和表达式中使用哪种脚本语言。

（2）Extends：用于指定继承的父类。

（3）Import：用于描述哪些类别可以在脚本元素中使用。

（4）Session：用于指定一个页面是否加入会话期的管理，默认值为 true。

（5）Buffer：用于指定缓冲区，默认值为8kB，可以指定none或一个数值。

（6）outoFlash：用于判断表名在缓冲区已满时是否自动清空，默认值为true。

（7）isThreadSafe：告诉JSP引擎，处理对象间存取是否引入Thread Safe机制，默认值为true。

（8）Info：为任意字符串，相当于重载Servlet. getServletInfo( )方法。

（9）ErrorPage：值为URL路径指定的网页，在网页中产生错误，在网页设置isErrorPage = true。

（10）isErrorPage：指定网页是否为另一网页的错误处理页，与ErrorPage配合，默认值为false。

（11）contentType：用于指定网页输出到客户端时所用的MIME类型和字符集，默认值为text/html。

2）JSP include指令（包含指令）：包含指令用于将其他文件插入JSP网页。

表现形式：<%@include file = "URL文件"%>

4. 动作元素

动作元素用于控制JSP引擎的行为，可以动态插入文件、重用组件、重导页面等。

（1）include：在页面得到请求时包含一个文件。

（2）useBean：应用JavaBean组件。

（3）setproperty：设置JavaBean的属性。

（4）getproperty：将JavaBean的属性插入到输出中。

（5）forward：引导请求者进入新的页面。

（6）plugin：连接客户端的Applet或Bean插件。

11.3.7 JSP技术编程实例

1. 用JSP连接SQL Server数据库

```
<%
  Connectin conn = null;
  try
   { Class. forName( " com. microsoft. sqlserver. jdbc. SQLServerDriver" ) ;
     String Connstr = " jdbc:sqlserver://locahost:1433;DatabaseName = 数据库名" ;
     conn = DriverManager. getConnection( Connstr, 用户名, 密码) ;
     out. println( " 数据库连接成功! " ) ;}
  catch( ClassNotFoundException e)
    { out. println( e. getMessage( ) ) ;}
  catch( SQLException e)
    { out. println( e. getMessage( ) ) ;}
  finally
```

```
    {try
      {if(conn! =null) conn.close();}
      catch(Exception e){}
    }
%>
```

说明：

（1）“数据库名”为SQL Server数据库名，在调试上述代码之前需要创建。

（2）“用户名”和“密码”为SQL Server数据库用户和密码。

2. 用JSP获取SQL Server数据库中的数据

（1）使用上述方法连接数据库，不再重述。

（2）获取数据：

```
<% try
    {Statement stmt = conn.create Statement();
     String sql = "SELETE * FROM 表名"
     ResultSet rs = stmt.executeQuery(sql);
     while (rs.next())
      {System.out.println(rs.getString("字段名1"));
       System.out.println(rs.getString("字段名2"));
       ……
       System.out.println(rs.getString("字段名n"));
      }
     rs.close();
     stmt.close()
     conn.close()
    }
   catch(ClassNotFoundException e)
    { out.println(e.getMessage());}
   catch(SQLException e)
    { out.println(e.getMessage());}
%>
```

例11-3 利用JSP技术获取SQL Server 2008数据库数据。

源代码参见“例题源代码/第11章”中的“例11-3”，限于篇幅，此处不再列出。

11.4 HPH编程技术

11.4.1 PHP技术概述

PHP最初是Personal Home Page（个人家庭页面）的缩写，后来改为Hypertext Preprocessor（超文本预处理语言）。PHP 技术是一种跨平台的服务器端嵌入式脚本语言，是一种简单的、安全的、性能非常高的、独立于架构的、可移植的和动态的脚本语言。PHP 以方便快速的风格在 Web 应用程序开发中占据着重要地位，其凭借开放式源代码脚本语言已经成为当今世界最流行的 Web 应用编程语言。

PHP 也存在不足。首先是 PHP 缺乏规模支持，这使它不适合用于大型的商务网站，而更适用于一些小型的商业站点。其次是它缺乏多层次结构支持，对于大型网站，解决方法只有分布计算一种方案。再者是它提供的数据接口支持彼此不能统一，比如对 Oracle、SQL Server、MySQL 的接口就是如此。

11.4.2　PHP 技术的特点

（1）大量借鉴 C、Java 等语言的优点，融合 PHP 自己的特点，使开发者能够快速编写动态网页。

（2）支持目前的绝大多数数据库系统。

（3）数据库操作方便，可以编译成能与许多数据库连接的函数，兼容性强，

（4）可以在 UNIX、GUN/Linux 和 Windows 等多种操作系统平台上运行。

（5）PHP 完全免费，使用者可以从互联网上自由下载，不受限制地获得源码。

（6）具有很好的可扩展性，可以在其中很方便地加入自己的特色。

（7）具有大量的函数库，可以方便地进行面向对象编程，开发 Web 应用程序。

（8）相对于其他语言，安装方便、编辑简单、实用性强，更适合初学者。

11.4.3　PHP 的运行环境

（1）浏览器：常用的浏览器为 IE 或 Netscape。

（2）数据库：常用的数据库为 Oracle、SQL Server、Access、DB2、Sybase、MySQL 等。

（3）操作系统：常用的操作系统为 Windows、Linux、UNIX 等。

（4）Web 服务器：根据实际需要可以采用不同的方案，在此介绍在 Windows 7 操作系统。

在 Windows 7 操作系统下，IIS + PHP 安装包，需要对 IIS 重新设置。

（1）给 IIS 新加选项：在图 11－4 所示界面中，勾选其中的 3 项，如图 11－9 所示。

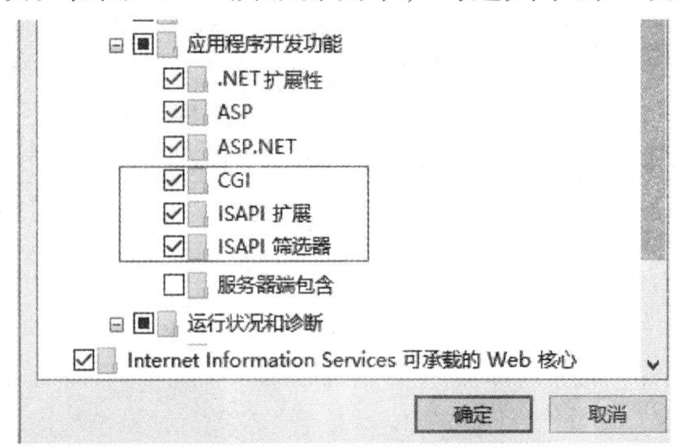

图 11－9　重新设置 IIS

（2）启动 IIS：从“控制面板”->“管理工具”->“Internet 信息服务（IIS）管理器”，启动 IIS，出现图 11-10 所示界面。

图 11-10　Internet 信息服务管理器

（3）添加应用程序池：在图 11-10 所示界面中，用鼠标双击“应用程序池”，在出现的窗口点击“添加应用程序池”，在随后出现的窗口中进行有关设置，如图 11-11 所示。

图 11-11　添加应用程序池

（4）添加 ISAPI 和 CGI 限制：在相关界面中，用鼠标双击“ISAPI 和 CGI 限制”，在出现的窗口点击“添加…”，在随后出现的窗口中进行有关设置，如图 11-12 所示。

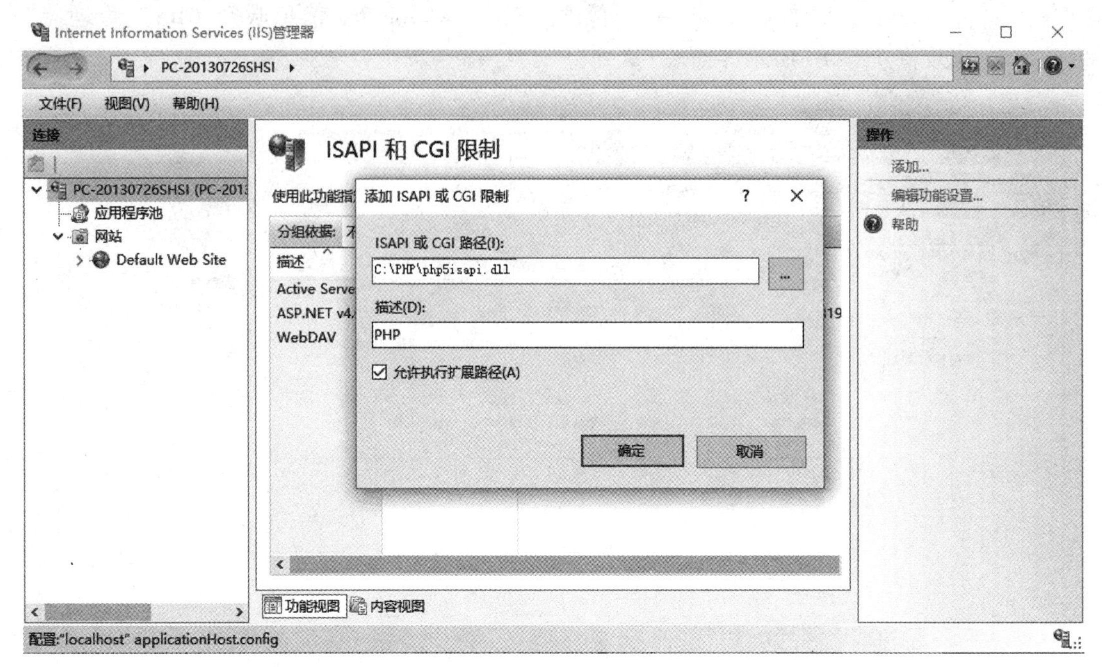

图 11－12　添加 ISAPI 和 CGI 限制

（5）添加 ISAPI 筛选器：在相关界面中，用鼠标双击“ISAPI 筛选器”，在出现的窗口中点击“添加…”，在随后出现的窗口中进行有关设置，如图 11－13 所示。

图 11－13　添加 ISAPI 筛选器

（6）添加处理程序映射：在图 11－10 所示界面中，用鼠标双击“处理程序映射”，在出现的窗口中点击“添加…”，在随后出现的窗口中进行有关设置，如图 11－14 所示。

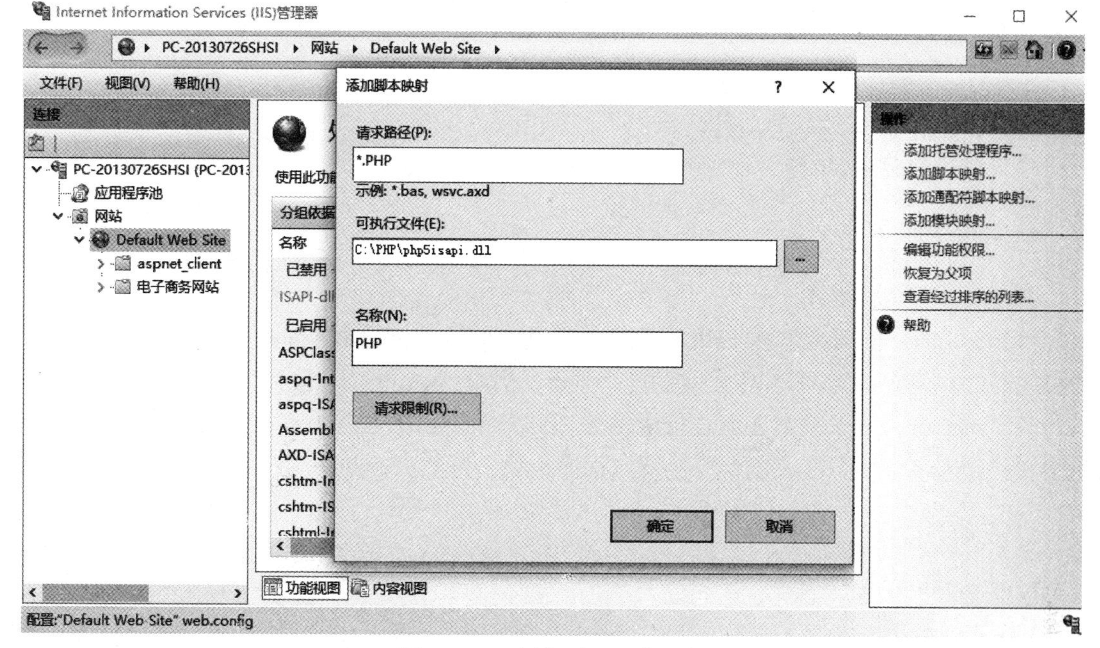

图 11－14 添加处理程序映射

11.4.4 PHP 语言的语法

从语法上看，PHP 语言近似于 C 语言。可以说，PHP 借鉴 C 语言的语法特点，由 C 语言改进而来。PHP 可以混合编写 PHP 代码和 Html 代码，不仅可以将 PHP 脚本嵌入到 Html 文件中，也可以把 Html 标签嵌入在 PHP 脚本内。

1. 嵌入方法

1）语法

<? … ? >

<? php… ? >

< script language = " php" > … </script >

<% . . . %>

2）说明

（1） <? … ? >将 PHP 代码嵌入到 Html 文件中时，最好使用<? php… ? >，以免发生冲突。

（2）可以使用<script language = " php" > … </script >脚本标记嵌入 PHP 代码。

2. 语句格式

（1）与 C、Java 语言一样，PHP 使用“;”分隔语句。

（2）从 Html 中分离出来的标志也可以表示语句结束。

3. 注释

（1）C、C++、Java 风格的多行注释；

（2）C++、Java 风格的单行注释；

（3）UNIX 风格的单行注释。

4. 引用文件

引用文件有两种方式。

（1）require：通常放置在 PHP 程序的最前面。PHP 程序在执行前，会读入 require 指定的引用文件，使它成为 PHP 网页程序的一部分。例如：require（"被引用文件.php"）。

（2）include：一般放置在流程控制的处理部分中。PHP 程序在读到 include 时，才将被引用文件读进来。这种方式把程序执行流程简单化。例如：include（"被引用文件.php"）。

5. 变量类型

PHP 变量以“$”开头，语句以“;”结束。

（1） $str1 = "字符串";

（2） $str2 = "换行/n";

（3） $int1 = 123;

（4） $float = 123.45;

（5） $float = 1.4E+2;

（6） $arr1 = array("张三","李四","王五","赵六");

6. 运算符

1）数学运算符

+(加)、-(减)、*(乘)、/(除)、%(取余数)、++(累加)、--(递减)

2）字符串运算符

运算符只有一个，就是英文的句号，或者说数字的小数点。

例如：$a = "陕西"; $b = "西安"; $c = $a. $b;　//变量 c 的内容是"陕西西安"

3）逻辑运算符

<(小于)、>(大于)、<=(小于等于)、>=(大于等于)、==(等于)、!=(不等于)、&&(与)、and(与)、||(或)、or(或)、xor(异或)、!(不、Not)

11.4.5　PHP 流程控制

与其他高级语言的流程控制类似，PHP 流程控制也提供两种语句：条件语句和循环语句。

1. 条件语句

（1）只用 if 条件作单纯的判断，如果条件成立，进行指定的处理，否则什么也不做。

语法：if（条件表达式）{执行程序}

说明：如果执行程序只有一条语句，可以省略大括号“{ }”。

（2）使用 if…else，如果条件成立，进行一种处理，否则进行另一种处理。

语法：if（条件表达式）{执行程序 1}else{执行程序 2}

（3）使用 if…elseif…else，进行两次判断，有三种选择进行处理。

语法：if（条件表达式）{程序 1}elseif{程序 2}else{程序 3}

（4）使用 switch…case…break，进行多次判断，有多种选择进行处理。

语法：switch（条件表达式）

{case 表达式 1：程序 1；break；case 表达式 2：程序 2；break；

… Default：程序 n；break；}

例 11－4 根据日期判断某天是星期几。

```
<?php
Switch ( date("D")) {
case "Mon":
    echo "星期一";
    break;
case "Tue":
    echo "星期二";
    break;
case "Wed":
    echo "星期三";
    break;
case "Thu":
    echo "星期四";
    break;
case "Fri":
    echo"星期五";
    break;
default:
    echo "放假";
    break;
```

```
}
?>
```

2. 循环语句

语法：for（表达式1；表达式2；表达式3）{ 执行程序 }
说明：表达式1为条件的初始值，表达式2为判断条件，表达式3用于改变条件。
例11－5 求1+2+3+…+100。

```
<?php
$sum=0;
for($i=1;$i<=100; $i++)
  {$sum = $sum + $i;}
echo $sum;
?>
```

11.4.6 PHP技术编程实例

1. 用PHP连接SQL Server数据源

```
<?php
$conn=odbc_connect('数据源名','用户名','密码');
?>
```

说明：由于PHP提供的数据接口支持彼此不能统一，使用ODBC数据源比较方便。

2. 用PHP获取SQL Server数据库中的数据

（1）使用上述方法连接数据库，不再重述。
（2）获取数据：

```
<?php
$sql="SELECT * FROM 表名";
$rs=odbc_exec($conn, $sql);
while (odbc_fetch_row($rs))
{
  echoodbc_result($rs,"字段1");
  echoodbc_result($rs,"字段2");
  ……
  echoodbc_result($rs,"字段n");
}
```

```
odbc_close( $conn);
?>
```

说明：使用上例需要建立 WsgwDsn 数据源。

例 11 -6　利用 PHP 技术获取 SQL Server 2008 数据库数据。

源代码参见“例题源代码/第 11 章”中的“例 11 -6”，限于篇幅，此处不再列出。

练习题

一、单选题

1. 在大多数情况下，使用（　　）对数据库中的数据进行增加、删除、修改和查询。

A. 数据库应用程序　　B. 数据库管理系统

C. 数据库　　D. 操作系统

2. 使用 ASP 技术制作网页，网页中不能包含（　　）语言。

A. VBScript　　B. JavaScript

C. HTML　　D. C ++

3. ASP 提供 6 个内置对象，但（　　）不是 ASP 的内置对象。

A. Request 对象　　B. Session 对象

C. Server 对象　　D. Out 对象

4. ASP. NET 最合适的编程语言是（　　）。

A. C#　　B. VB　　C. C ++　　D. Java

5. 关于 ASP. NET，下面说法错误的是（　　）。

A. 是把普通语言的程序在服务器上运行，执行效率大幅度提高

B. 简单易学，组合一套软件就像组装一台电脑一样

C. 是 ASP 技术的直接升级版本

D. 强大的适应性使其可以运行在几乎所有 Web 应用软件开发平台上

6. 关于 JSP，下面说法错误的是（　　）。

A. 能够在任何硬件平台上工作

B. 能够分离应用程序的逻辑处理和页面显示

C. 能够在几乎所有的浏览器上输出结果

D. 对客户端的浏览器有特殊要求。

7. ASP 提供 9 个内置对象，但（　　）不是 JSP 的内置对象。

A. Response 对象　　B. Application 对象

C. Server 对象　　D. Out 对象

8. 关于 PHP，下面说法错误的是（　　）。

A. 以方便快速的风格在 Web 应用程序开发中占据着重要地位

B. 不适用于大型网站，而更适用于一些小型的商业站点

C. 提供统一的数据接口，方便对各种数据库的连接

D. 完全免费，使用者可以从互联网上自由下载

9. PHP 的运行环境不包含（　　）。

A. 操作系统　　B. 数据库

C. Web 服务器　　D. 网页开发工具

二、填空题

1. 数据库的最终用户通过____________提供的操作界面对数据库进行操作。

2. ASP 使用____________和____________脚本语言，结合 Html 标记，快速开发网站应用程序。

3. ASP. NET 具有面向对象编程语言的一切特性，比如____________、____________和____________。

4. 选用 ASP 还是 JSP 完全取决于实际情况，在__________平台上，ASP 具有先天的优势，而在__________、__________和 MAC OS 平台上，JSP 比 ASP 具有更大的灵活性。

5. PHP 不适用于__________商务网站，而更适用于一些__________的商业站点。

三、简答题

1. 简述 ASP 技术的特点。

2. 列出 ASP. NET 的技术优势。

3. 比较 ASP 与 JSP 有哪些不同。

4. 简述 PHP 技术的特点。

四、上机操作题

上机操作本章中的例 11－1 和例 11－2。

第12章 ASP技术的数据库应用

本章学习

①网站设计规划
②数据库设计
③程序设计
④程序代码编写与网站系统调试

通过前面几章的学习，读者应该已经熟悉了数据库设计的基础知识。但是，要真正掌握数据库的实际应用还远远不够，需要学习专门的数据库应用方面的软件开发技术。为了与后续的程序设计等课程密切衔接，本章介绍利用ASP技术设计一个网站的实际步骤和设计方法。

12.1 网站设计规划

网站设计首先需要进行网站需求分析和功能模块划分，具体需要以下步骤。

12.1.1 网站需求分析

把准备设计和建造的网站的名称定为“网上商城”。

为了简单起见（以介绍数据库应用为目标，而不是以程序设计为目标），“网上商城”网站的功能只包括前台管理，后台管理的功能参考专门介绍网站建设的文献。简化之后网站功能结构如图12-1所示。

网上商城的核心功能是把销售的商品介绍给消费者并销售出去。对于网站消费者，其基本需求是方便浏览网站提供的各种土特产品、容易订购自己所需要的商品。

1. 用户注册和登录

未经注册的“一般用户”，可以很方便地浏览本网站提供的各类商品信息，内容包括商品名称、生产厂商、销售价格以及商品图片、商品简介等。

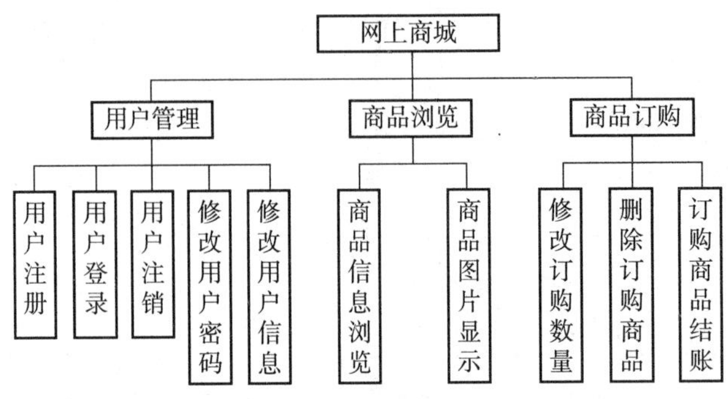

图 12－1　“网上商城”功能结构

在一般用户浏览之后准备购买时，需要进行用户注册，内容包括用户名称、登录密码、真实姓名、通信地址、邮政编码、性别、电话、邮箱、个人简介等。用户注册成功之后，可以进行登录。除注册之外，用户还可以修改登录密码和用户信息。完成注册并成功登录的用户称为“注册用户”。

一般用户只能浏览查看网站提供的商品信息，不能购买商品。注册用户可以购买自己需要的商品，可以与网站进行汇款和供货业务。

2. 商品浏览和销售

没有注册的一般用户直接进入网站，浏览查看网站提供的各种商品，也可以按照分类，快速找到自己感兴趣的商品，并且可以查看商品简介等详细信息。

只有注册用户，才能进入网站的购物环节。首先将需要购买的商品放入网站提供的购物车。在购物车中，除了选择所需商品，还可以修改商品数量，也可以删除选错的商品。在确定所有需要购买的商品之后，进入收银台进行结算。

12.1.2　功能模块划分

根据以上简单的需求分析，“网上商城”网站由 15 个页面文件和 2 个数据库文件组成。为了使程序代码阅读清晰、修改容易、调试快捷，所有网页文使用汉字命名。

1. 网页文件

（1）主调程序：进入网站的第一个页面，提供用户注册、登录和商品浏览、购买等功能。

（2）数据库连接：建立与 SQL Server 数据库的连接。

注意：把数据库连接设计成独立网页文件，而不是在有关网页内实现，可以方便地进行数据库管理系统服务器名称和数据库名称等的更改。

（3）用户注册：提供用户注册界面。输入完成后进行提交，将用户信息存入数据库。

（4）用户登录：用户输入用户名和密码并登录后，进行用户身份认证。登录成功之后，显示“注销登录”“修改密码”“修改用户信息”链接，也只有在登陆成功后，才能进行购物。

（5）用户登录注销：清除用户登录信息，返回到登录、注册界面。

（6）用户密码修改：提供修改用户密码界面，输入旧、新密码和确认密码，实现密码更改。

（7）用户信息修改：提供修改用户信息界面，输入有关内容，实现用户详细信息修改。

（8）商品详细信息：提供商品简介等信息的显示界面，以便用户对该商品进一步的了解。

（9）商品图片显示：提供数据库中的商品图片显示功能，以便用户对该商品的外观进行了解。

（10）购买商品：判断用户是否登录。如果用户不是注册用户或者尚未登录，将提示进行登录。如果用户已经登录，则进入购物车。

（11）购物车：提供用户已选商品的显示界面。可以重复选择多种商品，也可以修改所选商品的购买数量。用户确定选择商品全部进入购物车之后，进入收银台进行结算。

说明：为简单起见，结算未设置减少商品库存。网站投入正式运营，需要补充。

（12）购买数量修改：修改购物车中存放的商品数量并进行购买总金额计算。

（13）购买商品删除：删除用户选入购物车但又不想购买的商品。

（14）购买结账显示：将用户的购买商品存入订单数据表，显示用户信息和订单信息。

（15）购物车使用函数：提供处理购物车中添加、修改和删除商品的功能。

2. 数据库文件

（1）网上购物：存放数据的主数据库文件。

（2）网上购_log：存放事务日志的日志文件。

12.2 数据库设计

“网上商城”实例需要设计1个数据库，名为“网上购物”；5个数据表，分别为“用户信息”“商品类别”“商品明细”“商品订单”“订货明细”。

为了数据库查看清晰、修改容易、使用方便，所有表名、字段使用汉字命名。

1.“用户信息”表

“用户信息”表如图12－2所示。

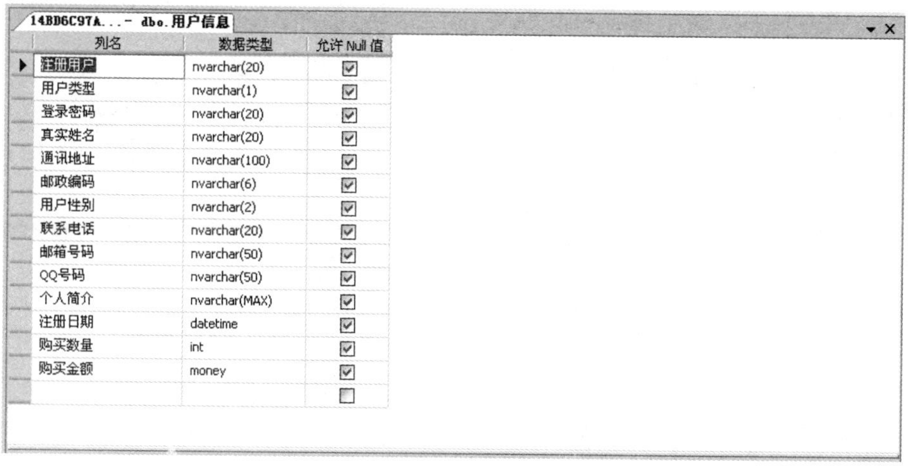

14BD6C97A...- dbo.用户信息

列名	数据类型	允许 Null 值
注册用户	nvarchar(20)	☑
用户类型	nvarchar(1)	☑
登录密码	nvarchar(20)	☑
真实姓名	nvarchar(20)	☑
通讯地址	nvarchar(100)	☑
邮政编码	nvarchar(6)	☑
用户性别	nvarchar(2)	☑
联系电话	nvarchar(20)	☑
邮箱号码	nvarchar(50)	☑
QQ号码	nvarchar(50)	☑
个人简介	nvarchar(MAX)	☑
注册日期	datetime	☑
购买数量	int	☑
购买金额	money	☑
		☐

图12－2 “用户信息”表

2. “商品类别”表

“商品类别”表如图 12－3 所示。

14BD6C97A...－ dbo.商品类别

列名	数据类型	允许 Null 值
类别编码	int	☐
类别名称	nvarchar(50)	☑
		☐

列属性

⊞（常规）	
⊟ 表设计器	
RowGuid	否
⊟ 标识规范	是
（是标识）	是
标识增量	1
标识种子	1
不用于复制	否
大小	4

图 12－3 “商品类别”表

注：“商品类别”表的类别编码为自动编号。

3. “商品明细”表

“商品明细”表如图 12－4 所示。

14BD6C97A...－ dbo.商品明细

列名	数据类型	允许 Null 值
商品编码	int	☐
商品名称	nvarchar(50)	☑
生产厂商	nvarchar(50)	☑
销售价格	int	☑
商品数量	int	☑
商品图片	image	☑
商品简介	nvarchar(MAX)	☑
类别编码	int	☑
上架日期	datetime	☑
		☐

列属性

⊞（常规）	
⊟ 表设计器	
RowGuid	否
⊟ 标识规范	是
（是标识）	是
标识增量	1
标识种子	1
不用于复制	否

图 12－4 “商品明细”表

注：“商品明细”表的商品编码为自动编号。

4. “商品订单”表

“商品订单”表如图 12－5 所示。

14BD6C97A...- dbo.商品订单

列名	数据类型	允许 Null 值
订单编号	int	☐
注册用户	nvarchar(20)	☑
订单数量	int	☑
订单金额	money	☑
订货日期	datetime	☑
是否发货	bit	☑
发货日期	datetime	☑
		☐

列属性

⊞ (常规)	
⊟ 表设计器	
RowGuid	否
⊟ 标识规范	是
(是标识)	是
标识增量	1
标识种子	1
不用于复制	否

图 12－5 “商品订单”表

注：“商品订单”表的订单编号为自动编号。

5. “订货明细”表

“订货明细”表如图 12－6 所示。

14BD6C97A...- dbo.订货明细

列名	数据类型	允许 Null 值
商品编码	int	☑
单笔数量	int	☑
订单编号	int	☑
		☐

图 12－6 “订货明细”表

12.3 程序设计

在网站规划设计和数据库设计之后，接下来就是网站的程序设计。

12.3.1 主调模块程序设计

主调程序显示用户进入“网上商城”网站的第一个页面，即网站的首页。其需要提供网站的横幅标志，用户注册、登录和商品浏览订购 3 部分，页面需要显示这 3 部分的内容。

除了应提供必需的功能之外，实际运营的网站首页应具备高超的艺术性。需要有独到的设计风格、清晰的网页布局、明确的横幅标志、适当的色泽搭配、方便的超级链接，以便能够吸引更多的用户，提高网站的使用效率。

但是，为了使初学者容易学习、理解、模仿和掌握，本书程序代码的内容尽可能简单，屏幕显示的布局尽可能清晰。显示界面增加边框，使用不同的颜色加以区分，就是为了显示界面与程序代码对照起来，容易理解。实际运营网站的首页需要在此基础上进行必要的调整和改进。首页的显示效果如图 12－7 所示。

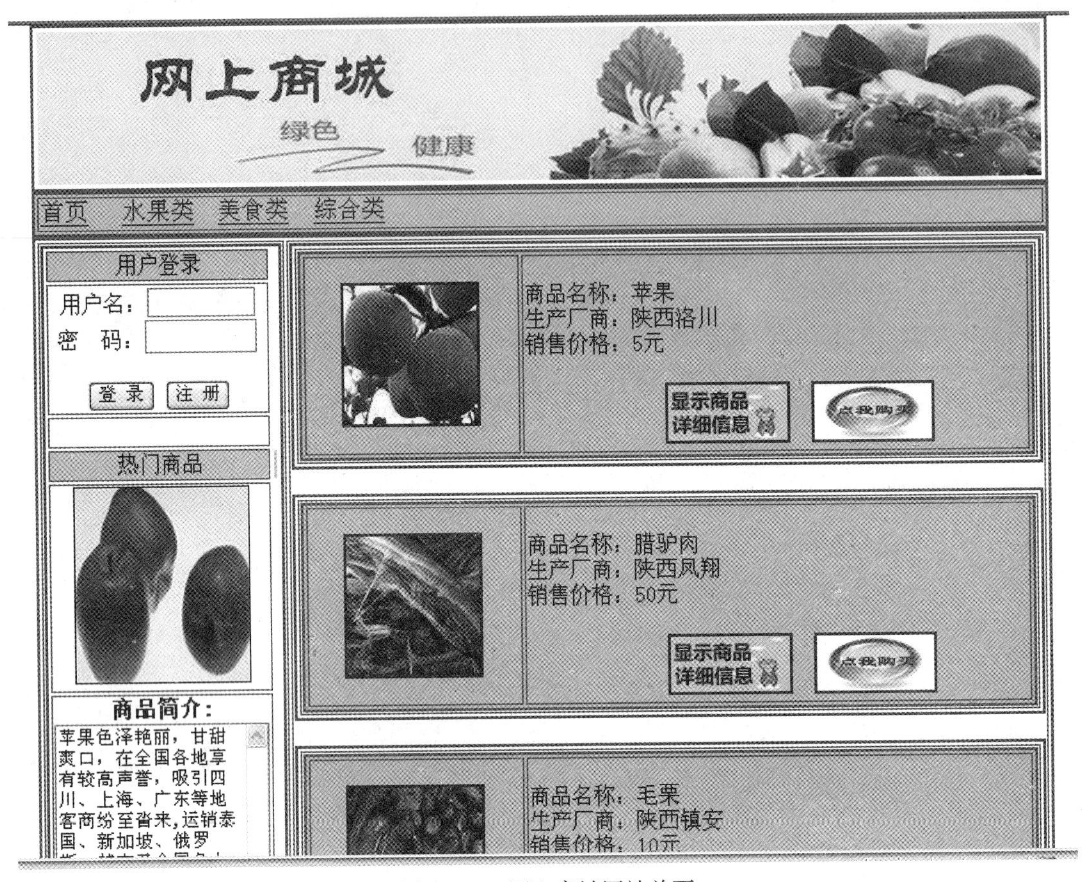

图 12－7　网上商城网站首页

12.3.2　用户管理模块程序设计

前台管理包括两方面的功能，一是用户信息的管理，二是商品信息的浏览和销售。

1. 用户注册、登录

在所有商务网站中，一般用户只能浏览网站提供的商品信息，订购商品则必须通过注册和登录才能实现。用户第一次访问网站并订购商品，必须进行注册。在注册之后，用户每次订购商品时都需要输入注册的用户名和密码进行登录。新用户注册时，需要提供一系列用户信息。网站管理者必须对用户的信息进行甄别和跟踪，并对用户的信息进行有效的管理，防止恶意用户的人为破坏。

用户进行注册，需要提供一个用户注册的界面。在网站首页中点击“注册”按钮进入用户注册界面，如图 12－8 所示。

用户注册

用户名	
密 码	
确认密码	
真实姓名	
通讯地址	
邮政编码	
性别	◉男 ○女
电话	
E-mail	
QQ号码	
个人简介	

确 定

图 12－8　用户注册

根据图 12－8 所示界面，用户需要输入各项内容，然后点击“确定”按钮。

网站系统检查输入内容是否为空，并作出相应提示，以确保用户信息的完整性。当确定内容符合要求之后，将用户注册信息存入“用户信息”表。用户需要牢记用户名和密码，以便随后登录时使用。

用户登录不需要设置显示界面，在网站首页指定的图 12－9 所示的位置，直接输入用户名和密码，然后点击“登录”按钮。网站系统进行用户身份认证。

网站系统将输入的内容与注册时存入“用户信息”表的内容进行比较。若登录成功，用户由一般用户转变为注册用户，可以点击“购买商品”按钮进行购物。若登录失败则提示重新登录。

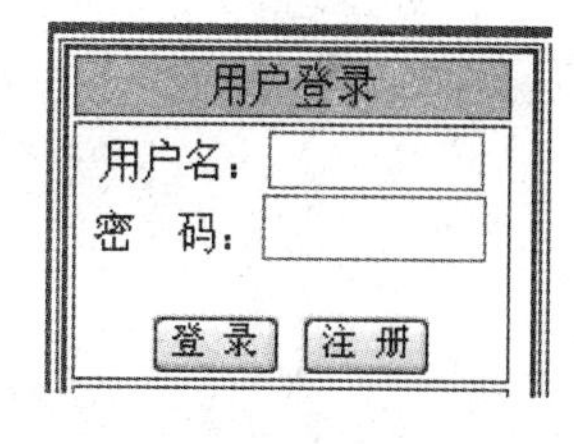

图 12－9　用户登录

2. 注销登录、密码修改、用户信息修改

注销已经登录的用户，在网站首页点击“注销登录”按钮，如图 12－10 所示。

注销登录是清除用户登录信息，返回到登录界面，以使下一个用户名进行登录。也就是说，在同一台计算机上不能同时存在多个用户进行操作，新用户需要登录，老用户首先必须注销。

为保证注册用户信息安全，网站提供用户密码修改功能，用户可以随时修改自己的登录密码。

在图 12－10 所示界面点击“修改密码”按钮，进入修改密码界面，如图 12－11 所示。

用户输入原来的旧密码、新密码和确认密码，网站系统判断旧密码的正确性、新密码与确认密码的一致性，并作出相应的提示。如果判断无误，新密码被存入“用户信息”表。

同理，用户点击相关界面中的“修改用户信息”按钮，完成用户信息修改，不再叙述。

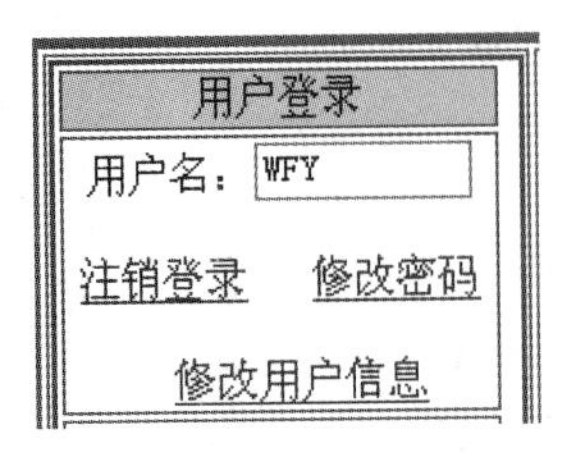

图 12－10　注销登录

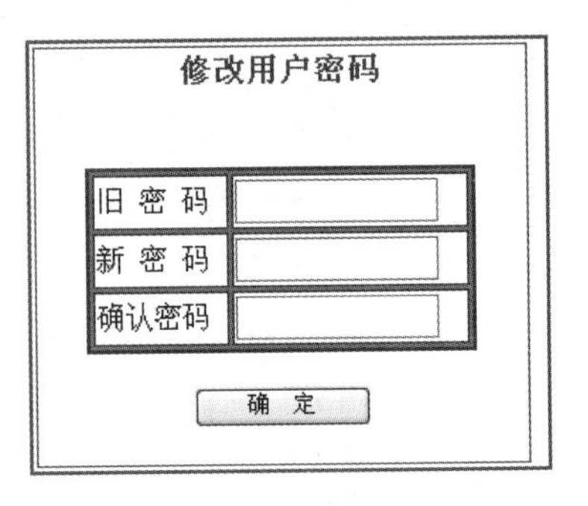

图 12－11　修改用户密码

12.3.3　商品查询和购买模块程序设计

1. 商品信息显示、图片显示

网站管理的核心功能是为用户提供商品信息的浏览、需购商品的选择和购买商品的结账。最简单的商品信息应包含商品名称、生产厂商和销售价格。除此之外，如果包含能反映商品特征的图片和商品性能的介绍，将会极大地提升网站的点击率和销售量。

网站除了提供丰富的商品供用户浏览和选购之外，还应对商品进行分类，以便用户可以快捷地找到自己需要的商品，这也是网站设计的重要环节。商品分类不能太粗，太粗就达不到分类的效果。分类也不能太细，太细用户无从下手，弄不清所需要的商品在哪一类。所以，商品分类需要具有丰富的实践经验。

网站提供商品的基本信息和图片的显示界面如图 12－12 所示。

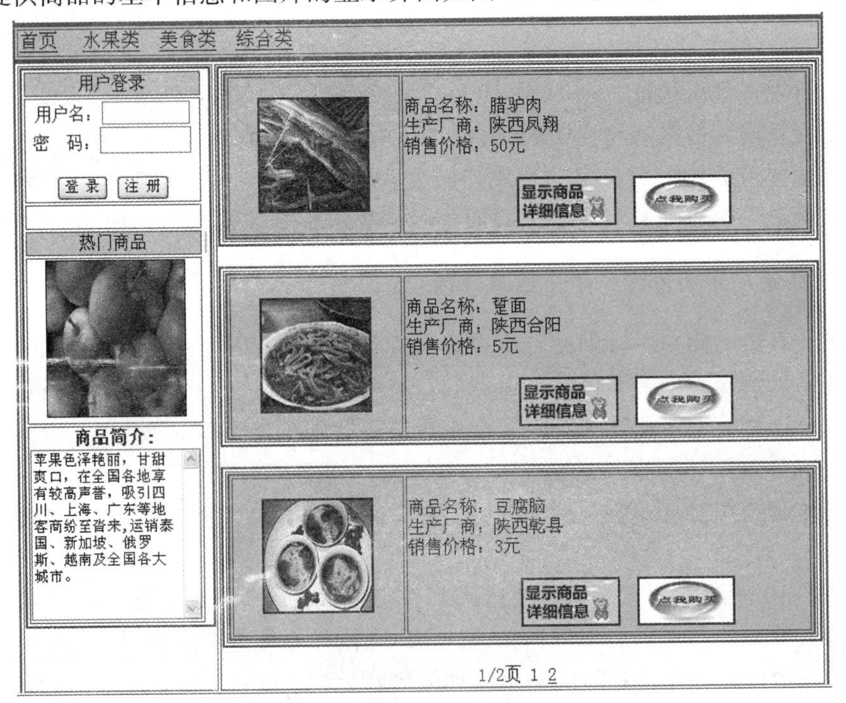

图 12－12　商品的基本信息

网站提供商品的详细信息的显示界面如图 12－13 所示。

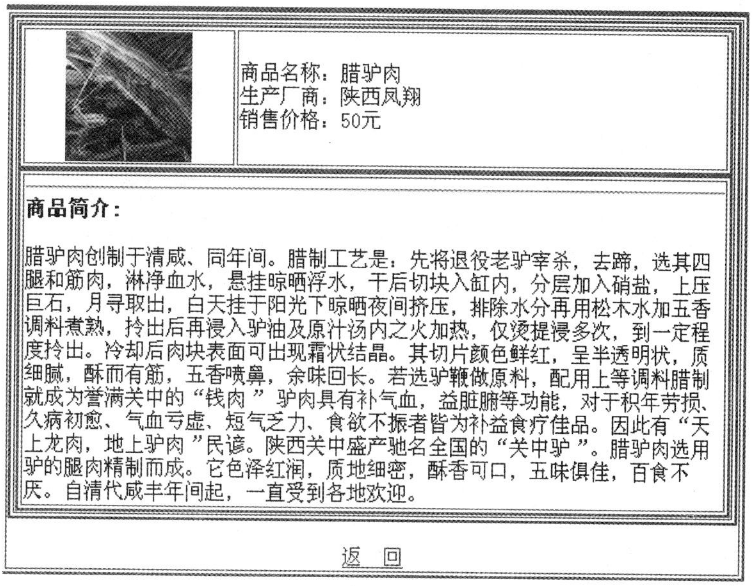

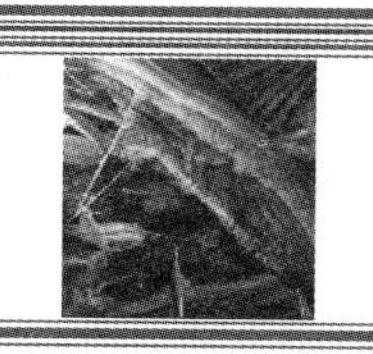

商品名称：腊驴肉
生产厂商：陕西凤翔
销售价格：50元

商品简介：

腊驴肉创制于清咸、同年间。腊制工艺是：先将退役老驴宰杀，去蹄，选其四腿和筋肉，淋净血水，悬挂晾晒浮水，干后切块入缸内，分层加入硝盐，上压巨石，月寻取出，白天挂于阳光下晾晒夜间挤压，排除水分再用松木水加五香调料煮熟，拎出后再浸入驴油及原汁汤内之火加热，仅烫提浸多次，到一定程度拎出。冷却后肉块表面可出现霜状结晶。其切片颜色鲜红，呈半透明状，质细腻，酥而有筋，五香喷鼻，余味回长。若选驴鞭做原料，配用上等调料腊制就成为誉满关中的“钱肉 ” 驴肉具有补气血，益脏腑等功能，对于积年劳损、久病初愈、气血亏虚、短气乏力、食欲不振者皆为补益食疗佳品。因此有“天上龙肉，地上驴肉 ”民谚。陕西关中盛产驰名全国的“关中驴 ”。腊驴肉选用驴的腿肉精制而成。它色泽红润，质地细密，酥香可口，五味俱佳，百食不厌。自清代咸丰年间起，一直受到各地欢迎。

返　回

图 12－13　商品的详细信息

商品的基本信息只需要访问网站首页即可看到。用户只需要点击屏幕底部的页码，就可以浏览网站提供的所有商品。点击横幅下面的商品分类，可以浏览网站提供的该类商品。用户点击“显示商品详细信息”按钮或者点击显示商品的图片，可以看到商品的详细信息。

网站的最终目的就是希望有更多的用户访问、购物，创造更大的经济效益。商品信息的浏览不需要用户注册和登录，是提升网站知名度、访问量、提袋率、回头率等，进而增加网站的销售量、提高网站的经济效益的重要措施。

2. 购买商品、购物车、购买结账

购买商品就是用户把自己选购的商品放入购物车，就像在超市购物一样。购物车是电子商务网站的核心。购物车应设计为：用户可以同时选购多种商品，每种商品的数量能够修改，也可以把已经选购的商品从购物车中除去。同时还能看到商品的价格和总金额，以及进行结账。购物车如图 12－14 所示。

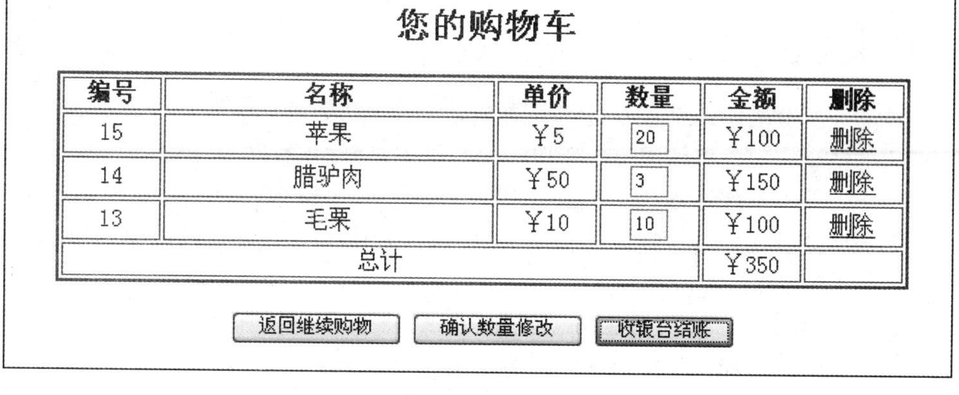

您的购物车

编号	名称	单价	数量	金额	删除
15	苹果	￥5	20	￥100	删除
14	腊驴肉	￥50	3	￥150	删除
13	毛栗	￥10	10	￥100	删除
总计				￥350	

返回继续购物　确认数量修改　收银台结账

图 12－14　购物车

用户选好所有需要的商品之后，接下来就是到收银台结账。用户点击“收银台结账”按钮，屏幕出现图12－15所示的界面。

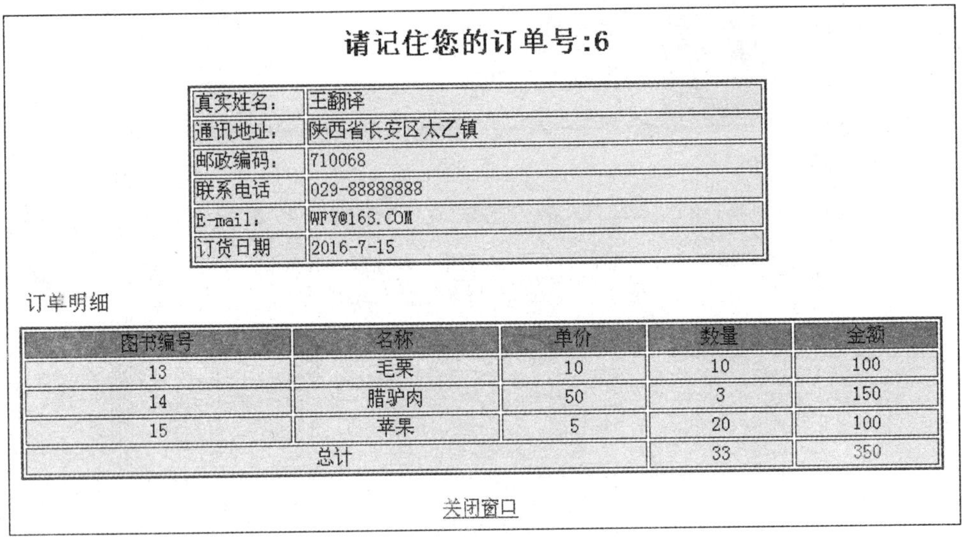

请记住您的订单号:6

真实姓名:	王翻译
通讯地址:	陕西省长安区太乙镇
邮政编码:	710068
联系电话	029-88888888
E-mail:	WFY@163.COM
订货日期	2016-7-15

订单明细

图书编号	名称	单价	数量	金额
13	毛栗	10	10	100
14	腊驴肉	50	3	150
15	苹果	5	20	100
总计			33	350

关闭窗口

图12－15　购买商品结账

与传统的超市购物一手交钱一手交货不同，网上购物只是完成了用户与商家之间的信息交换，用户并没有真正拿到购买的商品。当用户通过某种支付方式付款并得到商家确认之后，商家再通过货物流通渠道把用户购买的商品送到用户手中。

12.4　程序代码编写与网站系统联试

完成了网站各个程序模块的设计后，接下来的任务就是程序代码编写和网站系统联试。

12.4.1　程序代码编写

实际经验证明，在书中大段的抄写程序代码并进行逐段讲解，是一种失败的做法。因为有些程序代码无法用文字或者语言讲解清楚，而通过实际上机操作将会一目了然。本书只对编写代码和网站调式过程中用到的几种关键技术进行介绍。

1. 数据库连接

如前所述，所有的网站都是通过动态网页实现的，商务过程中需要的信息都要从数据库获取，产生的信息需要数据库保存，所以连接数据库是网站设计的基础。

本书第11章中的11.1.6节专门介绍过数据库的ASP存取技术，其中包含数据库的连接。为了实际网站设计的完整性，再次列出SQL Server数据库连接需要的字符串。

SQL Server数据库没有版本的区别，一般情况下，下面两种连接串都可以使用：

```
connStr = "Provider = SQLOLEDB.1;Data Source = 服务器的计算机名；"_
         & "Initial Catalog = 数据库名;User ID = 用户名;Password = 密码;
"connStr = "Driver = {SQL Server};Server = 服务器的计算机名;"_
```

```
    & "Database = 数据库名;UID = 用户名; PWD = 密码; "
```

在定义的数据库连接串之后，使用下面的语句打开与数据库的连接：

```
Set conn = Server. CreateObject( "ADODB. Connection" )
conn. open connStr
```

2. 阻止未登录用户购买商品

用户只有成功登录，才能购买网站提供的商品。如果用户未登录而直接点击“购买商品”链接进行购物，网站就无法知道用户的通信地址、邮政编码、联系电话等信息，也就无法把商品送到合适的用户手中，当然也无法找到付款的人。

为了防止用户未登录进行购物，在点击“购买商品”后指向的页面中增加语句：

```
If Session( "UserID" ) = "" Then
 Response. Write" <font size =5 color = red > 尚未登录,不能购物 </font > <p >"
 Response. Write" <a href ='JavaScript:close( );'> 返回首页 </a >"
End If
```

上述语句判断存放登录用户名的会话变量 Session("UserID")是否为空，即用户是否登录。如果为空，提示“尚未登录，不能购物”，并返回到网站首页。这就成功地阻止了未登录用户进行购物的行为，从而保证网站的正常运营。

3. 文件包含应用

使用文件包含是制作网页的一种技巧，特别是连接数据库的网页使用文件包含将极大减少网页维护的工作量。把连接数据库的语句存放在一个独立的文件中，需要改变数据库的路径和文件名，需要改变数据库的用户密码，需要改变数据库连接的其他属性，只需要修改这个独立的文件，而不需要在每个连接数据库的网页文件中进行修改。

在这个独立的文件（例如“数据库连接 . asp”）中，使用语句：

```
Set db = Server. CreateObject( "ADODB. Connection" )
strConn  = "Driver = {SQL Server} ;Server = (local) ; " _
          &" Database = 网上购物;UID = 用户名;PWD = 密码"
db. open strConn
```

在需要连接数据库的文件中只需使用语句：

```
<! --#include file = "数据库连接 . asp" -- >
```

就等价于将上面 4 条语句写到需要连接数据库的网页文件中。

同理，网站使用“购物车使用函数”文件包含，极大地减少了网页文件维护的工作量。

4. 购物车设计

将需要购买的商品放入购物车，只是一种数据的组织形式，并不等于用户就一定购买这些商品。用户可能删除其中的某种商品，也可能改变某种商品的数量。也就是说，购物车中的商品品种和数量还可能改变。

在数据库中建立存放临时数据的临时表可以保存购物车中的数据，在用户决定到“收银台结账”之后，将这个临时表的数据删除。将购物车中的数据保存到数据库中，并且随时取出来进行修改，无疑会增加客户机与服务器之间的网络流量。

使用可以在网页之间交换数据的 Session 变量保存购物车中的数据，是一种非常有效的方法。这种方法比在数据库中修改数据、从数据库中删除数据，速度要快很多。

购物车中的商品可以有多种，而且每种商品的数量也可以不同，所以需要使用两个一维数组，一个保存商品编码，一个保存购买数量。

（1）当用户选择第一种商品时，分别定义两个长度为 1 的数组，把商品编码保存到第一个数组中，在第二个数组中保存默认值1，然后保存到 Session 中。当用户又选择另一种商品时，从 Session 中读取两个数组，并重新定义数组，将它们的长度加1，把新的商品编码保存到第一个数组增加的位置上，第二个数组增加的位置还保存默认值 1，然后将两个数组重新保存到 Session 中。这一任务由“购物车函数”中的 Add 子过程完成。

（2）当用户需要“确认数量修改”时，首先从 Session 中读取数组，从保存商品编码的数组中找到这种商品。其次根据这一商品编码数组的下标，从保存购买数量的数组中找到对应的数组项，修改其中的数据。最后将修改后的两个数组重新保存到 Session 中。这一任务由“购物车函数”中的 Update 子过程完成。

（3）用户需要删除购物车中的某种商品时，首先从 Session 中读取数组，从保存商品编码的数组中找到这种商品；其次根据这一商品编码数组的下标，删除保存商品编码数组和购买数量的数组对应的数组项，并重新定义数组，将它们的长度减 1。最后将两个数组重新保存到 Session 中。这一任务由“购物车函数”中的 Del 子过程完成。

5. 图片的数据库获取

将图片以二进制数据格式保存到数据库，然后在需要时提取出来并显示到屏幕上，这样做会极大减少管理图形文件的工作量，是当前使用比较普遍的一种方法。但是这种方法具有较大的技术难度。

从数据库获取图片并显示到屏幕比保存图片到数据库要简单。在数据表中的记录被读取之后，只需要使用下面的语句就可以把获取的图片显示到屏幕，例如：

```
Response. ContentType = "image/ * "
Response. BinaryWrite rs("图片字段")
```

其中第一条语句有时可以不要，但有时没有该句屏幕上会显示乱码。第二条语句中“. BinaryWrite”为显示图片必需的关键字。不像显示文本或数字那样，使用下面的语句显示图片：

```
Response. Write rs("图片字段")
```

注意： 使用上述方法显示数据库中的图片时，有的计算机会出现乱码，即一些非文字、非图像的内容，这时需要使用 Html 语言中的 <img scr = "图片文件" >。

12.4.2 网站系统联试

在网页代码编写完成之后，接下来就是将网站的所有网页作为一个系统进行调试。

1. 配置 Web 服务器

前面已经讲到，其不像 Html 标记语言制作的静态网页，网页文件可以放置在任何目录

中，利用资源管理器，双击网页文件就可以运行，原因是 Html 可以在客户端运行，使用 ASP 技术制作的动态网页只能在服务器端运行，所以运行动态网页的计算机上必须安装 IIS (Internet Information Server)。判断计算机上是否安装了 IIS，可在资源管理器的 C 盘，查看是否有“C:\Inetpub\wwwroot”。如果没有，就需要安装 IIS。

Windows XP 需要使用操作系统的安装光盘，这里不作介绍。

Windows 7 不需要光盘，只要进行配置即可，步骤如下：

(1) 选择“开始”->“控制面板”->“程序和功能”->“打开或关闭 Windows 功能”，打开“Windows 功能”对话框，出现图 12 – 16 所示界面。

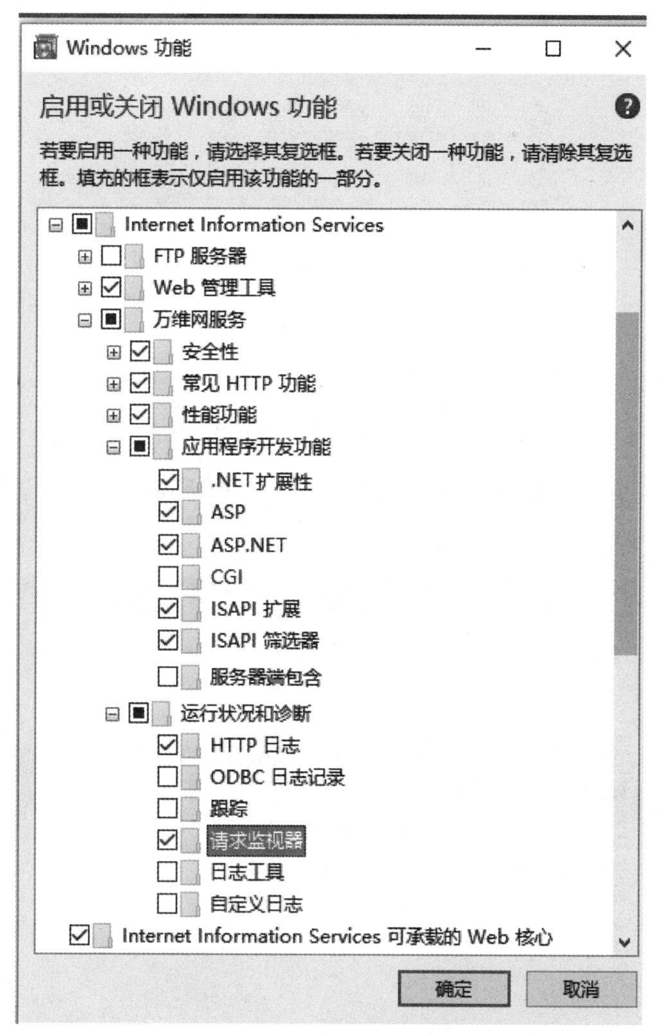

图 12 – 16　Windows 7 操作系统配置 IIS

(2) 展开“Internet 信息服务”，在图 12 – 16 所示界面中进行勾选，点击“确定”按钮。

配置之后，在 C 盘上出现“Inetpub \ wwwroot”目录，这就是 IIS 的默认根目录，也就是网站的根目录。

2. 设置网站根目录

IIS 的默认根目录是“C:\Inetpub\wwwroot”，即把网站建立在该目录之下才可以运行。网站也可以建立在其他目录之下，但需要进行设置，操作步骤如下：

（1）选择“开始”->“控制面板”->“程序和功能”->“管理工具”->“Internet 信息服务”，出现图 12－17 所示界面。

图 12－17　Windows 7 操作系统的 IIS 管理界面

（2）在图 12－17 所示界面中，用鼠标右键点击“Default Web Site”，选择“管理网站”->“高级设置”，出现图 12－18 所示界面。

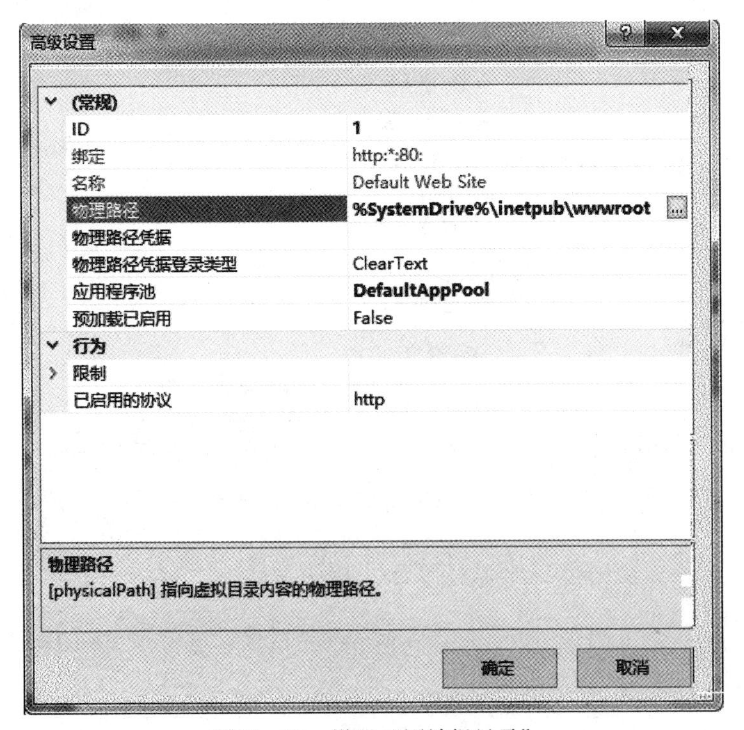

图 12－18　设置“网站根目录”

（3）在图 12－18 所示界面中，在“物理路径”右边输入需要设置的根目录，如“D：\网上商城”，点击“确定”按钮，则为网站设置了根目录。

（4）回到图 12－17 所示界面，用鼠标右键点击“ASP”，选择“打开功能”，出现图 12－19所示界面。

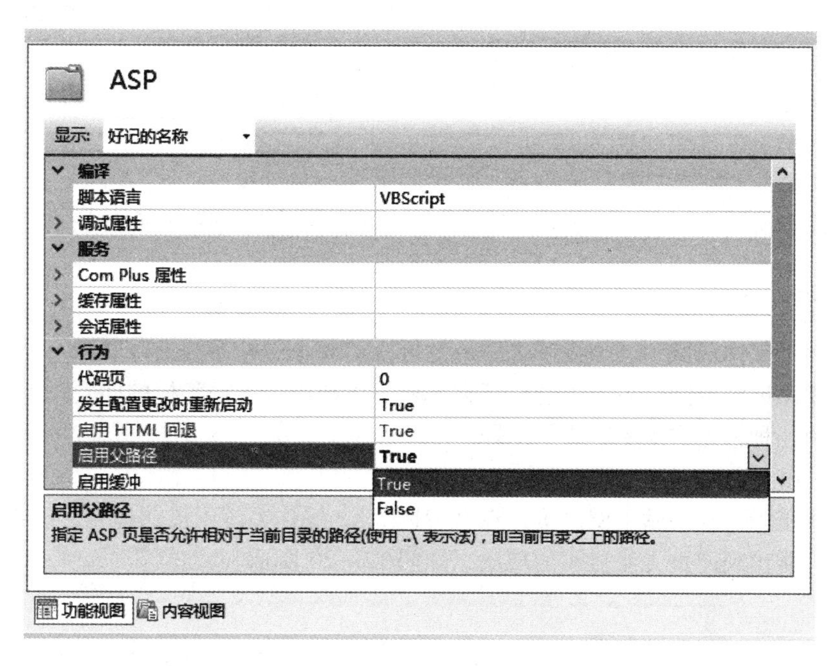

图 12－19　配置“启用父路径”

在图 12－19 所示界面中，点击“启用父路径”，选择“True”，点击屏幕右上角的“应用”。

3. 网站启动

将网站的所有网页文件放置到上述目录之后，接下来就可以启动网站，有两种方法。

（1）按照上述步骤启动 IIS。层层展开各级目录，就会看到所建的网站目录。用鼠标右键单击“主调程序”，在随后出现的对话框中点击“浏览”，网站的首页就会显示到屏幕上。

（2）在 IE 浏览器的地址栏直接输入“http：//localhost/主调程序．asp”。

4. 网页调试

在绝大多数情况下，即使水平很高的设计或编程高手，其制作的网页也不可能一次运行成功。所以就需要对网页文件逐个进行调试。网页调试没有固定的模式，只有通过多做多练、逐步积累经验。下面列举在网页调试时经常出现的几个问题：

（1）如果是 Html 标记语言存在错误，在显示的界面中很容易发现。如果是操作数据库存在错误，就很难找出。

（2）有一本教材附带的源代码，在插入数据时写错了变量名，数据没有添加到数据库。在查询时显示不出刚才插入的数据，作者在查询数据的代码处注释“这个地方还有点问题”。也就是说，插入时出了问题，在查询处找答案，结果可想而知。

（3）在使用以下插入语句时：

"Insert into 表名（姓名）Values(' "& name &" ')"

name 为从文本框获取的用户输入的姓名。

注意“' "”之间有一个空格，也就是说，在插入姓名时前面多了一个空格。按刚才输入的姓名查询，也同样得不到需要的结果。

（4）插入语句：

"Insert into 表名（姓名）Values（'"& name &"'）"

注意语句最后的圆括号是一个全角，这样的错误也很难找到。

所以，网页调试，特别是与数据库连接的网页调试，是一项非常麻烦的工作。

5. 网站系统联试

在每个网页文件调试到准确无误之后，就可以对整个网站系统进行联试。单个网页能够运行，并不能保证整个网站系统也能够正常运行，可能出现各种各样的问题。下面介绍在网站系统联试中几种常见的需要解决的问题。

1）网页无法显示

按照上述步骤启动网站主调网页，在 Windows XP 操作系统中成功运行，但在 Windows 7 操作系统中可能出现网页无法显示的现象，如图 12－20 所示。

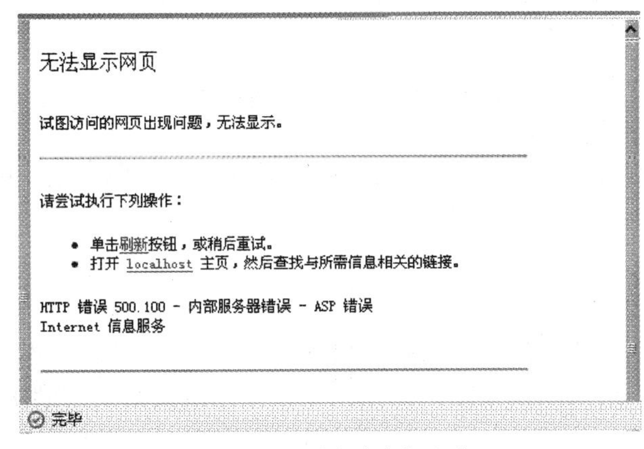

图 12－20　网页无法显示

究其原因，是因为 Windows 7 操作系统有比 Windows XP 更强大的安全性，需要进行访问权限的配置，在图 12－17 所示界面的右上角，点击“编辑权限”，出现图 12－21 所示的界面。

在图 12－21 所示界面中，选择“安全”选项卡，按照屏幕提示，配置有关的“组或用户”的权限，配置成“完全控制”，就可以解决网页不能被访问的权限问题。特别需要配置 Administrator、Internet 来宾账户，Users、启用 IIS 进程账户等进行配置。

2）网页存在错误

当网页存在语法错误时，在 Windows XP 操作系统中，浏览器显示网页错误所在的行号和错误类型等信息，使人对网页错误一目了然。但在 Windows 7 操作系统中，显示如图 12－22 所示界面。该界面使人无法看清网页在何位置存在何种类型的错误。

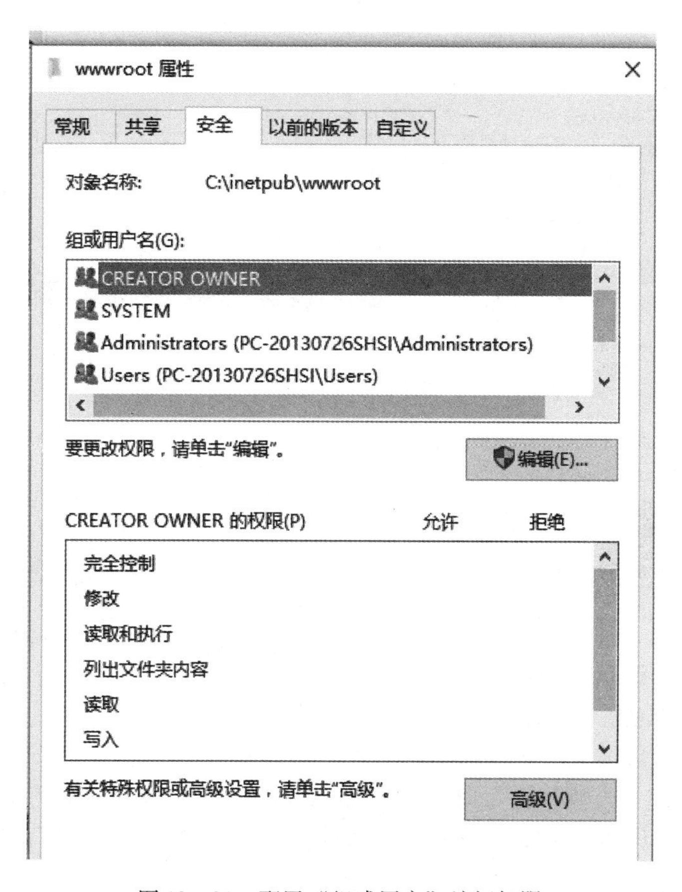

图 12－21　配置“组或用户”访问权限

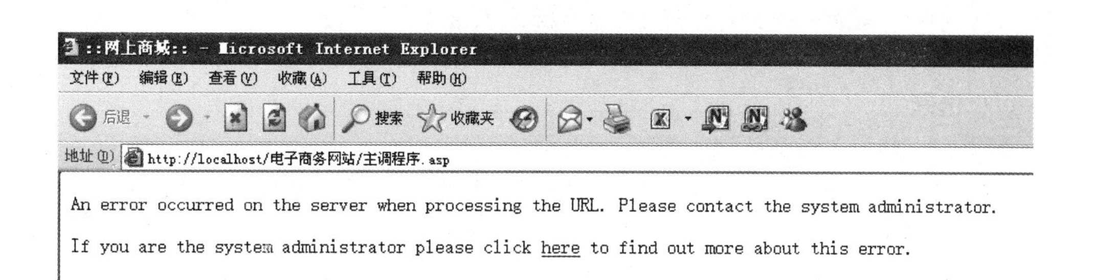

图 12－22　Windows 7 网页错误显示界面

解决这一问题，需要进行必要的设置，操作步骤如下：

（1）在图 12－19 所示界面中展开“调试属性”，出现图 12－23 所示界面。

在图 12－23 所示界面中，点击“将错误发送到浏览器”，选择“True”，点击屏幕右下角的“应用”。完成该项配置之后，就能像在 Windows XP 中那样，浏览器显示网页错误所在的行号和错误类型。

网站系统联试是一项费时费力的工作，不仅需要调试人员具有很高的编程技术，而且需要调试人员具有很强的数据库应用能力。

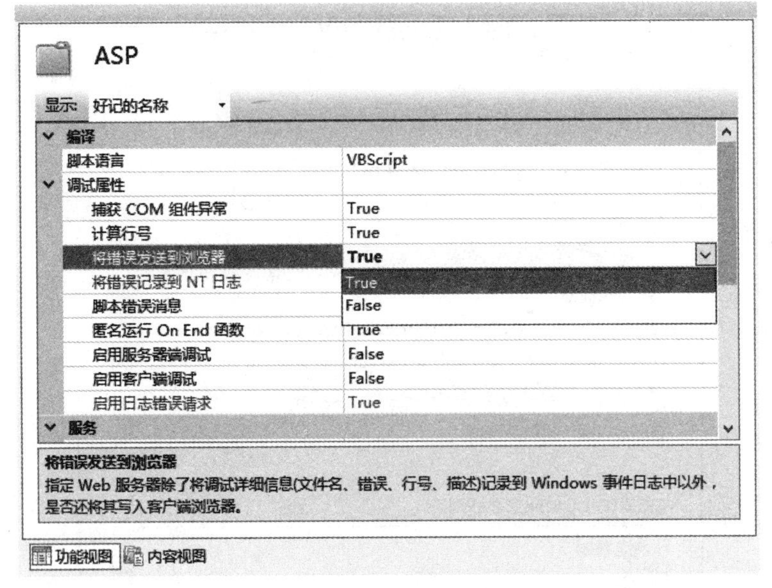

图 12－23　设置“将错误发送到浏览器”

例 12－1　一个建成的网上商城系统。

(1) 将“网上购物”数据库导入 SQL Server 2008 数据库管理系统。

(2) 将第 12 章目录与其下的 15 个程序文件和 4 个图形文件拷入 IIS 默认的根目录。

(3) 在 IIS 管理平台执行“主调程序”，将在浏览器中出现“网上商城”首页。

说明：实际应用中应把网页文件和图形文件分子目录存放，此处为了简单起见将其存放在一个目录中。

练习题

一、单选题

1. 网上商城的核心功能是（　　）。

A. 宣传商城的形象　　B. 展示商城的商品

C. 推销商城的商品　　D. 发表商城的新闻

2. 下列（　　）不属于网站前台的功能。

A. 用户登录　　B. 商品销售

C. 商品信息维护　　D. 商品信息浏览

3. 把数据库连接设计成独立网页文件，不是为了方便地（　　）更换。

A. 数据库管理系统　　B. 服务器名称

C. 数据库名称　　D. 网页文件名

4. 下列（　　）不属于前台购物车的功能。

A. 提供用户已选商品的显示界面

B. 修改所选商品的购买数量

C. 提供进入收银台进行结算的链接

D. 浏览商品的详细信息

5. 网站的首页不应该包含（　　）。

A. 网站的横幅标志　　B. 用户注册和登录

C. 商品信息维护　　D. 商品浏览和订购

6. 商品信息的浏览不需要用户注册和登录，不能直接增加（　　）。

A. 网站的知名度　　B. 网站的访问量

C. 商品的销售量　　D. 网站的回头率

7. 要在计算机上执行用 ASP 技术编制的网页，必须安装（　　）。

A. IIS　　B. 网页编译软件

C. 数据库管理系统　　D. 网页编辑工具

8. 关于网页调试，下列说法不正确的是（　　）。

A. 即使水平很高的编程高手，其制作的网页也不可能一次运行成功

B. 网页调试没有固定的模式，只能通过多做多练，逐步积累经验

C. 与数据库连接的网页调试，是一项非常麻烦的工作

D. 在编写网页代码时只要仔细、认真，一般都容易调试成功

二、填空题

1. 网站的用户可以分为两类，只能浏览商品的用户称为______________，可以购买商品的用户称为________________。

2. 只有____________，才能进入网站的购物环节。首先将需要购买的商品放入网站提供的____________。

3. 用户登录时需要用户输入____________和__________，确认后进行用户身份认证。

4. 注销登录是__________，返回到登录界面，以使下一个用户名进行登录。

5. 网上购物只能完成__________之间的信息交换，用户并没有真正拿到____________。

三、简答题

1. 简述网站设计规划的步骤。

2. 列出网站数据库中表的名称和用途。

3. 简述网站程序设计的步骤。

4. 简述程序代码编写过程中用到的几种关键技术。

参考文献

[1] 李代平,章文,张信一. SQL Server 2000 数据库应用开发[M]. 北京:冶金工业出版社,2002.

[2] 陈刚,李建义. 数据库系统原理及应用[M]. 北京:中国水利水电出版社,2002.

[3] 高荣芳,张晓滨,赵安科. 数据库原理[M]. 西安:西安电子科技大学出版社,2003.

[4] 陈宝贤. 数据库应用与程序设计[M]. 北京:人民邮电出版社,2004.

[5] 蒋文沛,韦善周,梁凡. SQL Server 2000 实用教程[M]. 北京:人民邮电出版社,2005.

[6] 李春葆,曾平. 数据库原理与应用[M]. 北京:清华大学出版社,2006.

[7] 曹新普,李强,曹蕾. 数据库原理与应用[M]. 北京:冶金工业出版社,2007.

[8] 徐孝凯,贺桂英. 数据库基础与 SQL Server 应用开发[M]. 北京:清华大学出版社,2008.

[9] 邱李华,李晓黎,任华,冉兆春. SQL Server 2008 数据库应用教程[M]. 北京:人民邮电出版社,2012.

[10] 程艳平. SQL Server 数据库技术与应用[M]. 北京:北京理工大学出版社,2014.

[11] 李建忠. 电子商务网站建设与管理[M]. 北京:清华大学出版社,2012.

[12] 陈建伟,卫权岗,朱艳丽. ASP 动态网站开发基础教程[M]. 北京:清华大学出版社,2012.